ciencia que ladra…
serie mayor

Dirigida por Diego Golombek

Traducción: María Josefina D'Alessio
Supervisión técnica: Julia Teitelbaum y Yamila Sevilla
Edición al cuidado de Luciano Padilla López

LA **CONCIENCIA** EN EL **CEREBRO**

Stanislas Dehaene

**Descifrando el enigma de cómo el cerebro elabora
nuestros pensamientos**

siglo veintiuno
editores

españa
siglo xxi editores
www.sigloxxieditores.com
travesía bellver, 2, 28039, madrid

argentina
siglo xxi editores
www.sigloxxieditores.com.ar
guatemala 4824, c1425bup, buenos aires

méxico
siglo xxi editores
www.sigloxxieditores.com.mx
cerro del agua 248, coyoacán, 04310, ciudad de méxico

Título original: *Consciousness and the Brain*

Diseño de cubierta: Juan Pablo Cambariere
Adaptación: Eugenia Lardiés
Imagen de cubierta: © Photos.com

1ª edición en España: marzo de 2025

ISBN: 978-84-323-2145-0
Depósito legal: M-5046-2025

Impreso en España. *Printed in Spain.*

Índice

Este libro (y esta colección)

Siempre he estado [...] interesado en qué entiende la gente por la palabra "Yo". [...] No decimos "soy un cuerpo", sino "tengo un cuerpo". De alguna manera, parecemos no identificarnos con todo lo que es "nosotros". [...] La mayoría siente que son algo entre las orejas y detrás de los ojos, dentro de la cabeza. [...] Eso no es lo que eres. [...] Da la impresión de que eres un chofer dentro de tu cuerpo, como si tu cuerpo fuera un automóvil y tú el conductor que está adentro.
Alan Watts...

Ella usó mi cabeza como un revólver
e incendió mi conciencia con sus demonios.
Gustavo Cerati

La noticia era implacable, una puñalada en el pensamiento: "Gracias a un implante, un hombre recupera la conciencia".[1] Se refería a un artículo publicado en 2007 en la revista *Nature*, que narraba cómo un paciente de 38 años, durante años en estado de mínima conciencia por una lesión cerebral, recuperaba la capacidad de hablar, de comer, de comunicarse, de estar despierto... y todo gracias a unos alambres que estimulaban el lado profundo del cerebro. Los médicos comentaban, maravillados, "ha vuelto a ser una persona".

Parece sencillo, entonces: a) la conciencia es lo que nos hace ser personas, y b) la conciencia se puede reemplazar, o al menos estimular, con un implante cerebral. Pero... las apariencias engañan.

---

1 Diario *La Nación* (Argentina), 2 de agosto de 2007.

Es cierto que en las últimas décadas algunos aspectos de la investigación en el cerebro se han vuelto, si no sencillos, al menos abordables: entender cómo funciona una neurona, cómo charla con sus vecinas, cómo se transmite la información a través de un nervio, incluso cómo de pronto una célula que no sabe quién es se convierte en una neurona, y no en un hepatocito o un espermatozoide.

Pero lo que es seguro es que en esa bolsa de preguntas no entran otras como qué quiere decir sentir que tenemos un cuerpo, o que estamos vivos, o que si nos pinchamos nos duele, o qué quiere decir el "rojismo" de un color rojo. Son, claramente, cuestiones más complicadas, y en un alarde de originalidad algunos científicos se regodean en llamarlas "el problema difícil": cómo un puñado (un puñadote, a decir verdad) de neuronas de pronto generan la conciencia. Llevamos poco más de un kilo de seso sobre los hombros: *nosotros*, lo que nos hace diferentes unos de otros, y a los humanos distintos de los robots, los zombis o los murciélagos.

De nuevo: es fácil la ilusión de que nos llegan estímulos por todos lados y zas, de pronto vemos un partido de fútbol o bailamos con los Rolling Stones. Pero momentito: ¿cómo es que esos estímulos de repente se convierten en conscientes, o sea, en sentir que algo está pasando?

Entre otras razones, el problema es difícil por una cuestión de definición: qué es exactamente eso que llamamos conciencia (peor aún si comparamos los vocablos en distintos idiomas; para lo que en castellano llamamos "conciencia", hay al menos tres o cuatro palabras diferentes en inglés). Y lo cierto es que, diccionarios más o diccionarios menos, los científicos que la persiguen (biólogos, físicos, informáticos, filósofos) no siempre hablan el mismo lenguaje –aunque todos se ufanan y aseguran haber encontrado la solución al problema de la conciencia–.

Pero los científicos naturales viven de los experimentos, de interrogar a la naturaleza con cables, electrodos, tubos de ensayo, controles y análisis estadísticos. Quizás esta sea una de las mayores complicaciones en el problema de la conciencia: poder abordarla experimentalmente, sin charlas de café o discusiones interminables sobre la diferencia entre la mente y el cerebro. Sí: ¿cómo preguntarle a un sistema nervioso qué significa sentir, doler, imaginar? Tal vez el camino comenzó a transitarse cuando a alguien –a álguienes– se le ocurrió que ya que no se podía estudiar fácilmente la conciencia, sí se podría echar un vistazo a su falta o, en todo caso, a sus bordes. ¿Cómo cambia la actividad cerebral cuando estamos en la frontera del sueño, o cuando los pacientes entran en estado de mínima conciencia o, más allá, en estado vegetativo? ¿Y cómo pueden generarse en el laboratorio situaciones en las que un estimulo sea percibido sin entrar en la esfera consciente?[2]

Uno de esos álguienes, sin duda, es Stanislas Dehaene, una de las figuras más importantes en la neurociencia cognitiva contemporánea. Stan aprovechó todas las herramientas a su alcance: el análisis de imágenes cerebrales o de la actividad eléctrica de las neuronas, los tests psicológicos y la estimulación controlada del cerebro para hacer, por una vez, *experimentos* sobre la conciencia. No sólo eso: nos lo cuenta en este libro, con una claridad y autoridad que disfrutamos a cada párrafo, con la boca abierta de quien se maravilla por entender de qué se trata. Comenzaremos por ponernos de acuerdo a la hora de definir de qué hablamos cuando hablamos de conciencia, para luego ir a buscarla en el laboratorio, munidos de la tecnología adecuada. Pasearemos por sus bordes, y hasta por la inconciencia y, como buenos detectives, buscaremos las marcas y las sombras que deja a su paso por el cerebro. Así, el problema no deja de ser difícil, pero sí deja de ser mágico, espiritual o dualista, para convertirse en una de las joyas de las ciencias naturales.

Hay quienes dicen que la conciencia representa la última frontera del conocimiento: entendernos a nosotros mismos. Si de fronteras se trata, Dehaene es la mejor aduana que podamos pedir, guiándonos con paso seguro a entendernos a nosotros mismos.

La Serie Mayor de Ciencia que ladra es, al igual que la Serie Clásica, una colección de divulgación científica escrita por científicos que creen que ya es hora de asomar la cabeza por fuera del laboratorio y contar las maravillas, grandezas y miserias de la profesión. Porque de eso se trata: de contar, de compartir un saber que, si sigue encerrado, puede volverse inútil. Esta nueva serie nos permite ofrecer textos más extensos y, en muchos casos, compartir la obra de autores extranjeros contemporáneos.

Ciencia que ladra... no muerde, sólo da señales de que cabalga. Y si es Serie Mayor, ladra más fuerte.

Diego Golombek

---

2 Uno de los casos más interesantes es el de aquellos pacientes con "visión ciega" (*blindsight*), legalmente ciegos, pero capaces de "adivinar" dónde está un punto en una pantalla.

A mis padres.
Y a Ann y Dan,
mis padres estadounidenses.

La conciencia es lo único real en el mundo
y el mayor de todos los misterios.
Vladimir Nabokov, *Barra siniestra* (1947)

El cerebro – es más amplio que el cielo –
colócalos juntos –
contendrá uno al otro
holgadamente – y tú – también.
Emily Dickinson (*ca.* 1862)

Introducción
El material del que está hecho el pensamiento

Si nos adentramos en las profundidades de la cueva de Lascaux, más allá de la mundialmente célebre Gran Sala de los Toros, donde los artistas del paleolítico pintaron una colorida variedad de caballos, ciervos y toros, veremos que comienza un corredor menos renombrado, conocido como el Ábside. Allí, al fondo de un pozo de unos cinco metros de profundidad, junto a los bellos dibujos de un bisonte herido y de un rinoceronte, se encuentra uno de los escasos retratos de un ser humano en el arte prehistórico (figura 1). El hombre está tendido de espaldas con las palmas hacia arriba y los brazos extendidos. A su lado hay un pájaro posado sobre un palo. Cerca de allí yace una lanza rota, tal vez usada para eviscerar al bisonte, cuyos intestinos cuelgan de su cuerpo.

Resulta claro que esa persona es un hombre, ya que su pene está del todo erecto. Y esto, de acuerdo con el investigador del sueño Michel Jouvet, aclara el significado del dibujo: representa a un soñador y su sueño (Jouvet, 1999: 169-171). Como descubrieron Jouvet y su equipo, los sueños ocurren sobre todo durante una fase específica del sueño, que llamaron "paradojal" porque no se parece mucho al acto de dormir; durante este período, el cerebro está casi tan activo como en la vigilia, y los ojos se mueven sin cesar de un lado a otro. En los varones, esta fase siempre va acompañada por una fuerte erección (incluso cuando el sueño está desprovisto de contenido sexual). Si bien este extraño hecho psicológico se hizo conocido para la ciencia sólo en el siglo XX, Jouvet observa con ingenio que nuestros ancestros lo habrían notado con facilidad. Y el pájaro parece la metáfora más natural del alma del soñador: durante los sueños, la mente vuela a lugares lejanos y tiempos pasados, libre como un gorrión.

Esta idea podría resultar antojadiza si no fuera por la notable recurrencia de las imágenes del sueño, los pájaros, las almas y las erecciones en el arte y los símbolos de todo tipo de culturas. En el Antiguo Egipto, un pájaro con cabeza humana, muchas veces representado con un falo erecto, simbolizaba el Ba, el alma inmaterial. Se decía que dentro de

Figura 1. La mente puede volar mientras el cuerpo está inerte. En este dibujo prehistórico, que data de hace unos dieciocho mil años, un hombre yace supino. Probablemente esté dormido y soñando, como lo demuestra su fuerte erección, característica de la fase REM (movimientos oculares rápidos) del sueño, durante la cual los sueños son más vívidos. A su lado, el artista pintó un bisonte eviscerado y un pájaro. Según el investigador del sueño Michel Jouvet, esta puede ser una de las primeras representaciones pictóricas de un soñador y de su sueño. En muchas culturas, el pájaro simboliza la habilidad de la mente de evadirse durante los sueños: una premonición del dualismo, la errónea intuición de que los pensamientos pertenecen a un ámbito diferente del corporal.

cada ser humano moraba un Ba inmortal que luego de la muerte volaba para buscar el más allá. Una representación pictórica convencional del gran dios Osiris, pasmosamente similar a la pintura del Ábside de Lascaux, lo muestra echado de espaldas, con el pene erecto, mientras Isis-búho se cierne sobre su cuerpo, tomando el esperma para engendrar a Horus. De manera similar, en los Upanishad –los libros sagrados del hinduismo–, el alma se representa como una paloma que se va volando cuando alguien muere y que puede regresar como espíritu. Siglos después, las palomas y otras aves de alas blancas pasaron a simbolizar el alma cristiana, el Espíritu Santo y los ángeles visitantes. Desde el fénix egipcio, símbolo de la resurrección, hasta el sielulintu finlandés, el pájaro del alma que entrega una psique a los bebés recién nacidos y la toma de quienes mueren, los espíritus voladores aparecen como una metáfora universal de la mente autónoma.

En la alegoría del pájaro hay una intuición subyacente: aquello de lo que están hechos nuestros pensamientos es radicalmente distinto de la humilde materia que da forma a nuestros cuerpos. Durante los sueños, mientras el cuerpo se queda quieto, los pensamientos viajan hacia los remotos reinos de la imaginación y la memoria. ¿Podría haber una prueba mejor de que la actividad mental no se reduce al mundo material, de que la mente está hecha de algo diferente? ¿Cómo podría esta mente libre haber nacido de un cerebro tan terrenal?

El desafío de Descartes

La idea de que la mente pertenece a un reino separado, distinto del cuerpo, se elaboró en época temprana, en grandes textos filosóficos como el *Fedón* de Platón (del siglo IV a. C.) y la *Suma Teológica* de Tomás de Aquino (1265-1274), un texto fundacional de la perspectiva cristiana del alma. Pero fue el filósofo francés René Descartes (1596-1650) quien propuso lo que en la actualidad se conoce como dualismo: la tesis de que la mente consciente está hecha de una sustancia inmaterial que escapa a las leyes normales de la física.

Burlarse de Descartes se ha puesto de moda en la neurociencia. Luego de la publicación del *best seller El error de Descartes* (Damasio, 1994), lo primero que hicieron muchos libros de texto contemporáneos sobre la conciencia fue fustigar al filósofo porque, según dicen, retrasó en muchos años la investigación de la neurociencia. Sin embargo, la verdad es que Descartes fue un científico pionero y, sobre todo, un reduccionista cuyo análisis mecánico de la mente humana, muy avanzado para su época, fue uno de los primeros pasos en la biología sintética y la modelización teórica. El dualismo de Descartes no fue un capricho del momento: se basaba sobre un argumento lógico que afirmaba que la libertad de la mente consciente era imposible de imitar por medio de una máquina.

El padre fundador de la psicología moderna, William James, reconoce esta deuda:

> A Descartes le pertenece el crédito de ser el primero tan audaz como para concebir un sistema nervioso por completo autosuficiente que

fuera capaz de realizar actos complicados y en apariencia inteligentes (James, 1890: cap. 5).

En efecto, en libros visionarios llamados *Descripción del cuerpo humano, Las pasiones del alma* y *El tratado del hombre,* Descartes presentó una perspectiva mecánica a ultranza del funcionamiento interno del cuerpo. Somos autómatas sofisticados, escribió este aguerrido filósofo. Nuestros cuerpos y nuestras mentes actúan tal como una colección de "órganos": instrumentos musicales comparables a los instalados en las iglesias de su época, con fuertes bramidos que impulsan un fluido especial llamado "espíritus animales" hacia reservorios y luego a una amplia variedad de tubos, cuyas combinaciones generan todos los ritmos y la música de nuestras acciones.

> Deseo que consideréis que todas las funciones que he atribuido a esta máquina, como la digestión de la carne, el latido del corazón y de las arterias, la alimentación y el crecimiento de los miembros, la respiración, la vigilia y el sueño; la recepción de la luz, de los sonidos, de los olores, del gusto, del calor y de otras cualidades semejantes en los órganos de los sentidos exteriores; la impresión de sus ideas [de todo esto] en el órgano del sentido común y de la imaginación, la retención o la huella de esas ideas en la memoria, los movimientos interiores de los apetitos y de las pasiones; y, por último, los movimientos exteriores de todos los miembros que de manera tan acertada siguen [...] acciones de los objetos que se presentan a los sentidos. [...] Esas funciones se siguen de un modo absolutamente natural, en esta máquina, ya sólo de la disposición de sus órganos, exactamente igual que los movimientos de un reloj o de otro autómata se siguen de la disposición de sus contrapesos y ruedas.[1]

Para el cerebro hidráulico de Descartes no era difícil mover la mano hacia un objeto. Los rasgos visuales del objeto, que impactaban en la superficie interna del ojo, activaban un conjunto específico de tubos. Más tarde, un sistema de toma de decisiones interno, situado en la glándula pineal, se inclinaba en determinada dirección; eso provocaba que los es-

---

1 Las citas de Descartes son de su *Tratado del hombre,* escrito hacia 1632 o 1633 y publicado por primera vez en 1662. Se tomó en cuenta la traducción al inglés: Descartes (1985).

Visión y acción

Memoria

Vigilia

Sueño

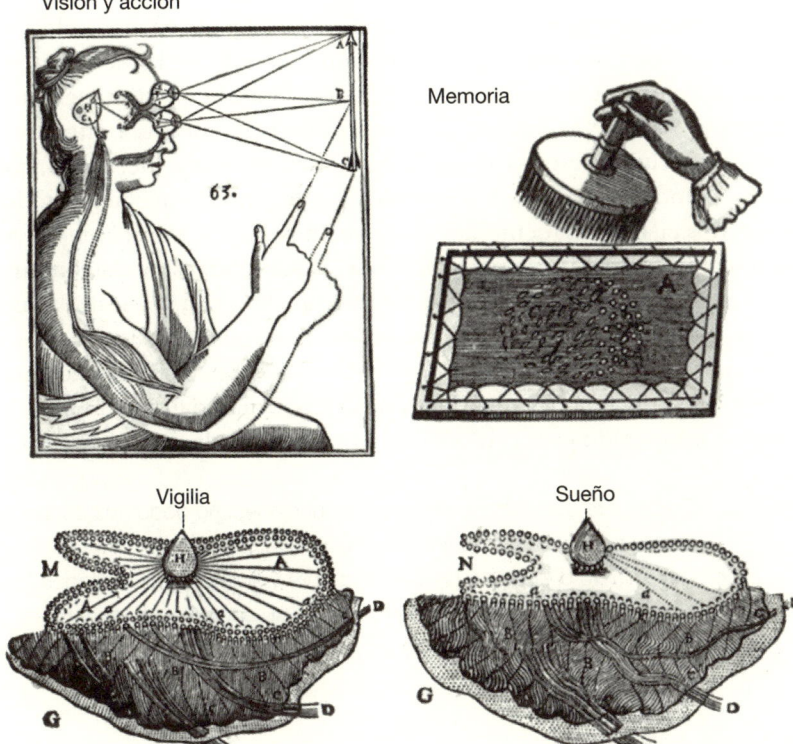

Figura 2. La teoría de René Descartes sobre el sistema nervioso no alcanzó a ser una concepción por completo materialista del pensamiento. En *El tratado del hombre*, publicado de manera póstuma en 1664, Descartes anticipó que la visión y la acción podían resultar de una adecuada disposición de las conexiones entre el ojo, la glándula pineal, que está dentro del cerebro, y los músculos del brazo. Entendía la memoria como el refuerzo selectivo de estas rutas, como si uno hiciera agujeros en una tela. Incluso las fluctuaciones en la conciencia se podrían explicar por variaciones en la presión de los espíritus animales que movían la glándula pineal: la alta presión llevaba a la vigilia, la presión baja, al sueño. A pesar de esta postura mecanicista, Descartes creía que la mente y el cuerpo estaban hechos de diferentes tipos de cosas que interactuaban a través de la glándula pineal.

píritus fluyeran, para causar con precisión el movimiento apropiado de las extremidades (figura 2). La memoria equivalía al refuerzo selectivo de algunas de estas rutas, una anticipación perspicaz de la idea contemporánea de que el aprendizaje depende de cambios en las conexiones cerebrales ("las neuronas que se activan juntas se conectan entre sí"). Descartes incluso presentó un explícito modelo mecánico del sueño, que definió como una presión reducida de los espíritus. Circulaba por todos los nervios cuando la fuente de espíritus animales era abundante, y esta máquina presurizada, lista para responder a cualquier estimulación, funcionaba como un modelo preciso del estado de vigilia. Cuando la presión se reducía, haciendo que los espíritus de nivel más bajo fueran capaces de moverse sólo por unos pocos filamentos, la persona se dormía.

Descartes concluía con una lírica apelación al materialismo, lo que era bastante inesperado para la pluma del fundador del dualismo sustancial:

> De manera que, para explicar estas funciones, no podemos concebir en ella ninguna alma vegetativa ni sensitiva, ni principio alguno de movimiento o vida que no sea su sangre y sus espíritus, agitados por el calor del fuego, que arde sin cesar en su corazón y cuya naturaleza no se distingue de todos los fuegos que están en los cuerpos inanimados.

¿Por qué afirma entonces Descartes que existe un alma inmaterial? Porque ya notó que su modelo mecánico no conseguía formular una solución materialista para las habilidades de nivel más alto de la mente humana.[2] Dos importantes funciones mentales parecían estar siempre más allá de la capacidad de su máquina corpórea. La primera era la facultad

---

2 Sin duda, otro factor era el miedo de Descartes a un conflicto con la Iglesia. Sólo tenía 4 años en 1600, cuando quemaron a Giordano Bruno en la hoguera, y 37 en 1633, cuando Galileo eludió por poco ese mismo destino. Descartes se aseguró de que su obra maestra, *El mundo o el tratado de la luz*, que originariamente incluía la muy reduccionista sección *L'homme* (*El tratado del hombre*), no fuera publicada mientras él viviera; no se publicó hasta 1664, mucho después de su muerte en 1650. Sólo aparecieron alusiones parciales a ella en *Discurso del método* (1637) y *Las pasiones del alma* (1649). Y tenía razón al ser precavido: en 1663, la Santa Sede incorporó en forma oficial sus trabajos en el *Index Librorum Prohibitorum*. De modo que la insistencia de Descartes en la inmaterialidad del alma tal vez fuese en parte una fachada, una medida de protección para salvar su vida.

de valerse del habla para referir los pensamientos. Descartes no concebía de qué modo una máquina podría alguna vez "usar palabras ni otros signos disponiéndolos tal como nosotros lo hacemos para declarar a los demás nuestros pensamientos". Los gritos involuntarios no planteaban un problema, ya que una máquina siempre podía configurarse para emitir sonidos específicos en respuesta a un estímulo específico; pero ¿cómo podría una máquina responder a una pregunta, "como pueden realizar incluso los hombres menos capacitados"?

El razonamiento flexible era la segunda función mental problemática. Una máquina es un aparato fijo, que sólo puede actuar de forma rígida, "en virtud de la disposición de sus órganos". ¿Cómo podría ser que generara una variedad infinita de pensamientos? "Debe ser moralmente imposible", concluía nuestro filósofo, "que exista una máquina con una variedad de órganos dispuestos en forma tal que le permitiese actuar en todas las coyunturas de la vida, tal como nuestra razón nos hace actuar".

Los desafíos que Descartes planteaba al materialismo todavía siguen en pie. ¿Cómo podría una máquina como el cerebro expresarse verbalmente, con todas las sutilezas de la lengua humana, y reflexionar sobre sus propios estados mentales? ¿Cómo tomaría decisiones racionales de modo flexible? Cualquier ciencia de la conciencia debe ocuparse de estos puntos clave.

El último problema

> Como humanos, podemos identificar galaxias que están a años luz de distancia, estudiar partículas más pequeñas que un átomo, pero todavía no hemos desentrañado el misterio de ese kilo y medio de materia situada entre nuestras orejas.
>
> **Barack Obama al anunciar la iniciativa BRAIN**
> **(2 de abril de 2013)**

Gracias a Euclides, Carl Friedrich Gauss y Albert Einstein, tenemos una razonable comprensión de los principios matemáticos que rigen el mundo físico. Parados como estamos sobre los hombros de gigantes como Isaac Newton y Edwin Hubble, comprendemos que nuestra Tierra sólo es una partícula de polvo en una entre mil millones de galaxias, que se originó de una explosión primigenia, el Big Bang. Y Charles Darwin, Louis Pasteur, James Watson y Francis Crick nos demostraron que la vida está hecha de miles de millones de reacciones químicas evolucionadas: física lisa y llana.

Sólo la historia del surgimiento de la conciencia parece permanecer en una oscuridad medieval. ¿Cómo pienso? ¿Qué es este "yo" que parece el hacedor de ese pensamiento? ¿Yo sería distinto si hubiera nacido en una época diferente, en otro lugar, o en otro cuerpo? ¿Adónde voy cuando me duermo, cuando sueño, cuando muero? ¿Todo eso se origina en mi cerebro? ¿O soy, en parte, un espíritu, hecho de una sustancia distinta, la del pensamiento?

Estas acuciantes preguntas dejaron perplejas a muchas mentes brillantes. Cuando en 1580, el humanista francés Michel de Montaigne escribía uno de sus famosos ensayos, se lamentaba de no poder encontrar una coherencia en lo que los pensadores del pasado habían escrito sobre la naturaleza del alma. Todos estaban en desacuerdo tanto sobre su naturaleza como sobre su sede en el cuerpo:

> Hipócrates y Herófilo la ubican en el ventrículo del cerebro; Demócrito y Aristóteles la difunden por el cuerpo entero, Epicuro la sitúa en el estómago, los estoicos, en el corazón y a su alrededor, Empédocles, en la sangre; Galeno pensaba que cada parte del cuerpo debía tener su propia alma; Estratón la disponía entre las dos cejas.[3]

Durante los siglos XIX y XX, el tema de la conciencia estaba fuera de las fronteras de la ciencia normal. Era un ámbito impreciso, mal definido, cuya subjetividad lo dejaba siempre lejos del alcance de la experimentación objetiva. Por muchos años, ningún investigador serio tocaría el problema: especular acerca de la conciencia era un pasatiempo tolerable para el científico que envejecía. En su manual *Introducción a la psicología* (1962), George Miller, el padre fundador de la ciencia cognitiva, proponía una prohibición oficial:

> La conciencia es una palabra desgastada por un millón de lenguas. [...] Tal vez deberíamos prohibirla por una década o dos, hasta que podamos desarrollar términos más precisos para las distintas acepciones que actualmente la palabra "conciencia" torna opacas.

3 Michel de Montaigne, *Ensayos*. Se tomó en cuenta la trad. al inglés de Michael Andrew Screech *The Complete Essays*, Nueva York, Penguin, 1987), 2:12.

Y así fue. En mi época de estudiante, a finales de la década de 1980, me sorprendió descubrir que durante las reuniones de laboratorio no teníamos permitido usar "la dichosa palabra que empieza con 'c'". Todos estudiábamos la conciencia de una manera u otra, por supuesto, cuando les pedíamos a los sujetos que categorizaran lo que habían visto o que formaran imágenes mentales en la oscuridad; pero esa palabra, en sí, seguía siendo tabú: ninguna publicación científica seria la usaba. Incluso cuando los investigadores proyectaban breves imágenes en el umbral de la percepción consciente de los participantes, no les importaba reportar si estos veían los estímulos o no. Con algunas importantes excepciones (por ejemplo, Posner y Snyder, 2004 [1975], Shallice, 1972, 1979, Marcel, 1983, Libet, Alberts, Wright y Feinstein, 1967, Bisiach, Luzzatti y Perani, 1979, Weiskrantz, 1986, Frith, 1979, Weiskrantz, 1997), la sensación general era que usar la palabra "conciencia" no le agregaba ningún valor a la ciencia psicológica. En la emergente ciencia positiva de la cognición, las operaciones mentales iban a ser descriptas sólo en términos del procesamiento de la información y de su implementación molecular y neuronal. La conciencia estaba mal definida, era innecesaria y estaba *démodée*.

Y luego, a finales de esa misma década de 1980, todo cambió. Hoy en día, el problema de la conciencia está a la vanguardia de la investigación neurocientífica. Es un campo fascinante, con sus propias sociedades científicas y revistas. Y está comenzando a abordar los principales desafíos e interrogantes de Descartes, incluso el de cómo el cerebro genera una perspectiva subjetiva que podemos usar con flexibilidad y comunicar a otros. Este libro cuenta la historia de cómo cambiaron las cosas.

Cómo descifrar los códigos de la conciencia

En los últimos veinte años, los campos de la ciencia cognitiva, la neurofisiología y las imágenes cerebrales tramaron un sólido embate empírico sobre la conciencia. Como resultado, el problema perdió su estatus especulativo y se convirtió en una tarea de ingenio experimental.

En este libro reseñaré con gran detalle la estrategia que convirtió un misterio filosófico en un fenómeno de laboratorio. Tres ingredientes fundamentales posibilitaron esta transformación: la articulación de una mejor definición de la conciencia, el descubrimiento de que la conciencia se puede manipular de manera experimental y un nuevo respeto por los fenómenos subjetivos.

La palabra "conciencia", como la usamos en el habla de todos los días, está cargada de significados imprecisos, que abarcan un amplio rango de fenómenos complejos. Por lo tanto, nuestra primera tarea será poner orden en este confuso estado de la cuestión. Tendremos que acotar nuestro objeto de estudio a un punto definido que pueda ser sometido a experimentos precisos. Como veremos, la ciencia contemporánea de la conciencia distingue como mínimo tres conceptos: la vigilancia –el estado de vigilia, que varía cuando nos quedamos dormidos o nos despertamos–; la atención –la focalización de nuestros recursos mentales sobre cierta información específica–, y el acceso consciente –el hecho de que, con el tiempo, cierta información a la que se le presta atención ingrese en nuestra percepción consciente y se vuelva comunicable a los demás–.

Según expondré, lo que cuenta como conciencia genuina es el acceso consciente, el simple hecho de que normalmente, siempre que estamos despiertos, cualquier cosa en la que decidamos poner nuestra atención se volverá consciente. Ni la vigilancia ni la atención por sí solas son suficientes. Cuando estamos del todo despiertos y atentos, a veces podemos ver un objeto y describir nuestra percepción a otros, pero a veces no podemos: quizás el objeto era demasiado borroso, o se mostró por un tiempo demasiado breve para ser visible. En el primer caso, se dice que gozamos de acceso consciente, lo que no sucede en el otro caso (aún así, como veremos, nuestro cerebro puede estar procesando de modo inconsciente la información).

En la nueva ciencia de la conciencia, el acceso consciente es un fenómeno bien definido, distinto de la vigilancia y la atención. Más aún, puede estudiarse con facilidad en el laboratorio. Ahora conocemos docenas de formas en las que un estímulo puede cruzar el límite entre lo no percibido y lo percibido, entre lo invisible y lo visible, lo que nos permite indagar qué cambio provoca este cruce en nuestro cerebro.

El acceso consciente también es la puerta de entrada a formas más complejas de la experiencia consciente. En la lengua cotidiana, solemos aunar nuestra conciencia con nuestro sentido del yo: cómo nuestro cerebro crea un punto de vista, un "yo" que mira todo a su alrededor desde una perspectiva específica. La conciencia también puede ser recursiva: nuestro "yo" puede contemplarse a sí mismo, comentar sobre su propio desempeño, e incluso saber cuándo no sabe algo. La buena noticia es que incluso estos significados de nivel más alto de la conciencia ya no son inaccesibles para la experimentación. En nuestros laboratorios, aprendimos a cuantificar lo que el "yo" siente e informa, tanto del entorno externo como de sí mismo. Incluso podemos manipular el sentido del yo, para que la gente pueda tener la experiencia de "estar fuera de su cuerpo" mientras está dentro de un resonador magnético.

Algunos filósofos todavía piensan que ninguna de las ideas expuestas más arriba será suficiente para resolver el problema. Creen que el meollo de la cuestión reside en otro sentido de la conciencia, que llaman "conciencia fenoménica": el sentimiento intuitivo, presente en todos nosotros, de que nuestras experiencias internas poseen cualidades exclusivas, *qualia* únicos como la refinada agudeza del dolor de dientes o el inimitable verdor de una hoja fresca. Y aducen que estas cualidades internas nunca pueden reducirse a una descripción neuronal científica; por naturaleza propia, son personales y subjetivas, y por eso desafían cualquier comunicación verbal exhaustiva a otros. Pero no estoy de acuerdo, y voy a argumentar que la noción de una conciencia fenoménica diferenciada del acceso consciente es muy engañosa y nos lleva por una resbaladiza pendiente hacia el dualismo. Deberíamos tomar como punto de partida lo más sencillo y estudiar en primer lugar el acceso consciente. Una vez que dejemos en claro cómo cualquier información sensorial puede acceder a nuestra mente y hacerse comunicable, desaparecerá ese problema que no logramos zanjar, el de nuestras experiencias inefables.

Ver o no ver

El acceso consciente es engañosamente trivial: posamos nuestros ojos sobre un objeto y –de inmediato, según parece– podemos percibir su forma, color e identidad. Sin embargo, hay una compleja avalancha de actividad cerebral subyacente a nuestra conciencia perceptual: están involucrados miles de millones de neuronas visuales y puede demorar casi medio segundo completar esa actividad antes de que la conciencia entre en acción. ¿Cómo podemos analizar esta larga cadena de procesamiento? ¿Cómo podemos darnos cuenta de qué parte corresponde a meras operaciones inconscientes y automáticas y cuál desemboca en nuestra sensación consciente de estar viendo algo?

Aquí es donde entra en juego el segundo ingrediente de la moderna ciencia de la conciencia: ahora tenemos un ámbito experimental sólido a propósito de los mecanismos de la percepción consciente. En los últimos veinte años, los científicos cognitivos han descubierto una variedad sorprendente de formas de manipular la conciencia. Incluso un cambio minúsculo en el diseño de los experimentos puede hacer que veamos o no veamos. Podemos proyectar una palabra por un tiempo tan breve que quienes miran no podrán darse cuenta de que está allí. Podemos crear una escena visual cuidadosamente sobrecargada, en la que un elemento permanezca por completo invisible para un participante porque los otros elementos siempre ganan la contienda interna de la percepción consciente. También podemos distraer la atención de alguien: como cualquier mago sabe, incluso un gesto obvio puede volverse casi invisible si se lleva la mente de quien está mirando a otra línea de pensamiento. E incluso podemos dejar que su cerebro haga magia: cuando se presenta una imagen distinta a cada ojo, el cerebro oscilará de modo espontáneo y dejará ver una imagen y luego la otra, pero nunca las dos a la vez.

La imagen percibida –aquella que resulta vencedora y accede a la conciencia– y la imagen perdedora, que desaparece en el olvido inconsciente, pueden diferir mínimamente desde el punto de vista del *input*. Pero dentro del cerebro esta diferencia se debe amplificar, porque en última instancia podemos hablar sobre una pero no sobre la otra. Detectar con exactitud dónde y cuándo ocurre esta amplificación es el objeto de una nueva ciencia de la conciencia.

La estrategia experimental de crear un contraste mínimo entre la percepción consciente y la inconsciente fue la idea clave que abrió de par en par las puertas a un santuario que se suponía inaccesible, el de la conciencia (Baars, 1989). A lo largo de los años, descubrimos muchos contrastes experimentales muy certeros en los cuales una condición llevaba a la percepción consciente mientras que la otra no. El abrumador problema de la conciencia se redujo a la cuestión experimental de descifrar los mecanismos cerebrales que distinguen dos conjuntos de ensayos: una cuestión mucho más manejable.

Transformar la subjetividad en una ciencia

Esta estrategia de investigación era bastante sencilla; sin embargo, dependía de un paso controversial, que por mi parte considero el tercer ingrediente clave para la nueva ciencia de la conciencia: tomar en serio los reportes subjetivos. No era suficiente presentarles a las personas dos tipos de estímulos visuales; como investigadores, debíamos registrar con cuidado lo que pensaban de ellos. La introspección del participante era crucial: definía el problema que buscábamos estudiar. Si el investigador podía ver una imagen pero el sujeto negaba verla, lo que contaba era la última respuesta: la imagen tenía que registrarse como invisible. Así, los psicólogos se vieron forzados a encontrar nuevas formas de monitorear la introspección subjetiva, con tanta precisión como fuera posible.

Este énfasis en lo subjetivo ha sido una revolución para la psicología. A comienzos del siglo XX, los conductistas como John Broadus Watson (1878-1958) habían expulsado de manera enfática la introspección de la ciencia de la psicología.

> La psicología como la ve el conductista es una rama experimental puramente objetiva de la ciencia natural. Su meta teórica es la predicción y el control del comportamiento. La introspección no es una parte esencial de sus métodos, y el valor científico de sus datos no depende de la disposición con la que se presten a la interpretación en términos de conciencia (Watson, 1913).

Si bien con el paso del tiempo el conductismo en sí mismo también resultó rechazado, dejó una marca duradera: a lo largo del siglo XX, en el campo de la psicología cualquier recurso a la introspección continuó siendo en gran medida sospechoso. Sin embargo, argumentaré que esta posición dogmática está por completo errada. Mezcla dos cosas distintas: la introspección como método de investigación y la introspección en tanto datos brutos. Como método de investigación, no se puede confiar en ella (Nisbett y Wilson, 1977, Johansson, Hall, Sikstrom y Olsson, 2005). Obviamente, no podemos depender de que inocentes sujetos humanos nos cuenten cómo funciona su mente; si no, nuestra ciencia sería demasiado fácil. Y no deberíamos tomar sus experiencias subjetivas de manera demasiado literal, como cuando dicen haber tenido una experiencia fuera de su cuerpo y haber volado hasta el techo, o haberse encontrado, en un sueño, con su abuela muerta. Pero en cierto sentido se debe confiar incluso en introspecciones tan extrañas como estas: a no ser que el sujeto esté mintiendo, corresponden a eventos mentales genuinos que imploran una explicación.

La perspectiva correcta es pensar en los reportes subjetivos como datos brutos.[4] Una persona que dice haber tenido una experiencia extracorpórea *siente* en verdad que es arrastrada hasta el techo, y no tendremos ciencia de la conciencia a menos que nos preguntemos con seriedad por qué ocurre este tipo de sentimientos. De hecho, la nueva ciencia de la conciencia hace un uso enorme de fenómenos puramente subjetivos,

---

4 El filósofo Daniel Dennett (1991) llama "heterofenomenología" a este enfoque.

como las ilusiones ópticas, las imágenes que se perciben de manera incorrecta, los delirios psiquiátricos y otros productos de la imaginación. Sólo estos eventos nos permiten diferenciar la estimulación física objetiva de la percepción subjetiva y, así, buscar correlatos cerebrales de lo último, más que de lo primero. Como científicos de la conciencia, nunca nos sentimos tan bien como cuando descubrimos una nueva forma de visualización que puede contemplarse o no de manera subjetiva, o un sonido que a veces se reporta como perceptible y a veces como imperceptible. Mientras registremos con cuidado, en cada intento, lo que sienten nuestros participantes, estaremos haciendo las cosas bien, porque podremos separar los intentos en conscientes e inconscientes y buscar patrones de actividad cerebral que los separen.

Las marcas de los pensamientos conscientes

Estos tres ingredientes –enfocarse en el acceso consciente, manipular la percepción consciente y registrar con cuidado la introspección– transformaron el estudio de la conciencia y lo convirtieron en una ciencia experimental normal. Podemos investigar hasta qué punto una imagen que la gente dice no haber visto de hecho sí se procesa en el cerebro. Como descubriremos, una asombrosa cantidad de procesamiento se realiza por debajo de la superficie de nuestra mente consciente. La investigación que utiliza imágenes subliminales ha provisto una plataforma sólida para estudiar los mecanismos cerebrales de la experiencia consciente. Los métodos de imágenes cerebrales modernos nos dieron un recurso para investigar hasta qué punto un estímulo inconsciente puede viajar en el cerebro, y con exactitud cuándo se detiene, para definir de esta manera qué patrones de actividad neural se asocian en forma exclusiva con el procesamiento consciente.

Desde hace ya quince años mi equipo de investigación utiliza todas las herramientas que están a su disposición, desde la resonancia magnética funcional (fMRI) hasta el electroencefalograma (EEG) y la magnetoencefalografía (MEG), e incluso la inserción de electrodos intracraneales, en las profundidades del encéfalo, para intentar identificar la base cerebral de la conciencia. Como muchos otros laboratorios del mundo entero, el nuestro está comprometido en una búsqueda experimental sistemática de patrones de actividad cerebral que aparecen si y sólo si la persona estudiada tiene una experiencia consciente: lo que yo llamo "sellos" o "marcas de la conciencia". Y nuestra búsqueda fue exitosa. En un experimento tras otro, aparecen las mismas marcas: varios marcadores de la actividad cerebral sufren enormes cambios siempre que una persona se hace consciente de una imagen, una palabra, un dígito o un sonido. Estas marcas tienen una llamativa estabilidad y se pueden observar en una gran variedad de estimulaciones visuales, auditivas, táctiles y cognitivas.

Haber logrado el descubrimiento empírico de las marcas reproducibles de la conciencia, presentes en todos los cerebros humanos, sólo es el primer paso. Necesitamos trabajar en la faceta teórica también: ¿cómo se originan estas marcas? ¿Por qué indizan un cerebro consciente? Hoy ningún científico puede jactarse de haber resuelto estos problemas, pero sí tenemos algunas hipótesis fuertes y testeables. Mis colaboradores y yo hemos elaborado una teoría que denominamos "espacio de trabajo neuronal global". Proponemos que la conciencia es la comunicación global de información en el cerebro: surge de una red neuronal cuya razón de ser es compartir información pertinente de manera global por todo el cerebro.

Con acierto, el filósofo Daniel Dennett llama a esta idea "fama en el cerebro". Gracias al espacio de trabajo neuronal global, podemos tener en mente –durante tanto tiempo como queramos– cualquier idea que nos impacte con fuerza, y asegurarnos de que se incorpore en nuestros planes futuros, cualesquiera sean. De este modo, la conciencia se adjudica un rol preciso en la economía computacional del cerebro: selecciona, amplifica y propaga los pensamientos relevantes.

¿Qué circuito es responsable de esta función de difusión de la conciencia? Creemos que un conjunto especial de neuronas difunde mensajes conscientes por el cerebro entero: células gigantes cuyos largos axones entrecruzan la corteza interconectándola en un todo integrado. Las simulaciones computarizadas de esta arquitectura han reproducido nuestros descubrimientos experimentales más importantes. Cuando una cantidad suficiente de regiones cerebrales se pone de acuerdo acerca de la importancia de la información sensorial que llega, la sincroniza en un estado de comunicación global de gran escala. Una amplia red se enciende en un estallido de activación de alto nivel, y la naturaleza de este encendido explica nuestras marcas empíricas de la conciencia.

Si bien el procesamiento inconsciente puede ser profundo, el acceso consciente incorpora una capa adicional de funcionalidad. La función de difundir la información de la conciencia nos permite realizar operaciones de un poder único. El espacio de trabajo neuronal global abre un espacio interno para los experimentos del pensamiento, operaciones puramente mentales que tienen la facultad de desconectarse del mundo exterior. Gracias a eso, podemos recordar información importante por un tiempo arbitrariamente largo. Podemos entregarla a cualesquiera otros procesos mentales arbitrarios, y de este modo garantizar a nuestros cerebros el tipo de flexibilidad que Descartes estaba buscando. Una vez que la información es consciente, puede entrar en una larga serie de operaciones arbitrarias: ya no se procesa de una forma refleja, sino que es factible reflexionar sobre ella y darle la trayectoria que se prefiera. Y gracias a una conexión con las áreas del lenguaje, podemos comunicarla a otros.

Para el espacio de trabajo neuronal global también es fundamental su autonomía. Estudios recientes han revelado que en el cerebro hay actividad espontánea intensa. En forma constante es surcado por patrones globales de actividad interna que no se originan en el mundo externo sino dentro de él, en la peculiar capacidad de las neuronas para activarse a sí mismas de manera parcialmente aleatoria. Como resultado, y en sentido bastante opuesto a la metáfora del órgano de Descartes, nuestro espacio de trabajo neuronal global no opera como *input-output*, a la espera de ser estimulado antes de producir sus *outputs*. Al contrario, incluso en plena oscuridad, produce incesantemente patrones globales de actividad neuronal, causando lo que William James llamaba "fluir de la conciencia", un flujo ininterrumpido de pensamientos poco conectados, a los que les dan forma, sobre todo, nuestras metas actuales y que sólo en ocasiones buscan información en los sentidos. René Descartes no podría haber imaginado una máquina de este tipo, en que las intenciones, los pensamientos y los planes aparecen sin cesar para dar forma a nuestro comportamiento. El resultado, argumento, es una máquina "con libre elección", que resuelve el desafío de Descartes y comienza a verse como un buen modelo de la conciencia.

El futuro de la conciencia

Lo que comprendemos de la conciencia todavía es rudimentario. ¿Qué nos depara el futuro? Al final de este libro, volveremos a las preguntas filosóficas profundas, pero con mejores respuestas científicas. Allí sostendré que nuestra creciente comprensión de la conciencia nos ayudará a resolver algunos de los interrogantes más trascendentales sobre nosotros y también a enfrentar decisiones sociales difíciles e incluso a desarrollar nuevas tecnologías que imiten el poder computacional de la mente humana.

Por supuesto, todavía falta identificar con precisión muchos detalles, pero la ciencia de la conciencia ya es más que una mera hipótesis. Las aplicaciones médicas ahora están a nuestro alcance. En un sinnúmero de hospitales en todo el mundo, miles de pacientes en coma o en estado vegetativo yacen en una aislación terrible, inmóviles, sin habla, con sus cerebros destruidos por un accidente cerebrovascular (ACV), un accidente de auto o una privación momentánea de oxígeno. ¿Alguna vez recuperarán la conciencia? ¿Es posible que algunos de ellos ya estén conscientes pero por completo "encerrados en sí mismos" e imposibilitados de hacérnoslo saber? ¿Podemos ayudarlos si hacemos que nuestros estudios de imágenes cerebrales se conviertan en un monitor en tiempo real de la experiencia consciente?

Mi laboratorio actualmente diseña nuevas evaluaciones poderosas que comienzan a decirnos de modo fiable si una persona está consciente o no. El hecho de que tengamos a disposición marcas objetivas de la conciencia ya está ayudando a los servicios hospitalarios de todo el mundo que atienden pacientes en coma, y pronto mostrará si y cuándo nuestros bebés son conscientes. Si bien las ciencias nunca convertirán un *es* en un *debería*, estoy convencido de que tomaremos mejores decisiones éticas una vez que logremos averiguar y determinar objetivamente si los sentimientos subjetivos están presentes en los pacientes o en los niños.

Otra aplicación fascinante de la ciencia de la conciencia involucra las tecnologías informáticas. ¿Alguna vez seremos capaces de imitar los circuitos cerebrales *in silico*? ¿Nuestro conocimiento actual es suficiente para construir una computadora consciente? Si no, ¿qué sería necesario para que eso ocurriera? A medida que mejore la teoría de la conciencia, debería volverse posible crear arquitecturas artificiales de chips electrónicos que imiten la operación de la conciencia en las neuronas reales y los circuitos. ¿El próximo paso será una máquina consciente de su propio conocimiento? ¿Podemos garantizarle un sentido del yo e incluso la experiencia de la libre elección?

Ahora los invito a comenzar un viaje hacia la novedosa ciencia de la conciencia, una cruzada que le dará un significado más profundo al lema griego "conócete a ti mismo".

1. La conciencia entra al laboratorio

¿Cómo fue que el estudio de la conciencia se convirtió en una ciencia? En primer lugar, teníamos que concentrarnos en la definición más simple posible del problema. Dejando para después las molestas cuestiones del libre albedrío y la conciencia del yo, enfocamos el problema más restringido del acceso consciente, por qué algunas de nuestras sensaciones se vuelven percepciones conscientes mientras que otras siguen siendo inconscientes. Más tarde, muchos experimentos simples nos permitieron crear contrastes mínimos entre la percepción consciente y la inconsciente. Hoy en día, podemos hacer que en verdad una imagen se vuelva visible o invisible según nuestro deseo, con un completo control experimental. Al identificar el umbral bajo el cual una misma imagen sólo se percibe de manera consciente la mitad de las veces, podemos incluso mantener constante el estímulo y dejar que el cerebro sea el encargado de hacer el cambio. Así, se vuelve crucial registrar la introspección de quien ve las imágenes, porque define los contenidos de la conciencia. Por último, obtuvimos un programa de investigación simple: una búsqueda de los mecanismos objetivos que explican los estados subjetivos, los "sellos" o las "marcas" sistemáticas de la actividad cerebral que señalan la transición de la inconciencia a la conciencia.

Dé una mirada a la ilusión óptica en la figura 3. Doce puntos, impresos en gris claro, rodean una cruz negra. Ahora fije la vista en la cruz central. Luego de algunos segundos, debería ver que algunos de los puntos grises aparecen y desaparecen. Durante algunos segundos, se desvanecen de su percepción; luego vuelven a aparecer. En algunas ocasiones el conjunto entero se va, dejando un tiempo la página en blanco, para regresar unos pocos segundos más tarde con un tono de gris en apariencia más oscuro.

Figura 3. La ilusión óptica llamada "desvanecimiento de Troxler" es buen ejemplo de una de las muchas maneras en que puede manipularse el contenido subjetivo de la conciencia. Mire con atención la cruz central. Pasados unos pocos segundos, algunos de los puntos grises deberían desvanecerse y luego reaparecer de modo aleatorio. El estímulo objetivo es constante; pero su interpretación subjetiva varía permanentemente. Algo debe estar cambiando dentro de su cerebro, ¿nos permite monitorearlo?

Una imagen visual objetiva fija puede aparecer y desaparecer de nuestra percepción subjetiva, de manera más o menos aleatoria. Esta importante observación es la base de la moderna ciencia de la conciencia. En la década de 1990, el fallecido Premio Nobel Francis Crick y el neurobiólogo Christof Koch advirtieron que este tipo de ilusiones ópticas daba a los científicos un recurso para seguir el rumbo de los estímulos conscientes e inconscientes en el cerebro (Crick y Koch, 1990a, 1990b).[5]

Al menos desde un punto de vista conceptual, este programa de investigación no supone una gran dificultad. En el transcurso del experimento de los doce puntos, por ejemplo, podemos registrar las descargas de neuronas desde diferentes lugares del cerebro durante los momentos en que se ven los puntos y comparar estos registros con aquellos que se hacen cuando los puntos no se ven. Crick y Koch señalaron que la visión era un terreno fértil para este tipo de investigaciones, no sólo porque estamos comenzando a comprender en gran detalle las rutas neurales que llevan la información visual de la retina a la corteza, sino también porque hay una infinidad de ilusiones ópticas que se pueden usar para contrastar los estímulos visibles e invisibles (Kim y Blake, 2005). ¿Comparten algo? ¿Hay un solo patrón de actividad cerebral que subyace a todos los estados conscientes y que provee una "marca" unificadora del acceso consciente en el cerebro? Encontrar un patrón de este tipo sería un gran paso para la investigación de la conciencia.

Con su modo de trabajo práctico y nada pretencioso, Crick y Koch habían logrado abrir una vía de acceso al problema. Siguiéndolos, docenas de laboratorios comenzaron a estudiar la conciencia por medio de ilusiones ópticas básicas como esa que usted acaba de experimentar. De pronto, tres rasgos de este programa de investigación pusieron la percepción consciente al alcance de la experimentación. En primer lugar, las ilusiones no requerían una noción elaborada de conciencia, sólo el simple acto de ver o no ver, lo que llamé "acceso consciente". En segundo lugar, gran cantidad de ilusiones estaba a disposición de los investigadores: como veremos, los científicos cognitivos inventaron do-

---

5 Sin duda, previamente muchos otros psicólogos y neurocientíficos habían hecho énfasis en una agenda de investigación reduccionista para la conciencia (véanse Churchland, 1986, Changeux, 1983, Baars, 1989, Weiskrantz, 1986, Posner y Snyder, 2004 [1975], Shallice, 1972). Sin embargo, en mi opinión los artículos de Crick y Koch, con su enfoque simple centrado en la visión, tuvieron un papel esencial, ya que atrajeron a los científicos experimentales hacia este campo.

cenas de técnicas para hacer que palabras, imágenes, sonidos o incluso gorilas desaparezcan a voluntad. Y, en tercer lugar, este tipo de ilusiones es eminentemente subjetivo: sólo usted puede saber cuándo y dónde los puntos desaparecen en su mente. Sin embargo, los resultados son reproducibles: cualquiera que mira la figura dice pasar por el mismo tipo de experiencia. No tiene sentido negarlo: todos estamos de acuerdo en que algo real, peculiar y fascinante está ocurriendo en nuestra percepción consciente. Debemos tomarlo en serio.

Sostengo que esos tres ingredientes cruciales pusieron la conciencia al alcance de la ciencia: enfocar el acceso consciente, usar un abanico de trucos para manipular la conciencia como queramos y tratar los informes subjetivos como datos científicos genuinos. Ahora analicemos esos puntos de a uno por vez.

Las múltiples facetas de la conciencia

> Conciencia: tener percepciones, pensamientos y sentimientos; percatación. Esta palabra es imposible de definir excepto en términos que son ininteligibles sin una plena comprensión de lo que significa la conciencia. [...] No se ha escrito nada sobre ella que merezca ser leído.
> **Stuart Sutherland, *International Dictionary of Psychology* (1996)**

Muchas veces, la ciencia progresa forjando nuevas distinciones que perfeccionan las difusas categorías del lenguaje natural. En la historia de la ciencia, un ejemplo clásico es la separación de los conceptos de calor y temperatura. La intuición cotidiana los trata como una sola y misma cosa. En definitiva, agregar calor a algo va a aumentar su temperatura, ¿verdad? Falso: un bloque de hielo, cuando se lo calienta, se derretirá pero continuará estando a la temperatura fija de cero grados centígrados. Un material puede tener una temperatura alta (por ejemplo, la chispa de un fuego artificial, que puede alcanzar unos pocos miles de grados centígrados) pero tener tan poco calor que no quemará la piel (porque posee muy poca masa). En el siglo XIX, la distinción entre el calor (la cantidad de energía transferida) y la temperatura (la energía cinética promedio que puede tener un cuerpo) fue clave para progresar en la termodinámica.

La palabra "conciencia", como la usamos en nuestras conversaciones diarias, es similar al "calor" del lego: es una combinación de múltiples significados que causa una confusión importante. Para hacer un poco de orden en este campo, en primer lugar necesitamos organizarlos. En este libro sostengo que uno de ellos, el "acceso consciente", denota una pregunta bien definida, que está suficientemente delimitada para que sea estudiada con herramientas experimentales modernas, y que tiene grandes posibilidades de echar luz sobre todo el problema.

¿A qué me refiero cuando hablo de acceso consciente? En todo momento, un gran flujo de estimulación sensorial llega a nuestros sentidos, pero nuestra mente consciente parece tener acceso sólo a una pequeña cantidad de ella. Cada mañana, cuando manejo hacia el trabajo, paso frente a las mismas casas sin siquiera notar el color de su techo o la cantidad de ventanas que tienen. Cuando me siento en mi escritorio y me concentro para escribir este libro, mi retina es bombardeada por información acerca de los objetos que me rodean, fotografías y pinturas, sus formas y colores. A la vez, la música, el canto de los pájaros, el ruido de los vecinos estimulan mis oídos; sin embargo, todas estas partículas de distracción se quedan en el trasfondo inconsciente mientras me concentro en la escritura.

El acceso consciente es, a la vez, extraordinariamente abierto y selectivo en exceso. Su repertorio *potencial* es vasto. En cualquier momento, con un cambio de atención, puedo hacerme consciente de un color, un aroma, un sonido, un recuerdo perdido, un sentimiento, una estrategia, un error, o incluso los muchos significados de la palabra "conciencia". Si meto la pata, es probable que mi *conciencia* me lo reproche, y eso significa que mis emociones, mis estrategias, mis errores y lamentos van a entrar en mi mente consciente. Sin embargo, en cualquier momento dado, el *verdadero* repertorio de la conciencia es terriblemente limitado. En esencia estamos limitados a alrededor de sólo un pensamiento consciente por vez (aunque un solo pensamiento puede ser una "tajada" sustancial, con varios subcomponentes, como cuando reflexionamos acerca del significado de una oración).

Como su capacidad es limitada, la conciencia debe abandonar un ítem para poder tener acceso a otro. Deje de leer por un segundo y préstele atención a la posición de sus piernas; tal vez sienta algo de presión por aquí o un dolor por allá. Esta percepción ahora es consciente. Pero hace un segundo era *preconsciente*: accesible pero no accedida, estaba latente en el enorme depósito de estados inconscientes. No estaba necesariamente sin procesar: a cada instante uno ajusta su postura de modo inconsciente en respuesta a este tipo de señales corporales. Sin embargo, el acceso consciente hizo que estuviera disponible para su mente: de pronto, se volvió accesible a su sistema de lenguaje y a otros muchos procesos de la memoria, la atención, la intención y la planificación. Precisamente este paso de lo preconsciente a lo consciente, que permite que de un momento a otro determinada cantidad de información se haga perceptible de manera consciente: es lo que voy a exponer en los próximos capítulos. Qué ocurre después con exactitud es la pregunta que espero responder en este libro: los mecanismos cerebrales del acceso consciente.

Para hacerlo, también necesitaremos trazar una distinción entre el acceso consciente y la mera atención, un paso arduo pero indispensable. ¿Qué es la atención? En su obra *Principios de psicología* (1890), que hizo época, William James propuso una definición que se volvió famosa. La atención, dijo, es "tomar posesión mental, en una forma clara y vívida, de uno entre los aparentes y diversos objetos o hilos de pensamiento posibles y simultáneos". Desafortunadamente, esta definición en realidad combina dos nociones diferentes que dependen de mecanismos cerebrales distintos: *selección* y *acceso*. Aquello que William James llama "tomar posesión mental", en esencia, es lo que llamé "acceso consciente". Es llevar la información a una posición prominente de nuestro pensamiento, de modo que se vuelva un objeto mental consciente que podamos "tener en mente". Casi por definición, este aspecto de la atención coincide con la conciencia: cuando un objeto toma posesión de nuestra mente y logra que podamos comunicarlo (con gestos o mediante la palabra); luego, somos conscientes de él.

Sin embargo, la definición de James también incluye un segundo concepto: seleccionar uno de muchos hilos de pensamiento posibles, lo que hoy llamamos "atención selectiva". En cualquier momento, nuestro entorno sensorial está lleno de potenciales percepciones. De manera similar, nuestra memoria está repleta de conocimiento que, en el próximo instante, podría volver a nuestra conciencia. Con el fin de evitar la sobrecarga de información, muchos de nuestros sistemas cerebrales entonces aplican un filtro selectivo. De un sinfín de potenciales pensamientos, lo que llega a nuestra mente consciente es *la crème de la crème*, producto del complejo tamiz que llamamos "atención". Nuestro cerebro descarta de manera despiadada la información irrelevante y, en última instancia, aísla un solo objeto consciente, sobre la base de su prominencia o su relevancia para nuestros objetivos actuales. Por ende, este estímulo se amplifica y se vuelve capaz de orientar nuestra conducta.

Así, por supuesto, la mayoría, o tal vez la totalidad, de las funciones selectivas de la atención tiene que operar por fuera de nuestra conciencia. ¿Nos sería posible pensar, en caso de que antes tuviéramos que cribar a conciencia todos los objetos candidatos a formar parte de nuestros pensamientos? Por lo general el tamiz de la atención opera de manera inconsciente: la atención se puede disociar del acceso consciente. En efecto, en la vida diaria, nuestro ambiente está plagado de información estimulante, y tenemos que prestarle la atención suficiente como para seleccionar a qué ítem vamos a acceder. Así, a menudo la atención funciona como la puerta de entrada a nuestra conciencia (Posner, 1994). Sin embargo, en el laboratorio los investigadores pueden crear situaciones muy sencillas, en las cuales sólo una parte de la información está presente, y por lo tanto la selección casi no es necesaria antes de que la información entre en la percepción consciente del sujeto (Wyart, Dehaene y Tallon-Baudry, 2012, Wyart y Tallon-Baudry, 2008). A la inversa, en muchos casos la atención opera en secreto, amplificando o acallando la información entrante, a pesar de que el resultado final nunca llegue a nuestra conciencia. En resumen, la atención selectiva y el acceso consciente son dos procesos distintos.

Hay un tercer concepto que necesitamos distinguir con cuidado: la vigilancia, también llamada "conciencia intransitiva". En inglés –y también en castellano–, el adjetivo "consciente" puede ser transitivo: podemos ser conscientes *de* una tendencia, un toque, un hormigueo o un dolor de dientes. En este caso, la palabra denota "acceso consciente", el hecho de que un objeto puede o no entrar en nuestra percepción consciente. Pero "consciente" también puede ser intransitivo, como cuando decimos "el soldado herido permaneció consciente". Aquí se refiere a un *estado* con muchos grados. En este sentido, la conciencia es una facultad general que perdemos cuando dormimos, cuando nos desmayamos o cuando recibimos anestesia general.

Para evitar la confusión, los científicos suelen referirse a la conciencia, en este sentido, como "vigilia" o "vigilancia". Incluso estos dos términos deberían separarse con propiedad: "vigilia" se refiere sobre todo al ciclo de estar dormidos o despiertos, que depende de mecanismos subcorticales, mientras que "vigilancia" se refiere al nivel de excitación de las redes corticales y talámicas que residen en la base de los estados conscientes. Sin embargo, resultan claramente diferentes del concepto de acceso consciente. La vigilia, la vigilancia y la atención son sólo condiciones que permiten el acceso consciente. Son necesarias, pero no siempre suficientes para hacernos percibir determinada porción de información. Por ejemplo, luego de un leve ACV en la corteza visual algunos pacientes pueden volverse ciegos a los colores. Estos pacientes todavía están despiertos y atentos: su vigilancia está intacta, y también lo está su capacidad de atención. Pero la pérdida de un pequeño circuito especializado en la percepción de los colores no les permite tener acceso a este aspecto del mundo. En el capítulo 6 nos encontraremos con pacientes en estado vegetativo que todavía se despiertan a la mañana y se duermen a la noche, pero no parecen tener acceso a ninguna información de manera consciente durante el tiempo en que están despiertos. Su vigilia permanece intacta, pero su cerebro dañado ya no parece capaz de sostener estados conscientes.

En la mayor parte de este libro, nos propondremos la cuestión del acceso: ¿qué pasa cuando somos conscientes *de* algún pensamiento? En el capítulo 6, sin embargo, volveremos a centrarnos en la conciencia en tanto "vigilancia" y a considerar las aplicaciones que tiene la ciencia de la conciencia –en pleno crecimiento– para los pacientes que se encuentran en coma o en estado vegetativo, o con desórdenes conexos.

La palabra "conciencia" tiene otros significados más. Muchos filósofos y científicos creen que la conciencia, como un estado subjetivo, está en íntima relación con el sentido de uno mismo. El "yo" parece una pieza esencial del rompecabezas: ¿cómo podemos comprender la percepción consciente sin resolver primero quién está percibiendo las cosas? En la imagen usual, prototípica, las primeras palabras que pronuncia un héroe cuando se recupera de un golpe que lo noqueó son "¿Dónde estoy?". Mi colega neurólogo Antonio Damasio define la conciencia como "el yo en el acto de saber", una definición que implica que no podemos resolver el enigma de la conciencia hasta que sepamos qué es un yo.

Idéntica intuición subyace a la clásica prueba del espejo de Gordon Gallup para el reconocimiento de sí mismo, que prueba si los niños y los animales se reconocen en un espejo (Gallup, 1970). La conciencia de sí mismo se le atribuye a un niño que usa el espejo para poder observar partes escondidas de su cuerpo; por ejemplo, para ver una calcomanía roja que se le puso subrepticiamente en la frente. Por regla general, los niños obtienen la habilidad de detectar la calcomanía gracias al espejo entre los 18 y los 24 meses. Se ha dicho que los chimpancés, los gorilas, los orangutanes e incluso los delfines, los elefantes y las urracas han pasado este test (Plotnik, De Waal y Reiss, 2006, Prior, Schwarz y Gunturkun, 2008, Reiss y Marino, 2001), lo que hizo que en la Declaración de Cambridge sobre la Conciencia (7 de julio de 2012) un grupo de colegas aseverara de modo tajante que "el peso de la prueba indica que los humanos no son los únicos que poseen los sustratos neurológicos que generan la conciencia".

Sin embargo, una vez más la ciencia requiere que refinemos los conceptos. El reconocerse en un espejo no es necesariamente indicador de conciencia. Un dispositivo por completo inconsciente que sólo predijera cómo debe lucir y moverse el cuerpo y que ajustara sus movimientos sobre la base de la comparación entre estas predicciones y la verdadera estimulación visual podría lograrlo, como cuando uso un espejo para afeitarme sin pensar al respecto. Se puede condicionar a las palomas para que pasen este test, aunque sólo luego de un entrenamiento considerable que en suma las vuelve autómatas usuarias-de-espejos (Epstein, Lanza y Skinner, 1981). El test del reconocimiento en el espejo tal vez sólo esté midiendo en qué grado un organismo ha aprendido acerca de su propio cuerpo lo suficiente para desarrollar expectativas sobre su aspecto y lo suficiente acerca de los espejos para usarlos en busca de comparar sus expectativas con la realidad: habilidad interesante sin duda, pero que está lejos de ser una prueba de fuego demostrativa de que posee un concepto de yo (un análisis en profundidad de la prueba del espejo figura en Suddendorf y Butler, 2013).

Aún más importante es que el nexo entre la percepción consciente y el conocimiento de sí mismo es innecesario. Ir a un concierto o mirar un increíble atardecer puede ponerme en un estado de conciencia exaltado sin que sea necesario recordarme sin cesar que "*yo* estoy en el acto de pasármela bien". Mi cuerpo y mi yo siguen estando en el contexto, como sonidos recurrentes o telón de fondo: son potenciales temas de atención, que se encuentran fuera de mi percepción consciente: puedo prestarles atención y hacer foco sobre ellos siempre que sea necesario. Desde mi perspectiva, la conciencia de uno mismo se parece mucho a la conciencia del sonido o del color. Volverme consciente de algún aspecto de mí mismo podría ser sólo otra forma de acceso consciente; en ese caso, la información a que se accede no es de carácter sensorial sino una de las varias representaciones mentales de "mí": mi cuerpo, mi comportamiento, mis sentimientos o mis pensamientos.

Lo que tiene de especial y fascinante la conciencia de sí mismo es que parece incluir una circularidad extraña (Hofstadter, 2007). Cuando me reflejo a mí mismo, el "yo" aparece dos veces, como perceptor y como percibido. ¿Cómo es posible esto? El sentido recursivo de la conciencia es lo que los científicos cognitivos llaman "metacognición": la capacidad de pensar sobre la propia mente. El filósofo positivista francés Auguste Comte (1798-1857) consideraba que esto era una imposibilidad lógica. "El individuo pensante", escribió, "no se podría dividir en dos, uno de los cuales razonaría mientras otro lo contemplaría razonar. Siendo el órgano observado y el órgano observador el mismo, ¿cómo podría efectuarse la observación?" (Comte, 1830-1842).

Sin embargo, Comte estaba equivocado: como notó de inmediato John Stuart Mill, la paradoja desaparece cuando el observador y el observado se codifican en tiempos diferentes o dentro de sistemas diferentes. Un sistema cerebral puede notar cuándo el otro falla. Lo hacemos todo el tiempo, cuando experimentamos la sensación de tener una palabra en la punta de la lengua (sabemos que deberíamos saber), notamos un error de razonamiento (sabemos que tuvimos una equivocación) o nos lamentamos por un examen que reprobamos (sabemos que habíamos estudiado, pensamos que sabíamos las respuestas, y no podemos comprender en qué fallamos). Algunas áreas de la corteza prefrontal monitorean nuestros planes, les dan confianza a nuestras decisiones y detectan nuestros errores. Trabajan como un simulador de circuito cerrado, en estrecha interacción con nuestra memoria de largo plazo y nuestra imaginación, y son la base de un soliloquio interno que nos permite reflexionar acerca de nosotros mismos sin ayuda externa. (En sí, la palabra "reflexión" sugiere la función de espejo en que algunas áreas del cerebro "re-presentan" y evalúan la operación de otras.)

En definitiva, como científicos, tendremos mejores resultados si empezamos por la noción más simple de la conciencia: el acceso consciente, o cómo nos percatamos de determinada porción de información. Es mejor dejar para después los temas problemáticos del yo y de la conciencia recursiva. Mantener el foco sobre el acceso consciente, y separarlo con cuidado de los conceptos conexos de atención, vigilia, vigilancia, conciencia de sí y metacognición es el primer ingrediente en nuestra ciencia contemporánea de la conciencia.*

---

* Algunos científicos utilizan el término *awareness* para hacer una referencia específica a la forma simple de conciencia en la que obtenemos acceso a un estado sensorial: lo que yo llamo "acceso consciente a la información sensorial". Sin embargo, la mayoría de las definiciones de los diccionarios no concuerda con este uso restringido del término, e incluso los autores contemporáneos tienden a tratar a *awareness* y *consciousness* como sinónimos. En este libro las utilizo como sinónimos, y propongo una subdivisión más precisa en términos de *acceso consciente*, *vigilia, vigilancia*, *conciencia de uno mismo* (o *sí mismo*) y *metacognición*. [En español, tanto *consciousness* como *awareness* equivalen a *conciencia*. Para traducir la palabra *awareness* se utilizan aquí los términos "conciencia" y "percepción consciente". N. de T.]

Contrastes mínimos

El segundo ingrediente que posibilita que exista la ciencia de la conciencia es la gran variedad de manipulaciones experimentales que afecta el contenido de nuestra conciencia. En la década de 1990, los científicos cognitivos se dieron cuenta, de pronto, de que podían juguetear con la conciencia contrastando estados conscientes e inconscientes. Las imágenes, las palabras e incluso las películas podían volverse invisibles. ¿Qué pasaba con esas imágenes en el nivel cerebral? Demarcando con cuidado las capacidades y los límites del procesamiento inconsciente, uno podía comenzar a delinear, como en un negativo fotográfico, los contornos de la conciencia misma. Cuando se la combinaba con las imágenes cerebrales, esta simple idea proveía una plataforma experimental sólida para estudiar los mecanismos cerebrales de la conciencia.

El psicólogo Bernard Baars (1989), en su importante libro *A Cognitive Theory of Consciousness* –título ambicioso–, planteó con énfasis que, de hecho, hay docenas de experimentos que nos permiten indagar de forma directa la naturaleza de la conciencia. Baars agregó una observación crucial: muchos de estos experimentos proveen un "contraste mínimo": un par de situaciones experimentales que son apenas diferentes, de las cuales sólo una se percibe de manera consciente. Casos como este son ideales, porque permiten a los científicos tratar la percepción consciente como una variable experimental que cambia de manera considerable aunque el estímulo permanezca prácticamente constante. Al concentrarse en este tipo de contrastes mínimos e intentar comprender qué es lo que cambia en el cerebro, los investigadores pudieron quitar del medio todas las operaciones cerebrales irrelevantes que el procesamiento consciente e inconsciente tienen en común y concentrarse sólo en los eventos cerebrales que causan el paso del modo inconsciente al consciente.

Consideremos, por ejemplo, la adquisición de una habilidad motora como, por ejemplo, la dactilografía. Al principio somos lentos, prestamos mucha atención y estamos trabajosamente atentos a cada movimiento que hacemos. Pero luego de unas pocas semanas de práctica, la escritura a máquina se vuelve tan fluida que podemos realizarla con cierto automatismo, mientras hablamos o pensamos en otra cosa, y sin recordar de forma consciente la ubicación de las teclas. Para los científicos, estudiar lo que ocurre a medida que una conducta se automatiza esclarece la transición de lo consciente a lo inconsciente. Resulta que este simple contraste identifica una red cortical de gran importancia, que incluye específicamente regiones del lóbulo prefrontal que se activan siempre que ocurre el acceso consciente (Schneider y Shiffrin, 1977, Shiffrin y Schneider, 1977, Posner y Snyder, 2004 [1975], Raichle, Fiesz, Videen y MacLeod, 1994, Chein y Schneider, 2005).

Hoy en día es asimismo factible estudiar la transición inversa, de lo inconsciente a lo consciente. La percepción visual es un campo que ofrece a los investigadores muchas oportunidades para crear estímulos que entren y salgan de la experiencia consciente. Un ejemplo es la ilusión que incluimos al comienzo de este capítulo (véase figura 3). ¿Por qué los puntos fijos en ocasiones desaparecen de la vista? Todavía no comprendemos por completo el mecanismo; pero la idea general es que nuestro sistema visual trata una imagen constante como una molestia más que como un verdadero estímulo (New y Scholl, 2008, Ramachandran y Gregory, 1991). Cuando dejamos los ojos perfectamente quietos, cada punto crea una mancha constante e inmóvil de color gris borroso en nuestra retina, y en algún momento nuestro sistema visual decide liberarse de esa mancha constante. Nuestra ceguera a este tipo de puntos puede mostrar un sistema evolucionado que filtra los defectos de nuestros ojos. La retina está llena de imperfecciones, como vasos sanguíneos que pasan delante de los fotorreceptores. Debemos aprender que estas son internas, y no vienen del exterior. (Podemos imaginar lo horrible que sería que algunas serpeantes curvas color sangre sean un obstáculo constante para nuestra visión.) La perfecta inmovilidad de un objeto es un indicio que nuestro sistema visual utiliza para decidir completar la información faltante usando la textura que está a su alrededor. (Este tipo de "llenado" explica por qué no podemos percibir el "punto ciego" de nuestra retina, en el lugar que ocupa el nervio visual y que, por lo tanto, no tiene receptores de luz.) Cuando movemos los ojos, siquiera un poco, los puntos se desplazan levemente en la retina. Por ende, el sistema visual nota que deben provenir del mundo exterior, no del ojo mismo, y de inmediato les permite regresar un momento a la percepción consciente.

"Llenar" los puntos ciegos es sólo una de las muchas ilusiones ópticas que nos permiten estudiar la transición de lo inconsciente a lo consciente. Hagamos un breve recorrido por los muchos otros paradigmas disponibles en la caja de herramientas del científico cognitivo.

Imágenes rivales

Históricamente, uno de los primeros contrastes productivos entre la visión consciente y la inconsciente llegó del estudio de la "rivalidad binocular", el curioso "tira y afloja" que se produce dentro de nuestros cerebros cuando se le muestra una imagen distinta a cada ojo.

Nuestra conciencia pasa por alto que tenemos dos ojos que se mueven constantemente en varias direcciones. El cerebro nos permite ver un mundo tridimensional estable, pero esconde de la vista las operaciones de asombrosa complejidad subyacentes a este hecho. En todo momento, cada uno de nuestros ojos recibe una imagen algo diferente del mundo exterior; sin embargo, no experimentamos visión doble. Por lo general, en condiciones normales no podemos darnos cuenta de que hay dos imágenes y simplemente las fusionamos en una sola escena visual homogénea. Nuestro cerebro hasta aprovecha el pequeño espacio que existe entre nuestros dos ojos, que provoca un relativo cambio en las dos imágenes. Como observó por primera vez el científico inglés Charles Wheatstone en 1838, aprovecha esta disparidad para localizar los objetos en la profundidad, y así nos da una sensación vívida de la tercera dimensión.

Pero ¿qué pasaría –se preguntaba Wheatstone– si los dos ojos recibieran imágenes completamente distintas, como una figura de un rostro en un ojo y la de un caballo en la otra? ¿Se fusionarían de todos modos? ¿Podríamos ver al mismo tiempo dos escenas no relacionadas?

Para dilucidarlo, Wheatstone construyó un aparato que llamó estereoscopio (que pronto dio lugar a un furor por las imágenes en estéreo, que mostraban desde paisajes hasta pornografía; perduró hasta pasada la era victoriana). Dos espejos, ubicados enfrente del ojo izquierdo y el derecho, permitían presentar imágenes distintas a los dos ojos (figura 4). Para sorpresa de Wheatstone, cuando las dos imágenes no estaban relacionadas (como una cara y una casa), la visión se volvía totalmente inestable. En lugar de fusionar la escena, la percepción del espectador alternaba a cada instante entre una imagen y la otra, sólo con breves transiciones entre ellas. Durante unos pocos segundos, aparecía el rostro; después se desarticulaba y se desvanecía para revelar la casa, y así sucesivamente, en una alternancia creada por el cerebro. Como notó Wheatstone, "no parece estar al alcance de la voluntad determinar la aparición" de cada imagen. En cambio, cuando se lo confronta con un estímulo imposible, el cerebro parecería oscilar entre dos interpretaciones: rostro o casa. Las dos imágenes incompatibles parecen pelear por la percepción consciente. De allí el concepto de "rivalidad binocular".

La rivalidad binocular es el sueño de todo investigador, porque da una prueba pura de la percepción subjetiva: si bien el estímulo es constante, el espectador informa que lo que está viendo cambia. Es más, a lo largo del tiempo, una misma imagen cambia de estatus: a veces se la ve por completo, otras veces se desvanece por completo de la percepción consciente. Entonces, ¿qué sucede? Los neuropsicólogos David Leopold y Nikos Logothetis, mediante el registro de la información de las neuronas de la corteza visual de los monos, fueron los primeros en observar el destino cerebral de las imágenes visuales vistas y no vistas (Leopold y Logothetis, 1996, 1999, Logothetis, Leopold y Sheinberg, 1996).[6] Entrenaron a los monos para que usando un *joystick* reportaran lo que percibían, y luego mostraron que experimentaban alternancias semiazarosas entre las dos imágenes, de igual modo que nosotros; por último, registraron la respuesta de neuronas (tomadas por separado) a medida que la imagen preferida del mono aparecía y desaparecía de manera gradual de la experiencia consciente. Los resultados eran claros. Durante la etapa más temprana de procesamiento, en la corteza visual primaria que actúa como puerta de entrada visual a la corteza, muchas células reflejaban el estímulo objetivo: su activación dependía simplemente de qué imágenes se presentaban a cada ojo, y no cambiaba cuando el animal reportaba que su percepción había variado. A medida que el procesamiento visual se desplazaba hacia un nivel más avanzado, dentro de las llamadas áreas visuales de nivel más alto –como el área V4 y la corteza inferotemporal–, más y más neuronas comenzaban a estar en congruencia con el reporte del animal: se activaban en gran medida cuando el animal informaba haber visto su imagen preferida, y mucho menos o nada cuando esta imagen se suprimía. Esta fue, en verdad, la primera vez en que se vio un correlato neuronal de la experiencia consciente (véase figura 4).

---

6 Estos estudios pioneros se han replicado, y se han extendido con la técnica más sofisticada de la "supresión del *flash*", que provee un control más preciso del momento en que se suprime una imagen (véanse, por ejemplo, Maier, Wilke, Aura, Zhu, Ye y Leopold, 2008, Wilke, Logothetis y Leopold, 2006, Fries, Schroder, Roelfsema, Singer y Engel, 2002). Varios investigadores también usaron técnicas de imágenes cerebrales para explorar el destino neural de las imágenes vistas y extintas en los humanos (por ejemplo, Srinivasan, Russell, Edelman y Tononi, 1999, Lumer, Friston y Rees, 1998, Haynes, Deichmann y Rees, 2005, Haynes, Driver y Rees, 2005).

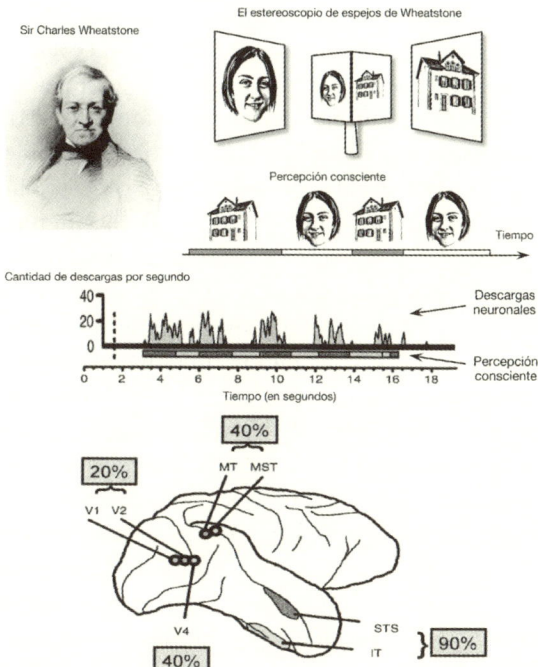

Figura 4. La rivalidad binocular es una poderosa ilusión óptica descubierta por Charles Wheatstone en 1838. Se presenta una imagen distinta ante cada ojo; pero en un momento dado sólo vemos una imagen. Aquí, se le presenta un rostro al ojo izquierdo y una casa al derecho. En lugar de ver dos imágenes fusionadas, vemos un sinfín de alternancias entre el rostro, la casa, una vez más el rostro, y así sucesivamente. Nikos Logothetis y David Leopold entrenaron a un grupo de monos para que usaran un *joystick* con que informar lo que veían. Los investigadores mostraron que los monos también tienen la experiencia de esta ilusión, y registraron la actividad de las neuronas en los cerebros de los animales. La ilusión no estaba presente en las etapas más tempranas del procesamiento visual, en las áreas V1 y V2, donde la mayoría de las neuronas codificaba igual de bien ambas imágenes. Sin embargo, en los niveles más altos de la jerarquía cortical, en especial en las áreas cerebrales IT (corteza inferotemporal) y STS (surco temporal superior), la mayoría de las células se correlacionaba con la percepción subjetiva: su tasa de descarga predecía qué imagen se veía subjetivamente. Esta investigación pionera sugiere que la percepción consciente depende sobre todo de la corteza de asociación de nivel más alto.

Hasta el día de hoy, la rivalidad binocular sigue siendo un modo privilegiado de acceder a la maquinaria neuronal que subyace a la experiencia consciente. Cientos de experimentos se dedicaron a este paradigma, y se idearon muchas variantes. Por ejemplo, gracias a un nuevo método llamado "supresión continua del *flash*" en la actualidad es posible mantener una de las dos imágenes permanentemente fuera de la vista, proyectando de manera continua un torrente de brillantes rectángulos coloridos al otro ojo, de forma tal que sólo se ve este torrente dinámico (Wilke, Logothetis y Leopold, 2003, Tsuchiya y Koch, 2005).

¿Qué es lo más importante de estas ilusiones binoculares? Demuestran que es posible presentar físicamente una imagen visual ante el ojo durante un período largo de tiempo, y que avance hacia las áreas del cerebro dedicadas al procesamiento visual, pero que de todas maneras permanezca por completo suprimida de la experiencia consciente. Cuando se presentan a la vez ante los dos ojos imágenes potencialmente perceptibles –de las cuales termina por percibirse sólo una–, la rivalidad binocular prueba que a la conciencia no le importa la etapa inicial del procesamiento visual periférico (en que ambas alternativas todavía están disponibles), sino una etapa posterior (en que surge una sola imagen ganadora). Como nuestra conciencia no puede percibir de manera simultánea dos objetos en la misma localización, nuestro cerebro es el escenario de una competencia feroz. Sin que lo sepamos, no una, sino un sinfín de percepciones potenciales compite sin cesar por nuestra percepción consciente; sin embargo, en cualquier momento dado, sólo una de ellas llega a nuestra mente consciente. La rivalidad es, en efecto, una metáfora acertada para esta lucha constante por el acceso consciente.

Cuando la atención parpadea

¿Esta rivalidad es un proceso pasivo? ¿O podemos decidir de manera consciente qué imagen saldrá vencedora? Cuando percibimos dos imágenes que compiten, nuestra impresión subjetiva es que pasivamente nos vemos sometidos a estas incesantes alternancias. Sin embargo, esa impresión es falsa: la atención sí cumple un rol importante en el proceso de competencia cortical. En primer lugar, si con todas nuestras fuerzas intentamos prestar atención a una de estas dos imágenes –por ejemplo, el rostro en vez de la casa– su percepción dura un poco más (Chong, Tadin y Blake, 2005, Chong y Blake, 2006). Pese a todo, dicho efecto es débil: la pelea entre las dos imágenes comienza en etapas que no están bajo nuestro control.

Sin embargo, lo más importante es que la mera existencia de un solo ganador depende de que le prestemos atención; aun el campo de lucha, por así decir, está hecho de la mente consciente (Zhang, Jamison, Engel, He y He, 2011, Brascamp y Blake, 2012). Cuando retiramos nuestra atención del lugar donde se presentan las dos imágenes, estas dejan de competir.

El lector puede pensar: ¿cómo lo sabemos? No podemos preguntarle a una persona distraída lo que ve y si todavía percibe las imágenes en alternancia, porque, para responder, debería prestar atención a ese lugar. A primera vista, la tarea de determinar cuánto uno percibe sin prestar atención tiene un dejo de circularidad, a algo por el estilo de intentar monitorear cómo se mueven nuestros ojos en un espejo: sin duda, nuestros ojos se mueven constantemente, pero siempre que los miramos en el espejo ese mismo acto los fuerza a permanecer quietos. Durante mucho tiempo, intentar estudiar la rivalidad sin la atención parecía una tarea imposible de realizar, como preguntar qué ruido hace un árbol al caer cuando nadie está cerca para oírlo, o cómo nos sentimos en el preciso momento en que nos quedamos dormidos.

Pero muchas veces la ciencia alcanza lo imposible. Peng Zhang y sus colaboradores de la Universidad de Minnesota notaron que no tenían que preguntarle a la espectadora si las imágenes todavía alternaban cuando ella no estaba prestando atención (Zhang, Jamison, Engel, He y He, 2011). Todo lo que tenían que hacer era encontrar marcadores cerebrales de la rivalidad, que indicarían si las dos imágenes todavía competían entre sí. Ya sabían que, durante la rivalidad, las neuronas se activan en forma alternativa para una u otra imagen (véase figura 4); por lo tanto, ¿todavía podrían medir este tipo de alternancias en ausencia de la atención? Zhang utilizó una técnica llamada "marcado de frecuencia", con la cual se "marca" cada imagen haciéndola titilar a su propio ritmo particular. Así, las dos marcas de frecuencia son fáciles de detectar en un EEG, ya que son registradas por electrodos colocados en la cabeza. Es característico que, durante la rivalidad, las dos frecuencias se excluyan mutuamente: si una oscilación es fuerte, la otra es débil, lo que refleja el hecho de que percibimos sólo una imagen por vez. Sin embargo, tan pronto como se retira la atención, estas alternancias se detienen, y las dos etiquetas coocurren una con independencia de la otra: esa inatención vuelve imposible la rivalidad.

Otro experimento confirma esta conclusión por medio de pura introspección: cuando la atención se retira de las imágenes rivales durante determinada cantidad de tiempo, la imagen que se percibe al regresar es diferente de lo que habría sido si aquellas hubieran continuado alternando durante el período de inatención (Brascamp y Blake, 2012). Eso significa que la rivalidad binocular depende de la atención: cuando no hay una mente que esté prestando atención de manera consciente, las dos imágenes se procesan en conjunto y ya no compiten. La rivalidad requiere que haya un observador activo y atento.

De este modo, la atención impone un límite estricto al número de imágenes a las cuales se puede prestar atención de manera simultánea. Este límite, a su vez, lleva a nuevos contrastes mínimos para el acceso consciente. Un método, llamado con acierto "parpadeo atencional", consiste en crear un período breve de invisibilidad de una imagen saturando temporariamente la mente consciente (Raymond, Shapiro y Arnell, 1992). La figura 5 expone las condiciones típicas bajo las cuales ocurre este parpadeo. Un torrente de símbolos aparece en la misma localización en el monitor de una computadora. En su mayoría, los símbolos son dígitos; pero algunos son letras, y al participante se le pide que las recuerde. La primera letra es fácil de recordar. Si una segunda letra aparece medio segundo (o más) después de la primera, también se la registra con precisión en la memoria. Sin embargo, si el tiempo entre la aparición de una letra y otra es más breve, la segunda suele perderse por completo. El espectador reporta haber visto sólo una letra y se sorprende bastante al enterarse de que había dos. El mero acto de prestar atención a la primera letra crea un "parpadeo de la mente" temporario que aniquila la percepción de la segunda.

Gracias a las imágenes cerebrales, vemos que todas las letras, incluso las inconscientes, entran al cerebro. Todas alcanzan áreas visuales tempranas e incluso pueden avanzar hasta una etapa bastante profunda del procesamiento visual, hasta el punto de ser clasificadas como un blanco: parte del cerebro "sabe" cuándo se le presentó una letra blanco (Marti, Sigman y Dehaene, 2012). Sin embargo, de alguna manera este conocimiento nunca llega a nuestra percepción consciente. Para ser percibida de modo consciente, la letra debe alcanzar una instancia de procesamiento que la registra en nuestra percepción consciente (Chun y Potter, 1995). Este registro parece estar estrechamente limitado: en un momento específico, sólo una porción de información puede atravesarlo. Mientras tanto, no se percibe el resto de las cosas que se encuentran en la escena visual.

La rivalidad binocular revela una competencia entre dos imágenes simultáneas. Durante el parpadeo atencional, ocurre una competencia

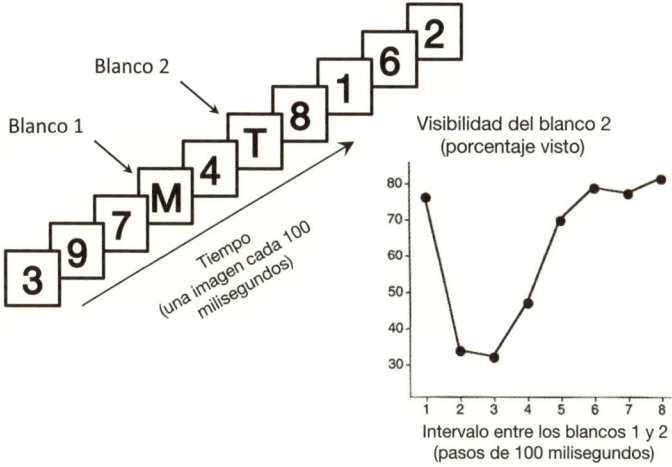

Figura 5. El parpadeo atencional expone las limitaciones temporales de la percepción consciente. Cuando vemos un torrente de dígitos que se intercala con una letra ocasional, con facilidad identificamos la primera letra (aquí, una M), pero no la segunda (aquí, una T). Cuando estamos registrando la primera letra en la memoria, nuestra conciencia "parpadea" temporariamente, y no logramos percibir un segundo estímulo que se presenta en el instante siguiente.

similar a lo largo del tiempo, entre dos imágenes que se presentan de manera sucesiva en la misma localización. A menudo nuestra conciencia es demasiado lenta para seguir el ritmo de una presentación rápida de imágenes en una pantalla. Si bien parecemos "ver" todos los dígitos y las letras si simplemente las miramos en forma pasiva, el acto de registrar una letra en la memoria basta para mantener ocupados nuestros recursos conscientes durante el tiempo suficiente para crear un período temporario de invisibilidad para los otros. La fortaleza de la mente consciente posee un pequeño puente levadizo que obliga a las representaciones mentales a competir entre ellas. El acceso consciente impone un estrecho cuello de botella.

El lector puede objetar que a veces vemos dos letras sucesivas (alrededor de un tercio de las veces, según los datos de la figura 5). Es más, en muchas otras situaciones de la vida real no parecemos tener problema para percibir dos cosas que aparecen de manera casi simultánea. Por ejemplo, podemos oír la bocina de un auto cuando estamos prestando atención a una imagen. Los psicólogos llaman a las situaciones de este tipo "tareas duales", porque se pide a la persona que haga dos cosas a la vez. ¿Y qué sucede en ese caso? ¿El desempeño en las tareas duales refuta la idea de que nuestra percepción consciente está limitada estructuralmente a una porción de información por vez? No. Las pruebas demuestran que incluso en ese tipo de casos todavía estamos sumamente limitados. Nunca procesamos en realidad dos elementos no relacionados de manera consciente justo en el mismo momento. Cuando intentamos prestar atención a dos cosas a la vez, la impresión de que nuestra conciencia es inmediata y que está trabajando *online* con ambos estímulos sólo es una ilusión. En realidad, la mente subjetiva no los percibe de manera simultánea. Se accede a uno de ellos, que entra en la percepción consciente, pero el otro debe esperar.

Este cuello de botella crea en el procesamiento un retraso fácil de medir, al que con acierto se conoce como "período refractario psicológico" (Telford, 1931, Pashler, 1984 y 1994, Sigman y Dehaene, 2005). Mientras la mente consciente procesa un primer elemento en un nivel consciente, parece ser temporariamente refractaria a otros *inputs* sucesivos y, por eso, atrasarse bastante en procesarlos. Mientras se ocupa del primer elemento, el segundo queda merodeando en un retén inconsciente. Permanece allí hasta que se completa ese otro procesamiento.

No notamos que existe este período de espera inconsciente. Pero ¿cómo podría suceder de modo diferente? Nuestra conciencia está ocupada en otra cosa, así que no tenemos modo de salir del sistema y darnos cuenta de que nuestra percepción consciente del segundo elemento se retrasó. Por ende, siempre que estamos absortos en un pensamiento, nuestra percepción subjetiva del tiempo en que ocurren los eventos puede ser sistemáticamente equivocada (Marti, Sackur, Sigman y Dehaene, 2010, Dehaene, Pegado, Braga, Ventura, Nunes Filho, Jobert, Dehaene-Lambertz y otros, 2010, Corallo, Sackur, Dehaene y Sigman, 2008). Una vez inmersos en una primera tarea, si luego se nos pide que estimemos *cuándo* apareció un segundo elemento, lo ubicamos, de manera errónea, en un momento posterior al de su verdadera aparición, cuando entró a nuestra conciencia. Incluso cuando dos estímulos son objetivamente simultáneos, no logramos percibir su simultaneidad y de manera sistemática sentimos que el primero al cual prestamos atención apareció más temprano que el otro. En realidad, este retraso subjetivo aparece sólo por la lentitud de nuestra conciencia.

El parpadeo atencional y el período refractario son dos fenómenos psicológicos profundamente relacionados. Siempre que la mente consciente está ocupada, el resto de los candidatos de la percepción tiene que esperar en un retén inconsciente, y la espera es riesgosa: en cualquier momento, por ruido interno, por pensamientos distractores, o por el ingreso de otros estímulos, un elemento retenido puede borrarse y desvanecerse de la percepción (el parpadeo). En efecto, los experimentos confirman que, durante una tarea dual, ocurren tanto la refracción como el parpadeo. La percepción consciente del segundo elemento siempre se retrasa, y la probabilidad de que haya un bloqueo completo aumenta con la duración del retraso (Marti, Sigman y Dehaene, 2012, Wong, 2002, Jolicoeur, 1999).

Durante la mayoría de los experimentos de tareas duales, el parpadeo dura sólo una fracción de segundo. Por supuesto, almacenar una letra en la memoria requiere sólo un breve momento. Sin embargo, ¿qué ocurre cuando realizamos una tarea distractora mucho más larga? La respuesta sorprendente es que podemos abstraernos por completo del mundo exterior. Los lectores voraces, los jugadores de ajedrez concentrados y los matemáticos absortos saben muy bien que el enfrascamiento intelectual puede crear largos períodos de aislamiento mental, durante los cuales perdemos toda la percepción de lo que nos rodea. El fenómeno, que se llama "ceguera inatencional", se demuestra con facilidad en el laboratorio. En un experimento (Mack y Rock, 1998), los participantes miran al centro de la pantalla de una computadora; pero se les dice que presten atención a la zona superior. Se les avisa que pronto aparecerá una letra allí y que deberán recordarla. Se entrenan en esta tarea con dos demostraciones. Luego, en la tercera, en simultáneo con la letra periférica, aparece una forma inesperada en el centro. Puede ser una gran mancha oscura, un dígito, o incluso una palabra, y puede permanecer casi un segundo. Pero resulta sorprendente que dos tercios de los participantes no logren verla. Informan haber visto la letra periférica, y nada más. Sólo cuando se vuelve a mostrar la prueba, y para su completo asombro, notan que se perdieron un evento visual muy importante. En resumen, la inatención engendra la invisibilidad.

Para ver otra demostración clásica, consideren el extraordinario experimento de Dan Simons y Christopher Chabris (1999) conocido como "el gorila invisible" (figura 6). Un video*muestra a dos equipos –uno usa

---

* Disponible en <www.youtube.com/watch?v=vJG698U2Mvo>. [Para más detalles, véanse su *El gorila invisible*, Buenos Aires, Siglo XXI, 2014 o el sitio web <www.theinvisiblegorilla.com>. N. de E.]

camisetas blancas y el otro, camisetas negras– mientras practican básquetbol. Se les pide a los espectadores que cuenten los pases que hace
el equipo vestido de blanco. Ese video dura unos treinta segundos y, con
un poco de concentración, casi todo el mundo cuenta quince pases. Más
tarde, el investigador pregunta "¿Vieron al gorila?". ¡Claro que no! Se
retrocede en el audiovisual, y allí está: un actor vestido de gorila entra en
medio de la escena, se golpea el pecho varias veces a la vista de todos y se
va. La mayoría de los espectadores no logra detectar al gorila la primera
vez que ve el video: jura que nunca hubo uno. ¡Están tan seguros de sí
mismos que acusan al experimentador de haber mostrado una película
diferente la segunda vez! El simple acto de concentrarse en los jugadores
que utilizan camisetas blancas hace que un gorila negro se desvanezca
en el olvido.

En la psicología cognitiva, el estudio del gorila es un hito. Más o menos
al mismo tiempo, los investigadores descubrieron docenas de situaciones
similares en que la inatención lleva a la ceguera temporaria. Las personas resultaron ser pésimos testigos. Manipulaciones muy sencillas nos
pueden volver inconscientes incluso de las partes más evidentes de una
escena visual. Kevin O'Regan y Ron Rensink descubrieron "la ceguera al
cambio" (Rensink, O'Regan y Clark, 1997),[7] una sorprendente incapacidad para detectar qué parte de una imagen se borró. Dos versiones de
una imagen, con o sin eliminación de un elemento, alternan en la pantalla a lapsos de un segundo por vez, aproximadamente, con sólo un breve blanco entre ellas. Los espectadores juran que las dos imágenes son
idénticas incluso cuando el cambio es grande (un *jet* pierde el motor) o
muy relevante (en una escena en que alguien está conduciendo, la línea
central de la calle cambia de discontinua a continua).

Dan Simons demostró la existencia de la ceguera al cambio en un experimento escenificado, para el cual usó actores en vivo. Un actor le pide
indicaciones a un estudiante en el campus de Harvard. La conversación
tiene una breve interrupción debida al paso de trabajadores. Cuando se
reanuda, dos segundos más tarde, el actor original ha sido reemplazado
por un segundo actor. Si bien las dos personas tienen diferente estilo de

---

7 Véanse algunos de los trabajos más recientes que aprovechan esta técnica
para estudiar los correlatos conductuales y cerebrales de la detección de los
cambios en Beck, Rees, Frith y Lavie (2001), Landman, Spekreijse y Lamme
(2003), Simons y Ambinder (2005), Beck, Muggleton, Walsh y Lavie, 2006,
Reddy, Quiroga, Wilken, Koch y Fried (2006).

Figura 6. La inatención puede causar ceguera. Nuestra percepción consciente está sumamente limitada, así que el acto mismo de prestar atención a un elemento puede hacer que no percibamos otros. En el clásico video del gorila (arriba), se les pide a los espectadores que cuenten cuántas veces se pasan la pelota de básquetbol los jugadores que tienen la camiseta blanca. Cuando se concentra en el equipo vestido de blanco, el público no nota que un actor, disfrazado de gorila, entra en escena y se da golpes en el pecho antes de salir. En otro audiovisual (abajo), se realizan nada más y nada menos que veintiún cambios importantes en la escena del crimen sin que los espectadores se den cuenta. ¿Cuántos "gorilas entre nosotros"* nos perdemos en la vida de todos los días?

---

* El autor juega aquí con las expresiones "*in the mist*" (en la niebla) e "*in our midst*" (entre nosotros). La frase que el autor utiliza es "*gorillas in our midst*" (gorilas entre nosotros), parafraseando el título de la célebre película *Gorillas in the Mist* (*Gorilas en la niebla*, 1988). Y ese es también el título de Simons y Chabris (1999). [N. de T.]

pelo y de vestimenta, la mayoría de los estudiantes no logra percibir el cambio.

Un caso todavía más notable es el del estudio de Peter Johansson sobre la "ceguera a la opción" (Johansson, Hall, Sikstrom y Olsson, 2005). En este experimento, se le muestran a un sujeto masculino dos cartas, cada una con la foto de una cara de mujer, y él elige su preferida. Se le entrega la carta que tiene la imagen elegida, pero mientras la sostiene por un instante dada vuelta, el experimentador subrepticiamente intercambia las dos cartas. El participante termina sosteniendo una imagen de la cara que *no* eligió. La mitad de los participantes no se da cuenta de esta manipulación. ¡Pasan a comentar alegremente la selección que nunca hicieron, y sin reparos inventan formas de explicar por qué esta cara es sin duda más atractiva que la otra!

Para apreciar la más espectacular demostración de impercepción visual, podemos conectarnos a YouTube y buscar el video *Whodunnit?,*[*] una trama detectivesca encargada por el departamento de transportes de Londres. Un distinguido detective inglés interroga a tres sospechosos y termina por arrestar a uno. Nada que dé pie a mayores sospechas… hasta que se repite la escena, tomada por una cámara fija en un plano más general y, de pronto, nos damos cuenta de que pasamos por alto anomalías muy grandes. En el lapso de un minuto, nada más y nada menos que veintiún elementos de la escena visual fueron modificados de manera incoherente frente a nuestros ojos. Cinco asistentes cambiaron los muebles, reemplazaron con una armadura medieval un gran oso embalsamado, y ayudaron a los actores a cambiar de abrigos y pasar de manos los objetos que sostenían. Un espectador *naïf* se pierde todo.

El impactante video sobre la ceguera al cambio termina con las siguientes palabras moralizantes del alcalde de Londres: "Es fácil que te pierdas algo a lo que no le estás prestando atención. En una calle transitada, esto podría ser fatal. Cuidado con los ciclistas". Y el alcalde tiene razón. Los estudios de simulación de vuelo han mostrado que los pilotos entrenados, cuando se comunican con la torre de control, prestan tan poca atención a otros eventos que incluso pueden chocar con otro avión que no han logrado detectar.

---

* Disponible en <www.youtube.com/watch?v=ubNF9QNEQLA>. [Una versión en castellano, titulada *¿Quién fue el asesino?*, fue creada por Diego Golombek y el equipo del programa *Proyecto G*; está disponible en <www.youtube.com/watch?v=Sz5JKTsbPNc>. N. de E.]

La lección es clara: la inatención puede hacer que prácticamente cualquier objeto desaparezca de nuestra conciencia. De por sí, provee una herramienta esencial para contrastar la percepción consciente y la inconsciente.

Enmascaramiento de la percepción consciente

En el laboratorio existe un problema para probar la ceguera inatencional: los experimentos requieren su repetición en cientos de ocasiones, pero la inatención es un fenómeno muy lábil. En la primera realización de la prueba, la mayoría de los espectadores ingenuos pasa por alto incluso un cambio muy importante; pero el menor indicio de la manipulación es suficiente para que presten atención. En cuanto están alertas, la invisibilidad del cambio se ve comprometida.

Es más, aunque los estímulos a los cuales no se presta atención pueden crear una poderosa sensación subjetiva de inconciencia, para los científicos resulta bastante difícil probar, sin lugar a dudas razonables, que los participantes en verdad no son conscientes de los cambios que dicen no haber visto. Uno puede preguntarles después de cada prueba; pero este procedimiento es lento y los deja alerta. Otra posibilidad es posponer el cuestionario hasta el final del experimento completo, pero esto también es problemático porque para entonces el olvido se vuelve un inconveniente: luego de algunos minutos, los espectadores pueden subestimar lo que sí habían percibido.

Algunos investigadores sugieren que, durante los experimentos de ceguera al cambio, los participantes siempre perciben la escena completa, pero simplemente no logran hacer ingresar a la memoria la mayoría de los detalles.[8] De este modo, la ceguera al cambio puede surgir no de una falta de percepción, sino de una incapacidad para comparar la escena vieja con la nueva. Una vez que las claves del movimiento se eliminan, incluso un segundo de retraso puede dificultar que el cerebro compare dos imágenes. Por defecto, los participantes responderán que nada ha cambiado; de acuerdo con esta interpretación, percibieron de manera consciente todas las escenas y sólo no lograron notar que eran diferentes.

---

8 Véase un debate al respecto en Simons y Ambinder (2005), Landman, Spekreijse y Lamme (2003), Block (2007).

Por mi parte, dudo que la explicación del olvido dé cuenta tanto de la ceguera inatencional como de la ceguera al cambio; después de todo, un gorila en un partido de básquetbol o un oso embalsamado en la escena de un crimen deberían ser bastante memorables. Pero la duda persiste. Para que exista un estudio científico incuestionable, lo que se necesita es un paradigma en que la imagen sea cien por ciento invisible, y, sin importar cuán informados estén los participantes, sin importar cuánto intenten discernirlo, y sin importar cuántas veces miren el video, todavía no puedan verla. Por fortuna, ese tipo de forma completa de invisibilidad existe. Los psicólogos lo llaman "enmascaramiento"; el resto del mundo lo conoce como "imágenes subliminales". Una imagen subliminal es aquella que se presenta por debajo del umbral de la conciencia (en sentido literal: el término latino *limen* significa "umbral"), de modo que nadie pueda verla, ni siquiera con un esfuerzo considerable.

¿Cómo es que uno crea este tipo de imágenes? Una posibilidad es hacerlas muy borrosas. Desafortunadamente, lo normal es que esta solución degrade la imagen tanto que produzca poca actividad cerebral. Un método más interesante consiste en proyectar un breve instante la imagen, inserta entre otras dos imágenes. La figura 7 muestra cómo podemos "enmascarar" una imagen de la palabra *radio*. Primero, mostramos la palabra durante un breve lapso, de treinta y tres milisegundos, más o menos lo que dura un fotograma de película. Esta duración no es suficiente en sí para inducir la invisibilidad: en completa oscuridad, incluso un destello de luz de un milisegundo de duración iluminará una escena y la congelará. Sin embargo, lo que vuelve invisible la imagen de "radio" es una ilusión óptica llamada "enmascaramiento". La palabra está precedida y seguida por formas geométricas que aparecen en la misma localización. Cuando el tiempo es el correcto, el espectador sólo ve los patrones titilantes. Inserta entre ellos, la palabra se vuelve por completo invisible.

En mi caso, diseño muchos experimentos de enmascaramiento subliminal y, aunque tengo bastante confianza en mis habilidades de codificación, ver la pantalla de la computadora me hace dudar de mis propios ojos. En verdad parece que no hubiera nada de nada entre las dos máscaras. Sin embargo, se puede usar una célula fotoeléctrica para verificar que en efecto la palabra se presente durante un momento objetivo: su desaparición es un fenómeno puramente subjetivo. La palabra siempre reaparece cuando se presenta por el tiempo suficiente.

En muchos experimentos, el límite entre ver y no ver es relativamente tajante: una imagen es invisible sin lugar a duda cuando se la presenta cuarenta milisegundos; pero la mayor parte de las veces se la puede ver

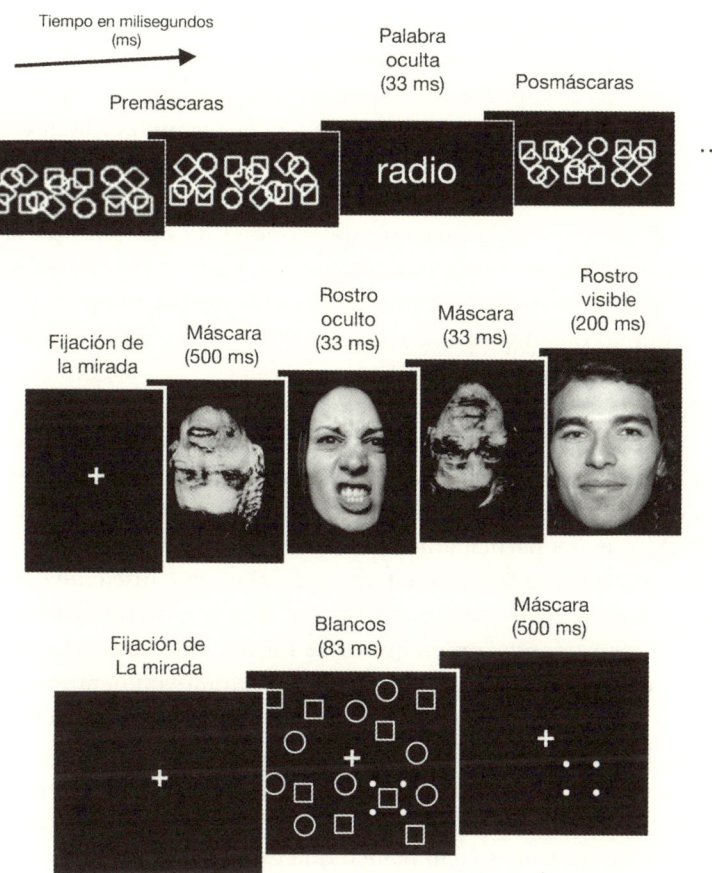

Figura 7. El enmascaramiento puede hacer que una imagen se vuelva invisible. Esta técnica consiste en presentar una imagen, precedida y seguida por otras similares que actúan como máscaras y hacen que no pueda ser percibida de manera consciente. En el ejemplo de arriba, la presentación de una sola palabra dentro de una serie de formas geométricas aleatorias permanece invisible para el espectador. En el centro, la presentación de un rostro, incluso si muestra una emoción fuerte, puede volverse inconsciente si se la rodea con imágenes aleatorias: el espectador sólo ve las máscaras y el rostro final. En el caso de abajo, un conjunto de formas funciona como blanco. Paradójicamente, la única forma imposible de percibir es la señalada por cuatro puntos que la rodean. Al extender más allá de la duración del conjunto inicial el tiempo de presentación de los puntos, estos actúan como máscaras.

con facilidad cuando la duración aumenta a sesenta milisegundos. Este descubrimiento justifica el uso de las palabras "subliminal" (por debajo del umbral) y "supraliminal" (por encima del umbral). Metafóricamente, la puerta de entrada a la conciencia es un umbral bien definido, y una imagen presentada entra o no entra. Las dimensiones del umbral varían entre sujetos, pero siempre rondan los cincuenta milisegundos. Cuando se expone la imagen esta cantidad de tiempo, uno la percibe casi la mitad de las veces. Así, presentar estímulos visuales en el nivel de umbral aporta un paradigma experimental estupendamente controlado: el estímulo objetivo es constante, pero su percepción subjetiva varía de presentación en presentación.

Muchas variantes del enmascaramiento se pueden usar para modular la conciencia según lo deseemos. Una imagen completa puede desvanecerse de la vista cuando se la inserta entre otras desordenadas. Cuando la imagen es un rostro sonriente o atemorizado (véase figura 7), podemos probar que los participantes perciben de manera subliminal una emoción oculta que nunca percibieron de manera consciente; en un nivel inconsciente, la emoción está a la vista. Otra versión del enmascaramiento supone presentar un conjunto de formas y destacar una rodeándola con cuatro puntos que permanezcan allí durante un tiempo largo (véase figura 7; véanse también Woodman y Luck, 2003, Giesbrecht y Di Lollo, 1998, Di Lollo, Enns y Rensink, 2000). Para nuestra sorpresa, sólo la forma que fue destacada desaparece de la experiencia consciente; las demás permanecen claramente visibles. Como duran más que el conjunto, los cuatro puntos y el espacio blanco que estos encierran parecen reemplazar y limpiar cualquier percepción consciente de una forma en ese lugar; luego, este método se llama "enmascaramiento por sustitución".

El enmascaramiento es una gran herramienta de laboratorio porque nos permite estudiar el destino de un estímulo visual inconsciente, y hacerlo con una precisión temporal alta y con un control completo sobre los parámetros experimentales. Las mejores condiciones incluyen proyectar un solo estímulo blanco seguido por una sola máscara. En un momento preciso, "inyectamos" en el cerebro del espectador una dosis bien controlada de información visual (digamos, una palabra). En principio, esta dosis debería bastar para que el espectador perciba de modo consciente la palabra porque, si retiramos la máscara, él o ella siempre la ven. Pero cuando la máscara está presente, de algún modo anula la imagen previa y es lo único que el espectador percibe. Una carrera extraña debe estar ocurriendo en el cerebro: pese a que la palabra entra primero, la máscara subsiguiente parece alcanzarla y eliminarla de la percepción consciente. Una posibilidad es que el cerebro se comporte como un investigador estadístico que sopesa la evidencia antes de decidir si un elemento o dos estaban presentes. Cuando la presentación de las palabras es lo bastante corta, y la máscara lo bastante fuerte, el cerebro del espectador recibe pruebas arrolladoras a favor de la conclusión de que sólo estaba presente la máscara, y no percibe la palabra.

Primacía de lo subjetivo

¿Podemos garantizar que realmente las palabras y las imágenes enmascaradas son inconscientes? En los últimos experimentos de mi laboratorio, sólo les preguntamos a los participantes, después de cada ensayo, si vieron una palabra o no (Del Cul, Dehaene y Leboyer, 2006, Gaillard, Del Cul, Naccache, Vinckier, Cohen y Dehaene, 2006, Del Cul, Baillet y Dehaene, 2007, Del Cul, Dehaene, Reyes, Bravo y Slachevsky, 2009, Sergent y Dehaene, 2004). Varios de nuestros colegas cuestionan este procedimiento, que juzgan "demasiado subjetivo". Pero este tipo de escepticismo parece ser errado: por definición, en la investigación acerca de la conciencia, la subjetividad está en el centro del objeto de estudio.

Por fortuna, también tenemos otros modos de convencer a los escépticos. En primer lugar, el enmascaramiento es un fenómeno subjetivo que induce un consenso considerable entre los espectadores. Por debajo de una duración que ronda los treinta milisegundos, todos los participantes, en todas las presentaciones, niegan haber visto una palabra; esta es la duración mínima que requieren antes de percibir que algo varía de alguna manera.

Más importante aún es que resulta fácil verificar que, durante el enmascaramiento, la invisibilidad subjetiva tiene consecuencias objetivas. En las presentaciones en que los sujetos informan no haber visto nada, a menudo no pueden nombrar la palabra. (Sólo cuando se ven forzados a responder se desempeñan un poco por arriba del nivel de azar, un descubrimiento que indica un grado de percepción subliminal, a lo cual volveremos en el próximo capítulo.) Algunos segundos más tarde, no pueden hacer siquiera los juicios más simples, como decidir si un dígito enmascarado es mayor o menor que el número 5. En uno de los experimentos de mi laboratorio (Dehaene, Naccache, Cohen, Le Bihan, Mangin, Poline y Rivière, 2001), presentábamos a repetición la misma lista de treinta y siete palabras –hasta veinte veces, pero con máscaras que las hacían invisibles–. Al final del experimento, pedíamos a los espectadores que seleccionaran estas viejas palabras entre otras nuevas que no se les habían presentado. Eran completamente incapaces de hacerlo, lo que sugiere que las palabras enmascaradas no habían dejado ninguna marca en su memoria.

Toda esta evidencia apunta hacia una conclusión importante, el tercer ingrediente clave en nuestra incipiente ciencia de la conciencia: *se debe y se puede confiar en los reportes subjetivos*. Si bien la invisibilidad que causa el enmascaramiento es un fenómeno subjetivo, tiene consecuencias muy reales para nuestra capacidad de procesar información. En especial, reduce de manera drástica nuestras habilidades para nombrar y nuestra capacidad de memoria. Cerca del umbral del enmascaramiento, los ensayos que un espectador etiqueta como "conscientes" van acompañados por un cambio muy grande en la cantidad de información disponible, lo que se refleja no sólo en que de manera subjetiva sientan estar conscientes, sino también en muchas otras mejoras en el procesamiento del estímulo (Del Cul, Dehaene, Reyes, Bravo y Slachevsky, 2009, Charles, Van Opstal, Marti y Dehaene, 2013). Si somos conscientes de una información, cualquiera sea, podemos nombrarla, graduarla, juzgarla o memorizarla tanto mejor que cuando es subliminal. Expresémoslo de otro modo: los observadores humanos no son azarosos ni caprichosos en sus reportes subjetivos; cuando reportan una sensación completamente honesta de haber visto, este acceso consciente se corresponde con un gran cambio en el procesamiento de la información, lo que casi siempre tiene como resultado una mejora en el desempeño.

En otras palabras, contra un siglo de sospechas del cognitivismo y el conductismo, la introspección es una fuente respetable de información. No sólo provee información valiosa, que a menudo se puede confirmar de manera objetiva, con medidas conductuales o de imágenes cerebrales, sino que también *define* incluso la esencia de lo que trata una ciencia de la conciencia. Estamos buscando una explicación objetiva de los reportes subjetivos: marcas de la conciencia o conjuntos de eventos neuronales que se desencadenan de manera sistemática en el cerebro de una persona siempre que experimenta determinado estado consciente. Por definición, sólo ella nos puede contar sobre esto.

En una reseña de 2001 que se volvió un manifiesto de nuestra disciplina, mi colega Lionel Naccache y yo resumimos esta posición:

> Los reportes subjetivos son los fenómenos clave que una neurociencia cognitiva de la conciencia busca estudiar. Como tales, son datos básicos que necesitan medirse y registrarse junto con otras observaciones psicofisiológicas (Dehaene y Naccache, 2001).

Dicho esto, no deberíamos ser ingenuos acerca de la introspección: si bien sin duda provee datos crudos para el psicólogo, no es una ventana abierta hacia las operaciones de la mente. Cuando un paciente neurológico o psiquiátrico nos dice que ve rostros en la oscuridad, no lo tomamos al pie de la letra, pero tampoco deberíamos negar que ha tenido esta experiencia. Sólo necesitamos explicar *por qué* la ha tenido; tal vez por una activación espontánea, quizás epiléptica de los circuitos de los rostros que se encuentran en su lóbulo temporal (Ffytche, Howard, Brammer, David, Woodruff y Williams, 1998).

Incluso en las personas normales, en algunos casos se puede demostrar que la introspección está errada (Kruger y Dunning, 1999, Johansson, Hall, Sikstrom y Olsson, 2005, Nisbett y Wilson, 1977). Por definición, no tenemos acceso a nuestros muchos procesos inconscientes; pero esto no nos impide crear historias sobre ellos. Por ejemplo, muchas personas creen que cuando leen una palabra la reconocen de manera instantánea "como un todo", sobre la base de su forma completa; pero, en realidad, en el cerebro tiene lugar una muy compleja serie de análisis basados sobre las letras, de los cuales no tienen conciencia alguna (Dehaene, 2009, Dehaene, Naccache, Cohen, Le Bihan, Mangin, Poline y Rivière, 2001). Como segundo ejemplo, tomemos en consideración qué sucede cuando intentamos dar un sentido a nuestras acciones del pasado. Las personas suelen inventar todo tipo de interpretaciones rebuscadas para sus decisiones, sin prestar atención a sus verdaderas motivaciones inconscientes. En un experimento clásico, a los consumidores se les presentaban cuatro pares de medias de nailon y se les pedía que juzgaran qué par era de mejor calidad. En realidad, todas las medias eran idénticas; sin embargo, las personas mostraban una preferencia fuerte por cualquier par que se les exhibiera del lado derecho del estante. Cuando se les pedía una explicación de su selección, ninguna de ellas mencionaba nunca el rol de la ubicación del estante; en cambio, ¡discurrían un rato acerca de la calidad del tejido! En esta instancia, la introspección demostraba ser ilusoria.

En este sentido, los conductistas tenían razón: como método, la introspección es una base inestable para una ciencia de la psicología, porque ninguna introspección, no importa cuán grande sea, nos dirá cómo funciona la mente. Sin embargo, como parámetro, la introspección todavía es la plataforma perfecta –y, de hecho, la única– sobre la cual podremos construir una ciencia de la conciencia, porque nos provee de una mitad crucial de la ecuación: cómo se sienten los sujetos acerca de alguna experiencia específica (sin importar cuán equivocados estén acerca de la verdad de fondo). Para alcanzar una comprensión científica de la conciencia, nosotros, como neurocientíficos cognitivos, "simplemente" tenemos que determinar la otra mitad de la ecuación: ¿qué eventos neurobiológicos objetivos sistemáticamente subyacen a una experiencia subjetiva de una persona?

A veces, como acabamos de ver con el enmascaramiento, los reportes subjetivos pueden corroborarse de manera inmediata con testimonios objetivos: una persona dice que vio una palabra enmascarada, y lo prueba de inmediato nombrándola con precisión en voz alta. Sin embargo, los investigadores de la conciencia no deberían ser recelosos con los muchos otros casos en que los sujetos informan acerca de un estado puramente interno que, al menos en superficie, parece completamente imposible de verificar. Aun en esos casos debe haber eventos neurales objetivos que expliquen la experiencia de la persona, y como esta experiencia está desligada de cualquier estímulo físico, puede incluso ser más fácil para los investigadores aislar su origen cerebral, porque no la confundirán con otros parámetros sensoriales. Por tanto, los investigadores contemporáneos de la conciencia siempre están a la caza de situaciones "puramente subjetivas", en que la estimulación sensorial sea constante (a veces, en que incluso esté ausente), pero la percepción subjetiva varíe. Estos casos ideales hacen de la experiencia consciente una variable experimental pura.

Un caso revelador es la serie de hermosos experimentos que realizó el neurólogo suizo Olaf Blanke sobre las experiencias extracorporales. En algunas ocasiones los pacientes de cirugía informan que dejaron sus cuerpos durante la anestesia. Describen una sensación irrefrenable de haber flotado por el cielorraso e incluso haber mirado hacia abajo, hacia su cuerpo inerte. ¿Deberíamos tomarlos en serio? ¿"Realmente" ocurre el vuelo fuera del cuerpo?

Para verificar lo informado por los pacientes, algunos seudocientíficos esconden dibujos de objetos sobre los armarios, donde sólo podría verlos un paciente que volara. Este enfoque es ridículo, por supuesto. Lo correcto es preguntar cómo podría desencadenarse esta experiencia subjetiva a partir de una disfunción cerebral. ¿Qué tipo de representación cerebral –preguntó Blanke– subyace a la adopción de un punto de vista específico hacia el mundo exterior? ¿Cómo controla el cerebro la localización del cuerpo? Luego de investigar a muchos pacientes neurológicos y quirúrgicos, Blanke descubrió que existía una región cortical en la junción témporo-parietal derecha que, cuando sufría algún daño o alguna perturbación eléctrica, causaba repetidamente una sensación de transportación fuera del cuerpo (Blanke, Landis, Spinelli y Seeck, 2004, Blanke, Ortigue, Landis y Seeck, 2002). Esta región está situada en una zona de alto nivel donde convergen múltiples señales: aquellas provenientes de la visión, de los sistemas kinestésico y somatosensorial (nuestro mapa cerebral de las señales musculares, de acción y del tacto corporal) y del sistema vestibular (la plataforma biológica de la inercia, localizada en nuestro oído interno, que monitorea los movimientos de la cabeza). Al unir estas valiosas pistas, el cerebro genera una representación integrada de la localización del cuerpo en relación con su entorno. Sin embargo, este proceso puede funcionar mal si las señales no concuerdan o se vuelven ambiguas como resultado del daño cerebral. Por ende, el vuelo fuera del cuerpo "realmente" ocurre: es un evento físico real, pero sólo en el cerebro del paciente y, como resultado de esto, en su experiencia subjetiva. El estado extracorporal es, en esencia, una forma exacerbada del mareo que todos experimentamos cuando nuestra vista no concuerda con nuestro sistema vestibular, como en un bote mecido por el agua.

Blanke también mostró que *cualquier* ser humano puede dejar su cuerpo: creó la cantidad exacta y necesaria de estimulación, por medio de señales visuales y de tacto dislocadas, para elicitar una experiencia extracorporal en el cerebro normal (Lenggenhager, Mouthon y Blanke, 2009, Lenggenhager, Tadi, Metzinger y Blanke, 2007).[9] Gracias a un robot inteligente, incluso logró recrear la ilusión en un aparato de resonancia magnética. Y mientras la persona que era objeto de estudio experimentaba la ilusión, su cerebro se activaba en la junción témporo-parietal, muy cerca de donde estaban localizadas las lesiones del paciente.

Todavía no sabemos con exactitud cómo funciona esta región que genera el sentimiento de localización de uno mismo. Sin embargo, la sorprendente historia de cómo el estado extracorporal pasó de ser una curiosidad parapsicológica a parte de la neurociencia propiamente dicha nos da un mensaje alentador. Hasta pueden encontrarse los orígenes neurales de los más extravagantes fenómenos subjetivos. La clave es tratar con la dosis justa de seriedad este tipo de introspecciones, que no permiten ver en forma directa los mecanismos internos de nuestro cerebro pero constituyen el material crudo sobre el cual se puede fundar una ciencia de la conciencia sólida.

---

9 Véase también Ehrsson (2007). Precursora de este experimento es la famosa ilusión de la "mano de goma"; véanse Botvinick y Cohen (1998), Ehrsson, Spence y Passingham (2004).

Al final de esta breve reseña de las perspectivas contemporáneas acerca de la conciencia, alcanzamos una conclusión optimista. De veinte años a esta parte, surgieron muchas herramientas experimentales inteligentes, que los investigadores pueden utilizar para manipular a voluntad la conciencia. Con ellas, podemos hacer que las palabras, las imágenes e incluso películas completas desaparezcan de la percepción consciente; y más tarde, con cambios mínimos o a veces sin cambios, hacerlas nuevamente visibles.

Si a mano tenemos estas herramientas, podemos hacernos todas las preguntas que a René Descartes le hubiera encantado hacerse. En primer lugar, ¿qué le pasa a una imagen no vista? ¿Todavía se la procesa en el cerebro? ¿Por cuánto tiempo? ¿Hasta dónde llega dentro de la corteza? ¿Las respuestas dependen de cómo se hizo inconsciente el estímulo?[10] Y, por lo tanto, en segundo lugar, ¿qué cambia cuando un estímulo se percibe de manera consciente? ¿Hay eventos cerebrales únicos que aparecen sólo cuando un ítem alcanza la percepción consciente? ¿Podemos identificar estas marcas de la conciencia y utilizarlas para hacer teorías acerca de qué es la conciencia?

En el próximo capítulo tomamos como punto de partida la primera de estas preguntas: el tema fascinante de si las imágenes subliminales tienen una influencia profunda en nuestros cerebros, nuestros pensamientos y nuestras decisiones.

---

10 Un importante descubrimiento reciente es que paradigmas distintos pueden no bloquear el acceso consciente en la misma etapa de procesamiento. Por ejemplo, la competencia interocular interfiere con el procesamiento visual en una etapa más temprana que el enmascaramiento (Almeida, Mahon, Nakayama y Caramazza, 2008, Breitmeyer, Koc, Ogmen y Ziegler, 2008). Así, es esencial comparar múltiples paradigmas si se busca comprender las condiciones necesarias y suficientes para el acceso consciente.

2. Desentrañar las profundidades del inconsciente

¿Qué profundidad puede alcanzar en su viaje por el cerebro una imagen invisible? ¿Puede llegar hasta nuestros centros corticales más altos e influir en las decisiones que tomamos? Responder estas preguntas es crucial para delinear los contornos únicos del pensamiento consciente. Una serie de experimentos recientes en el campo de la psicología y de las imágenes cerebrales siguió el camino que recorren las imágenes inconscientes en el cerebro. De manera inconsciente, reconocemos y categorizamos imágenes enmascaradas, e incluso desciframos e interpretamos palabras que no vimos. Las imágenes subliminales desencadenan motivaciones y recompensas en nosotros, todo sin que lo percibamos. Incluso las operaciones complejas que unen la percepción con la acción se pueden desplegar de manera encubierta, lo que demuestra con cuánta frecuencia nos confiamos a un "piloto automático" inconsciente. Sin darnos cuenta de esta efervescente combinatoria de procesos inconscientes, siempre sobrevaloramos el poder de nuestra conciencia para tomar decisiones, pero en realidad nuestra capacidad de control consciente es limitada.

Tiempo pasado y tiempo futuro no permiten sino un poco de conciencia.
T. S. Eliot, *Burnt Norton* (1935)

Durante la campaña presidencial del año 2000, un desagradable comercial urdido por el equipo de George W. Bush mostraba una caricatura del plan económico de Al Gore, acompañada por la palabra *RATS* [ratas], en enormes letras mayúsculas (figura 8). Aunque no era subliminal en sentido estricto, la imagen solía pasar desapercibida, porque se deslizaba con discreción al final de la palabra *bureaucrats* [burócratas].

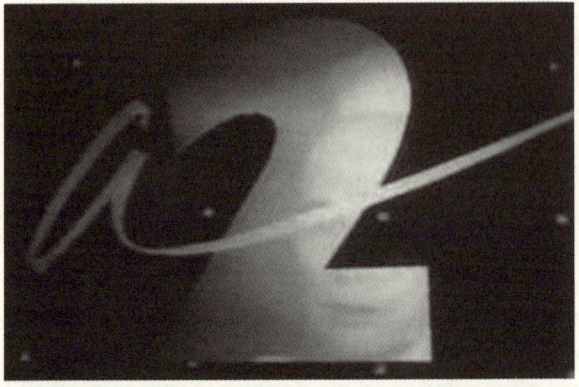

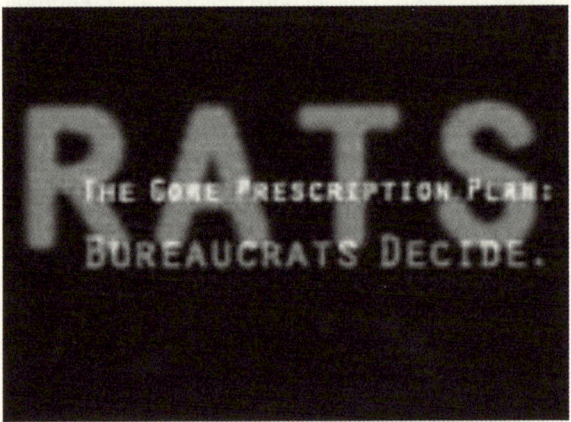

Figura 8. A veces en los medios de comunicación se usan imágenes subliminales. Durante la campaña presidencial francesa de 1988, el rostro del presidente y candidato François Mitterrand aparecía un breve lapso dentro del logo de un importante programa de televisión público. En 2000, en uno de los comerciales de George W. Bush, el plan económico de Al Gore se veía rotulado subrepticiamente con la palabra *RATS*. ¿El cerebro procesa imágenes inconscientes por el estilo? ¿Y estas imágenes pueden influir en nuestras decisiones?

El epíteto ofensivo causó un debate: ¿el cerebro del espectador registraba el mensaje oculto? ¿Hasta dónde llegaba en su trayecto por el cerebro? ¿Podía alcanzar el centro emocional del votante e influir en una decisión electoral?

Doce años antes, las elecciones francesas habían sido escenario de un uso todavía más controversial de las imágenes subliminales. El rostro del candidato presidencial François Mitterrand se presentaba un breve lapso dentro del logo del programa de televisión estatal más importante (figura 8). Esta imagen invisible aparecía todos los días cuando comenzaba el noticiero de las 20 hs, un programa popular entre los televidentes franceses. ¿Esto tuvo más tarde influencia en los votos? Incluso un cambio muy pequeño en una nación de cincuenta y cinco millones significaría miles de votos.

La madre de todas las manipulaciones subliminales es la (tristemente) célebre inserción de un fotograma con las palabras "Tome Coca-Cola" en una película de 1957. Todos conocemos la historia y su resultado: un aumento masivo en la venta de gaseosas. Sin embargo, este mito fundacional de la investigación acerca de las imágenes subliminales fue una completa impostura. James Vicary inventó la historia y más tarde admitió que el experimento había sido un fraude. Sólo el mito persiste, y también la pregunta científica: ¿las imágenes no vistas pueden influir en nuestros pensamientos? Esta no sólo es una cuestión importante para la libertad y para la manipulación de masas, sino también un interrogante clave para nuestra comprensión científica del funcionamiento del cerebro. ¿Necesitamos estar conscientes de una imagen para procesarla? ¿O podemos percibir, categorizar y decidir sin percepción consciente?

Este tema se volvió tanto más acuciante en la actualidad, ya que existe una variedad de métodos para presentar información al cerebro de manera inconsciente. Las imágenes binoculares, la inatención, el enmascaramiento y muchas otras situaciones nos hacen no ser conscientes de lo que nos rodea. ¿Somos, sin más, ciegos a ellos? Cuando prestamos atención a determinado objeto, ¿dejamos de percibir todo aquello a lo que no prestamos atención a su alrededor? ¿O continuamos procesándolo, pero de manera subliminal? Y si lo hacemos, ¿hasta dónde puede avanzar esta información en el cerebro sin recibir el destello de la conciencia?

Responder estas preguntas es crucial para nuestro objetivo científico de detectar las marcas cerebrales de la experiencia consciente. Si el procesamiento subliminal es profundo, y si podemos desentrañar esa profundidad, comprenderemos tanto mejor la naturaleza de la conciencia.

Una vez que sepamos, por ejemplo, que las etapas más tempranas de la percepción pueden obrar sin percepción consciente, podremos excluirlas de nuestra investigación. Al extender este proceso de eliminación a operaciones de nivel más alto, aprenderemos cada vez más sobre las especificidades de la mente consciente. Delinear los contornos de lo inconsciente revelará poco a poco un negativo fotográfico de la mente consciente.

Pioneros del inconsciente

El descubrimiento de que una cantidad impresionante de procesamiento mental ocurre fuera de nuestra conciencia suele atribuirse a Sigmund Freud (1856-1939). Sin embargo, este es un mito, creado en buena parte por el propio Freud.[1] Como señala el historiador y filósofo Marcel Gauchet,

> cuando Freud declara, en términos generales, que antes del psicoanálisis la mente se identificaba de manera sistemática con la conciencia, tenemos que aclarar que esta aseveración es estrictamente falsa (Gauchet, 1992).

En realidad, el descubrimiento de que muchas de nuestras operaciones mentales ocurren silenciosamente, y de que la conciencia sólo es una fachada que cubre numerosos procesadores inconscientes, precede a Freud en décadas o incluso siglos.[2] En la antigüedad romana, el médico Galeno (ca. 129-200) y el filósofo Plotino (ca. 204-270) ya habían notado que algunas de las operaciones del cuerpo, como caminar y respirar, se producen sin atención. Mucho de su conocimiento médico, en realidad, fue heredado de Hipócrates (ca. 460-377 a.C.), un sagaz observador de las enfermedades cuyo nombre todavía es un emblema de la profesión médica. Hipócrates escribió un tratado entero sobre la epilepsia, llamado *Sobre la enfermedad sagrada*, en que mencionaba que repentinamente el cuerpo se comporta de manera inadecuada, en contra del deseo de su

---

1 Para una historia detallada de las ideas acerca del inconsciente, véase Ellenberger (1970).
2 Véase una historia lúcida, detallada y accesible de la neurociencia en Finger (2001).

dueño. Llegó a la conclusión de que el cerebro nos controla en todo momento y teje de modo encubierto el entramado de nuestra vida mental:

> Los hombres deben saber que es del encéfalo, y sólo del encéfalo, de donde surgen nuestros placeres, alegrías, risas y bromas, así como nuestras penas, dolores, tristezas y lágrimas. Concretamente a través de él pensamos, vemos, oímos, y distinguimos lo feo de lo hermoso, lo malo de lo bueno, lo agradable de lo desagradable.

Durante la Edad Oscura, que siguió a la caída del Imperio Romano, los eruditos indios y árabes preservaron algo del conocimiento médico de la Antigüedad. En el siglo XI, el científico árabe conocido como Alhazen (Ibn al-Haitham, 965-1040) descubrió los principios fundamentales de la percepción visual. Siglos antes que Descartes, comprendió que el ojo obra como una cámara oscura, un receptor, más que como un emisor de luz, y previó que muchas ilusiones podían engañar nuestra percepción consciente (Howard, 1996). La conciencia no siempre tiene el control: a esa conclusión llegó Alhazen. Él fue el primero en postular un proceso automático de inferencia inconsciente: sin que lo sepamos, el cerebro llega a conclusiones que van más allá de la información sensorial con que cuenta, y esto a veces hace que veamos cosas que no están allí (Howard, 1996). Ocho siglos más tarde, el físico Hermann von Helmholtz, en su libro de 1867 *Handbuch der Physiologischen Optik* [Manual de Óptica Fisiológica], utilizaría exactamente el mismo concepto, "inferencia inconsciente", para describir cómo nuestra visión computa de manera automática la mejor interpretación compatible con la información sensorial.

Más allá de la cuestión de la percepción inconsciente está el problema más importante de los orígenes de nuestras motivaciones y deseos más profundos. Siglos antes de Freud, muchos filósofos –incluidos Agustín (354-430), Tomás de Aquino (1225-1274), Descartes (1596-1650), Spinoza (1632-1677) y Leibniz (1646-1716)– notaron que la trayectoria de las acciones humanas es guiada por un amplio conjunto de mecanismos inaccesibles a la introspección: desde reflejos sensorio-motores hasta motivaciones inconscientes y deseos ocultos. Spinoza citaba una cantidad de impulsos inconscientes: el deseo de un niño por la leche, el deseo de venganza de una persona herida, las ansias de un alcohólico por una botella y el habla incontrolable de un charlatán.

Durante los siglos XVIII y XIX, los primeros neurólogos descubrieron una prueba tras otra de la omnipresencia de circuitos inconscientes en el sistema nervioso. Marshall Hall (1790-1857) fue pionero en presentar el concepto de "arco reflejo" al conectar con determinadas acciones motoras información sensorial específica, e hizo énfasis en nuestra falta de control voluntario sobre movimientos básicos que se originan en la médula espinal. Siguiendo sus huellas, John Hughlings Jackson (1835-1911) puso de relieve la organización jerárquica del sistema nervioso, desde el tronco cerebral hasta la corteza y desde operaciones automáticas hasta acciones cada vez más voluntarias y conscientes. En Francia, los psicólogos y sociólogos Théodule Ribot (1839-1916), Gabriel Tarde (1843-1904) y Pierre Janet (1859-1947) hicieron énfasis en el amplio rango de automatismos humanos, tanto en el conocimiento práctico almacenado en nuestra memoria de las acciones (Ribot) como en la imitación inconsciente (Tarde) e incluso en las metas subconscientes que tienen su origen en la niñez temprana y se vuelven facetas definitorias de nuestra personalidad (Janet).

Los científicos franceses eran tan avanzados que, cuando el ambicioso Freud publicó las primeras teorías que lo hicieron famoso, Janet protestó diciendo que él era el padre de muchas de las ideas de Freud. Ya en 1868, el psiquiatra británico Henry Maudsley (1835-1918) había escrito que "la parte más importante de la acción mental, el proceso esencial del que depende el pensamiento, es la actividad mental inconsciente" (Maudsley, 1868). Otro neurólogo contemporáneo, Sigmund Exner, colega de Freud en Viena, había afirmado en 1899: "No deberíamos decir 'yo pienso', 'yo siento', sino 'se piensa en mí' [*es denkt in mir*], 'se siente en mí' [*es fühlt in mir*]", veinte años antes de las reflexiones que hace Freud en *El Yo y el Ello*, publicado en 1923.

A finales del siglo XIX, la ubicuidad de los procesos inconscientes estaba tan aceptada que en su tratado más importante, *Principios de psicología* (1890), el gran psicólogo y filósofo estadounidense William James podía declarar, con audacia:

> Todos estos hechos, tomados en conjunto, forman, sin lugar a dudas, el principio de una pregunta que está destinada a arrojar nueva luz sobre los mismos abismos de nuestra naturaleza. [...] Prueban de manera concluyente una cosa: que nunca debemos aceptar el testimonio de una persona –por sincero que sea– de que no ha sentido nada como una demostración de que ningún sentimiento ha estado allí (James, 1890: 211 y 208).[3]

---

3 Véanse Ellenberger (1970) y Weinberger (2000).

Cualquier sujeto humano, supone, "hará todo tipo de cosas incongruentes de las cuales no tiene conciencia".

Si se la pone en relación con este frenesí de observaciones neurológicas y psicológicas que demuestran con claridad que los mecanismos inconscientes tienen las riendas de gran parte de nuestras vidas, el aporte de Freud parece especulativo. No sería una gran exageración decir que en su trabajo las ideas sólidas no son las suyas propias, mientras que las que le pertenecen no resultan sólidas. En retrospectiva, es especialmente decepcionante que Freud nunca haya intentado someter sus observaciones a una prueba empírica. La última parte del siglo XIX y la primera del XX fueron testigos del nacimiento de la psicología experimental. Florecieron nuevos métodos empíricos, incluida la recolección sistemática de errores y tiempos de respuesta precisos. Pero Freud parecía contentarse con proponer modelos metafóricos de la mente sin ponerlos a prueba. Uno de mis escritores favoritos, Vladimir Nabokov, no tenía paciencia con el método de Freud y ladraba inclemente en *Opiniones contundentes*:

> Dejen que los crédulos y los mediocres sigan creyendo que todos sus males mentales pueden curarse mediante una aplicación diaria de viejos mitos griegos a sus partes privadas. En realidad no me interesa.

La sede de las operaciones inconscientes

A pesar de los grandes avances médicos que tuvieron lugar en los siglos XIX y XX, hace sólo veinte años (en la década de 1990, cuando mis colegas y yo comenzamos a aplicar las técnicas de imágenes cerebrales a la percepción subliminal) todavía existía una enorme confusión acerca del problema de las imágenes no vistas en el cerebro. Se estaban proponiendo muchas explicaciones conflictivas acerca de la división del trabajo. La idea más simple era que la corteza –las láminas plegadas de neuronas que forman la superficie de nuestros dos hemisferios cerebrales– era consciente, mientras que los demás circuitos no lo eran. En la corteza, la parte más evolucionada del cerebro en los mamíferos, tienen lugar las operaciones avanzadas que son la base de la atención, la planificación y el habla. Así, considerar que cualquier información que llegara a la corteza debía ser consciente era una hipótesis esperable. En cambio, se pensaba que las operaciones inconscientes se producían sólo dentro de núcleos cerebrales especializados, como la amígdala o el colículo, que habían evolucionado para cumplir funciones específicas como la detección de estímulos atemorizantes o el movimiento ocular. Estos grupos de neuronas forman circuitos llamados "subcorticales", precisamente porque están debajo de la corteza.

Una propuesta diferente pero asimismo ingenua sugería una dicotomía entre los dos hemisferios del cerebro. El izquierdo, que aloja los circuitos del lenguaje, podría informar lo que estaba haciendo; por eso, el hemisferio izquierdo sería consciente, mientras que el derecho no.

Una tercera hipótesis sostenía que algunos circuitos corticales eran conscientes y otros no. Específicamente, cualquier información visual que se transmitiera por el cerebro a través de la ruta ventral, que reconoce la identidad de objetos y caras, necesariamente tendría que ser consciente. Entretanto, la información transmitida por la ruta visual dorsal, que atraviesa la corteza parietal y utiliza la forma de los objetos y la localización para guiar nuestras acciones, yacería para siempre en el lado oscuro inconsciente.

Ninguna de estas dicotomías simplistas resistía un cotejo atento. Sobre la base de lo que sabemos en la actualidad, prácticamente todas las regiones cerebrales pueden participar en el pensamiento consciente tanto como en el inconsciente. Sin embargo, para llegar a esta conclusión se necesitaron experimentos ingeniosos que expandieran poco a poco nuestro conocimiento acerca de qué constituye el inconsciente.

Al principio, los experimentos sencillos en pacientes con daño cerebral sugerían que las operaciones inconscientes se gestaban en el sótano oculto del cerebro, debajo de la corteza. La amígdala, por ejemplo, un grupo de neuronas con forma de almendra localizado debajo del lóbulo temporal, marca situaciones de la vida diaria importantes por su carga emotiva. Sobre todo, es crucial para codificar el miedo. Los estímulos atemorizantes, como el ver una víbora, pueden activarla a un paso de la retina, mucho antes de que registremos la emoción en un nivel cortical consciente (Ledoux, 1996). Muchos experimentos indicaron que este tipo de apreciaciones emocionales se hacen de manera extraordinariamente rápida e inconsciente, a través del veloz circuito de la amígdala. A principios del siglo XX, el neurólogo suizo Édouard Claparède demostró la existencia de una memoria emocional inconsciente: mientras estrechaba la mano de una paciente amnésica, la pinchó con un alfiler; al día siguiente, a pesar de que la amnesia impedía a la mujer reconocer al científico, se negó enfáticamente a estrechar su mano. Este tipo de experimentos ofreció una primera prueba de que las operaciones emocionales complejas se podían dar por debajo del nivel de percepción consciente, y de que siempre parecían provenir de un conjunto de núcleos subcorticales especializados en el procesamiento emocional.

Otra fuente de información sobre el procesamiento subliminal fue la de los pacientes con "ceguera cortical", aquellos que presentan lesiones de la corteza visual primaria, la principal fuente de entrada visual a la corteza. Su nombre en inglés, *blindsight* [visión ciega], puede sonar extraño porque parece un oxímoron, pero describe con precisión la condición shakespeareana de estos individuos: ver, pero no ver. Una lesión en la corteza visual primaria debería hacer que una persona quedara ciega, y de hecho priva a estos pacientes de su visión *consciente*: ellos aseguran que no pueden ver nada en una parte específica de su campo visual (la que corresponde con exactitud al área destruida de la corteza) y se comportan como si fueran ciegos. Sin embargo, sucede algo más bien increíble: cuando un investigador les muestra objetos o haces de luz, los señalan con precisión (Weiskrantz, 1997). Como si fueran zombis, guían su mano de manera inconsciente a localizaciones que no ven; en efecto, esa es una visión ciega.

¿Qué rutas anatómicas intactas son la base de la visión inconsciente en los pacientes con ceguera cortical? Está claro que, en ellos, algo de información visual accede desde la retina hasta la mano, sin pasar por la lesión que los define como ciegos. Como el punto de entrada a su corteza visual está destruido, los investigadores en principio sospechaban que su comportamiento inconsciente se originaba por completo en los circuitos subcorticales. Un candidato clave era el colículo superior, un núcleo situado en el mesencéfalo que se especializa en el registro cruzado de la visión, los movimientos oculares y otras respuestas espaciales. De hecho, el primer estudio con fMRI de estas lesiones demostró que los blancos no vistos desencadenaban una activación fuerte del colículo superior (Sahraie, Weiskrantz, Barbur, Simmons, Williams y Brammer, 1997; véase también Morris, DeGelder, Weiskrantz y Dolan, 2001). Pero estas imágenes también contenían testimonios de que los estímulos no vistos evocaban activaciones en la corteza y, por supuesto, la investigación posterior confirmó que los estímulos invisibles todavía podían activar tanto el tálamo como áreas visuales de nivel más alto de la corteza, eludiendo de algún modo el área visual primaria dañada (Morland, Le, Carroll, Hoffmann y Pambakian, 2004, Schmid, Mrowka, Turchi, Saunders, Wilke, Peters, Ye y Leopold, 2010, Schmid, Panagiotaropoulos, Augath, Logothetis y Smirnakis, 2009, Goebel, Muckli, Zanella, Singer y Stoerig, 2001). Está claro que los circuitos cerebrales que forman parte de nuestro zombi interno inconsciente y que guían los movimientos de nuestros ojos y nuestras manos incluyen mucho más que las tradicionales rutas subcorticales.

Otra paciente, sujeta a estudio por el psicólogo canadiense Melvyn Goodale, proveyó más evidencia de la contribución cortical del procesamiento inconsciente. A los 34 años, D. F. sufrió una intoxicación con monóxido de carbono (Goodale, Milner, Jakobson y Carey, 1991, Milner y Goodale, 1995). La falta de oxígeno causó un daño severo e irreversible de las cortezas visuales laterales izquierda y derecha. Como resultado, perdió algunos de los aspectos elementales de la visión consciente y desarrolló lo que los neurólogos llaman "agnosia visual". En lo referente al reconocimiento de formas, D. F. estaba casi ciega: no podía diferenciar un cuadrado de un rectángulo estirado. Su déficit era tan severo que no lograba reconocer la orientación (vertical, horizontal u oblicua) de una línea inclinada. Sin embargo, su sistema de gestos todavía era notoriamente funcional: cuando se le pedía que pasara una tarjeta por una rendija inclinada, cuya orientación sin duda no lograba percibir, su mano se comportaba con una precisión perfecta. Su sistema motor siempre parecía "ver" de manera inconsciente las cosas mejor de lo que podía hacerlo de forma consciente. También adaptaba la apertura de su mano a los objetos que buscaba alcanzar, pero era por completo incapaz de hacerlo de manera voluntaria, usando la distancia del pulgar al resto de los dedos como gesto simbólico para describir el tamaño percibido.

La habilidad inconsciente de D. F. para realizar acciones motoras parecía exceder en mucho su capacidad para percibir de manera consciente las mismas formas visuales. Goodale y sus colaboradores plantearon que su desempeño no se podía explicar sólo a partir de las rutas subcorticales motoras, sino que debía incluir además áreas corticales parietales. Pese a que D. F. no lo percibía, la información acerca del tamaño y la orientación de los objetos todavía avanzaba de manera inconsciente a través de sus lóbulos occipital y parietal. Allí, circuitos intactos extraían la información visual acerca del tamaño, la localización e incluso la forma que no podía ver de manera consciente.

Desde entonces, la ceguera cortical severa y la agnosia se estudiaron en una cantidad de pacientes similares. Algunos de ellos podían caminar por un pasillo transitado sin chocarse con objetos, pero seguían diciendo que eran del todo ciegos. Otros pacientes experimentaban un tipo de inconciencia llamada "negligencia espacial". En esta fascinante condición, una lesión en el hemisferio derecho, por lo general en la vecindad del lóbulo parietal inferior, impide que el paciente presente atención al lado izquierdo del espacio. Como resultado, a menudo no se presenta atención a toda la mitad izquierda de una escena u objeto. Un paciente se quejaba con vehemencia porque no le habían dado suficiente comida: había ingerido todo el alimento situado en el lado derecho de su plato, pero no percibía que el lado izquierdo todavía estaba lleno.

A pesar de que presentan una gran dificultad para los juicios e informes conscientes, en realidad los pacientes con negligencia espacial no son ciegos en el campo visual izquierdo. Sus retinas y su corteza visual temprana son perfectamente funcionales; pero de algún modo una lesión en un nivel más alto no les permite prestar atención a esta información y registrarla en un nivel consciente. ¿Se pierde por completo la información a la cual no se presta atención? La respuesta es no: la corteza todavía procesa la información desatendida, pero en un nivel inconsciente. John Marshall y Peter Halligan (1988) llegaron con elegancia a esta conclusión mostrándole a un paciente con síndrome de negligencia espacial las fotos de dos casas, en una de las cuales el lado izquierdo se estaba incendiando (figura 9). El paciente negaba con vehemencia ver alguna diferencia entre ellas, decía que las casas eran idénticas. Pero cuando se le pedía que eligiera en cuál preferiría vivir, sistemáticamente evitaba elegir la que se estaba incendiando. Es obvio que de todos modos su cerebro procesaba la información con profundidad suficiente para categorizar el fuego como un peligro que evitar. Pocos años más tarde, las técnicas de imágenes cerebrales dejaron en evidencia que, en los pacientes con negligencia espacial, un estímulo no visto todavía podía activar las regiones de la corteza visual ventral que responden a las casas y los rostros (Driver y Vuilleumier, 2001, Vuilleumier, Sagiv, Hazeltine, Poldrack, Swick, Rafal y Gabrieli, 2001). Incluso el significado de las palabras y los números a los cuales no se prestaba atención lograban ingresar de manera invisible a su cerebro (Sackur, Naccache, Pradat-Diehl, Azouvi, Mazevet, Katz, Cohen y Dehaene, 2008, McGlinchey-Berroth, Milberg, Verfaellie, Alexander y Kilduff, 1993).

El lado oscuro del cerebro

Al comienzo, todo este material probatorio provino de pacientes con lesiones cerebrales severas y a menudo masivas que –por así decir– habían alterado el deslinde entre las operaciones conscientes e inconscientes. En ausencia de lesión, ¿los cerebros normales también procesan las imágenes de manera inconsciente en un nivel visual profundo?

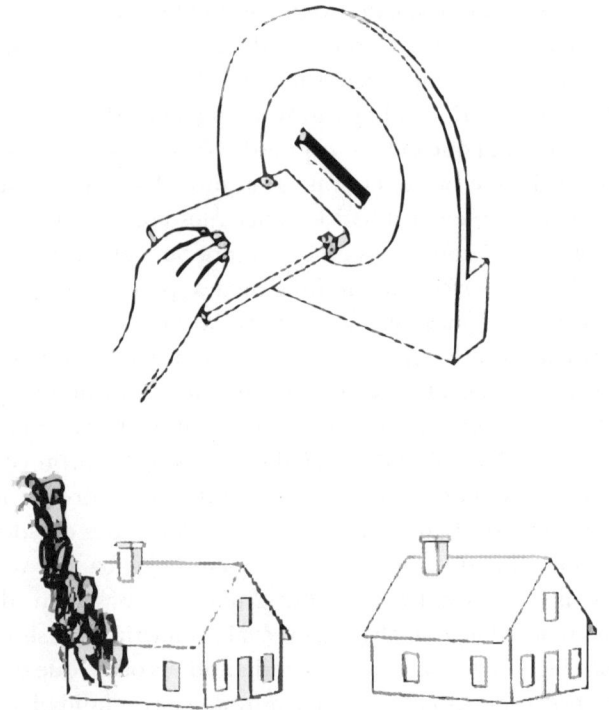

Figura 9. Los pacientes con lesiones cerebrales fueron el primer testimonio sólido de que las imágenes inconscientes se procesan en la corteza. Luego de una lesión cerebral, la paciente D. F. de Goodale y Milner (1991) perdió todas las habilidades de reconocimiento visual y se volvió completamente incapaz de percibir y describir formas, incluso una tan simple como una hendija inclinada (arriba). Sin embargo, podía insertar con precisión una tarjeta en ella, lo que sugiere que los movimientos complejos de la mano pueden guiarse inconscientemente. El paciente P. S. de Marshall y Halligan (1988), que sufría de un síndrome de negligencia masiva del lado izquierdo del espacio, no lograba percibir de modo consciente ninguna diferencia entre las dos casas (abajo). Sin embargo, cuando se le preguntaba en cuál preferiría vivir, sistemáticamente evitaba la casa que se estaba incendiando, lo que sugiere que de manera inconsciente comprendía el significado del dibujo.

¿Nuestra corteza puede actuar sin nuestra percepción consciente? Incluso las funciones complejas que adquirimos en la escuela, como la lectura o la aritmética, ¿pueden realizarse de manera inconsciente? Mi laboratorio se contó entre los primeros en proveer una respuesta positiva a estas importantes preguntas; utilizamos técnicas de imagen para demostrar que las palabras y los números invisibles llegaban bien profundo en la corteza.

Como expliqué en el capítulo 1, podemos proyectar una imagen durante varias docenas de milisegundos y, sin embargo, mantenerla invisible. El truco es enmascarar el evento crítico que deseamos esconder de la conciencia, con otras formas que aparezcan justo antes y después (véase figura 7). Ahora bien, ¿hasta dónde llega en su trayecto este tipo de imagen enmascarada en el cerebro? Mis colegas y yo obtuvimos un indicio utilizando la ingeniosa técnica de "*priming* subliminal". Proyectamos durante un breve lapso una palabra o imagen subliminal (llamada *prime*) seguida de inmediato por otro ítem visible (el blanco). En proyecciones sucesivas, el blanco podía ser idéntico al *prime* o diferente de él. Por ejemplo, proyectamos la palabra-*prime* "casa" un lapso tan breve que los participantes no la vieron, y luego la palabra blanco "radio" un lapso suficientemente largo para que fuera visible de manera consciente. Los participantes ni siquiera notaban que había habido una palabra escondida. Sólo se enfocaban en el blanco visible; por nuestra parte, medíamos cuánto tiempo necesitaban para reconocerlo, y les pedíamos que presionaran una tecla si se refería a algo con vida y otra diferente si se refería a un artefacto. (Casi cualquier tarea logrará ese efecto.)

El descubrimiento fascinante, replicado en docenas de experimentos, es que la presentación previa de una palabra, incluso de manera inconsciente, acelera el procesamiento cuando esa misma palabra reaparece de manera consciente (Marcel, 1983, Forster, 1998, Forster y Davis, 1984).[4] Siempre y cuando las dos presentaciones estén separadas por menos de un segundo, la repetición lleva a una facilitación, incluso cuando no se la detecta. Por ende, las personas responden más rápido y cometen menos errores cuando "radio" precede a "radio" que cuando se les presenta una palabra no relacionada, como "casa". Este descubrimiento se llama "*priming* por repetición subliminal". De un modo muy similar a como uno

---

4 Muchos experimentos de *priming* subliminal están reseñados en Kouider y Dehaene (2007).

ceba [*primes*] una bomba echándole agua, podemos cebar el circuito del procesamiento de palabras con una palabra no vista.

Ahora sabemos que la información de *priming* que se envía por el cerebro puede ser bastante abstracta. Por ejemplo, el *priming* funciona incluso cuando la primera palabra está en minúsculas ("radio") y el blanco, en mayúsculas ("RADIO"). Visualmente, estas formas son radicalmente diferentes. La letra *a* minúscula no se parece en nada a la letra *A* mayúscula. Sólo una convención cultural une a esas dos formas con la misma letra. Es sorprendente que los experimentos muestren que, en los lectores expertos, este conocimiento se ha hecho por completo inconsciente y se compila en el sistema visual temprano: el *priming* subliminal es igual de consistente cuando se repite la misma palabra física ("radio-radio") que cuando se cambia de tipo de letra ("radio-RADIO") (Bowers, Vigliocco y Haan, 1998, Forster y Davis, 1984). Por tanto, la información inconsciente avanza hasta una representación abstracta de cadenas de letras. A partir de un mero vistazo de una palabra, el cerebro logra identificar velozmente las letras, con independencia de los cambios superficiales en las formas de cada una.

El paso siguiente fue comprender dónde ocurre esta operación. Como ya demostramos junto con mis colegas, las imágenes cerebrales son suficientemente sensibles para detectar la pequeña activación provocada por una palabra inconsciente (Dehaene, Naccache, Le Clec'H, Koechlin, Mueller, Dehaene-Lambertz, Van de Moortele y Le Bihan, 1998, Dehaene, Naccache, Cohen, Le Bihan, Mangin, Poline y Rivière, 2001). Con fMRI, obtuvimos imágenes del cerebro completo donde se señalaban las áreas afectadas por el *priming* subliminal. Los resultados mostraron que se podía activar de manera inconsciente una gran porción de la corteza visual ventral. El circuito incluía una región llamada "giro fusiforme", que aloja mecanismos avanzados de reconocimiento de formas y lleva a cabo las etapas tempranas de la lectura (Dehaene, 2009). Aquí el *priming* no dependía de la forma de la palabra: esta área del cerebro claramente era capaz de procesar la identidad abstracta de una palabra sin importar si estaba en mayúsculas o en minúsculas (Dehaene y Naccache, 2001 o Dehaene, Naccache, Cohen, Le Bihan, Mangin, Poline y Rivière, 2001, Dehaene, Jobert, Naccache, Ciuciu, Poline, Le Bihan y Cohen, 2004).

Antes de estos experimentos, algunos investigadores habían postulado que el giro fusiforme siempre desempeñaba un papel en el procesamiento consciente. Formaba la llamada "ruta visual ventral" que nos permitía ver formas. Según pensaban, sólo la "ruta dorsal", que conecta la corteza

visual occipital con los sistemas de acción de la corteza parietal, era el sitio de las operaciones inconscientes (Goodale, Milner, Jakobson y Carey,
1991, Milner y Goodale, 1995). Al demostrar que la ruta ventral –que se
ocupa de la identidad de las imágenes y las palabras– también podía operar en un modo inconsciente, nuestros experimentos y otros ayudaron a
desestimar la idea simplista de que la ruta ventral era consciente, mientras que la dorsal no lo era (Kanwisher, 2001). Ambos circuitos, aunque
localizados en una zona alta de la corteza, parecían capaces de operar
por debajo del nivel de la experiencia consciente.

Ensamblar sin conciencia

Con el paso de los años, la investigación sobre el *priming* subliminal despejó
varios mitos acerca del rol de la conciencia en nuestra visión. Una idea ya
abandonada en nuestros días planteaba que, aunque los elementos individuales de una escena visual se podían procesar sin percepción consciente,
para unirlos hacía falta la conciencia. Sin la atención consciente, rasgos
como el movimiento y el color flotaban en libertad y no se juntaban en
los objetos apropiados (Treisman y Gelade, 1980, Kahneman y Treisman,
1984, Treisman y Souther, 1986). Los diferentes lugares del cerebro tenían
que reunir la información en un solo "archivo de objetos" antes de que pudiera emerger una percepción global. Algunos investigadores postulaban
que este proceso de enlace, posibilitado por la sincronía neuronal (Crick
y Koch, 2003, Singer, 1998) o la "reentrada" (Finkel y Edelman, 1989,
Edelman, 1989), era la marca distintiva del procesamiento consciente.

Ahora sabemos que estaban equivocados: algunas ligazones visuales
pueden ocurrir sin la conciencia. Consideremos la unión de las letras en
una palabra. Las letras claramente deben estar unidas en una distribución precisa de izquierda a derecha, de manera que no confundamos palabras como "RAMO" y "AMOR",* en las cuales mover una sola letra provoca una diferencia enorme. Nuestros experimentos demostraron que
este tipo de ensamblaje se alcanza de manera inconsciente (Dehaene,
Jobert, Naccache, Ciuciu, Poline, Le Bihan y Cohen, 2004). Notamos que
el *priming* por repetición subliminal ocurría cuando la palabra "RAMO"
era precedida por "ramo", pero no cuando "amor" precedía a "RAMO";
esto indica que el procesamiento subliminal es muy sensible, no sólo a
la presencia de letras sino también a cómo están ordenadas. De hecho,

* *Range* y *anger*, en el original. [N. de T.]

las respuestas a la palabra "RAMO" precedida por "amor" no eran más rápidas que las respuestas a "RAMO" precedida por una palabra no relacionada, como "cine". La percepción subliminal no se ve engañada por palabras que tienen un 80% de letras en común: una única letra puede alterar de manera radical el patrón de *priming* subliminal.

Desde hace diez años, este tipo de demostraciones de la percepción subliminal se replicó cientos de veces, no sólo para las palabras escritas sino también para rostros, fotos y dibujos (Henson, Mouchlianitis, Matthews y Kouider, 2008, Kouider, Eger, Dolan y Henson, 2009, Dell'Acqua y Grainger, 1999). Así, llegamos a la conclusión de que lo que experimentamos como escena visual consciente es una imagen altamente procesada, muy diferente de la información en bruto que recibimos de los ojos. Nunca vemos el mundo como lo ve nuestra retina. De hecho, sería una perspectiva bastante horrible: un conjunto muy distorsionado de píxeles claros y oscuros, hinchados hacia el centro de la retina, obstruidos por vasos sanguíneos, con un orificio enorme en la localización del "punto ciego", donde los cables nerviosos salen hacia el cerebro; la imagen se vería constantemente borrosa y cambiaría con el movimiento del barrido de nuestra mirada. En cambio, lo que vemos es una escena tridimensional, en que los defectos de la retina ya están corregidos, el punto ciego remendado; ya se la estabilizó con relación a los movimientos oculares y de la cabeza y se la reinterpretó por completo sobre la base de nuestra experiencia previa de escenas visuales similares. Todas estas operaciones se dan de modo inconsciente, aunque muchas de ellas son tan complicadas que se resisten al modelado computacional. Por ejemplo, nuestro sistema visual detecta la presencia de sombras en la imagen y las elimina (figura 10). En una mirada, de manera inconsciente nuestro cerebro infiere las fuentes de luz y deduce la forma, opacidad, reflexión y luminosidad de los objetos.

Siempre que abrimos los ojos ocurre una operación paralela en nuestra corteza visual; pero no somos conscientes de ella. Sin conocer la forma en que funciona nuestro mecanismo visual, creemos que el cerebro sólo trabaja mucho cuando nosotros *sentimos* que estamos trabajando mucho, por ejemplo, cuando hacemos cuentas o jugamos al ajedrez. No tenemos idea de lo difícil que es también trabajar detrás de escena para crear esta simple impresión de un mundo visual sin remiendos.

Figura 10. Hay muchas poderosas computaciones inconscientes que subyacen a nuestra visión. Al mirar esta imagen, veremos un tablero de ajedrez que parece normal. Uno no tiene dudas de que el cuadrado A es oscuro y el cuadrado B es claro. Sin embargo, para nuestra sorpresa, están pintados con exactamente el mismo tono de gris (esto puede confirmarse si uno tapa la imagen con una hoja de papel). ¿Cómo podemos explicar esta ilusión? En una fracción de segundo, de modo inconsciente nuestro cerebro analiza la escena en objetos, decide que la luz proviene del sector superior derecho, detecta que el cilindro arroja una sombra sobre el tablero, y sustrae esa sombra de la imagen. De este modo, nos permite ver lo que, según infiere, son los verdaderos colores del tablero de ajedrez debajo de ella. Sólo el resultado final de esta compleja operación accede a nuestra percepción consciente. Ilustración realizada por Edward Adelson.

Un juego de ajedrez inconsciente

Para apreciar otra demostración del poder de nuestra visión inconsciente, consideremos el juego de ajedrez. Cuando el gran maestro Garry Kasparov se concentra en una partida, ¿tiene que prestar atención de manera consciente a la configuración de las piezas para darse cuenta de que, digamos, una torre negra está amenazando a la reina blanca? ¿O puede enfocarse en el plan maestro, mientras su sistema visual procesa de manera automática este tipo de relaciones relativamente triviales entre piezas?

Nuestra intuición es que, en los jugadores expertos de ajedrez, el análisis de juegos de mesa se vuelve un reflejo. De hecho, la investigación prueba que una sola mirada es suficiente para que cualquier gran maestro evalúe un tablero de ajedrez y recuerde su configuración con todo detalle, porque la analiza de manera automática, segmentándola en porciones significativas (De Groot y Gobet, 1996, Gobet y Simon, 1998). Es más, un experimento reciente indica que en realidad este proceso de segmentación es inconsciente: se puede proyectar durante veinte milisegundos una partida simplificada, inserta entre dos máscaras que la hacen invisible, y de todas maneras influirá en la decisión de un maestro del ajedrez (Kiesel, Kunde, Pohl, Berner y Hoffmann, 2009). El experimento sólo funciona en jugadores expertos en las situaciones en que están resolviendo un problema importante, como determinar si el rey está en jaque o no. Esto implica que el sistema visual toma en cuenta la identidad de las piezas (torre o alfil) y sus localizaciones, y luego ensambla velozmente esta información en un todo significativo ("jaque al rey negro"). Estas operaciones complejas ocurren totalmente fuera de la percepción consciente.

Ver voces

Hasta aquí, nuestros ejemplos están tomados de la visión. ¿La conciencia podría ser el pegamento que une nuestras distintas modalidades sensoriales en un todo coherente? ¿Necesitamos ser conscientes para ligar las señales visuales y auditivas, como cuando disfrutamos de una película? Otra vez, la respuesta sorprendente es "no". Incluso la información multisensorial se puede unir de manera inconsciente: sólo nos volvemos conscientes del resultado. Debemos esta conclusión a una extraordinaria ilusión llamada "efecto McGurk", que describieron por primera vez Harry McGurk y John MacDonald (1976). El video, que se puede encontrar en internet,[5] muestra a una persona hablando, y parece obvio que está diciendo *da da da da*. Nada misterioso, ¡hasta que uno cierra los ojos y se da cuenta de que el verdadero estímulo auditivo es *ba ba ba ba*! ¿Cómo funciona esta ilusión? Visualmente, la boca de la persona se mueve para decir *ga*, pero como sus oídos reciben la sílaba *ba*, su cerebro se encuentra frente a un conflicto. Lo resuelve, inconscientemente, uniendo las dos porciones de información. Si las dos entradas están bien sincronizadas, une la información en una única percepción intermedia: la sílaba *da*, un punto medio entre el *ba* auditivo y el *ga* visual.

Esta ilusión auditiva nos muestra otra vez lo tardía y reconstruida que es nuestra experiencia consciente. Si bien puede parecer sorprendente, no oímos las ondas sonoras que llegan a nuestros oídos ni vemos los fotones que entran a nuestros ojos. Aquello a lo que accedemos no es una sensación pura, sino una ingeniosa reconstrucción del mundo exterior. Detrás de escena, nuestro cerebro actúa como un detective inteligente que pondera por separado todos los segmentos de la información sensorial que recibimos, los sopesa de acuerdo con su confiabilidad, y los une en un todo coherente. Subjetivamente, no parece que nada de esto esté reconstruido. No tenemos la impresión de *inferir* la identidad del sonido fusionado *da*: simplemente lo *oímos*. Sin embargo, durante el efecto McGurk, lo que oímos con claridad proviene de lo que vemos tanto como de lo que oímos.

¿Dónde se elabora esta combinación multisensorial en el cerebro? Las imágenes cerebrales sugieren que es en la corteza frontal, más que en las áreas sensitivas auditivas o sensoriales, donde por fin se representa el resultado consciente de la ilusión McGurk (Hasson, Skipper, Nusbaum y Small, 2007). El contenido de nuestra percepción consciente primero se filtra en nuestras áreas más altas, luego se envía a regiones sensoriales tempranas. Está claro que muchas operaciones sensoriales complejas se dan en secreto para ensamblar la escena que más tarde aparece sin remiendos en el ojo de nuestra mente, como si llegase lisa y llanamente de nuestros órganos sensoriales.

¿Cualquier dato puede ensamblarse de manera inconsciente? Probablemente no. La visión, el reconocimiento de voz y el ajedrez de los grandes maestros tienen algo en común: todos son en extremo automáticos y están sobreaprendidos. Probablemente por eso su información se puede unir sin percepción consciente. El neuropsicólogo Wolf Singer sugirió

---

5 Una demostración de la ilusión McGurk está disponible en <www.youtube. com/watch?v=jtsfidRq2tw>.

que tal vez deberíamos distinguir dos tipos de enlaces o ensamblajes (Singer, 1998). Los de rutina serían aquellos que están codificados por neuronas específicas dedicadas a combinaciones específicas de *inputs* sensoriales. Los no rutinarios, en cambio, requieren que se creen, desde su principio mismo, combinaciones nunca antes vistas, y pueden estar mediados por un estado más consciente de sincronía cerebral.

Esta perspectiva más matizada de cómo nuestra corteza sintetiza nuestras percepciones parece ser más apropiada. Desde el nacimiento, el cerebro recibe entrenamiento intensivo respecto de cómo se ve el mundo. Años de interacción con el entorno le permiten recopilar estadísticas detalladas de qué partes de los objetos tienden a coocurrir a menudo. Con experiencia intensiva, las neuronas visuales se especializan en la combinación específica de partes que caracteriza a un objeto familiar (Tsunoda, Yamane, Nishizaki y Tanifuji, 2001, Baker, Behrmann y Olson, 2002, Brincat y Connor, 2004). Luego del aprendizaje, continúan respondiendo a la combinación apropiada incluso durante la anestesia, clara comprobación de que esta forma de enlace no requiere conciencia. Es probable que nuestra capacidad para reconocer las palabras escritas le deba mucho a este tipo de aprendizaje estadístico inconsciente: una vez que llega a la adultez, el lector promedio ha visto millones de palabras, y tal vez su corteza visual contenga neuronas dedicadas a identificar cadenas frecuentes de letras como "la", "des-" y "-ción "(Dehaene, 2009, Dehaene, Pegado, Braga, Ventura, Nunes Filho, Jobert, Dehaene-Lambertz y otros, 2010). Del mismo modo, en los jugadores de ajedrez expertos una fracción de las neuronas puede estar ajustada para las configuraciones de los tableros durante la partida. Este tipo de uniones automáticas, compiladas en circuitos cerebrales especializados, es bastante diferente de, por ejemplo, la integración de nuevas palabras en una oración. Cuando sonreímos frente a la frase de Groucho Marx que dice "Time flies like an arrow; fruit flies like a banana",* estas palabras se unen por primera vez en nuestro cerebro. De esa combinación, por lo menos una parte parece requerir conciencia. En efecto, muchos experimentos de imágenes cerebrales demuestran que, durante la anestesia, la capacidad de nuestro cerebro para integrar palabras en oraciones se reduce mucho (Davis, Coleman, Absalom, Rodd, Johnsrude, Matta, Owen y Menon, 2007).

---

* Es una frase ambigua, ya que puede traducirse como "El tiempo vuela como una flecha; las frutas vuelan como una banana", pero la última parte también como "a las moscas de la fruta les gusta una banana". [N. de T.]

¿Significado inconsciente?

Nuestro sistema visual es lo bastante astuto para ensamblar de manera inconsciente varias letras en una palabra, ¿pero el significado de la palabra también puede procesarse sin que nos demos cuenta? ¿O la conciencia es necesaria para comprender incluso una sola palabra? Esta pregunta engañosamente sencilla demostró ser abstrusa, muy difícil de responder. Al respecto, dos generaciones de científicos pelearon como perros desquiciados, y cada bando estaba convencido de que su respuesta era obvia.

¿Cómo es que la comprensión de palabras podría *no* requerir una mente consciente? Si uno define la conciencia como "percepción de lo que sucede en la mente de un hombre", como la definió John Locke en su celebrado *Ensayo sobre el entendimiento humano* (1690), resulta difícil concebir de qué modo la mente podría asir, captar el significado de una palabra y a la vez no ser consciente de él. La comprensión (etimológicamente, "asir-en-conjunto", esto es, ensamblar fragmentos de significado que así pasan a ser "sentido común") y la conciencia ("con-saber", ya en griego) están tan conectadas en nuestra mente que parecen casi sinónimos.

Ahora bien, ¿cómo podría operar el lenguaje si el proceso elemental de la comprensión de palabras requiriera conciencia? A medida que usted lee esta oración, ¿trabaja de manera consciente para obtener el significado de cada palabra antes de ensamblar las palabras en un mensaje coherente? No, su mente consciente se concentra en el punto esencial del mensaje, la lógica del argumento. Una mirada a cada palabra es suficiente para ubicarla dentro de la estructura general del discurso. No tenemos introspección de cómo un signo evoca un significado.

Entonces, ¿quién tiene la razón? Treinta años de investigación en psicología y en imágenes cerebrales por fin han resuelto el problema. La historia de cómo se hizo es interesante, una agitada contradanza de conjeturas y refutaciones que gradualmente convergió en una verdad estable.

Todo comenzó en la década de 1950, con los estudios del "efecto cóctel".[6] Uno puede imaginar que está en una fiesta ruidosa. A su alrededor se mezclan docenas de conversaciones, pero logra concentrarse en

---

6 Un precedente muy temprano es la demostración de Sidis (1898) de que una letra o un dígito todavía se pueden nombrar con una precisión por encima del nivel de azar cuando se los ubica tan lejos que el espectador dice no estar viendo nada.

una sola de ellas. Su atención opera como un filtro que selecciona una voz y acalla las demás. ¿Es así? El psicólogo británico Donald Broadbent (1962) postuló que la atención actúa como un filtro temprano que interrumpe el procesamiento en un nivel bajo: las voces a las cuales no se presta atención quedan bloqueadas en un nivel perceptual –conjeturó–, antes de que puedan tener algún tipo de influencia en la comprensión. Pero esta perspectiva no resiste un análisis cuidadoso. Imaginemos que, de pronto, uno de los invitados de la fiesta, que está de pie detrás de la persona en cuestión, pronuncia su nombre en tono despreocupado, incluso en voz muy baja. De inmediato, su atención desplaza su foco hacia ese hablante. Esto implica que en realidad su cerebro sí procesó la palabra a la cual no le prestó atención, y la procesó hasta de encontrar una representación de su significado como nombre propio (Moray, 1959). La experimentación cuidadosa confirma este efecto, e incluso muestra que las palabras a las cuales no se presta atención pueden determinar el juicio del oyente de la conversación en que él o ella se enfocan (Lewis, 1970).

El del cóctel u otros experimentos de atención dividida sugieren un proceso de comprensión inconsciente, ¿pero ofrecen evidencia indiscutible? No. En esos experimentos, los oyentes niegan dividir su atención y juran que no podían oír ese flujo sonoro que era objeto de su atención (esto es, antes de que se dijera su nombre), ¿pero cómo podemos estar seguros? Los escépticos demuelen con facilidad este tipo de experimentos negando que la conversación no atendida sea, en realidad, inconsciente. Tal vez la atención del oyente salte sin solución de continuidad de una secuencia a la otra, o tal vez una o dos palabras llegan a él durante una pausa. Si bien el "efecto cóctel" puede ser impresionante en el contexto de la vida real, fue difícil de transformar en prueba de laboratorio acerca del procesamiento inconsciente.

En la década de 1970, Anthony Marcel –psicólogo de Cambridge– dio otro paso. Usó la técnica de enmascaramiento para mostrar palabras por debajo del umbral de la percepción consciente. Con este método, alcanzó la invisibilidad total: cada participante, en cada intento, negaba haber visto alguna palabra. Incluso cuando se les decía que estaba presente una palabra escondida, no podían percibirla. Cuando se les pedía que aventuraran una respuesta, permanecían incapaces de decir si la cadena de letras escondida era una palabra del inglés o sólo una cadena aleatoria de consonantes. Pese a esto, Marcel logró demostrar que los cerebros de los participantes procesaban la palabra escondida de manera inconsciente hasta el significado (Marcel, 1983). En un experimento clave, mostró nombres de colores como "azul" o "rojo". Los participantes negaban haber visto la palabra; pero cuando luego se les pedía que eligieran un cuadrado del color correspondiente, eran un veinteavo de segundo más rápidos que cuando se los había expuesto a otra palabra no relacionada. Entonces, el nombre de color escondido podía llevarlos a elegir el color correspondiente de cuadrado. Esto parecía implicar que sus cerebros habían registrado de manera inconsciente el significado de la palabra escondida.

Los experimentos de Marcel revelaron otro fenómeno sorprendente: el cerebro parecía procesar de manera inconsciente todos los significados posibles de las palabras, incluso cuando eran ambiguos o irrelevantes (Marcel, 1980). Imaginemos que yo susurro en su oído la palabra "banco". Viene a su mente una institución financiera; pero si lo piensa dos veces, tal vez yo quería referirme a la acumulación de cierto material, como la arena, que se produce en el curso de un río o en el mar. De manera consciente, parece que accedemos a un solo significado por vez. Qué significado se elige está claramente sesgado por el contexto: ver la palabra "banco" en el contexto de la hermosa película de Robert Redford de 1992 *El río de la vida* facilita el significado relacionado con el agua. En el laboratorio, uno puede mostrar que incluso una sola palabra, como "río" [*river*, en inglés], es suficiente para hacer que la palabra "banco" facilite la palabra "arena", mientras que ver la palabra "ahorrar" antes de "banco" facilita la palabra "dinero" (Schvaneveldt y Meyer, 1976).

Significativamente, esta adaptación al contexto parece ocurrir sólo en el nivel consciente. Cuando la palabra-*prime* se enmascaraba hasta pasar al nivel subliminal, Marcel observaba una activación conjunta de ambos significados. Luego de proyectar la palabra "banco", se aceleraba la respuesta tanto frente a "dinero" como a "playa". Entonces, nuestra mente inconsciente es lo bastante astuta para almacenar y acceder, en paralelo, a todas las asociaciones semánticas posibles de una palabra, incluso cuando esta es ambigua y en verdad sólo uno de sus significados se condice con el contexto. La mente inconsciente propone mientras que la mente consciente elige.

Las grandes guerras del inconsciente

Los experimentos de *priming* semántico de Marcel eran muy creativos. Fueron una firme sugerencia de que el sofisticado procesamiento del significado de una palabra podría ocurrir de manera inconsciente. Pero no estaban fuera de discusión, y los verdaderos escépticos fueron inconmovibles (Holender, 1986, Holender y Duscherer, 2004). Su escepticismo dio lugar a una guerra sin cuartel entre los defensores y los detractores del procesamiento semántico inconsciente.

Su incredulidad no era del todo injustificada. Después de todo, la influencia subliminal que Marcel detectó era tan pequeña que resultaba casi desdeñable. Mostrar una palabra facilitaba el procesamiento en una medida muy pequeña, a veces menos de una centésima de segundo. Tal vez este efecto venía de una porción muy pequeña de exposiciones en las que la palabra escondida, de hecho, había sido vista, sólo que de forma tan breve como para dejar una marca muy pequeña o inexistente en la memoria. Los *primes* de Marcel no siempre eran inconscientes, argumentaban sus detractores. En su opinión, el mero reporte verbal de los participantes de "no vi ninguna palabra", registrado recién al final del experimento, no lograba dar evidencia convincente de que nunca habían visto las palabras *prime*. Hizo falta mucho más cuidado para medir la percepción del *prime* de manera tan objetiva como fuera posible, en un experimento separado en que se les pedía a los sujetos, por ejemplo, que aventuraran un nombre para una palabra escondida, o la categorizaran de acuerdo con algún criterio dado. Según argumentaban los escépticos, sólo el desempeño azaroso en esta tarea secundaria indicaría que realmente los *primes* eran invisibles. Y esta tarea de control tendría que realizarse bajo condiciones exactamente iguales a las del experimento principal. Decían que en las experiencias de Marcel estas condiciones no se daban o, cuando lo hacían, había en efecto una fracción significativa de respuestas por encima del nivel de azar, lo que sugería que los sujetos podrían haber visto unas pocas palabras.

En respuesta a estas críticas, los defensores del procesamiento inconsciente hicieron más estrictos sus paradigmas experimentales. Fue notable que los resultados siguieran confirmando que las palabras, los dígitos e incluso las imágenes se podían percibir de manera inconsciente (Dell'Acqua y Grainger, 1999, Dehaene, Naccache, Le Clec'H, Koechlin, Mueller, Dehaene-Lambertz, Van de Moortele y Le Bihan, 1998, Naccache y Dehaene, 2001b, Merikle, 1992, Merikle y Joordens, 1997). En 1996, Anthony Greenwald –psicólogo de Seattle– publicó en la más que consagrada revista *Science* un estudio que parecía proveer evidencia definitiva de que el significado emocional de las palabras se procesaba de manera inconsciente. Había pedido a los participantes que clasificaran palabras como positivas o negativas desde el punto de vista emocional, apretando una de dos teclas de respuesta; sin que ellos lo supieran, cada blanco visible estaba precedido por un *prime* escondido. Los pares de palabras podían ser congruentes, es decir, tales que afianzaban mutuamente sus significados (ambas positivas o ambas negativas, como cuando "alegre" estaba seguido por "felicidad"), o incongruentes (por ejemplo, "abuso" seguido por "felicidad"). Cuando los participantes respondían sumamente rápido, tenían un desempeño mejor en los pares congruentes que en los incongruentes. Los significados emocionales evocados por las dos palabras parecían superponerse de manera inconsciente, ayudando a la decisión final cuando compartían una misma emoción y entorpeciéndola cuando no lo hacían.

Los resultados de Greenwald eran muy replicables. La mayoría de los sujetos no sólo juraba que no podía ver los *primes* escondidos, sino que también era objetivamente incapaz de juzgar su identidad o emoción por encima del nivel de azar. Es más, cuán bien les iba en ese tipo de tareas de adivinación directa no estaba relacionado con la cantidad de *priming* de congruencia que mostraban. El efecto de *priming* no parecía aparecer sólo en un pequeño grupo de personas que podía ver las palabras-*prime*. Después de un largo trayecto, por fin se presentaba una demostración real de que un significado emocional se podía activar de manera inconsciente.

Sin embargo, ¿era así? Si bien los estrictos evaluadores de la revista *Science* lo aceptaron, Tony Greenwald era un muy áspero crítico de su propio trabajo, y años más tarde, junto con su estudiante Richard Abrams, llegó a una interpretación alternativa de su experimento (Abrams y Greenwald, 2000). Señaló que en esa oportunidad había usado sólo un pequeño conjunto de palabras repetidas. Y supuso que tal vez los participantes respondían a las mismas palabras tan a menudo, y bajo una presión temporal tan fuerte, que terminaban por asociar con las categorías de respuesta las letras, más que los significados, con lo cual pasaban por alto el significado. La explicación no era absurda, ya que en ese experimento los sujetos veían muchas veces las mismas palabras como *primes* y como blancos, y siempre las clasificaban conforme a una misma regla. Greenwald se dio cuenta de que, luego de clasificar de manera consciente la palabra "feliz" veinte veces como una palabra positiva, tal vez sus cerebros construían una ruta no semántica directa desde las letras sin sentido "f"-"e"-"l"-"i"-"z" hacia la respuesta "positiva".[7]

---

7 En principio, la asociación incluso puede ir desde las letras "f"-"e"-"l"-"i"-"z" hasta la respuesta motora. Sin embargo, Anthony Greenwald y sus colegas refutaron esta interpretación. Cuando se intercambiaban las manos que pulsaban las teclas asignadas a las categorías de respuesta "positiva" y "ne-

Así fue, y esa intuición resultó correcta: en este experimento, el *priming* era realmente subliminal, pero pasaba por alto el significado. Primero, Greenwald demostró que *primes* sin significado que mezclaban esas mismas letras eran igual de efectivos que las palabras reales: "flezi" era un *prime* tan poderoso como "feliz". Más tarde, manipuló con cuidado el parecido de las palabras que las personas veían de forma consciente con aquellas que funcionaban como *primes* escondidos. En un experimento crucial, dos de las palabras conscientes eran "tulipán" y "humor", que los participantes clasificaron, desde luego, como positivas. Greenwald luego recombinó sus letras para crear una palabra negativa, "tumor", que presentó de manera inconsciente.

El resultado fascinante fue que, de modo inconsciente, la palabra *negativa* "tumor" impulsaba una respuesta *positiva*. El cerebro del participante creaba la palabra "tumor" subliminalmente uniendo las palabras "tulipán" y "humor" de las que derivaba, a pesar de que su significado no podía ser más diferente. Esta fue una prueba definitiva de que el *priming* dependía de una asociación superficial entre conjuntos específicos de letras y su respuesta correspondiente. El experimento de Greenwald involucraba la percepción inconsciente pero no el significado más profundo de las palabras. A fin de cuentas, bajo estas condiciones experimentales el procesamiento inconsciente no era para nada inteligente: en lugar de fijarse en el significado de las palabras, dependía sólo de la unión entre letras y respuestas.

Así, Anthony Greenwald había destruido la interpretación semántica de su propio artículo publicado por *Science*.

Aritmética inconsciente

Hacia 1998, pese a que el procesamiento semántico inconsciente seguía siendo tan elusivo como siempre, mis colegas y yo nos dimos cuenta de que los experimentos de Greenwald tal vez no tenían la última palabra. Un rasgo inusual de esos experimentos es que se les pedía a los sujetos que respondieran dentro de un límite estricto de cuatrocientos milisegundos. Este plazo parecía demasiado breve para computar el significado de una palabra poco frecuente como "tumor". Con un lími-

---

gativa", la palabra "feliz" todavía facilitaba la categoría "positiva", a pesar de que ahora estaba asociada con una mano diferente. Véase Abrams, Klinger y Greenwald (2002).

te tan estricto, el cerebro sólo tenía tiempo para asociar las letras con respuestas; con un cronograma más laxo, tal vez analizaría de manera inconsciente el significado de una palabra. Por eso, Lionel Naccache y yo comenzamos a realizar algunos experimentos que probarían de manera definitiva que el significado de una palabra se podía activar de forma inconsciente (Dehaene, Naccache, LeClec'H, Koechlin, Mueller, Dehaene-Lambertz, Van de Moortele y Le Bihan, 1998, Naccache y Dehaene, 2001a, 2001b, Greenwald, Abrams, Naccache y Dehaene, 2003, Kouider y Dehaene, 2009).

Para maximizar nuestras posibilidades de obtener un efecto inconsciente amplio, nos centramos en la categoría más sencilla de palabras significativas de la lengua: los números. Los números que están por debajo de 10 son especiales: son palabras muy breves, frecuentes, extremadamente familiares y están sobreaprendidas desde la infancia temprana; su significado es muy sencillo. Se los puede expresar en una forma notablemente compacta: con un solo dígito. Por eso, en nuestro experimento proyectábamos los números 1, 4, 6 y 9 precedidos y seguidos por una cadena de letras elegidas al azar que los hacían por completo invisibles. Inmediatamente después mostrábamos un segundo número, esta vez muy visible.

Les pedíamos a nuestros participantes que siguieran la instrucción más simple posible: "Por favor, díganos, lo más rápido que pueda, si el número que ve es mayor o menor que 5". No tenían idea de que había un número escondido; en una prueba separada, al final del experimento, demostramos que incluso cuando sabían que había uno, no podían verlo ni clasificarlo como grande o pequeño. Sin embargo, los números invisibles causaban *priming* semántico. Cuando eran congruentes con el blanco (por ejemplo, ambos mayores que 5), los participantes respondían con mayor rapidez que cuando eran incongruentes (como en el caso de uno menor y otro mayor). Así, presentar el número 9 de manera subliminal aceleraba la respuesta a 9 y a 6, pero volvía más lenta la respuesta a 4 y a 1.

Al utilizar imágenes cerebrales, detectamos una huella de este efecto en el nivel cortical. Observamos una activación muy pequeña en la corteza motora que controla la mano, que habría sido una respuesta apropiada al estímulo invisible. Emitidos por la "asamblea de demonios" en plena sesión,[*] los votos inconscientes estaban atravesando el cerebro, de la

---

* El concepto de "asamblea" o "pandemonio" de células se debe al modelo propuesto por Selfridge (1959) y designa a un conjunto de neuronas que

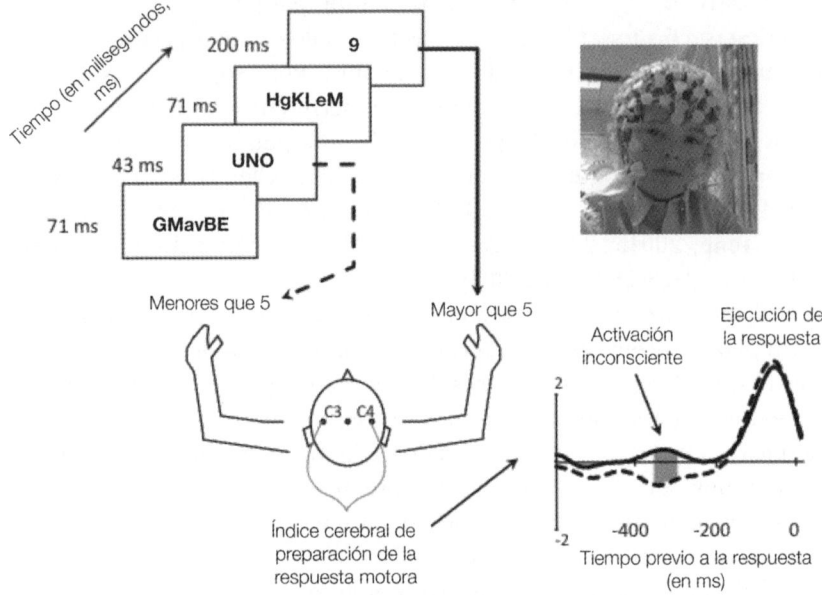

Figura 11. Nuestra corteza motora puede preparar una respuesta a un estímulo que no vemos. En este caso, se le pidió a un voluntario que clasificara números como mayores o menores que 5. En este ejemplo, el blanco visible era 9. Justo antes del blanco, se le mostraba un número escondido (la palabra "uno"). Si bien el número escondido era invisible, de todos modos enviaba una pequeña activación inconsciente a la corteza motora, que controla la mano que habría sido apropiada para dar una respuesta (pulsar la tecla). Por ende, un símbolo no visto puede ser identificado, procesado de acuerdo con instrucciones arbitrarias y propagado hasta la corteza motora.

percepción al control motor (figura 11). Este efecto sólo podía aparecer a partir de una categorización inconsciente del significado de palabras o dígitos invisibles.

El trabajo subsiguiente puso el último clavo en el ataúd de los escépticos. Nuestro efecto subliminal era por completo independiente de la notación que se utilizaba para los números: "cuatro" activaba a "4" tanto como lo hacía una repetición exacta de "4", lo que sugería que todo el efecto aparecía en el nivel del significado abstracto. Luego demostramos que el *priming* persistía cuando el *prime* era un número *visual* invisible y el blanco era un número *hablado* consciente (Kouider y Dehaene, 2009).

En nuestro experimento inicial, había posibilidades de que ese efecto fuese resultado de una asociación directa entre las formas visuales y las respuestas: el mismo problema que había plagado los experimentos de Grenwald con las palabras emocionales. Sin embargo, el *priming* subliminal de números evitaba esta crítica. Probamos que los números escondidos que nunca se habían visto de manera consciente en el experimento completo todavía causaban *priming* semántico (Naccache y Dehaene, 2001b, Greenwald, Abrams, Naccache y Dehaene, 2003). Al obtener imágenes de la activación cerebral con fMRI, conseguimos incluso una evidencia directa de que las regiones del "sentido numérico" del cerebro –localizadas en los lóbulos parietales izquierdo y derecho– eran influidas por el número no visto (Naccache y Dehaene, 2001a). Estas regiones codifican el significado de cantidad de los números (Dehaene, 2011) y se cree que alojan neuronas dedicadas a cantidades específicas (Nieder y Miller, 2004, Piazza, Izard, Pinel, Le Bihan y Dehaene, 2004, Piazza, Pinel, Le Bihan y Dehaene, 2007, Nieder y Dehaene, 2009). Durante el *priming* subliminal, su activación disminuía siempre que mostrábamos el número dos veces (por ejemplo, "nueve" seguido por "9"). Este es un fenómeno clásico llamado "supresión de la repetición" o "adaptación", que indica que las neuronas reconocen que un mismo ítem se muestra dos veces. Parecía que las neuronas que codificaban cantidades se estaban acostumbrando a ver el mismo número dos veces, incluso cuando la primera presentación era inconsciente. La evidencia había aumentado: un área cerebral de nivel más alto se ocupaba de un significado específico y podía ser activada sin conciencia.

El golpe de gracia llegó cuando nuestros colegas demostraron que el efecto de *priming* de números varía en relación directa con la super-posición en el significado de los números (Den Heyer y Briand, 1986, Koechlin, Naccache, Block y Dehaene, 1999, Reynvoet y Brysbaert, 1999, 2004, Reynvoet, Brysbaert y Fias, 2002, Reynvoet, Gevers y Caessens, 2005). El *priming* más fuerte se obtuvo al mostrar dos veces la misma cantidad (por ejemplo, un "cuatro" subliminal que precediera a "4"). El *priming* se redujo un poco para los números cercanos ("tres" antes de "4"), se hizo incluso más pequeño para números que estaban separados por 2 ("dos" antes de "4"), y así sucesivamente. Este tipo de efecto de distancia semántica es una marca distintiva del significado numérico. Puede aparecer sólo si el cerebro del sujeto codifica que 4 se parece a 3 más que a 2 o a 1: un argumento definitivo a favor de una extracción inconsciente del significado de ese número.

Combinar conceptos sin conciencia

El último recurso de los escépticos fue aceptar nuestra demostración pero dar por sentado que los números eran especiales. Así, afirmaban que los adultos tenían tanta experiencia con este conjunto cerrado de palabras que no debería causar sorpresa que podamos comprenderlos de manera automática. Sin embargo, otras categorías de palabras serían diferentes: con seguridad, este significado no se representaría sin conciencia. Pero incluso esta última línea de resistencia se derrumbó cuando técnicas de *priming* similares revelaron efectos de congruencia con palabras no vistas fuera del dominio de los números (Van den Bussche y Reynvoet, 2007, Van den Bussche, Notebaert y Reynvoet, 2009). Por ejemplo, decidir que el blanco "piano" es un objeto en lugar de un animal puede verse facilitado por la presentación subliminal de la palabra congruente "silla", y reducido por la palabra incongruente "gato", incluso si a lo largo del experimento nunca se ven los *primes.*

Las técnicas de imágenes cerebrales también confirmaron las conclusiones del científico cognitivo. Los registros de la actividad neural proveyeron evidencia directa de que las regiones cerebrales involucradas en el procesamiento semántico se podrían activar sin la conciencia. En un estudio, mis colegas y yo aprovechamos los electrodos intracraneales subcorticales en regiones profundas especializadas para el procesamiento emocional (Naccache, Gaillard, Adam, Hasboun, Clémenceau, Baulac, Dehaene y Cohen, 2005). Desde luego, este tipo de registros no se realiza en voluntarios sanos, sino en pacientes con epilepsia. En muchos hospitales de todo el mundo se volvió una rutina insertar electrodos intracraneales en esos pacientes para identificar la fuente de las descargas anómalas y, en última instancia, extirpar el tejido dañado. Si se cuenta con el consentimiento del paciente, mientras se realizan esas mediciones, pueden usarse los electrodos para un propósito científico: acceder a la actividad típica de una pequeña región cerebral o a veces a la señal emitida sólo por una neurona.

En nuestro caso, los electrodos alcanzaban la profundidad de la amígdala, una estructura cerebral involucrada en la emoción. Como ya expliqué, la amígdala responde a todo tipo de cosas temibles, desde serpientes y arañas hasta la música siniestra o las caras de los desconocidos: incluso una serpiente o un rostro subliminal pueden activarla (Morris, Ohman y Dolan, 1998, 1999). Nuestra pregunta era: ¿esta región se activaría ante una palabra atemorizante inconsciente? Por eso presentamos palabras subliminales con un significado perturbador, como "secuestro", "peligro" o "veneno": para nuestra satisfacción, se observó una señal eléctrica, ausente con palabras neutrales como "batidora" o "sonata". La amígdala "veía" palabras que permanecían invisibles para los propios pacientes.

Este resultado era notablemente lento: insumía medio segundo o más producir un efecto emocional inconsciente. Sin embargo, la activación era por completo inconsciente: a la vez que su amígdala se activaba, un participante negaba ver palabra alguna y, cuando se le pedía que adivinara, no tenía idea de qué era. Por lo tanto, una palabra escrita podía abrirse camino por el cerebro, ser identificada e incluso comprendida; todo esto sucedía lentamente y sin acceso consciente.

La amígdala no forma parte de la corteza; tal vez esto la hace especial y más automática. ¿La corteza que procesa el lenguaje podría activarse frente al significado inconsciente? Una serie de experimentos posteriores dieron una respuesta positiva. Se utilizó una onda cortical que marca la respuesta del cerebro a un significado inesperado. "En el desayuno, me gusta tomar el café con crema y medias": cuando leemos una oración tan tonta como esta, el significado extraño de la palabra final genera una onda cerebral particular llamada "N400". (La "N" hace referencia a su forma, que muestra un voltaje negativo en la parte superior de la cabeza, y el "400" a su latencia más alta, alrededor de cuatrocientos milisegundos luego de que aparezca la palabra.)

La N400 refleja un nivel elaborado de operación, que evalúa cómo determinada palabra concuerda con un contexto oracional. Su tamaño varía en relación directa con el grado de absurdo: las palabras cuyo significado es poco apropiado causan una N400 muy pequeña, mientras que las palabras del todo inesperadas generan una mayor. Es sorprendente que este evento cerebral ocurra incluso con palabras que no vemos, ya sea que se hayan vuelto invisibles por enmascaramiento (Kiefer y Spitzer, 2000, Kiefer, 2002, Kiefer y Brendel, 2006) o por falta de atención (Vogel, Luck y Shapiro, 1998, Luck, Vogel y Shapiro, 1996). Las redes de neuronas del lóbulo temporal procesan de modo automático no sólo los diferentes significados de las palabras invisibles, sino también su compatibilidad con el contexto consciente pasado.

En un trabajo reciente, Simon van Gaal y yo demostramos además que la onda N400 podía reflejar una combinación inconsciente de palabras (Van Gaal, Naccache, Meeuwese, Van Loon, Cohen y Dehaene, 2013). En ese experimento, aparecían dos palabras en sucesión, ambas enmascaradas por debajo del umbral de conciencia. Se seleccionaron para formar combinaciones únicas de significados positivos o negativos: "no feliz", "muy feliz", "no triste" y "muy triste". Inmediatamente después de esta secuencia subliminal, los sujetos veían una palabra positiva o negativa (por ejemplo, "guerra" o "amor"). La onda N400 emitida por esta palabra consciente estaba modulada por el contexto inconsciente global. La palabra "guerra" no sólo evocaba una N400 cuando estaba precedida por la palabra incongruente "feliz", sino que este efecto estaba modulado en gran medida, hacia arriba o hacia abajo, por el intensificador "muy" o la negación "no". Inconscientemente, el cerebro registraba la incongruencia de "muy feliz guerra" y juzgaba que "no feliz guerra" o "muy triste guerra" encajaban mejor. Ese experimento es la instancia más cercana posible a probar que el cerebro es capaz de procesar de manera inconsciente la sintaxis y el significado de una frase bien formada.[8]

Tal vez el aspecto más notable de estos experimentos sea que la onda N400 tiene exactamente el mismo tamaño, sin importar que las palabras sean conscientes o invisibles. Este descubrimiento es pródigo en implicancias. Significa que, en algunos aspectos, la conciencia es irrelevante para la semántica: nuestro cerebro a veces realiza las mismas operaciones, a lo largo de una trayectoria ascendente hacia el nivel del significado, seamos conscientes de eso o no. También significa que los estímulos inconscientes no siempre generan eventos minúsculos en el cerebro. La actividad cerebral puede ser intensa aunque el estímulo que la cause permanezca invisible.

Llegamos a la conclusión de que una palabra invisible es completamente capaz de provocar una activación a gran escala en las redes cerebrales del significado. Sin embargo, hace falta una advertencia importante. La cuidadosa reconstrucción de la fuente de las ondas cerebrales para la semántica demuestra que la actividad inconsciente está confinada a un circuito cerebral estrecho y especializado. Durante el procesamiento inconsciente, la actividad cerebral se mantiene dentro de los límites del lóbulo temporal izquierdo, que es la sede primordial de las redes de

---

8 Para una demostración de procesamiento sintáctico sin percepción consciente, véase Batterink y Neville (2013).

lenguaje que procesan el significado (Sergent, Baillet y Dehaene, 2005). Más tarde veremos que, al contrario, las palabras conscientes ganan de mano a circuitos cerebrales tanto más extensos, que ocupan los lóbulos frontales y que subyacen al especial sentimiento subjetivo de tener "en mente" la palabra. Esto significa que, en última instancia, las palabras inconscientes no tienen tanta influencia como las conscientes.

Atentos pero inconscientes

El descubrimiento de que una palabra o dígito puede viajar a través del cerebro, incidir en nuestras decisiones y afectar nuestros circuitos del lenguaje, mientras no deja de ser invisible, abrió los ojos a muchos científicos cognitivos. Habíamos subestimado el poder de lo inconsciente. Según se demostraba, no se podía confiar en nuestras intuiciones: no teníamos forma de saber qué procesos cognitivos podían o no podían ocurrir sin conciencia. El problema era completamente empírico. Teníamos que indagar exhaustivamente los procesos que componían a todas y cada una de las facultades mentales, y decidir cuál de ellas implicaba o no a la mente consciente. Sólo una cuidadosa investigación experimental podía zanjar la cuestión; pero explorar la profundidad y los límites del procesamiento inconsciente nunca había sido tan fácil, ya que contábamos con técnicas como el enmascaramiento y el parpadeo atencional.

Los últimos diez años asistieron a un frenesí de resultados novedosos que desafían nuestro concepto del inconsciente humano. Consideremos la atención. Nada parece estar relacionado de manera más cercana con la conciencia que la capacidad de atender estímulos. Sin atención, podemos permanecer por completo inconscientes de los estímulos externos, como lo dejaron en claro el video del gorila de Dan Simons y otros incontables efectos de ceguera inatencional. Siempre que hay varios estímulos en pugna, la atención parece ser una puerta de entrada necesaria para la experiencia consciente (Cohen, Cavanagh, Chun y Nakayama, 2012, Posner y Rothbart, 1998, Posner, 1994). Al menos en esas condiciones, la conciencia requiere atención. Sin embargo, es sorprendente que la afirmación inversa resulte falsa: varios experimentos recientes demuestran que nuestra atención también se puede utilizar de manera inconsciente.[9]

---

9 Una reseña de las disociaciones entre la atención y la conciencia consta en Koch y Tsuchiya (2007).

Sería realmente extraño que la atención requiriera la supervisión de la conciencia. Como ya señaló William James, el rol de la atención es seleccionar "uno de varios objetos posibles de pensamiento". Sería una llamativa ineficiencia que a cada instante nuestra mente se distrajera con docenas o incluso cientos de pensamientos posibles y que analizara cada uno de ellos de manera consciente antes de decidir cuál merece una segunda mirada. Es mejor que la determinación acerca de qué objetos son relevantes y deberían amplificarse se deje a procesos automáticos que operan en completo secreto, de manera paralela. No es sorprendente que nuestro foco de atención sea operado por ejércitos de trabajadores inconscientes que en silencio escruten y descarten montones de pedregullo antes de que uno de ellos detecte la veta de oro y nos alerte de su hallazgo.

En años recientes, experimento tras experimento se reveló que la atención selectiva opera sin conciencia. Supongamos que presentamos un estímulo ante el ángulo de su ojo durante un tiempo tan breve que usted no puede verlo. Varias experiencias demostraron que, pese a ser inconsciente, puede atraer su atención: aunque no tenga idea de que una señal escondida impactó en su ojo, usted llegará a estar más atento, y, por lo tanto, se volverá más rápido y más preciso al prestar atención a otros estímulos que aparezcan en la misma localización (McCormick, 1997). A la inversa, una imagen escondida de contenido irrelevante para la tarea que se está realizando puede desacelerar la atención. Es interesante que este efecto funciona *mejor* cuando el estímulo distractor permanece inconsciente que cuando es visible: un distractor consciente se puede eliminar de modo voluntario, mientras que uno inconsciente preserva todo su potencial de fastidio porque no somos capaces de aprender a controlarlo (Bressan y Pizzighello, 2008, Tsushima, Seitz y Watanabe, 2008, Tsushima, Sasaki y Watanabe, 2006).

Como todos sabemos, los ruidos fuertes, las luces intermitentes y otros eventos sensoriales inesperados pueden atraer nuestra atención sin que podamos evitarlo. No importa cuánto intentemos ignorarlos: invaden nuestra privacidad mental. ¿Por qué? En parte, son un mecanismo de alerta, que nos mantiene en guardia ante posibles peligros. Cuando nos concentramos en completar nuestra declaración de ingresos o jugar a nuestro videojuego favorito, sería inseguro desconectarnos por completo. Los estímulos inesperados, como un grito o que alguien nos llame por nuestro nombre, deben seguir siendo capaces de abrirse paso entre nuestros pensamientos actuales, y por eso el filtro denominado "atención selectiva" debe operar constantemente fuera de nuestra percepción consciente, para decidir cuáles de los estímulos entrantes requieren nuestros recursos mentales. La atención inconsciente actúa como un perro guardián leal.

Los psicólogos pensaron durante mucho tiempo que ese tipo de procesos mentales automáticos y ascendentes eran los únicos que operaban de manera inconsciente. La metáfora favorita de los psicólogos para el procesamiento inconsciente era la de una "activación propagada": una onda que comienza en el estímulo y se esparce de modo pasivo por nuestros circuitos cerebrales. Un *prime* escondido sube por la jerarquía de áreas visuales, contactando a su paso procesos de reconocimiento, atribución de significado y programación motora, colándose por la voluntad consciente del sujeto, su intención y su atención, sin que estas lo influyan. Así, se pensó que los resultados de los experimentos subliminales eran independientes de las estrategias y expectativas de los participantes (Posner y Snyder, 1975).

Por ende, hay que tomar en consideración la enorme sorpresa que significó que nuestros experimentos destruyeran este consenso. Probamos que el *priming* subliminal *no* es un proceso pasivo, ascendente, que opera de manera independiente de la atención y las instrucciones. De hecho, la atención determina si se procesa o no un estímulo inconsciente (Naccache, Blandin y Dehaene, 2002; véanse también Lachter, Forster y Ruthruff, 2004, Kentridge, Nijboer y Heywood, 2008, Kiefer y Brendel, 2006). Un *prime* inconsciente que se presenta en un momento o lugar inesperado no produce casi ningún *priming* en un blanco subsiguiente. Incluso el mero efecto de repetición –la respuesta acelerada a "radio" seguido por "radio"– varía con la cantidad de atención que se otorgue a estos estímulos. El acto de presentar atención causa una ganancia que amplifica enormemente las ondas cerebrales evocadas por estímulos presentados en el momento y lugar donde se prestó atención. Es notable que de este foco atencional se beneficien los estímulos inconscientes tanto como los conscientes. En otras palabras, la atención puede amplificar un estímulo visual y sin embargo dejarlo demasiado débil como para que se cuele en nuestra percepción consciente.

Las intenciones conscientes incluso pueden afectar la orientación de nuestra atención inconsciente. Imaginemos que se nos muestra un conjunto de formas y se nos pide que detectemos sólo los cuadrados pero que ignoremos los círculos. En un ensayo crítico, aparece un cuadrado en la derecha y un círculo en la izquierda, pero las dos formas están enmascaradas, de modo que no logramos detectarlas. Presionamos una tecla al azar, sin saber de qué lado se mostró el cuadrado. Pero un marcador de la activación del lóbulo parietal llamado "N2pc" muestra una

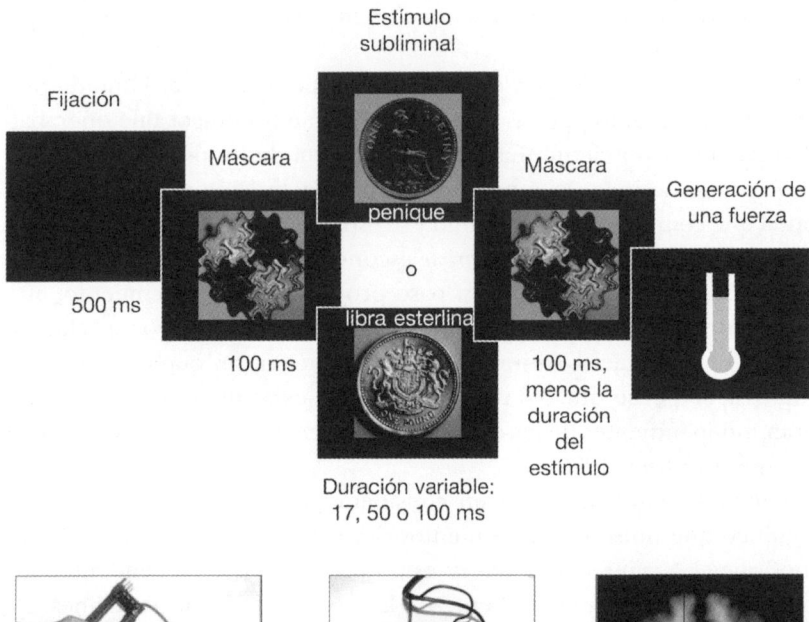

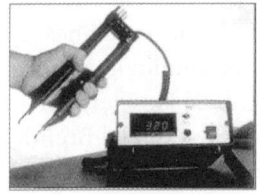

Modulación inconsciente
de la fuerza

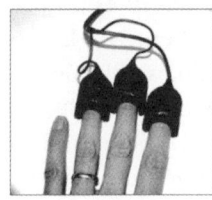

Anticipación
inconsciente

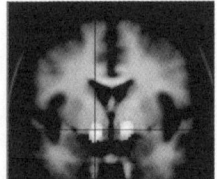

Activación inconsciente
de los circuitos de
recompensa

Figura 12. Los incentivos inconscientes pueden afectar nuestra motivación. En este experimento, se les pidió a los participantes que apretaran un sistema de palancas tan fuerte como fuera posible para ganar dinero. Cuando una imagen especificaba que el premio era una libra esterlina en lugar de un penique, las personas hacían mayor esfuerzo. Continuaban haciéndolo incluso cuando la imagen estaba enmascarada de modo que no eran conscientes de qué moneda se les presentaba. Los circuitos de recompensa del cerebro se preactivaban inconscientemente, e incluso las manos transpiraban al anticipar la ganancia. Por ende, una imagen inconsciente puede disparar los circuitos de la motivación, la emoción y la recompensa.

orientación inconsciente de su atención hacia el lado apropiado (Woodman y Luck, 2003). La atención visual es atraída subrepticiamente hacia el blanco correcto, incluso en ensayos por completo invisibles o si en su momento seleccionamos el lado equivocado de respuesta. De manera similar, durante el parpadeo atencional, entre una cadena completa de letras, el símbolo arbitrariamente designado como blanco evoca de modo notorio más actividad cerebral, aunque no se lo detecta (Marti, Sigman y Dehaene, 2012). En este tipo de ensayos, la atención comienza a tamizar de manera inconsciente las formas por su relevancia, aunque este proceso no logra introducir en la percepción consciente del participante el estímulo blanco.

El valor de una moneda invisible

¿Cómo decide nuestra atención si un estímulo es relevante? Un componente clave del proceso de selección es la asignación de un *valor* a cada objeto potencial de pensamiento. Para sobrevivir, los animales deben tener un modo muy veloz de asignar un valor positivo o negativo a cada encuentro. ¿Debería quedarme o irme?[*] ¿Debería acercarme o retroceder? ¿Esta es una sorpresa agradable o una trampa mortal? La valoración es un proceso especializado que depende de circuitos neurales evolucionados, dentro de un conjunto de núcleos llamados "ganglios basales" (porque están localizados cerca de la base del cerebro). Como tal vez hayan adivinado, también pueden operar totalmente fuera de nuestra percepción consciente. Incluso un valor simbólico como el del dinero se puede apreciar de manera inconsciente.

En un experimento, la imagen de una moneda de un penique o de una libra esterlina sirvió como incentivo subliminal (figura 12; Pessiglione, Schmidt, Draganski, Kalisch, Lau, Dolan y Frith, 2007). La tarea de los sujetos era apretar un sistema de palancas, y si lograban exceder determinada cantidad de fuerza, ganarían dinero. Al principio de cada ensayo, la imagen de una moneda indicaba cuánto dinero estaba en juego, y algunas de esas imágenes se mostraban demasiado rápido, lo que impedía que se las percibiera de forma consciente. Si bien los participantes negaban ser conscientes de la imagen de una moneda, hacían más fuerza

---

* La frase "Should I stay, or should I go" del original juega con la referencia a la canción homónima, de la banda punk británica The Clash. [N. de T.]

cuando su ganancia potencial era una libra que cuando estaba en juego un penique. Es más, la expectativa de ganar una libra hacía que las manos de los sujetos sudaran por anticipado por este premio inconsciente, y los circuitos cerebrales de la recompensa se activaban subrepticiamente. Los sujetos no eran conscientes de cuál era la causa para la variación en su comportamiento de un ensayo a otro: no tenían idea de que su motivación se estaba manipulando de manera inconsciente.

En otro estudio, los valores de los estímulos subliminales no se sabían con anticipación pero se aprendían durante el transcurso del experimento (Pessiglione, Petrovic, Daunizeau, Palminteri, Dolan y Frith, 2008). Los sujetos, al ver una "señal", tenían que adivinar si debían apretar un botón o contenerse y no apretarlo. Luego de cada caso, se les decía si habían ganado o habían perdido dinero como resultado de apretar o no apretar. Sin que ellos lo supusieran, en forma subliminal, dentro de la señal se proyectaba una silueta que indicaba la respuesta correcta; una forma era la clave para la respuesta "sí", otra era la clave para que los sujetos se contuvieran y una tercera era neutral: cuando aparecía, había un 50% de posibilidades de que cualquier respuesta recibiera una recompensa.

Luego de jugar a este juego unos pocos minutos, de manera inexplicable los sujetos se volvían más eficaces en la tarea. Todavía no podían ver las formas que estaban escondidas dentro de la señal, pero estaban en una "buena racha" y comenzaban a ganar una suma significativa de dinero. Su sistema de valoración inconsciente había entrado en juego: la forma positiva "sí" comenzó a hacer que se apretaran las teclas, mientras que la forma negativa para que se contuvieran evocaba una contención sistemática. Las imágenes cerebrales mostraron que una región específica de los ganglios basales, llamada "estriado ventral", había unido los valores relevantes a cada forma. En resumen, los símbolos que los sujetos nunca habían visto habían adquirido de todos modos un significado: uno se había vuelto repulsivo y el otro atractivo, lo que modulaba la competencia por atención y acción.

El resultado de todos estos experimentos está claro: nuestro cerebro cuenta con un conjunto de dispositivos inconscientes inteligentes que monitorean constantemente el mundo que nos rodea y le asignan valores que guían nuestra atención y dan forma a nuestro pensamiento. Gracias a esas etiquetas subliminales, los estímulos amorfos que nos bombardean se vuelven un paisaje de oportunidades cuidadosamente ordenadas según su relevancia para nuestras metas actuales. Sólo los eventos más relevantes llaman nuestra atención y ganan una oportunidad para entrar en nuestra conciencia. Por debajo de nuestro nivel de conciencia, nuestro cerebro inconsciente evalúa en todo momento las oportunidades latentes, lo que atestigua que nuestra atención opera, en gran medida, de manera subliminal.

Matemática inconsciente

> Es preciso revertir la sobreestimación por la propiedad "conciencia"; es este un requisito indispensable para cualquier intelección correcta del origen de lo psíquico.
>
> **Sigmund Freud, *La interpretación de los sueños* (1900)**

Freud tenía razón: la conciencia está sobrevalorada. Consideremos esta banal frase hecha: sólo somos conscientes de nuestros pensamientos conscientes. Como nuestras operaciones inconscientes nos eluden, siempre sobrevaloramos el papel que la conciencia desempeña en nuestras vidas mentales y físicas. Al olvidar el sorprendente poder de lo inconsciente, atribuimos en exceso a decisiones conscientes nuestras acciones y, por eso, entendemos de manera errada que nuestra conciencia es un jugador clave de nuestras vidas diarias. Como dice Julian Jaynes, psicólogo de Princeton, "la conciencia es una parte de nuestra vida mental, y es tanto más pequeña de lo que somos conscientes, porque no podemos ser conscientes de lo que no somos conscientes" (Jaynes, 1976: 23). Si parafraseamos la ley de la programación de Douglas Hofstadter, llamativamente circular ("Un proyecto siempre requiere más tiempo de lo que esperas –incluso si tomas en cuenta la ley Hofstadter–"), uno podría elevar esta declaración al nivel de una ley universal:

> En todo momento sobrevaloramos nuestra conciencia, incluso si somos conscientes de las obvias lagunas en nuestra conciencia.

El corolario es que subestimamos demasiado la cantidad de visión, lenguaje y atención que pueden producirse fuera de nuestra conciencia. ¿Es posible que algunas de las actividades mentales que estimamos distintivas de la mente consciente en realidad funcionen de manera inconsciente? Consideremos la matemática. Uno de los más importantes matemáticos del mundo, Henri Poincaré, reportó varios incidentes curiosos en los cuales su mente inconsciente parecía hacer todo el trabajo:

Me fui de Caen, donde vivía entonces, para formar parte de una excursión geológica auspiciada por la Escuela de Minas [*sc.*: de ingenieros]. Las peripecias del viaje me hicieron olvidar mis trabajos matemáticos. Cuando llegamos a Coutances, subimos a un ómnibus para ir a no sé qué paseo. En el momento mismo en que posé el pie en el escalón, me vino la idea –según me pareció, fue sin relación alguna con mis pensamientos pasados– de que las transformaciones que había utilizado para definir las funciones fuchsianas eran idénticas a las de la geometría no euclidiana. No lo comprobé; seguramente no tuve tiempo; después, apenas me senté en el ómnibus, reanudé la conversación, pero de pronto tuve una certeza perfecta. Cuando volví a Caen, comprobé el resultado, [...] para tranquilidad de mi conciencia.

Y luego, otra vez:

Ya de regreso, me dediqué a estudiar cuestiones aritméticas, sin gran resultado a la vista y sin sospechar que pudieran tener siquiera alguna conexión con mis investigaciones previas. Disgustado por mi fracaso, me fui a pasar unos días al mar y pensé en otras cosas. Una mañana, mientras paseaba por un acantilado, me vino la idea –con exactamente el mismo carácter de concisión, precipitación e inmediata certeza– de que las transformaciones aritméticas de las formas ternarias cuadráticas indefinidas eran idénticas a las de la geometría no euclidiana.

Jacques Hadamard, un matemático destacado en el mundo entero, que dedicó un libro fascinante a la mente de los matemáticos, es quien refiere estas dos anécdotas (Hadamard, 1945). Hadamard deconstruyó el proceso del descubrimiento matemático en cuatro etapas sucesivas: iniciación, incubación, iluminación y verificación. La *iniciación* abarca el trabajo de preparación, la exploración deliberada y consciente de un problema. Desafortunadamente, este ataque frontal no suele tener resultados, pero es posible que no todo esté perdido, dado que involucra a la mente inconsciente en la búsqueda. Puede empezar la etapa de *incubación,* un período invisible de maceración durante el cual la mente permanece vagamente preocupada con el problema, pero no da señales conscientes de trabajar mucho en él. La incubación no se detectaría si no fuera por sus efectos. Repentinamente, luego de una buena noche de sueño o una caminata relajante, ocurre la *iluminación*: la solución aparece con toda su gloria e invade la mente consciente del matemático. A menudo, es correcta. Sin embargo, de todos modos se requiere un proceso lento y esforzado de *verificación* para ajustar todos los detalles.

La teoría de Hadamard es seductora, pero ¿tolera un escrutinio? ¿Realmente existe la incubación inconsciente? ¿O es sólo un relato legendario, glorificado por la euforia del descubrimiento? ¿En verdad podemos resolver problemas complejos de manera inconsciente? Hace muy poco tiempo que la ciencia cognitiva comenzó a llevar estas preguntas al laboratorio. En la Universidad de Iowa, Antoine Bechara desarrolló una investigación a partir de una tarea de apuestas que estudia las intuiciones protomatemáticas de probabilidad y expectativa numérica de las personas (Bechara, Damasio, Tranel y Damasio, 1997).[10] En esta prueba, se les da a los sujetos cuatro pilas de cartas y un préstamo de US$2000 (en billetes falsos: los psicólogos no son tan ricos). Dar vuelta una carta revela un mensaje positivo o negativo (por ejemplo, "gana US$100" o "paga US$100"). Los participantes intentan optimizar sus ganancias eligiendo a voluntad entre esos cuatro grupos. Lo que no saben es que dos de las pilas los ponen en desventaja: al principio les proporcionan grandes ganancias, pero rápidamente dan lugar a enormes costos, y a largo plazo el resultado es una pérdida neta. Las otras dos llevan a subas y bajas moderadas. A largo plazo, sacar cartas de allí produce una ganancia pequeña pero estable.

Al principio, los jugadores sacan cartas de manera aleatoria de los cuatro montones. Poco a poco, sin embargo, desarrollan una corazonada consciente y al final pueden reportar con facilidad qué pilas son buenas y cuáles son malas. Pero Bechara estaba interesado en el período de "prepremonición". Durante esta etapa, que se parece al período de incubación del matemático, los participantes ya tienen mucha evidencia acerca de los cuatro montones, pero todavía sacan cartas de todos ellos al azar y declaran no tener idea de qué deberían hacer. Lo fascinante es que, justo antes de que elijan una carta de la pila mala, sus manos comienzan a sudar, lo que produce un descenso en la conductancia de su piel. Este marcador psicológico del sistema nervioso simpático indica que su cerebro ya registró las pilas riesgosas y está generando un sentimiento instintivo subliminal.

10 Los resultados fueron cuestionados por Maia y McClelland, 2004, y luego esclarecidos por Persaud, Davidson, Maniscalco, Mobbs, Passingham, Cowey y Lau (2011).

La señal de alarma probablemente surge de operaciones que se desarrollan en la corteza prefrontal ventromedial, una región del cerebro especializada en la valoración inconsciente. Las imágenes cerebrales muestran una activación clara de esta región, que predice el desempeño, o los ensayos desventajosos (Lawrence, Jollant, O'Daly, Zelaya y Phillips, 2009). Los pacientes con lesiones en esta región no generan la conductancia anticipatoria de la piel antes de elegir sin querer de la pila que da malos resultados; lo hacen sólo más adelante, una vez que se revela el mal resultado. Las cortezas ventromedial y orbitofrontal contienen un conjunto de procesos evaluativos que monitorean constantemente nuestras acciones y computan su valor potencial. La investigación de Bechara sugiere que muchas veces estas regiones operan fuera de nuestra percepción consciente. Si bien tenemos la impresión de estar eligiendo al azar, en realidad nuestro comportamiento puede guiarse por intuiciones inconscientes.

Tener una corazonada no es exactamente lo mismo que resolver un problema matemático. Pero un experimento realizado por Ap Dijksterhuis se acerca más a la taxonomía de Hadamard y sugiere que la verdadera resolución de problemas puede beneficiarse de un período de incubación inconsciente (Dijksterhuis, Bos, Nordgren y Van Baaren, 2006). El psicólogo holandés presentó a varios estudiantes un problema en el cual debían elegir entre cuatro marcas de autos, que diferían en hasta doce rasgos. Los participantes leían el problema, y luego a la mitad de ellos se les permitía pensar en forma consciente cuatro minutos acerca de qué elección harían; a la otra mitad se la distraía durante igual cantidad de tiempo (resolvían anagramas). Por último, ambos grupos decidían. Sorprendentemente, el grupo que se había distraído elegía el mejor auto tanto más a menudo que el grupo de deliberación consciente (60 contra 22%, efecto notoriamente grande, ya que elegir al azar tendría un resultado de un 25% de éxito). El trabajo se replicó en varias situaciones de la vida real, como comprar en Ikea: varias semanas después de una visita a este lugar, los compradores que reportaban haberse esforzado mucho, de manera consciente, para decidir estaban menos satisfechos con sus compras que los compradores que elegían de manera impulsiva, sin mucha reflexión consciente.

Si bien este experimento no alcanza los criterios estrictos para una experiencia completamente inconsciente (porque la distracción es garantía total de que los sujetos nunca pensaron en el problema), es bastante sugerente: se lidia mejor con algunos aspectos de la resolución de problemas en el límite de la inconciencia que con un esfuerzo consciente completo. No estamos tan equivocados cuando pensamos que dormir para resolver un problema o dejar que nuestra mente se despeje con una ducha puede producir conocimientos brillantes.

¿El inconsciente puede resolver cualquier tipo de problema? O –acaso más probable– ¿algunas categorías de acertijos son especialmente propicias para ser resueltas por una intuición inconsciente? Es interesante que los experimentos de Bechara y de Dijksterhuis involucren problemas similares; uno y otro requieren que los sujetos sopesen varios parámetros. En el caso de Bechara, deben ponderar con cuidado las ganancias y pérdidas que ocurren con cada pila de cartas. En el caso de Dijksterhuis, deben elegir un auto sobre la base de un promedio de doce criterios. Cuando se las toma de manera consciente, decisiones de este tipo suponen un gran peso para nuestra memoria de trabajo: la capacidad de la mente consciente, que por lo general se enfoca en una o unas pocas posibilidades por vez, se ve superada con facilidad. Este tal vez sea el motivo por el cual a los pensadores conscientes del experimento de Dijksterhuis no les fue tan bien: tendían a dar demasiada importancia a uno o dos rasgos sin tener en cuenta la situación completa. Los procesos inconscientes se destacan por asignar valores a muchos factores y promediarlos para llegar a una decisión.

De hecho, computar la suma o el promedio de varios valores positivos y negativos está dentro del repertorio normal de lo que los circuitos elementales de neuronas pueden hacer sin conciencia. Incluso un mono puede aprender a tomar una decisión sobre la base del valor total que trae aparejada una serie de formas arbitrarias, y la activación de las neuronas lleva la cuenta de la suma (Yang y Shadlen, 2007). En mi laboratorio, probamos que la suma aproximada está al alcance del inconsciente humano. En un experimento, mostramos una serie de cinco flechas y les preguntamos a los sujetos si era mayor la cantidad de flechas que apuntaban a la derecha o a la izquierda. Cuando las flechas se hacían invisibles mediante enmascaramiento, se pedía a los participantes que adivinaran, y en efecto pensaban que estaban respondiendo al azar, pero en realidad seguían teniendo resultados tanto mejores que los que el azar prediciría. Las señales de su corteza parietal daban muestra de que su cerebro estaba computando de manera inconsciente la suma aproximada de toda la evidencia (Van Opstel, De Lange y Dehaene, 2011). Las flechas eran subjetivamente invisibles, pero igualmente accedían a los sistemas cerebrales que sopesan la información y toman decisiones.

En otro experimento mostramos ocho numerales; cuatro de ellos eran visibles de manera consciente mientras los otros cuatro resultaban invisibles. Les pedimos a los participantes que decidieran si su promedio era mayor o menor que cinco. Las respuestas eran bastante precisas en promedio pero, notoriamente, los participantes tenían en cuenta los ocho números disponibles. Entonces, si los números conscientes eran mayores que cinco, pero los escondidos eran menores, los sujetos inconscientemente tendían a responder "menores" (Van Opstal, De Lange y Dehaene, 2011). La operación de promedio que se les pedía que hicieran con los números visibles para la conciencia se extendía a los inconscientes.

Estadística durante el sueño

Por ende, queda claro que algunas operaciones matemáticas elementales, incluidos el promedio y la comparación, se pueden dar de manera inconsciente. ¿Pero qué pasa con las operaciones en verdad creativas, como el hallazgo de Poincaré en el ómnibus? ¿Es realmente posible que el descubrimiento irrumpa en cualquier momento, incluso cuando menos lo esperamos y estamos pensando en otra cosa? La respuesta parece ser positiva. Nuestro cerebro actúa como un investigador estadístico sofisticado que detecta las regularidades significativas escondidas en secuencias que parecen aleatorias. Este tipo de aprendizaje estadístico se produce constantemente en el fondo, incluso cuando dormimos.

Ullrich Wagner, Jan Born y sus colegas probaron la afirmación de los científicos: que muchas veces hacen un descubrimiento repentino cuando se despiertan después de una buena noche de sueño (Wagner, Gais, Haider, Verleger y Born, 2004). Para llevar esa idea al laboratorio, hicieron que los sujetos participaran en un experimento de matemáticas *nerd*: tenían que transformar mentalmente una secuencia de siete dígitos en otra, también de siete dígitos, según una regla que requería atención. Les pedían que nombraran sólo el último dígito de la respuesta, pero para encontrar su valor debían hacer un largo cálculo mental. Sin que ellos lo supieran, sin embargo, había un atajo. La secuencia de resultado tenía una simetría escondida: los últimos tres dígitos repetían los tres anteriores en un orden inverso (por ejemplo, 4149941), y, como resultado, el último dígito siempre era igual al segundo. Una vez que los participantes se daban cuenta de que existía este atajo, podían ahorrar muchísimo tiempo y esfuerzo si se detenían en el segundo dígito. Durante la prueba inicial, la mayoría de los sujetos no descubrió la regla escondida. Sin embargo, una noche de sueño tenía un efecto más que duplicador en

la probabilidad del descubrimiento: ¡muchos participantes se desperta-
ban con la solución en mente! Un grupo control permitió establecer
que el tiempo que pasara era irrelevante; lo que importaba era el sueño.
Quedarse dormido parecía permitir que se consolidara el conocimiento
previo de una forma más compacta.

Sabemos a partir de estudios con animales que las neuronas situadas
en el hipocampo y la corteza están activas durante el sueño. Sus patrones
de activación "repiten", en un "modo acelerado", las mismas secuencias
de actividad que ocurrieron durante el período previo de vigilia (Ji y
Wilson, 2007, Louie y Wilson, 2001). Por ejemplo, una rata pasa por un
laberinto; después, cuando se queda dormida, su cerebro reactiva sus
neuronas de codificación de lugar de manera tan pormenorizada que
el patrón puede usarse para decodificar las localizaciones por donde
está viajando mentalmente, pero a una velocidad tanto mayor, y a veces incluso en orden inverso. Tal vez su compresión temporal ofrece la
posibilidad de tratar una secuencia de dígitos como un patrón espacial
casi simultáneo, lo que permite la detección de regularidades escondidas por los mecanismos de aprendizaje clásicos. Cualquiera sea la explicación neurobiológica, el sueño es claramente un período de actividad
inconsciente en ebullición, base de mucha consolidación de memoria y
descubrimientos.

Una gran galera de mago en el inconsciente

Estas demostraciones de laboratorio están lejos del tipo de pensamiento
matemático que Poincaré tenía en mente mientras sondeaba de manera
inconsciente las funciones fuchsianas y la geometría no euclidiana. Sin
embargo, este abismo se está reduciendo a medida que experimentos
novedosos estudian el rango más grande de operaciones que se puede
desarrollar, al menos en parte, sin conciencia.

Durante mucho tiempo se pensó que el "ejecutivo central" de la mente
–un sistema cognitivo que controla nuestras operaciones mentales, evita
las respuestas automáticas, cambia de tareas y detecta nuestros errores–
era la única provincia de la mente consciente. Pero hace poco tiempo
se demostró que sofisticadas funciones ejecutivas operan de manera inconsciente, sobre la base de estímulos invisibles.

Una de estas funciones es la habilidad de controlarnos e inhibir nuestras respuestas automáticas. Imaginemos que realizamos una tarea repetitiva, como apretar una tecla cada vez que aparece una imagen en una

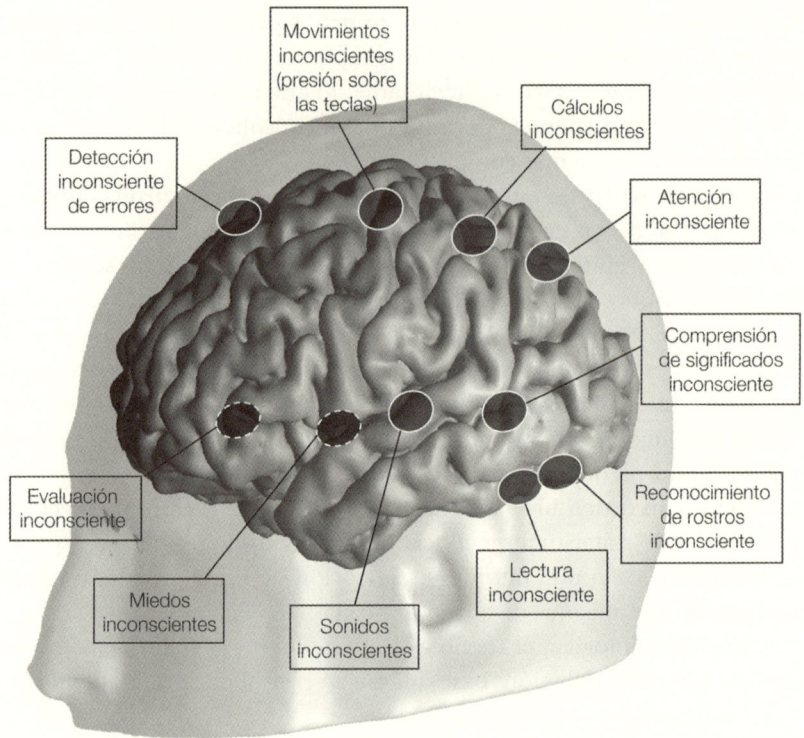

Figura 13. Un resumen de las operaciones inconscientes del cerebro humano. La imagen muestra sólo una parte de los muchos circuitos que pueden activarse sin conciencia. Ahora creemos que prácticamente cualquier procesador del cerebro puede operar de manera inconsciente. Para que sea más fácil de leer, se señaló cada computación en su localización cerebral dominante, pero debería recordarse que este tipo de especialización neuronal siempre depende de un circuito cerebral completo. Algunos de nuestros procesadores inconscientes son subcorticales: involucran grupos de neuronas que están localizados bajo la superficie de la corteza (señalados por elipses con líneas punteadas) y a menudo implementan funciones que aparecieron temprano en nuestra evolución, como la detección de estímulos atemorizantes que nos advierten de un peligro inminente. Otros procesamientos recurren a varios sectores de la corteza. Incluso las áreas corticales de nivel alto que codifican nuestro conocimiento cultural adquirido, como la lectura o la aritmética, pueden operar fuera de nuestra conciencia.

pantalla; pero en algunas escasas ocasiones la imagen muestra un disco negro, y entonces bajo todo concepto debemos abstenernos de pulsar la tecla. Esto se denomina tarea de "señal de detención", y existen muchas investigaciones que muestran que la habilidad para inhibir una respuesta de rutina es un marcador del sistema ejecutivo central de la mente. El psicólogo holandés Simon van Gaal preguntó si abstenerse de responder requiere conciencia: ¿los sujetos todavía lograrían evitar esa tarea si la señal de "pare" fuese subliminal? Aunque resulte sorprendente, la respuesta es "sí". Cuando una señal inconsciente de "pare" se presentaba durante un lapso breve, el movimiento de las manos de los participantes se hacía más lento y, a veces, dejaban de responder por completo (Van Gaal, Ridderinkhof, Fahrenfort, Scholte y Lamme, 2008). Lo hacían sin comprender por qué, dado que no se veían los estímulos que desencadenaban esta inhibición. Estos descubrimientos indican que "invisible" no es sinónimo de "fuera de control". Incluso una señal invisible de detención puede desencadenar una ola de actividad que alcanza la profundidad de los circuitos ejecutivos que nos permiten controlar nuestras acciones (Van Gaal, Ridderinkhof, Scholte y Lamme, 2010).

De manera similar, podemos detectar algunos de nuestros errores sin ser conscientes. En una tarea de movimientos oculares, cuando los ojos de los participantes se desvían del plan, el error causa una activación de centros de control ejecutivo en la corteza cingulada anterior, incluso si los participantes son inconscientes del error y niegan que sus ojos se hayan alejado del blanco (Nieuwenhuis, Ridderinkhof, Blom, Band y Kok, 2001). Las señales inconscientes hasta pueden causar un cambio parcial a otra tarea. Cuando se les muestra a los sujetos una clave consciente que les dice que cambien de la tarea uno a la dos, mostrar esta clave durante un tiempo inferior al umbral de la percepción consciente todavía tiene el efecto de hacer que se vuelvan más lentos y desencadenar un cambio parcial de tarea a nivel cortical (Lau y Passingham, 2007, véase también Reuss, Kiesel, Kunde y Hommel, 2011).

En resumen, la psicología demostró ampliamente no sólo que la percepción subliminal existe, sino que puede desencadenar un conjunto de procesos mentales sin conciencia (aunque, en la mayoría de los casos, no llegan a ser completados). La figura 13 resume las diferentes regiones cerebrales que, en los experimentos que se expusieron en este capítulo, han demostrado activarse sin conciencia. Desde luego, el inconsciente tiene una gran galera de mago, con trucos que van desde la comprensión de palabras hasta la suma numérica, y desde la detección de errores a la resolución de problemas. Como operan de forma rápida y en paralelo en un amplio rango de estímulos y respuestas, estos trucos muchas veces sobrepasan el pensamiento consciente.

Henri Poincaré, en *Ciencia e hipótesis* (1902), anticipó la superioridad del procesamiento inconsciente que acciona con fuerza bruta por sobre el lento pensamiento consciente:

> El yo subliminal de ningún modo es inferior al yo consciente; no es puramente automático; es capaz de discernimiento; posee tacto, delicadeza; sabe elegir, sabe adivinar. ¿Cómo diré? Adivina mejor que el yo consciente, ya que logra llegar allí donde este fracasó. En una palabra, ¿no es superior al yo consciente?

La ciencia contemporánea responde a la pregunta de Poincaré con un resonante "sí". En muchos aspectos, las operaciones subliminales de nuestra mente exceden sus logros conscientes. Nuestro sistema visual usualmente resuelve problemas de percepción de forma y reconocimiento invariable que anonadan al mejor programa informático. Y nos encontramos con este sorprendente poder computacional de la mente inconsciente siempre que analizamos problemas matemáticos.

Pero no deberíamos dejarnos llevar. Algunos psicólogos cognitivos llegan demasiado lejos y proponen que la conciencia es un mito puro, un rasgo decorativo pero sin poder, como la cobertura de una torta (Lau y Rosenthal, 2011, Rosenthal, 2008, Bargh y Morsella, 2008, Velmans, 1991). Según ellos, todas las operaciones mentales que subyacen a nuestras decisiones y comportamiento se logran de manera inconsciente. Desde su perspectiva, nuestra conciencia es una mera espectadora, una suerte de acompañante del conductor, que contempla los logros inconscientes del cerebro pero no tiene poderes efectivos propios. Como en la película *Matrix* (1999), somos prisioneros de un artificio elaborado, y nuestra experiencia de vivir una vida consciente es ilusoria; todas nuestras decisiones en realidad son tomadas *in absentia* por los procesos inconscientes que funcionan en nosotros.

El próximo capítulo refutará esta teoría zombi. Según propongo, la conciencia es una función elaborada, una propiedad biológica que surgió de la evolución porque era útil. Por ende, la conciencia debe ocupar un nicho cognitivo específico y lidiar con un problema que no podían afrontar los sistemas especializados paralelos de la mente inconsciente.

Siempre revelador, Poincaré destacó que, pese a los poderes subliminales del cerebro, los operarios del inconsciente del matemático no comenzaban a apretar teclas a menos que él hubiera hecho una enorme acometida consciente inicial del problema durante la etapa de iniciación. Y luego, después de la experiencia de "ajá", sólo la mente consciente podía verificar con cuidado, paso a paso, lo que el inconsciente parecía haber descubierto. Henry Moore dijo exactamente lo mismo en *Habla el escultor* (1937):

> A pesar de que la parte irracional, instintiva, subconsciente, de la mente debe incidir en su obra, el artista también posee una mente consciente que no permanece inactiva. Concentra en el trabajo su personalidad total, y la parte consciente resuelve conflictos, organiza recuerdos e impide que haga el intento de avanzar en dos direcciones a la vez.

Ahora estamos preparados para dar una caminata por la inigualable comarca de la mente consciente.

3. ¿Para qué sirve la conciencia?

¿Por qué evolucionó la conciencia? ¿Existen operaciones que sólo una mente consciente puede llevar a cabo? ¿O la conciencia es un mero epifenómeno, un rasgo inútil o incluso ilusorio de nuestra constitución biológica? De hecho, la conciencia es la base de gran cantidad de operaciones específicas que no pueden desarrollarse de manera inconsciente. Mientras la información subliminal es evanescente, la consciente es estable: podemos conservarla durante el tiempo que deseemos. La conciencia también comprime la información entrante y reduce un torrente inmenso de datos sensoriales a un conjunto pequeño de símbolos seleccionados en dosis módicas. Por ende, la información seleccionada se puede encauzar a otra etapa del procesamiento, lo que nos permite realizar cadenas de operaciones cuidadosamente controladas, de modo muy similar a como lo haría una computadora serial. Esta función difusora de la conciencia es esencial. En los humanos, está muy mejorada por el lenguaje, que nos permite distribuir nuestros pensamientos conscientes a través de la trama social.

Las características de la distribución de la conciencia, hasta donde las conocemos, parecen apuntar a que esta sea eficaz.
William James, *Principios de psicología* (1890)

A lo largo de la historia de la biología, pocas preguntas se debatieron de manera tan acalorada como el finalismo o la teleología, es decir, si es relevante hablar de órganos diseñados o evolucionados "para" una función específica (una "causa final" o *telos*, en griego). En la era predarwiniana, el finalismo era la norma, ya que la mano de Dios se veía como la diseñadora oculta de todas las cosas. El gran anatomista francés Georges Cuvier apelaba constantemente a la teleología cuando interpretaba las funciones de los órganos del cuerpo: las garras eran "para" atrapar a las presas, los pulmones "para" respirar; este tipo de causas finales eran las condiciones mismas de existencia del organismo como un todo integrado.

Charles Darwin modificó de raíz el panorama al señalar a la selección natural, más que al diseño, como una fuerza no dirigida que a ciegas le daba forma a la biosfera. La perspectiva darwiniana de la naturaleza no necesita la intención divina. Los órganos evolucionados no están diseñados "para" su función; sólo otorgan a su poseedor una ventaja reproductiva. Intentando invertir por completo la perspectiva, los antievolucionistas utilizaron como contraejemplos para el planteo de Darwin aquello que veían como ejemplos obvios de diseños no ventajosos. ¿Por qué el pavo real lleva una cola enorme, que causa impacto visual pero es torpe? ¿Por qué el *Megaloceros*, el alce irlandés extinto, tenía unas astas gigantes, que llegaban a medir hasta cuatro metros, tan voluminosas que se las ha culpado de la extinción de la especie? Darwin respondió señalando la selección sexual: para los machos, que compiten por la atención de las hembras, es ventajoso desarrollar exhibiciones elaboradas, costosas y simétricas que llamen la atención acerca de su idoneidad. La lección estaba clara: los órganos biológicos no venían rotulados con una función, e incluso las ostentaciones torpes, retocadas por la evolución, podrían aportar una ventaja competitiva a quienes los poseían.

Durante el siglo XX, la teoría sintética de la evolución disolvió aún más la imagen teleológica. El vocabulario moderno de la evolución y del desarrollo (*evo-devo*, a partir de sus equivalentes en inglés) actualmente incluye una enorme caja de herramientas conceptuales, que en conjunto dan cuenta de un diseño sofisticado sin un diseñador.

- Generación espontánea de patrones: el matemático Alan Turing fue el primero en describir el modo en que las reacciones químicas pueden llevar al surgimiento de rasgos organizados, como las rayas de una cebra o las de un melón (Turing, 1952). En algunas caracolas con forma de cono, se organizan sofisticados patrones de pigmentación bajo una capa opaca, lo que claramente prueba su falta de utilidad intrínseca: son mero resultado de reacciones químicas, con su propia razón de ser.
- Relaciones alométricas: un aumento del tamaño general del organismo (lo que con pleno derecho puede ser ventajoso) puede llevar a un cambio proporcional en algunos de sus

órganos (lo que puede no serlo). La extravagante cornamen-
ta del alce irlandés quizás haya sido resultado de un cambio
alométrico de este tipo (Gould, 1974).

- *Spandrels*: el ya fallecido paleontólogo de Harvard Stephen
Jay Gould acuñó este término para hacer referencia a rasgos
del organismo que aparecen como subproductos necesarios
de su arquitectura, pero que luego pueden ser cooptados (o
"exaptados") para cumplir otro rol (Gould y Lewontin, 1979).
Un ejemplo puede ser el pezón del hombre: un resultado in-
trascendente pero necesario del *Bauplan* [plan arquitectóni-
co, corporal] del organismo para construir pechos femeninos
ventajosos.

Si tenemos en mente estos conceptos biológicos, ya no podemos dar por
sentado que cualquier rasgo biológico o psicológico humano, incluida
la conciencia, desempeña necesariamente un papel funcional positivo
en el éxito mundial de nuestra especie. La conciencia podría ser un patrón decorativo casual, o resultado casual de un drástico crecimiento del
tamaño del cerebro que ocurrió en nuestras especies del género *Homo*,
o incluso un mero *spandrel*, una consecuencia de otros cambios fundamentales. Esta perspectiva está en consonancia con la intuición del escritor francés Alexandre Vialatte, quien crípticamente afirmó que "la conciencia, como el apéndice, no sirve para nada que no sea enfermarnos".
En la película de 1999 ¿*Quieres ser John Malkovich*?, el marionetista Craig
Schwartz lamenta la falta de utilidad de la introspección: "La conciencia
es una terrible maldición. Pienso. Siento. Sufro. Y todo lo que pido a
cambio es una oportunidad para hacer mi trabajo".

¿La conciencia es un mero epifenómeno? ¿Se la debería asimilar al
fuerte rugido del motor de un *jet*: una consecuencia inútil y penosa pero
inevitable de la maquinaria del cerebro, resultado ineludible de su cons-
trucción? El psicólogo británico Max Velmans (1991) es proclive a esta
conclusión pesimista. Un impresionante conjunto de funciones cognitivas –plantea– son indiferentes a la conciencia: podemos percibirlas, pero
seguirían funcionando igualmente bien si fuéramos meros zombis. El
popular escritor de ciencia danés Tor Nørretranders acuñó el término
"ilusión del usuario" para hacer referencia a nuestra sensación de tener
el control, lo que bien puede ser falaz; cada una de nuestras decisiones,
según él cree, tiene orígenes inconscientes (Nørretranders, 1999). Muchos otros psicólogos están de acuerdo: la conciencia es el famoso acompañante del conductor, que lo critica y no colabora, un observador inútil

de las acciones que se encuentran siempre más allá de su gobierno (Lau y Rosenthal, 2011, Velmans, 1991 y Wegner, 2003).[1]

Sin embargo, en este libro exploro un camino diferente: otro enfoque acerca de la conciencia, uno que los filósofos llaman "funcionalista". La tesis consiste en que la conciencia es útil. La percepción consciente transforma la información entrante en un código interno que permite procesarla de maneras únicas. La conciencia es una propiedad funcional elaborada y, como tal, es probable que a lo largo de millones de años de evolución darwiniana haya sido seleccionada porque cumple un rol operativo peculiar.

¿Podemos determinar qué rol es este? No estamos en condiciones de volver atrás la historia evolutiva, pero sí de usar el contraste mínimo entre las imágenes vistas y las no vistas para caracterizar la singularidad de las operaciones conscientes. Mediante experimentos psicológicos, podemos probar qué operaciones son posibles sin conciencia, y cuáles se despliegan sólo cuando reportamos estar conscientes. Este capítulo mostrará que, lejos de poner a la conciencia en la lista negra de los rasgos inútiles, estos experimentos señalan que la conciencia es muy eficaz.

Estadística inconsciente, muestreo consciente

Mi imagen de la conciencia implica una división natural del trabajo. En el sótano, un ejército de trabajadores inconscientes hace el trabajo agobiante y filtra muchísima información. Mientras tanto, en la parte de arriba, un selecto comité ejecutivo, que examina sólo un parte de situación, toma, sin apuro, decisiones conscientes.

El capítulo 2 mostró los poderes de nuestra mente inconsciente. Una gran variedad de operaciones cognitivas –desde la percepción hasta la comprensión del lenguaje, las decisiones, la acción, la evaluación y la inhibición– pueden desplegarse, al menos parcialmente, de modo subliminal. Por debajo de la etapa consciente, un sinnúmero de procesadores inconscientes, que operan en paralelo, en todo momento se esfuerza por extraer la interpretación más detallada y completa de nuestro en-

---

1 Benjamin Libet expresa una opinión más matizada, argumentando que la conciencia no desempeña un papel en la iniciación de las acciones voluntarias, pero de todos modos sí puede vetarlas. Véanse Libet (2004), Libet, Gleason, Wright y Pearl (1983).

torno. Operan como estadísticos casi óptimos que sacan provecho aun de la mínima información perceptual –un pequeño movimiento, una sombra, una mancha de luz– para calcular la probabilidad de que una propiedad dada aporte una verdad acerca del mundo exterior. De manera muy similar a como el servicio meteorológico combina docenas de mediciones del tiempo atmosférico para inferir la probabilidad de que llueva en los próximos días, nuestra percepción inconsciente utiliza la información que llega de los sentidos para computar la probabilidad de que los colores, las formas, los animales o la gente estén presentes en nuestro entorno. En cambio, nuestra conciencia nos ofrece sólo un vistazo de este universo probabilístico: lo que los expertos en estadística llaman una "muestra" de esta distribución inconsciente. Elimina todas las ambigüedades y alcanza una perspectiva simplificada, un resumen de la mejor interpretación actual del mundo, que luego puede trasmitirse a nuestro sistema de toma de decisiones.

Esta división del trabajo, entre un ejército de estadísticos inconscientes y un único decisor consciente, puede imponerse sobre cualquier organismo que se mueve por su sola necesidad de actuar frente al mundo. Nadie es capaz de actuar sobre la base de meras probabilidades; en algún momento hace falta un proceso dictatorial para derribar todas las incertidumbres y decidir. *Alea jacta est*: "La suerte está echada", como dijo el César al iniciar el cruce del Rubicón para quitar de manos de Pompeyo el poder de Roma. Cualquier acción voluntaria requiere inclinar la báscula hasta un punto desde el que no hay vuelta atrás. Para el cerebro la conciencia puede ser el fiel de la balanza: da por tierra con todas las probabilidades inconscientes en una sola muestra consciente, de manera que podamos seguir adelante y tomar nuevas decisiones.

La clásica fábula del asno de Buridán nos muestra la utilidad de tomar decisiones complejas de manera rápida. En este relato imaginario, a un burro que está sediento y hambriento se lo deja exactamente a medio camino entre un balde de agua y una pila de heno. Como no puede decidir entre ambos, el animal imaginario se muere de hambre y de sed. El problema parece ridículo; sin embargo, siempre nos vemos enfrentados a decisiones difíciles similares a esta: el mundo nos ofrece únicamente oportunidades sin rotular, de resultado incierto, conexo a lo probable. La conciencia resuelve el problema haciéndonos notar, en cualquier momento dado, sólo una de las miles de interpretaciones posibles del mundo que recibimos.

El filósofo Charles Sanders Peirce, siguiendo las huellas del físico Hermann von Helmholtz, fue uno de los primeros en reconocer que incluso nuestra observación consciente más sencilla es resultado de una complejidad desconcertante de inferencias probabilísticas inconscientes:

> Al mirar por la ventana esta adorable mañana de primavera veo una azalea en plena floración. ¡No, no! No veo eso; aunque sea la única manera en que puedo describir lo que veo. *Eso* es una proposición, una oración, un hecho; pero lo que percibo no es una proposición, una oración, un hecho, sino sólo una imagen, que hago inteligible en parte mediante un enunciado de hecho. Este enunciado es abstracto; pero lo que veo es concreto. Realizo una abducción apenas expreso en una oración cualquier cosa que veo. La verdad es que todo el entramado de nuestro conocimiento es un denso paño entretejido de puras hipótesis confirmadas y refinadas por medio de la inducción. No puede realizarse el menor avance en el conocimiento más allá de la instancia de la mirada vacía, si no se hace una abducción a cada paso (Peirce, 1901).

Lo que Peirce llamó "abducción" es lo que un moderno científico cognitivo llamaría "inferencia bayesiana", que toma su nombre del reverendo Thomas Bayes (ca. 1701-1761), el primero en explorar esta área de la matemática. La inferencia bayesiana consiste en usar el razonamiento estadístico en retrospectiva para inferir las causas subyacentes a nuestras observaciones. En la teoría clásica de la probabilidad, se nos suele decir lo que sucede (por ejemplo: "Alguien saca tres cartas de una pila de cincuenta y dos"); la teoría nos permite asignar probabilidades a resultados específicos (por ejemplo: "¿Cuál es la probabilidad de que todas las cartas sean ases?"). La teoría bayesiana, sin embargo, nos faculta a razonar de manera inversa, desde los resultados hasta sus orígenes desconocidos (por ejemplo: "Si alguien extrae tres ases de una pila de cincuenta y dos cartas, ¿cuál es la probabilidad de que la pila estuviera trucada y tuviera más de cuatro ases?"). Esto se llama "inferencia inversa" o también "estadística bayesiana". La hipótesis de que el cerebro actúa como un estadístico bayesiano es una de las áreas más candentes y debatidas de la neurociencia contemporánea.

Nuestro cerebro debe desarrollar algún tipo de inferencia inversa, porque todas nuestras sensaciones son ambiguas: muchos objetos remotos podrían haberlas causado. Cuando manipulo un plato, por ejemplo, su borde parece un círculo perfecto, pero en realidad se proyecta en mi retina como una elipse distorsionada, compatible con una miríada de otras interpretaciones. Una infinidad de objetos con forma de papa, de incontables orientaciones en el espacio, podrían causar la misma proyección en mi retina. Si veo un círculo, es sólo porque mi cerebro visual pondera de manera inconsciente la infinidad de causas posibles para esta información sensorial y opta por "círculo" como la más probable. Por ende, aunque mi percepción del plato como círculo parezca inmediata, en realidad es resultado de una inferencia compleja que se deshace de un conjunto (de vastedad inconcebible) de otras explicaciones para esa sensación en especial.

La neurociencia ofrece muchos testimonios de que durante las instancias visuales intermedias el cerebro pondera una enorme cantidad de interpretaciones alternativas para sus *inputs* sensoriales. Por ejemplo, una neurona puede percibir sólo un pequeño segmento del contorno general de una elipse. Esta información es compatible con una amplia variedad de formas y patrones de movimiento. Sin embargo, una vez que, en asamblea, las neuronas visuales comienzan a hablarse unas a otras, enviando sus "votos" a favor del mejor percepto, toda la población de neuronas puede converger. Cuando se ha eliminado lo imposible, como en la célebre afirmación de Sherlock Holmes, lo que quede, por improbable que sea, debe ser la verdad.

Una lógica estricta impera en los circuitos inconscientes del cerebro: parecen estar organizados de manera ideal para realizar inferencias estadísticamente precisas respecto de la información sensorial que recibimos. Por ejemplo, en el área motora temporal media MT ("área MT"), las neuronas perciben el movimiento de objetos sólo a través de una mirilla estrecha (el "campo receptivo"). A esa escala, cualquier movimiento es ambiguo. Pensemos lo que sucede a partir de una experiencia más inmediata. Si uno mira una barra a través de una mirilla, no puede determinar con precisión su movimiento. Podría estar moviéndose en dirección perpendicular a sí misma o en un sinfín de direcciones distintas (figura 14). Esta ambigüedad básica se conoce como "problema de la abertura". En el nivel inconsciente, cada neurona de nuestra área MT padece dicho problema; pero en el nivel consciente no lo sufrimos. Incluso bajo circunstancias apremiantes, no percibimos ambigüedad alguna. Nuestro cerebro toma una decisión y nos deja ver lo que considera que es la interpretación más probable, con la cantidad mínima de movimiento: la barra siempre parece moverse en dirección perpendicular a sí misma. Un ejército inconsciente de neuronas evalúa todas las posibilidades; pero la conciencia sólo recibe un reporte despojado de ambigüedades.

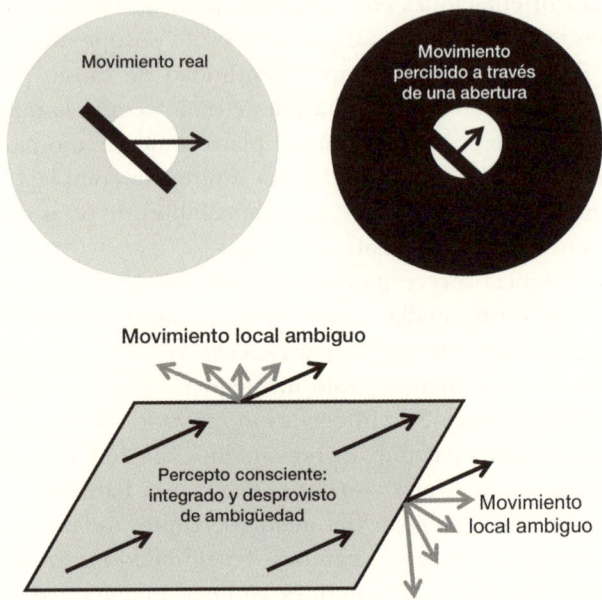

Figura 14. La conciencia ayuda a resolver ambigüedades. En la región de la corteza sensible al movimiento, las neuronas sufren el "problema de la abertura". Cada una de ellas recibe información de sólo una abertura limitada, cuya denominación clásica es "campo receptivo", y entonces no puede definir si el movimiento está orientado de manera horizontal, perpendicular a la barra, o en cualquier otra dirección. Sin embargo, en nuestra percepción consciente no existe ambigüedad: nuestro sistema perceptual toma una decisión y siempre nos deja ver la cantidad mínima de movimiento, perpendicular a la línea. Cuando se mueve una superficie completa, percibimos la dirección global del movimiento al combinar las señales de múltiples neuronas. Las neuronas del área MT al comienzo codifican cada movimiento local, pero convergen velozmente en una interpretación global que coincide con lo que percibimos de manera consciente. Al parecer, esta convergencia sólo se produce si el observador está consciente.

Cuando observamos una forma más compleja en movimiento, como un rectángulo que se desplaza, las ambigüedades locales aún existen, pero en este caso pueden resolverse, porque los diferentes lados del rectángulo proveen distintas claves de movimiento que se combinan para formar un solo percepto. Sólo una dirección de movimiento satisface las restricciones que se originan en cada lado (véase figura 14). Nuestro cerebro visual lo infiere y nos permite ver el único movimiento rígido que resulta adecuado en ese contexto. Los registros neuronales muestran que esta inferencia toma tiempo: durante una décima de segundo, las neuronas del área MT "ven" exclusivamente el movimiento local, y les insume de ciento veinte a ciento cuarenta milisegundos cambiar de opinión y codificar la dirección global (Pack y Born, 2001). Sin embargo, la conciencia no percibe esta operación compleja. En parámetros subjetivos, vemos sólo el resultado final, un rectángulo que se mueve constantemente, sin darnos cuenta nunca de que nuestras sensaciones iniciales eran ambiguas y nuestros circuitos neuronales debían hacer un intenso trabajo para comprenderlas.

Resulta fascinante cómo el proceso de convergencia que lleva a nuestras neuronas a ponerse de acuerdo en una única interpretación se desvanece durante la anestesia (Pack, Berezovskii y Born, 2001). La pérdida de conciencia va acompañada por una disfunción repentina de los circuitos neuronales que integran nuestros sentidos en un todo coherente. La conciencia es necesaria para que las neuronas intercambien señales en las direcciones ascendente y descendente hasta ponerse de acuerdo una con la otra. En esta ausencia, el proceso de inferencia perceptual no llega a generar una sola interpretación coherente del mundo exterior.

El papel que desempeña la conciencia en la resolución de ambigüedades perceptuales nunca es tan patente como cuando elaboramos intencionalmente un estímulo visual ambiguo. Supongamos que le presentamos al cerebro dos patrones de rayas superpuestos que se mueven en direcciones diferentes (figura 15). El cerebro no tiene manera de decidir si las primeras rayas están enfrente de las segundas, o viceversa. Sin embargo, subjetivamente no percibimos esta ambigüedad básica. Nunca percibimos una combinación de dos posibilidades, sino que nuestra percepción consciente decide y nos permite ver uno de los dos patrones en primer plano. Las dos interpretaciones alternan: a intervalos de pocos segundos, nuestra percepción cambia y vemos a las otras rayas pasar al frente. Alexandre Pouget y sus colaboradores demostraron que, cuando parámetros como la velocidad y el intervalo espacial varían, el tiempo que pasa nuestra visión consciente sosteniendo una interpretación está relacionado de modo directo con su probabilidad, en función de la evidencia sensorial que recibe (Moreno-Bote, Knill y Pouget, 2011). Lo que vemos, en cualquier momento, tiende a ser la interpretación más probable; pero a veces otras posibilidades aparecen y permanecen en nuestra visión consciente durante un lapso de tiempo que es proporcional a su probabilidad estadística. Nuestra percepción inconsciente elabora las probabilidades, y luego nuestra conciencia toma una muestra de ellas al azar.

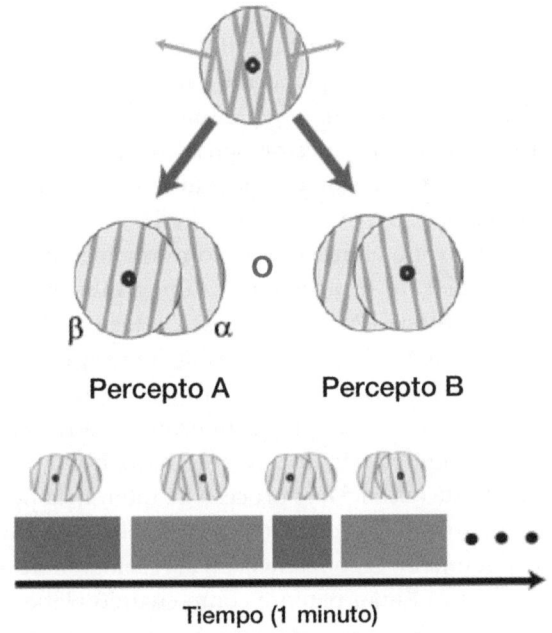

Figura 15. La conciencia nos deja ver sólo una de las interpretaciones plausibles de lo que perciben nuestros sentidos. Una imagen que consista en dos diseños de rayas superpuestos es ambigua: cualquiera de los dos puede percibirse como el que está al frente. Sin embargo, en cualquier momento dado estamos conscientes de sólo una de esas posibilidades. Nuestra visión consciente alterna entre las dos percepciones, y la proporción de tiempo que pasamos en un estado es un reflejo directo de la probabilidad de que esta interpretación sea correcta. Entonces, nuestra visión inconsciente computa un espectro de probabilidades, y nuestra conciencia toma una muestra de ella.

La existencia de esta ley probabilística demuestra que, incluso cuando estamos percibiendo de manera consciente una interpretación de una escena ambigua, nuestro cerebro todavía está ponderando las demás interpretaciones y está listo para cambiar de opinión en cualquier momento. Detrás de escena, un Sherlock inconsciente computa constantemente las distribuciones de probabilidad: como infería Peirce, "todo el entramado de nuestro conocimiento es un denso paño entretejido de puras hipótesis confirmadas y refinadas por medio de la inducción". Sin embargo, desde la perspectiva consciente, todo lo que vemos es una sola muestra. Como resultado, la visión no se siente como un ejercicio complejo de matemática; abrimos los ojos, y nuestro cerebro consciente sólo deja entrar una visión. Paradójicamente, el muestreo que ocurre en nuestra visión consciente nos hace ciegos a su complejidad interna.

El muestreo parece ser una función genuina del acceso consciente, en el sentido de que no ocurre en ausencia de atención consciente. Consideremos la rivalidad binocular, que tal vez se recuerde del capítulo 1: la percepción inestable que ocurre cuando se le presentan dos imágenes distintas a los dos ojos. Cuando les prestamos atención, las imágenes incesantemente alternan en nuestra percepción consciente. Si bien la entrada sensorial es fija y no tiene ambigüedad, la percibimos como algo que cambia de manera constante, ya que somos conscientes sólo de una imagen por vez. Sin embargo, tal como se expuso en el capítulo 1, es significativo que, cuando orientamos nuestra atención hacia otro lugar, cesa la rivalidad (véanse Brascamp y Blake, 2012, Zhang, Jamison, Engel, He y He, 2011). El muestreo discreto parece ocurrir sólo cuando prestamos atención de manera consciente. Por ende, los procesos inconscientes son más objetivos que los conscientes. Nuestro ejército de neuronas inconscientes calcula por aproximación la verdadera distribución de probabilidad de los estados del mundo, mientras que de modo flagrante nuestra conciencia lo reduce a muestras del tipo "todo o nada".

El proceso completo puede verse como una intrigante analogía con la mecánica cuántica (aunque sus mecanismos neurales tal vez sólo incluyan física clásica). Los físicos cuánticos nos dicen que la realidad física consiste en una superposición de funciones de onda que determinan la probabilidad de encontrar una partícula en cierto estado. Sin embargo, siempre que nos ocupemos de medir, estas probabilidades ceden ante un estado de "todo o nada". Nunca observamos combinaciones extrañas como el famoso gato de Schrödinger, que está medio muerto y medio vivo.[*] De acuerdo con la teoría cuántica, el mero acto de medición física

---

[*] Un ayudamemoria acerca de este fenómeno y su génesis figura en <telegraph.co.uk/technology/google/google-doodle/10237347/Schrodingers-Cat-explained.html>. [N. de E.]

fuerza a las probabilidades a ceder ante una sola medida discreta. En nuestro cerebro sucede algo similar: el mero acto de presentar atención consciente a un objeto echa por tierra la distribución probable de sus varias interpretaciones y nos permite percibir sólo una de ellas. La conciencia actúa como un dispositivo de medida discreto que nos garantiza tener sólo una visión, una ojeada, del vasto mar subyacente de cálculos inconscientes.

De todos modos, esta sugerente analogía puede ser superficial. Sólo la investigación futura nos dirá si algo de la matemática subyacente a la mecánica cuántica se puede adaptar a la neurociencia cognitiva de la percepción consciente. Sin embargo, lo cierto es que en nuestros cerebros este tipo de división del trabajo es ubicua: los procesos inconscientes actúan como investigadores estadísticos rápidos y completamente en paralelo, mientras que la conciencia es un lento extractor de muestras. Observamos esto no sólo en la visión, sino también en el campo del lenguaje (Norris, 2009, Norris, 2006). Ya lo vimos en el capítulo 2: siempre que percibimos una palabra ambigua como "banco", sus dos significados se ven activados temporariamente en nuestro léxico inconsciente, a pesar de que obtenemos percepción consciente de sólo uno de ellos por vez (Schvaneveldt y Meyer, 1976). Ese mismo principio subyace a nuestra atención. Parece que podemos prestar atención sólo a una localización por vez; pero en realidad el mecanismo inconsciente con que seleccionamos un objeto es probabilístico y considera varias hipótesis en simultáneo (Vul, Hanus y Kanwisher, 2009, Vul, Nieuwenstein y Kanwisher, 2008).

Incluso en nuestra memoria se esconde un detective inconsciente. Intentemos responder la siguiente pregunta: ¿qué porcentaje de los aeropuertos del mundo está localizado en los Estados Unidos? Intentemos adivinar, por favor, aunque pueda parecer difícil. ¿Listo? Ahora desechemos nuestra primera suposición y mencionemos una segunda. La investigación demuestra que incluso lo que pensamos la segunda vez no es al azar. Es más, si tenemos que apostar, será mejor que lo hagamos con el *promedio* de nuestras dos respuestas que con cualquiera de ellas por separado (Vul y Pashler, 2008). Nuevamente, la recuperación consciente actúa como una mano invisible que extrae opciones al azar de una distribución escondida de probabilidades. Podemos tomar una primera muestra, una segunda, e incluso una tercera, sin acabar con el poder de nuestra mente inconsciente.

Puede ser útil realizar una analogía: la conciencia es como el vocero de una gran institución. Las organizaciones como el FBI, con miles de empleados, siempre tienen un conocimiento considerablemente mayor que el disponible para cualquier individuo por separado. Como demuestran los tristes episodios del 11 de septiembre de 2001, no siempre es fácil extraer conocimiento relevante de los extensos conjuntos de creencias irrelevantes de cada empleado. Para evitar ahogarse en el mar sin fondo de hechos, el presidente confía en breves minutas o partes de situación que compila un equipo piramidal, y hace que un solo vocero exprese ese "conocimiento común". Por lo general, este uso jerárquico de los recursos es racional, incluso si implica dejar de lado las pistas sutiles que podrían ser signos cruciales de que se está tramando un evento trágico.

Como una institución a gran escala con un equipo de cien mil millones de neuronas, el cerebro debe depender de un mecanismo de informes similar. La función de la conciencia puede ser la de simplificar la percepción extrayendo un resumen del entorno actual antes de comunicarlo abiertamente, de una manera coherente, a las demás áreas involucradas en la memoria, la decisión y la acción.

Para ser exitoso, el informe consciente del cerebro debe ser estable e integrador. Durante una crisis nacional, no tendría sentido que el FBI le enviara al presidente de los Estados Unidos miles de mensajes sucesivos, cada uno con algo de verdad, y dejara que él derive por su cuenta una conclusión. De manera similar, el cerebro no puede apegarse a un flujo de datos de nivel bajo: debe ensamblar las piezas y formar una historia coherente. Como una minuta presidencial, el resumen consciente del cerebro debe contener una interpretación del entorno escrita en la "lengua del pensamiento", que sea lo bastante abstracta para entrar en interfaz con los mecanismos de la intención y de la toma de decisiones.

Pensamientos duraderos

Las mejoras que instalamos en nuestro cerebro cuando aprendemos nuestra lengua nos permiten revisar, recordar, repasar, el rediseño de nuestras propias actividades, convirtiendo nuestro cerebro en cámaras de eco de todo tipo; de otro modo, los procesos evanescentes pueden andar rondando allí y pueden convertirse en objetos por derecho propio. Los que persisten más tiempo adquieren más influencia ya que persisten; es a lo que llamamos nuestros pensamientos conscientes.

Daniel Dennett, *Tipos de mentes* (1996)

Si se prefiere, digamos que la conciencia es el nexo entre lo que ha sido y lo que será, un puente que une el pasado y el futuro.
Henri Bergson, "La conciencia y la vida" (1911)

Puede haber un muy buen motivo para que nuestra conciencia condense los mensajes sensoriales en un código sintético, sin espacios ni ambigüedades: ese tipo de código es lo suficientemente compacto para ser llevado adelante en el tiempo, y entrar a lo que usualmente llamamos "memoria de trabajo". La memoria de trabajo y la conciencia parecen estar muy relacionadas. Uno incluso podría argumentar, junto con Daniel Dennett, que un rol central de la conciencia es crear pensamientos duraderos. Una vez que una porción de información se hace consciente, permanece fresca en nuestra mente tanto tiempo como queramos prestarle atención y recordarla. El informe consciente debe conservarse estable, lo suficiente para configurar nuestras decisiones, incluso si les insume algunos minutos perfilarse. Esta duración extendida, que engrosa el momento presente, es característica de nuestros pensamientos conscientes.

Existe un mecanismo celular de memoria transitoria en todos los mamíferos, desde los humanos hasta los monos, los gatos, las ratas y los ratones. Sus ventajas evolutivas son obvias. Los organismos que tienen memoria se desligan de las contingencias ambientales apremiantes. No están ya atados al presente, sino que pueden recordar el pasado y anticipar el futuro. Cuando el predador de un organismo se esconde detrás de una roca, recordar su presencia invisible es cuestión de vida o muerte. Muchos eventos ambientales se repiten a intervalos de tiempo no específicos, en vastas extensiones, e indizados por una diversidad de claves. La capacidad de sintetizar información a lo largo del tiempo, el espacio y las modalidades de conocimiento, y de repensarla en cualquier momento en el futuro, es un componente fundamental de la mente consciente, que probablemente la evolución haya seleccionado de manera positiva.

El componente de la mente que los psicólogos llaman "memoria de trabajo" es una de las funciones dominantes de la corteza dorsolateral prefrontal y de las áreas con las que se conecta; esto las vuelve serias candidatas a ser depositarias de nuestro conocimiento consciente (Fuster, 1973, 2008, Funahashi, Bruce y Goldman-Rakic, 1989, Goldman-Rakic, 1995). Estas regiones aparecen en los experimentos de imágenes cerebrales siempre que retenemos durante un tiempo algo de información: un número de teléfono, un color o la forma de una imagen que se presentó. Las neuronas prefrontales implementan una memoria activa: mucho tiempo después de que la imagen haya desaparecido, continúan activándose a lo largo de la tarea de memoria de corto plazo, a veces incluso luego de docenas de segundos. Y cuando la corteza prefrontal está dañada o distraída, este recuerdo se pierde: cae en el olvido inconsciente.

Los pacientes que sufren lesiones en la corteza prefrontal también muestran deficiencias importantes para planificar el futuro. Su notable conjunto de síntomas sugiere una falta de previsión y una obstinada adherencia al presente. Parecen incapaces de inhibir las acciones indeseadas, y pueden tomar y utilizar automáticamente herramientas (comportamiento de utilización) o imitar a otros de manera compulsiva (comportamiento de imitación). Sus capacidades para la inhibición consciente, el pensamiento de largo plazo y la planificación pueden verse muy deterioradas. En los casos más severos, la apatía y una variedad de otros síntomas indican una evidente falla en la calidad y los contenidos de la vida mental. Los trastornos directamente vinculados con la conciencia incluyen la heminegligencia (percepción perturbada de una mitad del espacio; por lo general, la izquierda), la abulia (incapacidad de generar acciones voluntarias), el mutismo acinético (inhabilidad para generar informes verbales espontáneos, aunque la repetición puede estar intacta), anosognosia (falta de percepción de un déficit importante, incluso de la parálisis) y déficit en la memoria autonoética (incapacidad de recordar y analizar los pensamientos de uno mismo). El daño de la corteza prefrontal incluso puede interferir con habilidades tan básicas como percibir y reflexionar acerca de una imagen visual simple (Rounis, Maniscalco, Rothwell, Passingham y Lau, 2010, Del Cul, Dehaene, Reyes, Bravo y Slachevsky, 2009).

En resumen, la corteza prefrontal parece desempeñar un papel central en nuestra habilidad para conservar información en el tiempo, para reflexionar acerca de ella e integrarla en nuestros planes. ¿Hay evidencia más directa de que este tipo de reflexión extendida en el tiempo involucra necesariamente a la conciencia? Los científicos cognitivos Robert Clark y Larry Squire realizaron una prueba, de maravillosa sencillez, acerca de la síntesis temporal: el condicionamiento del tiempo del reflejo del párpado (Clark y Squire, 1998, Clark, Manns y Squire, 2002). En un momento cronometrado con precisión, una máquina neumática sopla aire en el ojo. La reacción es instantánea: en los conejos y los humanos por igual, la membrana protectora del párpado se cierra de inmediato. Ahora bien, si anteponemos al soplo de aire un breve tono de alarma, el resultado se llama "condicionamiento pavloviano" (en memoria del psicólogo ruso Ivan Petrovich Pavlov, que fue el primero en condicionar perros para que salivaran al oír una campana, que anticipaba la comida). Luego de un breve entrenamiento, el ojo parpadea ante el sonido, anticipando el soplo de aire. Luego de un rato, una presentación ocasional del tono aislado es suficiente para inducir la respuesta de "ojos bien cerrados".

El reflejo de cierre de los ojos es rápido, ¿pero es consciente o inconsciente? Para sorpresa de muchos, la respuesta depende de la existencia de un intervalo temporal. En una versión del test, usualmente llamada "condicionamiento retrasado", el tono dura hasta que llega el soplido. Por ende, los dos estímulos coinciden un breve instante en el cerebro del animal, y esto hace que el aprendizaje sea un simple problema de detección de coincidencias. En el otro, llamado "condicionamiento de huella", el tono es breve, y está separado del posterior soplido de aire por una pausa. Esta versión, aunque apenas diferente, resulta claramente un desafío mayor. El organismo debe conservar en la memoria una huella activa del tono pasado para descubrir su relación sistemática con el posterior soplido de aire. Para evitar cualquier confusión, llamaré a la primera versión "condicionamiento basado en la coincidencia" (el primer estímulo dura el tiempo suficiente para coincidir con el segundo, lo que elimina cualquier necesidad de memoria) y al segundo "condicionamiento por huella en la memoria" (el sujeto debe conservar un recuerdo del sonido para eliminar el espacio temporal entre este y el odioso soplido de aire).

Los resultados experimentales son claros: el condicionamiento basado sobre la coincidencia ocurre de manera inconsciente, mientras que para el condicionamiento por huella en la memoria es necesaria una mente consciente (Carter, O'Doherty, Seymour, Koch y Dolan, 2006; también Carter, Hofstotter, Tsuchiya y Koch, 2003).[2] De hecho, el condicionamiento basado sobre la coincidencia no involucra a la corteza. Un conejo descerebrado, sin corteza cerebral, ganglios basales, sistema límbico, tálamo e hipotálamo todavía desarrolla condicionamiento de los párpados cuando el sonido y el soplido se superponen. Sin embargo, en el condicionamiento por huella en la memoria no existe aprendizaje, a no ser que el hipocampo y sus estructuras conectadas (que incluyen la corteza prefrontal) estén intactos. En los sujetos humanos, el aprendizaje por

2 Sin embargo, el valor de la prueba de condicionamiento por huella en la memoria todavía es tema de debate, porque algunos pacientes en estado vegetativo parecen pasar la prueba. Véanse Bekinschtein, Shalom, Forcato, Herrera, Coleman, Manes y Sigman (2009), Bekinschtein, Peeters, Shalom y Sigman (2011).

huella en la memoria parece ocurrir si y sólo si la persona reporta estar consciente del sistemático nexo predictivo entre el tono y el soplido de aire. Los ancianos, los amnésicos y los individuos simplemente demasiado distraídos para darse cuenta de la relación temporal no presentan ningún tipo de condicionamiento (mientras que estas manipulaciones no tienen efecto alguno en el condicionamiento basado en la coincidencia). Las imágenes cerebrales demuestran que los sujetos conscientes son precisamente aquellos que activan la corteza prefrontal y el hipocampo durante el aprendizaje.

En términos generales, el paradigma del condicionamiento sugiere que la conciencia tiene un papel evolutivo específico: aprender a lo largo del tiempo, más que vivir sólo el instante. El sistema formado por la corteza prefrontal y sus áreas interconectadas, incluido el hipocampo, puede tener el rol esencial, es decir, unir información originariamente separada en el tiempo. La conciencia nos da un "presente recordado", en palabras de Gerald Edelman (1989): gracias a ella, un subconjunto selecto de nuestras experiencias pasadas puede proyectarse hacia el futuro y puede conectarse con los datos sensoriales presentes.

En especial, respecto de la prueba de condicionamiento por huella en la memoria resulta interesante que es lo bastante simple para ser aplicada a todo tipo de organismos, desde bebés hasta monos, conejos y ratones. Cuando los ratones son sometidos a esta prueba, activan regiones cerebrales anteriores homólogas a la corteza prefrontal humana (Han, O'Tuathaigh, Van Trigt, Quinn, Fanselow, Mongeau, Koch y Anderson, 2003). La prueba, entonces, puede estar analizando una de las funciones elementales de la conciencia, una operación tan esencial que también puede estar presente en muchas otras especies.

Si una memoria de trabajo en un lapso extenso de tiempo requiere conciencia, ¿es imposible prolongar nuestros pensamientos inconscientes a lo largo del tiempo? Las medidas empíricas de la duración de la actividad subliminal sugieren que lo es: los pensamientos subliminales sólo duran un instante (Mattler, 2005, Greenwald, Draine y Abrams, 1996, Dupoux, De Gardelle y Kouider, 2008). El tiempo de vida de un estímulo subliminal puede estimarse al medir cuánto tiempo debe esperar alguien antes de que su efecto llegue a cero. El resultado está muy claro: una imagen visible puede tener un efecto duradero, pero una invisible sólo ejerce una influencia efímera en nuestros pensamientos. De todos modos, siempre que invisibilizamos una imagen por medio del enmascaramiento, ella activa representaciones visuales, ortográficas, léxicas o incluso semánticas en el cerebro, pero sólo durante un período breve de tiempo. Luego de alrededor de un segundo, la activación inconsciente decae en general a un nivel indetectable.

Muchos experimentos demuestran que los estímulos subliminales decrecen exponencialmente rápido en el cerebro. Al resumir estos descubrimientos, mi colega Lionel Naccache concluyó (contradiciendo al psicoanalista francés Jacques Lacan) que "el inconsciente no está estructurado como un lenguaje, sino como un exponencial en descomposición" (Naccache, 2006b). Con esfuerzo, podemos mantener viva la información subliminal durante un período de tiempo apenas más largo; pero su calidad está tan degradada que nuestro recuerdo, luego de unos segundos, apenas excede el nivel de azar (Soto, Mäntylä y Silvanto, 2011). Sólo la conciencia nos permite tener pensamientos duraderos.

La máquina de Turing humana

Una vez que la información está "en la mente", protegida de la descomposición a lo largo del tiempo, ¿puede quedar involucrada en operaciones específicas? ¿Algunas operaciones cognitivas requieren conciencia y están más allá del alcance de nuestros procesos de pensamiento inconscientes? La respuesta parece ser positiva: al menos en los humanos, la conciencia nos da el poder de una computadora serial sofisticada.

Por ejemplo, intente calcular mentalmente cuánto es 12 multiplicado por 13.

¿Listo?

¿Sintió cada una de las operaciones aritméticas arremolinándose en su cerebro, una tras otra? ¿Puede informar con fidelidad los pasos sucesivos que dio y los resultados intermedios que obtuvo? La respuesta suele ser "sí"; somos conscientes de las estrategias seriales que desplegamos para multiplicar. Personalmente, primero recordé que 12^2 es 144, y luego le sumé 12. Otros pueden multiplicar los dígitos uno tras otro, de acuerdo con la receta clásica para multiplicar. Lo crucial es esto: cualquiera sea la estrategia que utilicemos, podemos comunicarla de manera consciente. Y nuestro informe es preciso: se puede validar con medidas conductuales de tiempos de respuesta y movimientos oculares (Siegler, 1987, 1988, 1989, Siegler y Jenkins, 1989). Este tipo de introspección precisa es inusual en la psicología. La mayor parte de las operaciones mentales son opacas para el ojo de la mente; no podemos ver las operaciones que nos permiten reconocer un rostro, planificar un paso, sumar dos dígitos o nombrar una palabra. De algún modo la aritmética de dígitos múltiples es diferente: parece consistir en una serie de pasos sobre los cuales uno puede hacer introspección. Propongo que hay un motivo sencillo para eso. Las estrategias complejas, formadas al unir varios pasos elementales –lo que los científicos informáticos llaman "algoritmos"–, son otra de las funciones únicas evolucionadas de la conciencia.

¿Usted sería capaz de calcular cuánto es 12 por 13 de manera inconsciente si el problema se le presentara en una proyección subliminal? No, nunca.[3] Un lento sistema de despacho parece ser necesario para almacenar resultados intermedios y pasarlos al paso siguiente. Es posible suponer que el cerebro contiene un *router* que le permite transmitir información de manera flexible hacia y desde sus rutinas internas (Zylberberg, Fernández Slezak, Roelfsema, Dehaene y Sigman, 2010). Esta parece ser una función de gran importancia de la conciencia: recolectar la información de una variedad de procesadores, sintetizarla y luego transmitir el resultado –un símbolo consciente– a otros procesadores seleccionados de manera arbitraria. A su vez, estos procesadores aplican sus habilidades inconscientes a este símbolo, y el ciclo entero puede repetirse cierta cantidad de ocasiones. El resultado es una máquina serial-paralela híbrida, en que las instancias de cálculo masivo paralelo están intercaladas con una etapa serial de toma de decisiones consciente y de conducción de la información.

Junto con los físicos Mariano Sigman y Ariel Zylberberg, comencé a explorar las propiedades computacionales que un dispositivo como este procesaría (Zylberberg, Dehaene, Roelfsema y Sigman, 2011, Zylberberg, Fernández Slezak, Roelfsema, Dehaene y Sigman, 2010, Zylberberg, Dehaene, Mindlin y Sigman, 2009, Dehaene y Sigman, 2012; también Shanahan y Baars, 2005). Se parece mucho a lo que los científicos informáti-

---

3 Un informe reciente y controversial sostiene que los sujetos humanos pueden resolver incluso problemas complejos de sustracción, como 9 - 4 - 3, aunque se invisibilice al proyectar una serie de formas ante el otro ojo (Sklar, Levy, Goldstein, Mandel, Maril y Hassin, 2012). Sin embargo, el diseño de ese estudio no excluyó la posibilidad de que los sujetos realizaran sólo de modo incompleto el cálculo (por ejemplo, 9 - 4). Por mi parte, a pesar de que la investigación posterior avaló la capacidad de combinar varios números en un cálculo, predeciría todavía que esta combinación se realizaría de forma muy diferente bajo condiciones conscientes e inconscientes. Los cálculos sofisticados, como el promedio de hasta ocho números distintos, pueden ocurrir en paralelo sin conciencia (De Lange, Van Gaal, Lamme y Dehaene, 2011, Van Opstal, De Lange y Dehaene, 2011). Sin embargo, el procesamiento lento, serial, flexible y controlado parece ser prerrogativa de la conciencia.

cos llaman un "sistema de producción", un tipo de programa presentado en la década de 1960 para implementar tareas de inteligencia artificial. Un sistema de producción incluye una base de datos, también llamada "memoria de trabajo", y un vasto conjunto de reglas de producción "si-entonces" (por ejemplo, *si* hay una A en la memoria de trabajo, *entonces* cambiarla por la secuencia BC). A cada paso, el sistema examina si una regla coincide con el estado actual de su memoria de trabajo. Si muchas reglas coinciden, entonces compiten bajo la tutela de un sistema de priorización fortuito. Por último, la regla ganadora "se enciende" y se le permite cambiar los contenidos de la memoria de trabajo antes de que todo el proceso vuelva a ponerse en marcha. Así, esta secuencia de pasos equivale a los ciclos seriales de la competición inconsciente, la ignición consciente y la transmisión.

Es notable que los sistemas de producción, aunque muy simples, tengan la capacidad de implementar cualquier procedimiento efectivo –cualquier procesamiento pensable–. Su poder es equivalente al de la máquina de Turing, un dispositivo teórico que inventó el matemático británico Alan Turing en 1936 y que es la base de la computadora digital (Turing, 1936). Por eso, nuestra propuesta es equivalente a decir que, con su capacidad flexible de enrutamiento [*routing*], el cerebro consciente opera como una máquina biológica de Turing. Nos permite acumular de a poco series de computaciones. Estas computaciones son muy lentas porque, a cada paso, el resultado intermedio se debe mantener por un tiempo en la memoria antes de ser pasado a la etapa siguiente.

Existe un giro histórico interesante para este argumento. Cuando Alan Turing inventó su máquina, estaba intentando abordar un desafío que había planteado el matemático David Hilbert en 1928: ¿era posible que un procedimiento mecánico reemplazara alguna vez al matemático y, por pura manipulación simbólica, decidiera si una determinada afirmación de la matemática se sigue lógicamente de un conjunto de axiomas? Como escribió en su influyente artículo de 1936, Turing diseñó su máquina ex profeso para imitar a "un hombre en el proceso de computar un número real". Sin embargo, no era un psicólogo, y sólo podía hacer uso de su introspección. Por este motivo, según afirmó, su máquina sólo captura una fracción de los procesos mentales del matemático: los que son accesibles de manera consciente. Las operaciones seriales y simbólicas que refleja una máquina serial de Turing constituyen un modelo razonablemente bueno de las operaciones accesibles a una mente humana consciente.

No me malinterpreten: *no* quiero revivir el *cliché* del cerebro como una computadora clásica. Con su organización paralela masiva, automodificable, capaz de computar distribuciones de probabilidades completas más que símbolos discretos, el cerebro humano se aparta de manera radical de las computadoras contemporáneas. De hecho, de mucho tiempo a esta parte, la neurociencia rechaza dicha metáfora. Sin embargo, el *comportamiento* del cerebro, cuando se aboca a largos cálculos, a grandes rasgos es reflejado por un sistema de producción serial o una máquina de Turing (Anderson, 1983, Anderson y Lebiere, 1998). Por ejemplo, el tiempo que nos lleva computar una adición larga como $235 + 457$ es la suma de las duraciones de cada operación elemental ($5 + 7$; me llevo 1; $3 + 5 + 1$ y, por último, $2 + 4$), que sería lo esperable en la consumación secuencial de cada paso sucesivo (Ashcraft y Stazyk, 1981, Widaman, Geary, Cormier y Little, 1989).

El modelo de Turing está idealizado. Cuando hacemos foco sobre nuestro comportamiento humano, vemos desvíos respecto de esas predicciones. En lugar de estar separadas de modo tajante en el tiempo, las etapas sucesivas se superponen un poco y crean una interferencia indeseada entre las operaciones (Tombu y Jolicoeur, 2003, Logan y Schulkind, 2000, Moro, Tolboom, Khayat y Roelfsema, 2010). Durante la aritmética mental, la segunda operación puede empezar antes de que la última esté del todo terminada. Jérôme Sackur y yo estudiamos uno de los algoritmos más sencillos posibles: tomar el número n, sumarle 2 ($n + 2$) y luego decidir si el resultado es mayor o menor que 5 ($¿n + 2 > 5?$). Observamos interferencia: de manera inconsciente, los participantes comenzaban a comparar el número inicial n con 5, incluso antes de obtener el resultado intermedio $n + 2$ (Sackur y Dehaene, 2009). En una computadora, un error tonto como este nunca ocurriría; un reloj general controla cada paso, y el enrutamiento digital asegura que cada porción siempre llegue a su destino deseado. Sin embargo, el cerebro nunca evolucionó para la aritmética compleja. Su arquitectura, seleccionada para la supervivencia en un mundo probabilístico, explica por qué cometemos tantos errores durante el cálculo mental. Con dificultad, "reciclamos" nuestras redes cerebrales para los cálculos seriales, y así utilizamos el control consciente para intercambiar información de modo lento y serial (Dehaene y Cohen, 2007, Dehaene, 2009).

Si una de las funciones de la conciencia es servir como lengua franca del cerebro –un medio para el enrutamiento flexible de la información hacia procesadores especializados en otros sentidos–, entonces se sigue una predicción simple: una sola operación de rutina puede desplegarse de manera inconsciente, pero, a no ser que la información sea consciente, resultará imposible unir varios pasos similares. En el área de la aritmética, por ejemplo, nuestro cerebro puede computar $3 + 2$ de manera inconsciente, pero no $(3 + 2)^2$, $(3 + 2) - 1$, ni $1/3 + 2$. Los cálculos que suponen muchos pasos siempre requerirán un esfuerzo consciente.[4]

Sackur y yo intentamos probar esta idea de manera experimental (Sackur y Dehaene, 2009). Mostramos un dígito blanco n y lo enmascaramos, de manera que nuestros participantes sólo pudieran verlo la mitad de las veces. Luego les pedimos que realizaran una variedad de operaciones con él. En tres diferentes conjuntos de ensayos, intentaron mencionarlo, sumarle 2 (la tarea $n + 2$) y compararlo con 5 ($n > 5$). Un cuarto bloque requería que hicieran un cálculo de dos pasos: sumar 2 y luego comparar el resultado con 5 ($n + 2 > 5$). En las primeras tres tareas, los sujetos tuvieron mejor desempeño que el adjudicable al azar. Incluso cuando juraban que no habían visto nada, les pedimos que intentaran adivinar la respuesta, y se sorprendían al descubrir hasta dónde llegaba su conocimiento inconsciente. Podían nombrar un dígito que no habían visto mucho mejor de lo tal vez predecible por el azar solo: casi la mitad de sus respuestas verbales eran correctas, mientras que, con cuatro dígitos, el desempeño al adivinar debería haber sido del 25%. Incluso podían sumarle 2 o decidir, por encima de lo atribuible al azar, si el dígito era mayor que 5. Todas estas operaciones, por supuesto, son rutinas familiares. Como vimos en el capítulo 2, hay mucha evidencia de que pueden iniciarse parcialmente sin conciencia. Pese a esto, de manera significativa, durante la tarea inconsciente de dos pasos (¿$n + 2 > 5$?), los participantes fallaban: respondían al azar. Esto es extraño, porque si sólo hubieran pensado en mencionar el dígito, y hubieran utilizado el nombre para realizar la tarea, ¡habrían alcanzado un nivel de éxito muy alto! La información subliminal era explícita en sus cerebros, ya que casi la mitad

---

4 Las personas que son prodigios del cálculo parecen violar esta predicción. Sin embargo, yo objetaría que no sabemos en qué medida sus estrategias de cálculo, en efecto, dependen de estrategias conscientes y laboriosas. En última instancia, sus cálculos suelen requerir varios segundos de atención enfocada, durante los cuales no se los puede distraer. No cuentan con los recursos verbales necesarios para explicar sus estrategias (o se niegan a hacerlo), pero esto no implica que dependan de una mente en blanco. Por ejemplo, algunos calculadores reportan moverse a través de imágenes visuales vívidas de conjuntos de dígitos o de calendarios (Howe y Smith, 1988).

de las veces emitían de modo correcto el número escondido; pero, sin conciencia, no pudo encaminarse en una serie de dos etapas sucesivas.

En el capítulo 2 vimos que para el cerebro no es difícil acumular información de manera inconsciente: varias flechas (De Lange, Van Gaal, Lamme y Dehaene, 2011), dígitos (Van Opstal, De Lange y Dehaene, 2011) e incluso señales para comprar un automóvil (Dijksterhuis, Bos, Nordgren y Van Baaren, 2006) se pueden sumar y la evidencia total puede guiar nuestras decisiones inconscientes. ¿Esto es una contradicción? No, porque la acumulación de múltiples evidencias es una sola operación para el cerebro. Una vez que un acumulador neuronal está abierto, puede conducir cualquier información, sea consciente o inconsciente, hacia un lado u otro. El único paso que nuestro proceso de toma de decisiones inconsciente no parece alcanzar es una decisión clara que se pueda transmitir a la siguiente etapa. Si bien está sesgado por información inconsciente, nuestro acumulador central no parece alcanzar el umbral más allá del cual toma una decisión y continúa al paso siguiente. Por eso, durante una estrategia compleja de cálculo, nuestro inconsciente permanece estancado en el nivel de acumular evidencia para la primera operación y nunca llega a la segunda instancia.

Una consecuencia más general es que no podemos razonar de manera estratégica a partir de una intuición inconsciente. La información subliminal no puede entrar en nuestras deliberaciones estratégicas. Esta cuestión parece describir un círculo, pero no es así. Las estrategias, después de todo, son otro tipo de proceso cerebral, así que no es tan trivial que este proceso no pueda llevarse a cabo sin conciencia. Es más, tiene consecuencias empíricas genuinas. ¿Usted recuerda la tarea de las flechas, en que uno ve cinco flechas sucesivas que apuntan hacia la derecha o hacia la izquierda y debe decidir adónde apunta la mayoría de ellas? Muy pronto cualquier mente consciente se da cuenta de que hay una estrategia ganadora: una vez que vimos tres flechas que apuntan al mismo lado, el juego terminó, ya que no hay información adicional que pueda modificar la respuesta final. Los participantes de inmediato explotan esta estrategia para realizar la tarea con más rapidez. Sin embargo, otra vez, pueden hacerlo sólo si la información es consciente, no si es subliminal (De Lange, Van Gaal, Lamme y Dehaene, 2011). Cuando las flechas están enmascaradas por debajo del umbral de conciencia, todo lo que hacen es sumarlas: no pueden avanzar de manera inconsciente al paso siguiente.

Por consiguiente, en conjunto estos experimentos apuntan a considerar un papel crucial de la conciencia. Debemos ser conscientes para pensar de manera racional en un problema. El poderoso inconsciente genera intuiciones sofisticadas; pero sólo una mente consciente puede seguir una estrategia racional, paso a paso. Actuando como un *router*, proveyendo información a través de cualquier cadena arbitraria de procesos sucesivos, la conciencia parece darnos acceso a un modo de operación completamente nuevo: la máquina de Turing del cerebro.

Un dispositivo para compartir en sociedad

> La conciencia es propiamente sólo una red de conexión entre hombre y hombre; sólo en cuanto tal se ha visto obligada a desarrollarse: el hombre solitario, el hombre ave de rapiña, no habría tenido necesidad de ello.
>
> **Friedrich Nietzsche,** *La gaya ciencia* **(1882)**

En los *Homo sapiens*, la información consciente no se propaga sólo dentro de la cabeza de un individuo. Gracias al lenguaje, también puede saltar de mente a mente. Durante la evolución humana, compartir en sociedad la información puede haber sido una de las funciones esenciales de la conciencia. Las "aves de rapiña" de Nietzsche probablemente usaban la conciencia como un retén no verbal y un *router*, durante millones de años, pero sólo en el género *Homo* surgió una capacidad refinada de comunicar esos estados conscientes. Gracias al lenguaje humano, al igual que al señalamiento y a los gestos no verbales, la síntesis consciente que emerge en una mente puede transferirse con rapidez a otras. Esta transmisión social activa de un símbolo consciente ofrece nuevas habilidades computacionales. Los humanos pueden crear algoritmos sociales "multinúcleo" que no dependen exclusivamente del conocimiento disponible en una sola mente, sino que permiten la confrontación de múltiples puntos de vista, varios niveles de solvencia y una diversidad de fuentes de conocimiento.

No es un accidente que la comunicabilidad verbal –la capacidad de poner un pensamiento en palabras– se considere un criterio clave para la percepción consciente. Por lo general, llegamos a la conclusión de que alguien es consciente de determinada información cuando él o ella puede, al menos en parte, formularla por medio del lenguaje (desde luego, siempre que no esté paralizado, no sea afásico ni demasiado pequeño para hablar). En los humanos, el "formulador verbal" que nos permite expresar los contenidos de nuestra mente es un componente esencial que puede desplegarse sólo cuando somos conscientes (Levelt, 1989).

Por supuesto, no quiero decir que siempre podemos expresar nuestros pensamientos conscientes con una precisión proustiana. La conciencia desborda el lenguaje: percibimos mucho más de lo que podemos describir. La totalidad de nuestra vivencia de una pintura de Caravaggio, de un espectacular atardecer sobre el Gran Cañón o de las expresiones cambiantes del rostro de un bebé elude la descripción verbal exhaustiva, lo cual quizá contribuya en gran medida a la fascinación que nos producen. Sin embargo, y prácticamente por definición, cualquier cosa de la cual seamos conscientes puede enmarcarse –al menos en parte– en un formato lingüístico. El lenguaje provee una formulación categórica y sintáctica de los pensamientos conscientes que, en conjunto, nos permiten estructurar nuestro mundo mental y compartirlo con otras mentes humanas.

Compartir información con otras personas es un segundo motivo por el cual para nuestro cerebro es ventajoso sintetizar los detalles de nuestras sensaciones presentes y crear un "informe" consciente. Los rostros y los gestos nos dan sólo un canal de comunicación lento, apenas de cuarenta a sesenta bits por segundo (Reed y Durlach, 1998), o alrededor de trescientas veces más lento que los (ahora anticuados) faxes de catorce mil cuatrocientos baudios que revolucionaron nuestras oficinas en la década de 1990. Por ende, nuestro cerebro comprime de manera drástica la información a un conjunto condensado de símbolos que se ensamblan en cadenas cortas, que luego se envían por la trama social. En realidad, no tendría sentido transmitir a otros una imagen mental precisa de lo que veo desde mi punto de vista; lo que los demás quieren no es una descripción detallada del mundo como lo veo, sino un resumen de los aspectos que probablemente también sean verdaderos desde el punto de vista de mi interlocutor: una síntesis multisensorial, invariante y durable del ambiente. En los humanos, por lo menos, la conciencia parece condensar información en el tipo de compendio exacto que puede resultar útil para otras mentes.

El lector puede objetar que a menudo el lenguaje se usa para metas triviales, como intercambiar los últimos chismes sobre qué actriz de Hollywood durmió con quién. De acuerdo con Robin Dunbar, antropólogo de Óxford, casi dos tercios de nuestras conversaciones pueden estar en relación con este tipo de temas sociales; incluso propuso la teoría de *grooming and gossip* [coqueteo y chismorreo] de la evolución del lenguaje, de acuerdo con la cual el lenguaje sólo emergió como forma de vinculación social (Dunbar, 1996).

¿Podemos probar que nuestras conversaciones son algo más que periódicos sensacionalistas? ¿Podemos mostrar que transmiten a los otros precisamente el tipo de información condensada necesaria para tomar decisiones colectivas? El psicólogo iraní Bahador Bahrami probó hace poco tiempo esta idea usando un experimento ingenioso (Bahrami, Olsen, Latham, Roepstorff, Rees y Frith, 2010). Hizo que distintos pares de sujetos realizaran la misma tarea perceptual. Se les mostraban dos monitores y su objetivo era decidir, cada vez, si el primero o el segundo contenían una imagen blanco cercana al umbral. Primero se les pedía a los participantes que dieran respuestas independientes. Luego la computadora revelaba las opciones preferidas; si no coincidían, se les pedía a los sujetos que resolvieran el conflicto mediante una breve discusión.

Lo que en especial resulta inteligente de este experimento es que al final, en cada ensayo, el par de sujetos se comportaba como un solo participante: siempre daba una sola respuesta, cuya precisión podía estimarse si se utilizaban los mismos viejos métodos de la psicofísica que se utilizan clásicamente para evaluar el comportamiento de una única persona. Y los resultados estaban claros: en tanto las habilidades de los dos participantes fueron más o menos similares, ponerlos en pareja causó una significativa mejora en la precisión. De modo sistemático, el grupo tenía un desempeño mejor que el de sus miembros individuales, lo que da sustancia al dicho conocido: "Dos cabezas piensan mejor que una".

Una gran ventaja del diseño de Bahrami es que puede modelarse de manera matemática. Si se asume que cada sujeto percibe el mundo con su nivel personal de ruido, es fácil computar cómo deberían combinarse sus sensaciones: la fuerza de las señales que cada jugador percibía en determinado ensayo debería sopesarse de manera inversa con el nivel de ruido usual en el jugador, y luego promediar en conjunto para dar como resultado una sola sensación compuesta. De hecho, esta regla óptima para las decisiones multicerebrales es idéntica a la ley que rige la integración multisensorial *dentro* de un mismo cerebro. Puede calcularse con una sencilla regla general: en la mayoría de los casos, la gente necesita comunicar no los matices de lo que vio (ya que eso sería imposible), sino dar una simple respuesta categórica (en este caso, el primero o el segundo monitor) acompañada por un juicio de confianza (o de la falta de ella).

Resultó que los pares exitosos de participantes adoptaron esta estrategia de manera espontánea. Hablaban acerca de su nivel de confianza utilizando palabras como "seguro", "muy inseguro" o "sólo adiviné". Algunos de ellos incluso diseñaron una escala numérica para estimar con precisión su grado de certeza. Utilizando este tipo de mecanismos para compartir la seguridad, su desempeño conjunto aumentó de manera notable, esencialmente indiscernible del óptimo teórico.

El experimento de Bahrami explica sin dificultad por qué los juicios de confianza ocupan un lugar tan central en nuestras mentes conscientes. Con el objetivo de ser útil para nosotros mismos y para los otros, cada uno de nuestros pensamientos conscientes debe estar etiquetado con una marca de certeza. No sólo sabemos que sabemos, o que no sabemos, sino que, siempre que somos conscientes de cierta información, podemos adscribirla a un grado específico de certeza o incertidumbre. Es más, en sociedad, hacemos un esfuerzo constante para monitorear cuán confiables son nuestras fuentes, teniendo presente quién dijo qué a quién, y si tenían razón o estaban equivocadas (precisamente eso hace que el chismorreo sea un rasgo central de nuestras conversaciones). Estos desarrollos, que en gran medida son patrimonio del cerebro humano, apuntan a la evaluación de la incertidumbre como un componente indispensable de nuestro algoritmo social de toma de decisiones.

La teoría bayesiana de la decisión nos dice que deberían aplicarse exactamente las mismas reglas de toma de decisiones a nuestros propios pensamientos y a los que recibimos de otros. En ambos casos la toma de decisiones óptima requiere que cada fuente de información, tanto la interna como la externa, sea sopesada, de la manera más precisa posible, en función de una estimación de su confiabilidad, antes de que todos los datos se junten en un único espacio de decisión. Antes de la hominización, la corteza prefrontal del primate ya proveía un espacio de trabajo donde las fuentes pasadas y presentes de información, debidamente comparadas en cuanto a su confiabilidad, pudieran compilarse para orientar las decisiones. Desde allí, un paso evolutivo clave, tal vez exclusivo de los humanos, parece haber abierto este espacio de trabajo a información de tipo social de otras mentes. El desarrollo de esta interfaz social nos permitió cosechar los beneficios de un algoritmo de toma de decisiones colectivo: al comparar nuestro conocimiento con el de otros, llegamos a mejores decisiones.

Gracias a las imágenes cerebrales, en la actualidad comenzamos a dilucidar qué redes neuronales sostienen la distribución de la información y la estimación de la confiabilidad. Siempre que desplegamos nuestra competencia social, los sectores más anteriores de la corteza prefrontal, en el polo frontal y en la línea media del cerebro (dentro de la corteza prefrontal ventromedial), se activan de manera sistemática. A menudo también se producen activaciones posteriores, en una región situada en la unión entre los lóbulos parietal y temporal, así como a lo largo de la línea media del cerebro (el precúneo). Estas áreas distribuidas forman una red a escala del cerebro, muy interconectada con poderosos tractos de fibra de larga distancia, que involucran la corteza prefrontal como un nodo central. Esta red ocupa un lugar prominente entre los circuitos que se encienden durante el descanso, siempre que tenemos algunos segundos para nosotros mismos: espontáneamente volvemos a este sistema de "modo por defecto" de seguimiento social en nuestro tiempo libre (Buckner, Andrews-Hanna y Schacter, 2008).

Lo más notable es que, como se esperaría de la hipótesis de toma de decisiones social, muchas de estas regiones se activan cuando pensamos en nosotros –por ejemplo, cuando hacemos una introspección acerca de nuestro nivel de confianza en nuestras propias decisiones (Yokoyama, Miura, Watanabe, Takemoto, Uchida, Sugiura, Horie y otros, 2010, Kikyo, Ohki y Miyashita, 2002; véanse también Rounis, Maniscalco, Rothwell, Passingham y Lau, 2010, Del Cul, Dehaene, Reyes, Bravo y Slachevsky, 2009, Fleming, Weil, Nagy, Dolan y Rees, 2010)–, así como cuando reflexionamos sobre los pensamientos de otros (Saxe y Powell, 2006, Perner y Aichhorn, 2008). En especial, el polo frontal y la corteza ventromedial prefrontal muestran perfiles de respuesta muy similares durante los juicios acerca de nosotros y sobre otros (Ochsner, Knierim, Ludlow, Hanelin, Ramachandran, Glover y Mackey, 2004, Vogeley, Bussfeld, Newen, Herrmann, Happe, Falkai, Maier y otros, 2001), hasta tal extremo que pensar mucho acerca de los primeros puede facilitar los otros (Jenkins, Macrae y Mitchell, 2008). Así, esta red parece idealmente adecuada para evaluar la confiabilidad de nuestro conocimiento y compararlo con la información que recibimos de otros.

En resumen, dentro del cerebro humano hay un conjunto de estructuras neurales adaptado de manera específica para representar nuestro conocimiento social. Usamos la misma base de datos para codificar nuestro conocimiento de nosotros mismos y para acumular información acerca de otros. Estas redes cerebrales construyen una imagen mental de nuestro propio yo como un personaje peculiar que se sienta al lado de otros en una base de datos mental de nuestros conocidos sociales. Cada uno de nosotros se representa a "sí mismo como otro", en palabras del filósofo francés Paul Ricœur (1990).

Si esta perspectiva acerca del yo es correcta, las bases neurales de nuestra propia identidad están construidas de manera bastante indirecta. Pasamos nuestra vida monitoreando tanto nuestro comportamiento como el de otros, y nuestro cerebro estadístico constantemente deriva inferencias acerca de lo que observa, ordenando su mente a medida que avanza

(Frith, 2007). Aprender quiénes somos es una deducción estadística de la observación. Dado que pasamos una vida entera con nosotros mismos, llegamos a una perspectiva de nuestro carácter, nuestro conocimiento y nuestra seguridad propios que es sólo un poco más refinada que nuestra perspectiva de la personalidad de otras personas. Es más, nuestro cerebro tiene un acceso privilegiado a algunos de sus mecanismos internos (Marti, Sackur, Sigman y Dehaene, 2010, Corallo, Sackur, Dehaene y Sigman, 2008). La introspección hace que nuestros motivos y estrategias se tornen transparentes para nosotros, mientras que no disponemos de una manera confiable de descifrarlos en los otros. De todas formas, nunca tenemos un conocimiento genuino de nuestro verdadero yo. Por lo general desconocemos bastante los reales determinantes inconscientes de nuestro comportamiento, y por eso no podemos predecir con precisión cuál será nuestro comportamiento en circunstancias que están más allá de la zona de confort de nuestra experiencia pasada. El lema griego "conócete a ti mismo" sigue siendo un ideal inalcanzable cuando se lo aplica a los detalles más minúsculos de nuestro comportamiento. Nuestro "yo" es sólo una base de datos que se llena por obra de nuestras experiencias sociales, de la misma manera en que intentamos comprender otras mentes, y por tanto tiene iguales posibilidades de incluir vacíos de información, malentendidos e ilusiones.

Obviamente, estos límites de la condición humana no podían escapar de los escritores. En su novela introspectiva *Pensamientos secretos*, el escritor inglés contemporáneo David Lodge describe a sus dos personajes principales, la profesora inglesa Helen y el magnate de la inteligencia artificial Ralph mientras intercambian agudas reflexiones acerca del yo, mientras coquetean a la noche en un *jacuzzi* al aire libre:

> **Helen**: Supongo que debe de tener un termostato. ¿Eso lo hace consciente?
>
> **Ralph**: No consciente de sí mismo. No sabe que la está pasando bien, a diferencia de usted y yo.
>
> **Helen**: Pensé que no había algo así como el yo.
>
> **Ralph**: No algo, no, si se refiere a una entidad discreta fija. Pero por supuesto hay yoes. Los creamos todo el tiempo. Como usted crea relatos.
>
> **Helen**: ¿Está diciendo que nuestras vidas sólo son ficciones?
>
> **Ralph**: De alguna manera. Es una de las cosas que hacemos con lo que nos sobra de capacidad cerebral. Creamos historias acerca de nosotros.

Engañarnos en parte a nosotros mismos puede ser el costo que debamos pagar por una evolución de la conciencia que es únicamente humana: la habilidad para comunicar nuestro conocimiento consciente a otros, de forma rudimentaria, pero con el tipo de evaluación de certeza justo y necesario, desde un punto de vista matemático, para alcanzar una decisión colectiva útil. Con todo lo imperfecta que es, nuestra habilidad humana para la introspección y para compartir en sociedad creó alfabetos, catedrales, aviones *jet* y la langosta Thermidor. Por primera vez en la evolución, también nos ha permitido crear de manera voluntaria mundos ficticios: podemos alterar, en beneficio propio, el algoritmo de toma de decisiones sociales fingiendo, falsificando, mintiendo, diciendo mentiras piadosas, perjurando, negando, renegando, argumentando, refutando y rechazando. Vladimir Nabokov, en su *Curso de literatura europea* (1980), lo percibió perfectamente:

> La literatura no nació el día en que un niñó llegó al trote del valle Neanderthal gritando "el lobo, el lobo" mientras un enorme lobo gris le pisaba los talones; la literatura nació el día en que un niñó llegó gritando "el lobo, el lobo" sin que lo persiguiera ningún lobo.

La conciencia es el simulador de realidad virtual de la mente. ¿Pero cómo es que el cerebro ordena la mente?*

---

* El autor introduce aquí un juego de palabras. Dice "*How does the brain make up the mind*", lo cual puede significar –como figura en la traducción– "¿Cómo es que el cerebro crea (u ordena, organiza) la mente?" pero, también "¿Cómo es que el cerebro toma una decisión?". [N. de T.]

4. Las marcas de un pensamiento consciente

Las técnicas de imágenes cerebrales causaron una revolución en la investigación sobre la conciencia. Revelaron cómo se desarrolla la actividad cerebral a medida que cierta información accede a ella, y cómo esta actividad es diferente durante el procesamiento inconsciente. La comparación de estos dos estados revela lo que llamo "marca" o "sello de la conciencia": un marcador confiable de que el estímulo se percibió de manera consciente. En este capítulo describo cuatro de esos marcadores. Primero, si bien un estímulo subliminal puede propagarse hasta la profundidad de la corteza, esta actividad cerebral se amplifica con fuerza al cruzar el umbral de la conciencia. Luego invade muchas regiones adicionales, lo que lleva a una ignición repentina de los circuitos parietal y prefrontal (marca 1). En el EEG, el acceso consciente aparece como una lenta onda tardía llamada "onda P3" (marca 2). Este evento aparece tarde, un tercio de segundo después del estímulo: nuestra conciencia tiene un retraso respecto del mundo exterior. Al seguir la actividad con electrodos intracraneales, se pueden observar dos marcas más: una erupción tardía y repentina de oscilaciones de alta frecuencia (marca 3), y una sincronización de cambios de información entre regiones cerebrales distantes (marca 4). Todos estos eventos proveen índices confiables del procesamiento consciente.

Una persona [...] es una sombra en la que nunca podemos penetrar, y que no ofrece posibilidad alguna de conocimiento directo.
Marcel Proust, *La parte de Guermantes* (1921)

La metáfora de Marcel Proust renueva un formulismo ya gastado: la mente como una fortaleza. Replegados dentro de nuestras paredes mentales, escondidos de la mirada inquisidora de los demás, podemos pensar libremente en cualquier cosa que queramos. Nuestra conciencia es un santuario infranqueable en que nuestras mentes gozan de libre albedrío, mientras nuestros colegas, amigos y esposas piensan que estamos prestándoles atención a sus palabras. Julian Jaynes lo presenta como un "teatro secreto de monólogo sin habla y de consejos anticipatorios, una mansión invisible de todos los talantes, reflexiones y misterios, una infinita morada de desilusiones y descubrimientos". ¿Cómo podrían los científicos siquiera infiltrarse en este bastión interno?

Pese a todo, en el lapso de sólo veinte años, sucedió lo impensable. En 1990 el cráneo se volvió transparente. El investigador japonés Seiji Ogawa y sus colegas inventaron la resonancia magnética funcional (fMRI), una técnica poderosa e inofensiva que, sin utilizar inyecciones, nos permite visualizar la actividad de todo el cerebro (Ogawa, Lee, Kay y Tank, 1990). La fMRI aprovecha la unión de las células cerebrales con los vasos sanguíneos. Siempre que aumenta la actividad en un circuito neuronal, las células gliales que rodean estas neuronas sienten el incremento de la actividad sináptica. Para compensar rápidamente el aumento en el consumo de energía, abren las arterias locales. Dos o tres segundos más tarde el flujo sanguíneo aumenta, y trae más oxígeno y glucosa. Abundan los glóbulos rojos, portadores de moléculas de hemoglobina que transportan el oxígeno. La gran proeza de la fMRI consiste en detectar a distancia las propiedades físicas de la molécula de hemoglobina. La hemoglobina sin oxígeno actúa como un imán pequeño, al contrario de lo que sucede en el caso de la hemoglobina con oxígeno. Los resonadores son imanes gigantes preparados para encontrar estas pequeñas distorsiones en los campos magnéticos; así, reflejan, indirectamente la actividad neuronal reciente en cada porción del tejido cerebral.

La fMRI visualiza con facilidad el estado de actividad del cerebro humano vivo con una resolución milimétrica, hasta varias veces por segundo. Lamentablemente, no puede seguir el curso temporal de la descarga neuronal; pero en la actualidad se cuenta con otras técnicas para cronometrar con precisión las corrientes eléctricas en las sinapsis, y tampoco en estos casos hace falta abrir el cráneo. El EEG –ese viejo medio para registrar las ondas cerebrales inventado en la década de 1930– se perfeccionó para convertirse en una técnica de mucho poder, con hasta doscientos cincuenta y seis electrodos que proveen registros digitales de alta calidad de la actividad cerebral con una resolución de milisegundos en toda la cabeza. En la década de 1960, apareció una tecnología aún mejor: la magnetoencefalografía (MEG), el registro ultrapreciso de las minúsculas ondas magnéticas que acompañan la descarga de corrientes en las neuronas corticales. Tanto el EEG como la MEG pueden registrarse de modo muy sencillo, ubicando ya sea electrodos en la cabeza (EEG) o detectores muy sensibles de campos magnéticos alrededor de ella (MEG).

Con la fMRI, el EEG y la MEG a disposición, ya podemos rastrear la secuencia completa de la activación cerebral a medida que un estímulo visual viaja desde la retina hasta los puntos más distantes del lóbulo frontal. En combinación con las técnicas de la psicología cognitiva, estas herramientas abren una nueva ventana hacia la mente consciente. Como analizamos en el capítulo 1, muchos estímulos experimentales proveen contrastes óptimos entre los estados conscientes e inconscientes. Por obra del enmascaramiento o de la inatención, podemos hacer que cualquier imagen visible se desvanezca de la vista. Incluso podemos ubicarla en el umbral, de modo que sólo la mitad de las veces podamos verla y por eso varíe sólo en su percepción subjetiva. En los mejores experimentos, el estímulo, la tarea y el desempeño están estrictamente equiparados. Como resultado, la conciencia es la única variable que se manipula de manera experimental: el sujeto informa ver en un caso y no ver en otro.

Así, todo lo que queda es examinar qué diferencia demuestra la conciencia en el nivel cerebral. ¿Qué circuitos específicos, si es que los hay, se activan sólo en los ensayos conscientes? ¿La percepción consciente provoca eventos cerebrales únicos, ondas específicas u oscilaciones? Este tipo de marcadores, si se pudieran encontrar, servirían como marcas de la conciencia. La presencia de estos patrones de actividad neural, como la firma al pie de un documento, sería un indicador confiable de la percepción consciente.

En este capítulo vamos a ver que pueden encontrarse varios sellos de la conciencia. Gracias a las imágenes cerebrales, por fin se reveló el misterio de la conciencia.

La avalancha de la conciencia

En el año 2000, la científica israelí Kalanit Grill-Spector, que en esc momento investigaba en el Instituto Weizmann de Ciencias en Tel Aviv, realizó un experimento sencillo de enmascaramiento (Grill-Spector, Kushnir, Hendler y Malach, 2000). Proyectó imágenes durante un breve lapso de tiempo, que variaba de un cincuentavo a un octavo de segundo, e inmediatamente después una imagen rota y desordenada. Como resultado, algunas imágenes seguían siendo detectables, mientras que otras se volvían por completo invisibles: estaban por encima o por debajo del umbral de la percepción consciente. En el gráfico final, las respuestas de los participantes trazaban una curva hermosa: las imágenes presentadas por debajo de los cincuenta milisegundos eran difíciles de ver, mientras que las exhibidas durante cien milisegundos o más eran visibles.

Después, Grill-Spector escaneó la corteza visual de los participantes (en ese momento no era fácil escanear el cerebro completo). Lo que observó fue una clara disociación. En las áreas visuales tempranas se notaba actividad, sin importar la conciencia. La corteza visual primaria y las regiones que la rodeaban se activaban básicamente con todas las imágenes, sin importar la cantidad de enmascaramiento. Sin embargo, en los centros visuales más altos de la corteza, dentro del giro fusiforme y la región témporo-occipital lateral, surgía una correlación cercana entre la activación cerebral y los reportes conscientes. Estas regiones están involucradas en la organización de categorías de imágenes como rostros, objetos, palabras y lugares, y en la creación de una representación invariante de su apariencia. Según parecía, siempre que la activación cerebral llegaba a este nivel, era probable que la imagen se hiciera consciente.

Prácticamente al mismo tiempo, yo hacía experimentos similares sobre la percepción de palabras enmascaradas (Dehaene, Naccache, Cohen, Le Bihan, Mangin, Poline y Rivière, 2001). Mi aparato proveía imágenes del cerebro completo con las áreas que se activaban siempre que los sujetos miraban palabras proyectadas justo por encima o justo por debajo del umbral para la percepción consciente. Y los resultados estaban claros: incluso las áreas más altas del giro fusiforme podían activarse sin ningún tipo de conciencia. De hecho, operaciones cerebrales bastante abstractas, que involucraban regiones avanzadas de los lóbulos temporal y parietal, podían realizarse de manera subliminal; por ejemplo, reconocer que "piano" y "PIANO" son la misma palabra, o que el dígito "2" y la palabra "tres" no significan la misma cantidad (Naccache y Dehaene, 2001a).

De todos modos, al cruzar el umbral para la percepción consciente, también aprecié cambios enormes en esos centros visuales más altos. Su actividad se amplificaba mucho. En la región clave para el reconocimiento de las letras, el "área de la forma visual de las palabras", ¡la activación cerebral se multiplicaba por doce! Además, un conjunto de regiones adicionales parecía simplemente haber estado ausente cuando la palabra estaba enmascarada y permanecía inconsciente. Estas regiones se distribuían con amplitud en los lóbulos parietal y frontal, y llegaban incluso a la profundidad del giro cingulado anterior, situado en la línea media de los dos hemisferios (figura 16).

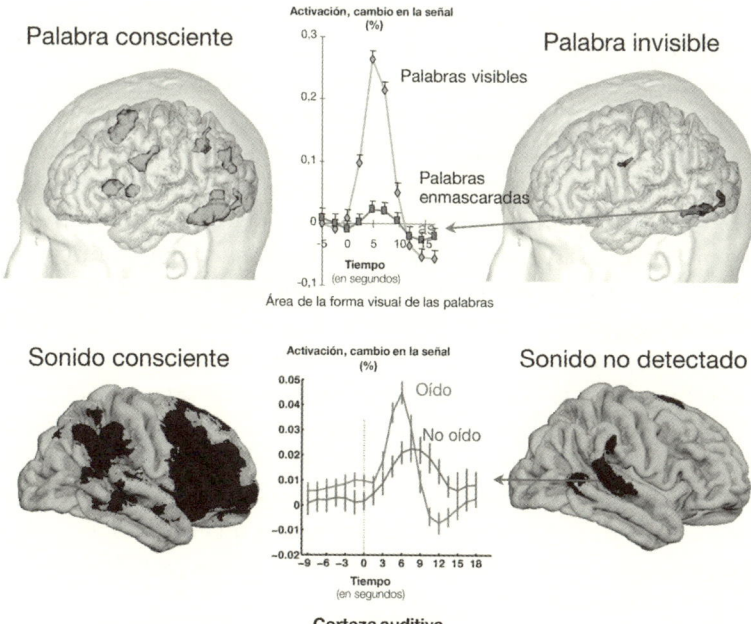

Figura 16. La primera marca de la percepción consciente es una activación intensa de regiones cerebrales distribuidas, incluidas las parietales y prefrontales bilaterales. Una palabra que se hace subliminal mediante enmascaramiento (como se ve arriba) activa circuitos de lectura especializados; pero esa misma palabra, al ser vista, causa una enorme amplificación de actividad que ocupa los lóbulos parietal y prefrontal. De manera similar, las áreas auditivas pueden activarse con un acorde inconsciente (como se ve abajo); pero ese mismo sonido, detectado de manera consciente, invade sectores extensos de la corteza parietal y prefrontal inferior.

Al medir la amplitud de esta actividad, descubrimos que el factor de amplificación, que distingue el procesamiento consciente del inconsciente, varía a lo largo de las sucesivas regiones de las vías visuales. En la primera etapa cortical, la corteza visual primaria, la activación que evoca una palabra no vista es lo bastante fuerte para que se la pueda detectar con facilidad. Sin embargo, a medida que avanza en la corteza, el enmascaramiento la hace perder fuerza. Por eso, la percepción subliminal puede compararse con una ola del mar que vemos enorme en el horizonte pero que apenas acaricia nuestros pies cuando llega a la orilla (Dehaene,

Naccache, Cohen, Le Bihan, Mangin, Poline y Rivière, 2001).[1] En comparación, la percepción consciente es un tsunami, o tal vez una avalancha resulte mejor metáfora, porque la activación consciente parece ir cargando fuerza a medida que avanza, en gran medida como una bola de nieve va sumando materia al rodar y, en última instancia, desencadena un alud.

Para conseguir ese factor, en mis experimentos mostré las palabras sólo durante cuarenta y tres milisegundos, y de este modo le inyecté una evidencia mínima a la retina. Pese a todo, la activación avanzó y, en los ensayos conscientes, se amplificó de modo incesante hasta que causó una activación enorme en varias regiones. Las regiones cerebrales distantes también llegaron a una estrecha correlación: la onda entrante alcanzó su punto más alto y retrocedió simultáneamente en todas las áreas, lo que sugiere que intercambiaron mensajes que se reforzaron uno a otro hasta que se convirtieron en una avalancha irrefrenable. La sincronía era tanto más intensa para los blancos conscientes que para los inconscientes, lo que sugiere que la actividad correlacionada es un factor importante en la percepción consciente (Dehaene, Naccache, Cohen, Le Bihan, Mangin, Poline y Rivière, 2001).[2]

Por tanto, estos experimentos sencillos proveyeron una primera marca de la conciencia: una amplificación de la actividad sensorial cerebral, que poco a poco acumula fuerza y ocupa muchas regiones de los lóbulos parietal y prefrontal. El patrón de la marca se replicó muchas veces, incluso en otras modalidades aparte de la visión. Por ejemplo, imagine que usted está sentado en un ruidoso resonador magnético. De tanto en tanto, por medio de auriculares, oye un breve pulso de sonido adicional. Sin que usted lo sepa, el nivel de sonido de esos pulsos está cuidadosamente organizado para que apenas se detecte la mitad de ellos. Esta es una forma ideal de comparar la percepción consciente con la inconsciente, esta vez en la modalidad auditiva. Y el resultado es igual de claro: los sonidos inconscientes activan sólo la corteza que rodea el área auditiva primaria y, otra vez, en los ensayos conscientes, una avalancha de actividad cerebral amplifica esta activación sensorial temprana e irrumpe en las áreas

---

1 Nikos Logothetis y sus colegas habían hecho observaciones similares utilizando la técnica de los registros de la actividad de una neurona aislada en el mono despierto; véanse Leopold y Logothetis (1996), Logothetis, Leopold y Sheinberg (1996), Logothetis (1998).

2 Véanse también Rodríguez, George, Lachaux, Martinerie, Renault y Varela (1999), Varela, Lachaux, Rodríguez y Martinerie (2001), con sugerencias similares pero sin el contraste de estímulos vistos y no vistos.

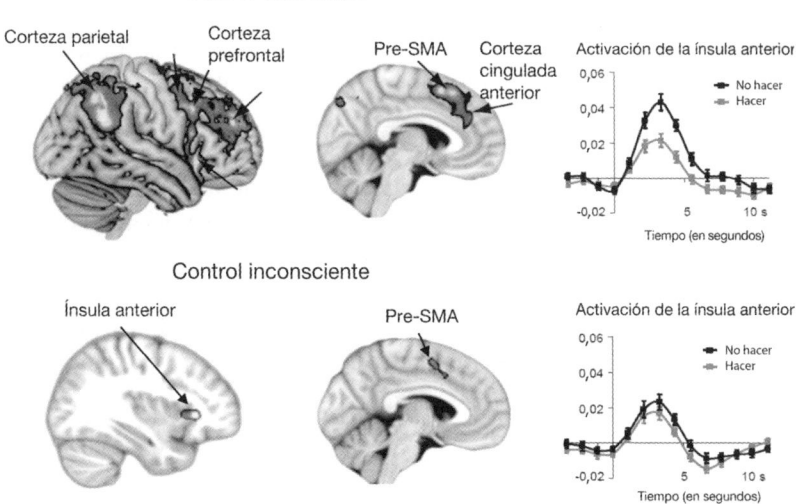

Figura 17. Las acciones que se controlan de manera consciente o inconsciente dependen de circuitos cerebrales que son en parte distintos. Una señal invisible de "no hacer" alcanza unas pocas regiones cerebrales especializadas, como la ínsula anterior y el área pre-SMA, que monitorean nuestras acciones motoras y las mantienen corroboradas (columna de la derecha). La misma señal, cuando se hace visible, activa regiones más extensas en los lóbulos parietal y prefrontal, que están asociadas con el control voluntario.

parietal y prefrontal inferiores (véase figura 16; Sadaghiani, Hesselmann y Kleinschmidt, 2009).

Como un tercer ejemplo, consideremos la acción motora. Supongamos que usted accede a un pedido: que se mueva siempre que vea un blanco, pero que no responda si ve una clave de "no moverse" justo antes del blanco (Van Gaal, Ridderinkhof, Scholte y Lamme, 2010). Esta es una tarea típica de inhibición de la respuesta, dado que usted debe ejercer un control consciente para poder inhibir la fuerte tendencia a dar la respuesta dominante "hacer" en los ensayos en que debe "no hacer". Ahora imagine que en la mitad de las ocasiones la clave de "no hacer" se presenta justo por debajo del nivel de umbral para la percepción consciente. ¿Cómo es posible que usted siga una orden que no percibe? Es fascinante observar cómo su cerebro le hace frente a este desafío impo-

sible. Incluso en los ensayos subliminales, las respuestas de los participantes se desaceleran siquiera un poco, lo que sugiere que el cerebro
en parte despliega sus poderes de inhibición de manera inconsciente
(como vimos en el capítulo 2). Las imágenes cerebrales muestran que
esta inhibición subliminal depende de dos regiones asociadas con el control motor: el área motora presuplementaria (pre-SMA) y la ínsula anterior. Sin embargo, otra vez la percepción consciente causa un cambio
enorme: cuando se ve la clave de "no hacer", la activación casi se duplica
en estas dos regiones de control y ocupa una red tanto mayor de áreas
en los lóbulos parietal y prefrontal (figura 17). En esta instancia, dicho
circuito parietal y prefrontal debería resultar familiar: su activación repentina aparece de manera sistemática como una marca reproducible de
la percepción consciente.[3]

El curso temporal de la avalancha consciente

Aunque la fRMI es una herramienta maravillosa para localizar *dónde* ocurre la activación en el cerebro, es incapaz de señalar con precisión *cuándo*. No podemos usarla para medir con cuánta rapidez y en qué orden las
sucesivas áreas cerebrales se iluminan cuando nos volvemos conscientes
de un estímulo. Para cronometrar con precisión la avalancha consciente,
métodos más exactos como el EEG y la MEG son herramientas perfectas.
Unos pocos electrodos adheridos a la piel o algunos sensores magnéticos
ubicados alrededor de la cabeza permiten seguir la actividad cerebral
con una precisión de milisegundos.

En 1995, Claire Sergent y yo diseñamos un cuidado estudio de EEG
que, por primera vez, aisló el curso temporal del acceso consciente (Sergent, Baillet y Dehaene, 2005). Seguimos el destino cortical de imágenes
idénticas que a veces se percibían de manera consciente y a veces no se
detectaban (figura 18). Aprovechamos el fenómeno del parpadeo atencional, el hecho de que, cuando se nos distrae por un momento breve,
temporariamente no logramos percibir estímulos que están ante noso-

---

3 Para más ejemplos de la actividad prefrontal y parietal en relación con el
procesamiento consciente esforzado, véanse, por ejemplo, Marois, Yi y
Chun (2004), Kouider, Dehaene, Jobert y Le Bihan (2007), Stephan, Thaut,
Wunderlich, Schicks, Tian, Tellmann, Schmitz y otros (2002), McIntosh, Rajah
y Lobaugh (1999), Petersen, Van Mier, Fiez y Raichle (1998).

tros. Solicitamos a nuestros participantes que detectaran palabras, pero también los distrajimos un breve instante al anteponer a cada palabra otro conjunto de letras que debían reportar. Para memorizar estas letras, tenían que concentrarse un momento y, en muchos intentos, esto hizo que se perdieran la palabra blanco. Para asegurarnos de que sabíamos con exactitud cuándo sucedía esto, después de cada presentación les pedíamos que informaran con un cursor lo que habían visto. Lo podían mover de modo continuo para informar que no habían visto ninguna palabra, sólo un destello de unas pocas letras, la mayor parte de la palabra o la palabra entera.

Sergent y yo ajustamos todos los parámetros hasta que exactamente las mismas palabras pudieran volverse conscientes o inconscientes según quisiéramos. Cuando todo estaba en absoluto equilibrio, en la mitad de los ensayos los participantes decían haber visto la palabra a la perfección, mientras que en la otra mitad informaban que no había ninguna palabra. Sus informes conscientes presentaban una variación del tipo "todo a nada": o percibían la palabra o fallaban por completo, pero pocas veces reportaban una percepción parcial de las letras (Sergent, Baillet y Dehaene, 2005, Sergent y Dehaene, 2004).

A la vez, nuestros registros dejaron en evidencia que el cerebro se veía sometido a cambios repentinos de opinión, alternando de manera discontinua del estado invisible al percibido. Al principio, dentro del sistema visual temprano, las palabras visibles e invisibles no provocaban ninguna diferencia en la actividad. Las palabras conscientes e inconscientes, como cualquier estimulación visual, suscitaban una corriente indistinguible de ondas cerebrales a la parte posterior de la corteza visual. Estas ondas se llaman "P1" y "N1", para indicar que la primera es positiva con una cota máxima alrededor de los cien milisegundos, mientras que la segunda es negativa y alcanza su máximo a alrededor de los ciento setenta milisegundos. Las dos ondas reflejaron el avance de la información a través de una jerarquía de áreas visuales: y este avance inicial parecía no estar afectado en modo alguno por la conciencia. La activación era tan fuerte e intensa cuando la palabra se podía reportar como cuando era por completo invisible. Así, la palabra accedía a la corteza visual de manera normal, aunque el sujeto no la informara.

Unos pocos cientos de segundos más tarde, sin embargo, el patrón de activación cambiaba de manera radical. De pronto, entre doscientos y trescientos milisegundos después de la aparición de la palabra, la actividad del cerebro se atenuaba en los ensayos inconscientes, mientras que, en los conscientes, avanzaba de modo continuo hacia la parte frontal del

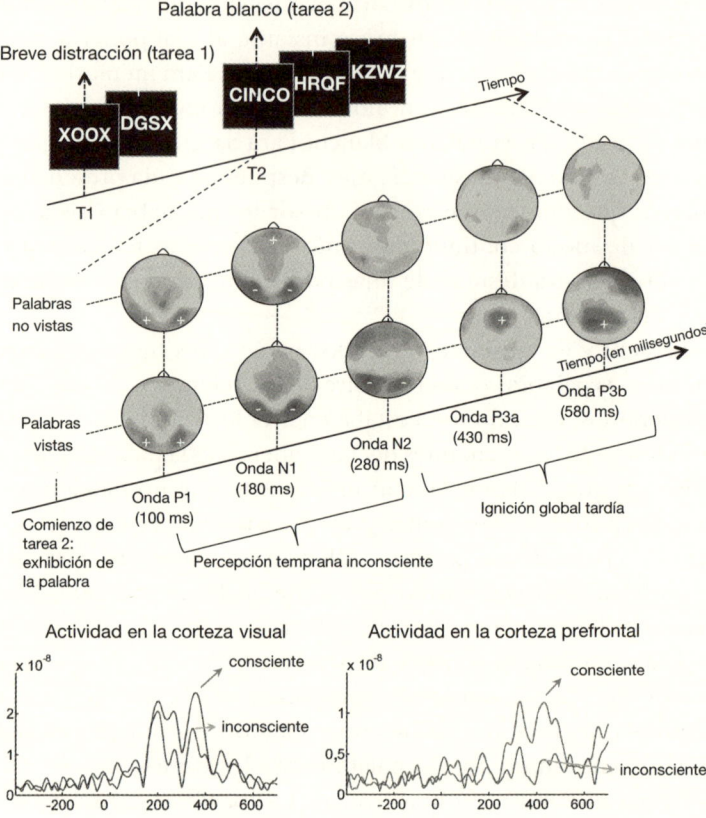

Figura 18. Unas lentas ondas positivas en la parte superior y posterior de la cabeza proveen una segunda marca de la percepción consciente. En este experimento se proyectaban palabras durante el parpadeo atencional, en el momento mismo en que los sujetos estaban distraídos realizando otra tarea. Como resultado, no lograban percibir una mitad de esas palabras: a menudo informaban que no podían verlas. El registro de las ondas cerebrales en la superficie de la cabeza seguía el destino de las palabras vistas y de aquellas no vistas. Al principio, unas y otras provocaban activaciones idénticas de la corteza visual. Pero los ensayos conscientes e inconscientes de pronto divergían alrededor de los doscientos milisegundos. Sólo en el caso de las palabras conscientes, la onda de activación se amplifica e ingresa a la corteza prefrontal y muchas otras regiones asociativas, y luego vuelve a las áreas visuales. Esta ignición global provoca un voltaje positivo alto en la parte superior de la cabeza: la onda P3.

cerebro. A alrededor de los cuatrocientos milisegundos, la diferencia ya era enorme: sólo las palabras conscientes provocaban actividad intensa en los lóbulos frontal izquierdo y derecho, la corteza cingulada anterior y la corteza parietal. Luego de superada la mitad de un segundo, la activación regresaba a las regiones visuales que se encuentran en la parte posterior del cerebro, incluida la corteza visual primaria. Muchos otros investigadores observaron esta onda hacia atrás, pero en realidad no sabemos qué significa. Tal vez sea una memoria sostenida de la representación visual consciente (Williams, Baker, Op de Beeck, Shim, Dang, Triantafyllou y Kanwisher, 2008, Roelfsema, Lamme y Spekreijse, 1998, Roelfsema, Khayat y Spekreijse, 2003, Supèr, Spekreijse y Lamme, 2001a, 2001b, Haynes, Driver y Rees, 2005; véase también Williams, Visser, Cunnington y Mattingley, 2008).

Dado que nuestro estímulo original era *exactamente* el mismo en los ensayos visibles e invisibles; la velocidad de la transición de lo inconsciente a lo consciente fue sorprendente. En menos de una décima de segundo, entre los doscientos y trescientos milisegundos luego de la aparición del estímulo, nuestros registros pasaban de no encontrar ninguna diferencia a un efecto completo del tipo "todo o nada". Si bien parecía que todas las palabras comenzaban con una cantidad similar de actividad que fluía hacia la corteza visual, en los ensayos conscientes, esta onda cobraba fuerza y cruzaba el dique de las redes frontal y parietal, inundando de pronto una extensión cortical tanto más extensa. A la inversa, durante los ensayos inconscientes, la onda permanecía contenida dentro de los sistemas posteriores del cerebro, sin incidir en la mente consciente y, por eso, sin registro consciente alguno de lo que había pasado.

Sin embargo, la actividad inconsciente no se aquietaba de inmediato. Durante alrededor de medio segundo, las ondas inconscientes continuaban reverberando dentro del lóbulo temporal izquierdo, en lugares que se asociaron con el procesamiento de los significados de las palabras. En el capítulo 2 comprobamos cómo, durante el parpadeo atencional, las palabras no vistas siguen activando sus significados (Luck, Vogel y Shapiro, 1996). Esta interpretación inconsciente ocurre dentro de los confines del lóbulo temporal. Sólo su expansión hacia las extensiones más amplias de los lóbulos parietal y frontal marca la percepción consciente.

La avalancha consciente produce un marcador simple que los electrodos adheridos a la parte superior de la cabeza detectan sin dificultad. Sólo durante los ensayos conscientes una amplia onda de voltaje afecta esta región. Comienza alrededor de los doscientos setenta milisegundos y llega a un máximo en algún momento entre los trescientos cincuenta y los quinientos milisegundos. Este evento lento y masivo recibió la denominación "onda P3" (por ser la tercera gran cota positiva luego de que aparece el estímulo) u "onda P300" (porque por lo general comienza alrededor de los trescientos milisegundos).[4] Su magnitud es de apenas unos pocos microvoltios, una carga un millón de veces más pequeña que la producida por una pila AA. Sin embargo, un arrebato de actividad eléctrica de estas características es fácil de medir con los amplificadores modernos. La onda P3 es nuestra segunda marca de la conciencia. Actualmente cierta cantidad de paradigmas demostraron que es fácil registrarlo cada vez que de pronto accedemos a una percepción consciente.[5]

Al observar en mayor detalle nuestros registros, descubrimos que la evolución de la onda P3 también explica *por qué* nuestros participantes no logran ver la palabra blanco. En nuestro experimento en realidad había *dos* ondas P3. La primera P3 era evocada por la cadena inicial de letras, que servía para distraer la atención y siempre se percibía de manera consciente. La segunda era provocada por la palabra blanco cuando se la veía. Era fascinante el hecho de que había una compensación sistemática entre estos dos eventos. Siempre que la primera onda P3 era grande y larga, había tantas más probabilidades de que la segunda estuviera ausente, y precisamente aquellos eran los ensayos en que era probable que el blanco no se percibiera. Por ende, el acceso consciente operaba como un sistema de tira y afloja: siempre que el cerebro estaba ocupado durante un período prolongado con la primera cadena, como quedaba indicado por una onda P3 larga, no podía prestar atención simultáneamente a la segunda palabra. La conciencia de una parecía excluir la conciencia de la otra.

René Descartes habría estado encantado; fue el primero en notar que "no podemos prestar mucha atención a varias cosas a la vez", una limitación de la conciencia que él atribuía al simple hecho mecánico de que

---

4 Los neurocientíficos distinguen una onda P3a, que se genera de manera automática de un subconjunto de regiones que se encuentran en el lóbulo frontal medial cuando ocurre un evento sorprendente o inesperado, y una onda P3b, que indiza un patrón muy distribuido de actividad neuronal esparcido a través de la corteza. La onda P3a todavía se puede evocar bajo condiciones inconscientes, pero la onda P3b parece indizar específicamente los estados conscientes.

5 Véanse, por ejemplo, Lamy, Salti y Bar-Haim (2009), Del Cul, Baillet y Dehaene (2007), Donchin y Coles (1988), Bekinschtein, Dehaene, Rouhaut, Tadel, Cohen y Naccache (2009), Picton (1992), Melloni, Molina, Peña, Torres, Singer y Rodríguez (2007). Una reseña consta en Dehaene (2011)

la glándula pineal podía inclinarse hacia un lado en cada ocasión. Si pasamos por alto esta desacreditada localización cerebral, Descartes tenía razón: nuestro cerebro consciente no puede experimentar dos activaciones a la vez y nos deja percibir sólo una "porción de información" consciente en un momento dado. Siempre que los lóbulos prefrontal y parietal están trabajando juntos para procesar un primer estímulo, no pueden comprometerse al mismo tiempo en el procesamiento de un segundo. El acto de concentrarse en el primer ítem muchas veces hace que no podamos percibir el segundo. A veces sí terminamos por percibirlo, pero entonces su onda P3 aparece con notorio retraso (Marti, Sackur, Sigman y Dehaene, 2010, Sigman y Dehaene, 2008, Marti, Sigman y Dehaene, 2012). Este es el fenómeno del "período refractario" con el que nos encontramos en el capítulo 1: antes de que un segundo blanco entre a la conciencia, debe esperar hasta que la mente consciente haya terminado con el primero.

La conciencia está retrasada respecto del mundo

Una consecuencia importante de estas observaciones es que nuestra conciencia de los eventos inesperados está bastante retrasada respecto del mundo real. No sólo percibimos de manera consciente apenas una proporción muy pequeña de las señales sensoriales que nos bombardean, sino que, cuando lo hacemos, es con un gran retraso temporal, de por lo menos un tercio de segundo. En este sentido, nuestro cerebro es como un astrónomo que busca supernovas. Dado que la velocidad de la luz es finita, las noticias de las estrellas distantes demoran millones de años en llegar a nosotros. Del mismo modo, ya que nuestro cerebro acumula evidencia a una velocidad muy lenta, la información que atribuimos al "presente" consciente atrasa por lo menos un tercio de segundo. La duración de este período ciego incluso puede exceder el medio segundo cuando la entrada es tan vaga que requiere una acumulación lenta de evidencia antes de cruzar el umbral de la percepción consciente (Esto es análogo a las fotografías con tiempos de exposición prolongados que toman los astrónomos: dejan que la luz de las estrellas más débiles se acumule en una placa fotográfica sensible; Dehaene, 2008). Como acabamos de ver, la conciencia se puede atrasar aún más cuando la mente está ocupada en otra cosa. Por eso uno no debería usar el teléfono móvil mientras maneja: incluso una respuesta refleja (como pisar los frenos al ver las luces traseras del auto que nos antecede) se vuelve más lenta cuando nuestra mente consciente está distraída (Levy, Pashler y Boer, 2006, Strayer, Drews y Johnston, 2003).

Somos ciegos a los límites de nuestra atención y no nos damos cuenta de que nuestra percepción subjetiva está atrasada respecto de los eventos objetivos del mundo exterior. Sin embargo, normalmente eso carece de importancia. Podemos disfrutar de un hermoso atardecer o escuchar un concierto sinfónico sin notar que los colores que vemos y la música que escuchamos ocurrieron medio segundo antes. Cuando oímos de manera pasiva, no nos importa mucho cuándo se emitieron los sonidos exactamente. E incluso cuando necesitamos actuar, el mundo suele ser lo bastante lento para que nuestras respuestas conscientes retrasadas sean algo inapropiadas. Sólo cuando intentamos actuar "en tiempo real" nos damos cuenta de la lentitud de nuestra conciencia. Cualquier pianista que interpreta a toda prisa un *Allegro* sabe perfectamente que no debe intentar controlar cada uno de sus dedos: el control consciente es demasiado lento para entrometerse en este veloz ritmo. Para apreciar la lentitud de su conciencia, intente fotografiar un evento rápido e impredecible, como el momento en que una lagartija saca la lengua: para cuando su dedo apriete el disparador, el evento que esperaba capturar ya habrá terminado.

Por fortuna, nuestro cerebro también es sede de mecanismos muy refinados que compensan esos atrasos. En primer lugar, a menudo utilizamos un "piloto automático" inconsciente. Como observó René Descartes hace mucho tiempo, un dedo quemado se aleja del fuego mucho antes de que percibamos el dolor. Nuestros ojos y manos muchas veces reaccionan de manera apropiada porque están guiados por un conjunto de circuitos sensoriomotores que operan por fuera de nuestra percepción consciente. Estos circuitos motores pueden estar organizados de acuerdo con nuestras intenciones conscientes, como cuando con cuidado nos acercamos a la llama de una vela. Sin embargo, más tarde la acción en sí misma se desarrolla de manera inconsciente, y nuestros dedos se ajustan a un cambio repentino en la localización del blanco, en un movimiento llamativamente rápido, anticipándose en mucho a nuestra detección consciente de cualquier cambio (Pisella, Grea, Tilikete, Vighetto, Desmurget, Rode, Boisson y Rossetti, 2000).

La anticipación es un segundo mecanismo que compensa la lentitud de nuestra conciencia. Casi todas nuestras áreas sensoriales y motoras contienen mecanismos de aprendizaje temporal que anticipan los eventos que ocurren en el mundo exterior. Cuando dichos eventos se desarrollan de manera predecible, esos mecanismos cerebrales generan anticipaciones precisas, que nos permiten percibirlos más cerca del momento en que realmente suceden. Una consecuencia desafortunada es que cuando ocurre un evento no anticipado –por ejemplo, un haz de luz breve– no percibimos de manera adecuada su comienzo. En relación con un punto que se mueve a una velocidad predecible, un haz de luz parece estar retrasado respecto de su posición real.[6] Este efecto de "retraso de la luz", en que siempre percibimos un estímulo predecible más rápido que uno impredecible, es un testimonio vivo de los largos y sinuosos caminos que llevan a la fortaleza de la mente consciente.

Sólo cuando los mecanismos de anticipación de nuestro cerebro ya fallaron nos volvemos cabalmente conscientes del prolongado retraso que nos impone nuestra conciencia. Si por accidente uno derrama un vaso de leche, este fenómeno se experimenta de primera mano: por un instante, uno percibe con claridad que su conciencia corre torpe detrás del evento en sí, y tan sólo puede lamentar su propia lentitud.

La percepción de los errores suele operar en dos pasos, de modo muy similar a la percepción de cualquier otro atributo físico: estimación inconsciente seguida por ignición consciente. Supongamos que usted recibe un pedido: que mueva los ojos de forma contraintuitiva; siempre que aparezca una luz, debe alejarlos de ella. Sin embargo, cuando aparece la luz, y tanto más de lo que usted querría, sus ojos no se apartarán de inmediato; primero se verán atraídos como por un imán hacia ella y sólo después se apartarán. Lo fascinante es que tal vez usted no repare en su error inicial. En algunos ensayos, tal vez tenga la sensación de que sus ojos se mueven de inmediato, incluso si no lo hacen. Puede usarse el EEG para monitorear de qué manera este tipo de errores inconscientes se codifican en el cerebro (Nieuwenhuis, Ridderinkhof, Blom, Band y Kok, 2001). Al principio, durante el primer quinto de segundo, la corteza reacciona de manera casi idéntica ante errores conscientes y ante aquellos inconscientes. Un sistema de piloto automático localizado en el giro cingulado detecta que el plan motor no se desarrolla de acuerdo con las instrucciones, y se activa con fuerza para marcar el error, incluso cuando este permanece inconsciente (Dehaene, Posner y Tucker, 1994, Gehring, Goss, Coles, Meyer y Donchin, 1993). Como otras reacciones sensoriales, esta respuesta cerebral inicial es por completo inconsciente

---

6 El mecanismo exacto para este efecto todavía es muy debatido. Para algunas muestras de este fascinante debate, véanse Kanai, Carlson, Verstraten y Walsh (2009), Eagleman y Sejnowski (2000, 2007), Krekelberg y Lappe (2001).

y muchas veces no se detecta. Sin embargo, cuando tenemos total conciencia de nuestra acción errónea, le sigue una respuesta cerebral tardía
–positiva y fuerte– que se puede registrar desde la parte superior del
cráneo. Si bien recibió un nombre diferente, "positividad relacionada
con el error" (Pe), esta respuesta es casi indistinguible de la conocida
onda P3 que acompaña nuestra percepción consciente de los eventos
sensoriales. Por ende, las acciones y las sensaciones parecen percibirse
de manera consciente de una forma bastante similar. Una vez más, la
onda P3 se muestra como una marca confiable de apreciación consciente del cerebro, y esta marca surge bastante después de que el evento la
haya desencadenado.[7]

Aislar el momento consciente

Tal vez los lectores críticos todavía estén escépticos: ¿realmente ya identificamos una marca única del acceso consciente? ¿Es posible que la ignición observada de las redes parietal y prefrontal y de la onda P3 que
acompaña tengan otras explicaciones? En la década pasada, los neurocientíficos hicieron un gran esfuerzo para refinar sus experimentos en
busca de controlar todos los posibles factores de confusión. Si bien todavía no se llegó a un consenso, algunos de estos experimentos ingeniosos
aíslan de manera convincente la percepción consciente de otros eventos
motores y sensoriales. Pronto veremos cómo funcionan.

---

7 La idea de que la conciencia aparece largo tiempo después del hecho fue dis-
cutida en un comienzo por el psicólogo de California Benjamin Libet (véanse Libet, 1991, Libet, Gleason, Wright y Pearl, 1983, Libet, Wright, Feinstein y Pearl,
1979, Libet, Alberts, Wright y Feinstein, 1967, Libet, Alberts, Wright, Delattre,
Levin y Feinstein, 1964). Sus ingeniosos experimentos eran muy avanzados
para su época. Por ejemplo, en 1967, ya había notado que los potenciales
relacionados con eventos tempranos permanecen presentes en los estímulos
percibidos de manera inconsciente y que las respuestas cerebrales tardías son
un mejor correlato de la conciencia. Véase Libet, Alberts, Wrights y Feinstein
(1967); véanse también Libet (1965), Schiller y Chorover (1966). Lamentablemente, sus interpretaciones fueron excesivas. En lugar de apegarse a una interpretación mínima de sus descubrimientos, apeló a nociones como "campos
mentales" inmateriales y mecanismos temporales retrospectivos; véase Libet
(2004). Por eso, su trabajo siguió siendo objeto de controversia; sólo de poco
tiempo a esta parte se postularon nuevas interpretaciones neurofisiológicas
para sus resultados (por ejemplo, Schurger, Sitt y Dehaene, 2012).

La percepción consciente tiene varias consecuencias. Siempre que nos volvemos conscientes de un evento, se abre un sinnúmero de posibilidades. Podemos reportarlo, ya sea verbalmente o con gestos; almacenarlo en la memoria y recordarlo luego; evaluarlo o actuar al respecto. Todos estos procesos se despliegan sólo después de que nos hacemos conscientes, y por lo tanto es posible confundirlos con el acceso consciente. ¿La actividad cerebral que observamos en los ensayos conscientes tiene algo específico que ver con el acceso consciente?

Para abordar este tema difícil, mis colegas investigadores y yo hicimos un gran esfuerzo al equilibrar los ensayos conscientes e inconscientes. Por su diseño, nuestros experimentos iniciales requerían que los participantes actuaran de manera similar en uno y otro caso. En nuestro estudio de parpadeo atencional, por ejemplo, los participantes primero debían recordar las letras blanco, luego decidir si también habían visto una palabra o no (Sergent, Baillet y Dehaene, 2005). Probablemente, decidir que uno *no* vio una palabra es tan difícil como decidir que uno la vio, si no más. E incluso los participantes daban respuestas de "visto" y "no visto" utilizando el mismo procedimiento: pulsar una tecla con la mano derecha o la izquierda. Ninguno de estos factores podía explicar nuestro descubrimiento de una gran onda P3, con fuerte activación parietal y prefrontal, en los ensayos de palabras vistas pero no en las no vistas.

Sin embargo, un abogado del diablo podría argumentar que ver una palabra desencadena una serie de procesos cerebrales en un momento dado en el tiempo, mientras que "no ver" no se puede asociar a un comienzo tan marcado; uno tiene que esperar hasta el final de un ensayo para decidir que no vio cosa alguna. ¿Es posible que esta disolución temporal explique las diferencias en la activación cerebral?

Por medio de un inteligente truco, Hakwan Lau y Richard Passingham (2006) rechazaron esta hipótesis. Tomaron como base de apoyo el sorprendente fenómeno de la ceguera cortical. Como vimos en el capítulo 2, las imágenes subliminales que se muestran durante un lapso breve, aunque invisibles, pueden inducir activaciones corticales que a veces alcanzan la corteza motora. Como resultado, los participantes responden correctamente a un blanco que niegan haber visto: de aquí proviene el término inglés *blindsight*, ya mencionado. Lau y Passingham utilizaron este efecto para equiparar el desempeño motor objetivo en los ensayos conscientes e inconscientes: los participantes hacían *exactamente* lo mismo en ambos casos. Incluso con este control fino, la mayor visibilidad consciente otra vez estuvo asociada con una activación más fuerte de la corteza prefrontal izquierda. Estos resultados se obtuvieron en voluntarios sanos, pero también en el clásico paciente con ceguera cortical G. Y., esta vez con un patrón evidente de activación parietal y prefrontal en los ensayos conscientes (Persaud, Davidson, Maniscalco, Mobbs, Passingham, Cowey y Lau, 2011).

Genial –dice el abogado del diablo–: ya lograron respuestas iguales; pero los estímulos conscientes e inconscientes son diferentes. ¿Pueden igualar los estímulos *tanto como* las respuestas, manteniendo *todo* constante excepto el sentimiento subjetivo de la visión consciente? Sólo así me convenceré de que encontraron las marcas de la conciencia.

¿Suena imposible? No lo es. Durante la investigación para su tesis doctoral, el psicólogo israelí Moti Salti, con su tutora Dominique Lamy, lograron esta notable hazaña y así confirmaron que la onda P3 es una marca del acceso consciente (Lamy, Salti y Bar-Haim, 2009). El sencillo truco experimental fue organizar los ensayos sobre la base de la respuesta del participante. Salti proyectaba un conjunto de líneas que se encontraban en una de cuatro localizaciones posibles y solicitaba a cada participante dos respuestas inmediatas: 1) ¿dónde estaba la proyección?; 2) ¿la vio, o sólo adivinó? A partir de esta información, podía deslindar con facilidad diferentes tipos de ensayos. Muchos casos eran "consciente, correcto", cuando los participantes reportaban haber visto el blanco y, por supuesto, respondían correctamente. Sin embargo, debido a la ceguera cortical, también había una gran cantidad de exposiciones del tipo "no consciente, correcto", en que los participantes negaban haber visto nada y, sin embargo, su respuesta había sido correcta.

Así que en eso residía el control perfecto: los mismos estímulos, la misma respuesta, pero diferente nivel de conciencia. Los registros de EEG mostraron que todas las activaciones cerebrales tempranas, hasta alrededor de los doscientos cincuenta milisegundos, eran estrictamente idénticas. Los dos tipos de ensayos eran diferentes sólo en un aspecto: la onda P3, que luego de doscientos setenta milisegundos creció hasta tener un tamaño muchísimo más grande en los ensayos conscientes que en los inconscientes. No sólo su amplitud sino también su topografía eran distintivas: mientras los ensayos inconscientes evocaban una onda positiva pequeña en la corteza parietal posterior, que probablemente reflejara la cadena de procesamiento inconsciente que había llevado a la respuesta correcta, sólo la percepción consciente provocó una expansión de esta activación hacia los lóbulos frontales izquierdo y derecho.

Actuando él mismo como abogado del diablo, Salti evaluó si estos resultados se podían explicar con una mezcla de ensayos inconscientes, algunos con respuestas al azar y otros con una P3 de tamaño normal.

Sus análisis refutaron del todo este modelo alternativo. Una P3 posterior pequeña ocurrió en los ensayos inconscientes; pero era demasiado pequeña, demasiado corta y demasiado posterior para equipararse con esa que se veía en los ensayos conscientes. Simplemente indicaba que, en los ensayos no vistos, la avalancha de actividad cerebral comenzaba, pero se apagaba muy rápido y no llegaba a desencadenar un evento P3 global. Sólo una onda P3 mayor, cuando se extendía de manera bilateral a la corteza prefrontal, indizaba realmente un proceso neural que era único para la percepción consciente.

Para encender el cerebro consciente

Siempre que nos volvemos conscientes de determinada cantidad de información, el cerebro repentinamente parece entrar en un patrón de actividad de gran escala. Mis colegas y yo denominamos "ignición global" esta propiedad (Dehaene y Naccache, 2001). Nos inspiró el neuropsicólogo canadiense Donald Hebb (1949), el primero en analizar el comportamiento de asambleas de neuronas en su *best seller Organización de la conducta*. Hebb explicaba, en términos muy intuitivos, cómo una red de neuronas que se excitan unas a las otras puede aunarse rápidamente en un patrón global de actividad sincronizada, de modo similar a como un auditorio, luego de unas pocas palmas iniciales, de pronto estalla en un aplauso sostenido. Así como los espectadores entusiastas que se ponen de pie luego de un concierto y contagian el aplauso, las grandes neuronas piramidales de las capas más altas de la corteza propagan su excitación a un público mayor de neuronas receptoras. Según ya sugerimos mis colegas y yo, la ignición global ocurre cuando este anuncio de excitación excede un umbral y se retroalimenta: algunas neuronas excitan a otras que, a su vez, devuelven la excitación (Dehaene, Sergent y Changeux, 2003). El resultado neto es un estallido de actividad: las neuronas que están fuertemente interconectadas saltan a un estado autosostenido de actividad de nivel alto, una "asamblea de células" reverberante, como la llamaba Hebb.

Este fenómeno colectivo se parece a lo que los físicos denominan "transición de fase" o los matemáticos una "bifurcación": un cambio repentino, casi discontinuo, en el estado de un sistema físico. El agua que se congela para convertirse en un cubo de hielo es la encarnación de la transición de fase de líquido a sólido. En etapas tempranas de nuestra reflexión acerca de la conciencia, mis colegas y yo notamos que el

concepto de transición de fase expresa varias propiedades de la percepción consciente (Dehaene y Naccache, 2001). Como el congelamiento,
la conciencia tiene un umbral: un estímulo breve es subliminal, mientras
que uno más prolongado se vuelve completamente visible. La mayoría de
los sistemas físicos de autoamplificación poseen un punto de inflexión
en que el cambio global ocurre o no, de acuerdo con impurezas dimi-
nutas o ruido. Según pensábamos, probablemente el cerebro no fuese la
excepción.

¿Un mensaje consciente desencadena en nuestra actividad cortical
una transición de fase a escala del cerebro, y con esto congela áreas en
un estado coherente? Si esto era así, ¿cómo podíamos probarlo? Para
dilucidarlo, Antoine Del Cul y yo diseñamos un experimento sencillo
(Del Cul, Baillet y Dehaene, 2007). Variamos continuamente un parámetro físico en un monitor, lo que se asemeja a disminuir poco a poco la
temperatura de un frasco lleno de agua. Luego analizamos si los reportes
subjetivos, al igual que los marcadores objetivos de la actividad cerebral,
se comportaban de manera discontinua y saltaban de repente, como si
en ese momento pasasen por una drástica transición de fase.

En nuestro experimento proyectamos un dígito durante un solo cua-
dro de nuestra pantalla de computadora (dieciséis milisegundos), luego
una secuencia en blanco y, por último, una máscara formada por letras al
azar. Variamos la duración de la secuencia en blanco en pequeños pasos
de dieciséis milisegundos. ¿Qué reportaron los sujetos? ¿Su percepción
cambió de manera continua? No. Siguió el patrón de "todo o nada" de
una transición de fase. En lapsos prolongados, podían ver el dígito, pero
en tiempos breves, sólo veían las letras: el dígito estaba enmascarado. Es
muy importante destacar que entre esos dos estados mediaba un claro
umbral. La percepción no era lineal: a medida que el tiempo aumentaba, la visibilidad no mejoraba de manera constante (los participantes no
informaban ir viendo más y más partes del dígito), sino que mostraba un
paso repentino (ahora lo veo, ahora no). Un tiempo de casi cincuenta
milisegundos separaba los ensayos percibidos de los no percibidos (Del
Cul, Baillet y Dehaene, 2007, Del Cul, Dehaene y Leboyer, 2006).[8]

---

8 Realizamos observaciones similares en otros paradigmas (Sergent, Baillet y
Dehaene, 2005, Sergent y Dehaene, 2004). La discontinuidad de la percepción consciente todavía es objeto de debate; véase Overgaard, Rote,
Mouridsen y Ramsøy (2006). Parte de la confusión puede provenir de que no
se logra distinguir entre nuestra idea del acceso del tipo "todo o nada" a un

Con este resultado en mano, investigamos los registros de EEG para indagar qué eventos cerebrales también ocurrían en una respuesta como esta a los dígitos enmascarados. Otra vez los resultados apuntaron a la onda P3. Ninguno de los eventos previos variaba con el estímulo o, cuando variaban, evolucionaban de una manera que no se parecía a los informes subjetivos de los participantes.

Descubrimos, por ejemplo, que en esencia la respuesta inicial de la corteza visual, indizada por las ondas P1 y N1, no se veía afectada por el tiempo que transcurriese entre los dígitos y las letras. Esto no debería causar sorpresa: después de todo, el mismo dígito se presentaba en todos los ensayos, durante igual cantidad de tiempo, así que estábamos siendo testigos de las primeras etapas de su entrada en el cerebro, que eran constantes, se hubiera visto o no el dígito en última instancia.

Las ondas siguientes, que se dieron en las áreas visuales izquierda y derecha, todavía se comportaban de manera continua. El tamaño de estas activaciones creció en proporción directa con la duración de la presencia del dígito en la pantalla, antes de que la máscara lo interrumpiera. El dígito proyectado era capaz de avanzar hacia el cerebro hasta el punto en que su actividad era truncada por la máscara de letras. Como resultado, las ondas cerebrales crecían en duración y tamaño, en proporción estricta con la demora entre dígitos y letras. Dicha proporcionalidad al estímulo no se correspondía con la experiencia no lineal de tipo "todo o nada" que reportaban los participantes. Esto implicaba que esas ondas tampoco se relacionaban con la conciencia de los participantes. En este punto, la actividad era igual de fuerte en los ensayos en que la gente negaba con firmeza haber visto cualquier dígito.

Sin embargo, doscientos setenta milisegundos después del comienzo del dígito, nuestros registros repentinamente mostraban el patrón de ignición global (figura 19). Las ondas cerebrales exhibían una divergencia repentina, con una avalancha de activación que aparecía rápido y con fuerza en ensayos en que el participante reportaba haber visto el dígito. El tamaño del aumento de la activación era enorme respecto del pequeño incremento en el tiempo. Esto era evidencia directa de que el acceso

---

contenido fijo (por ejemplo, un dígito) y el hecho de que los contenidos de la conciencia pueden cambiar de manera gradual (uno puede ver una barra, luego una letra y luego la palabra entera); véanse Kouider, De Gardelle, Sackur y Dupoux (2010), Kouider y Dupoux (2004).

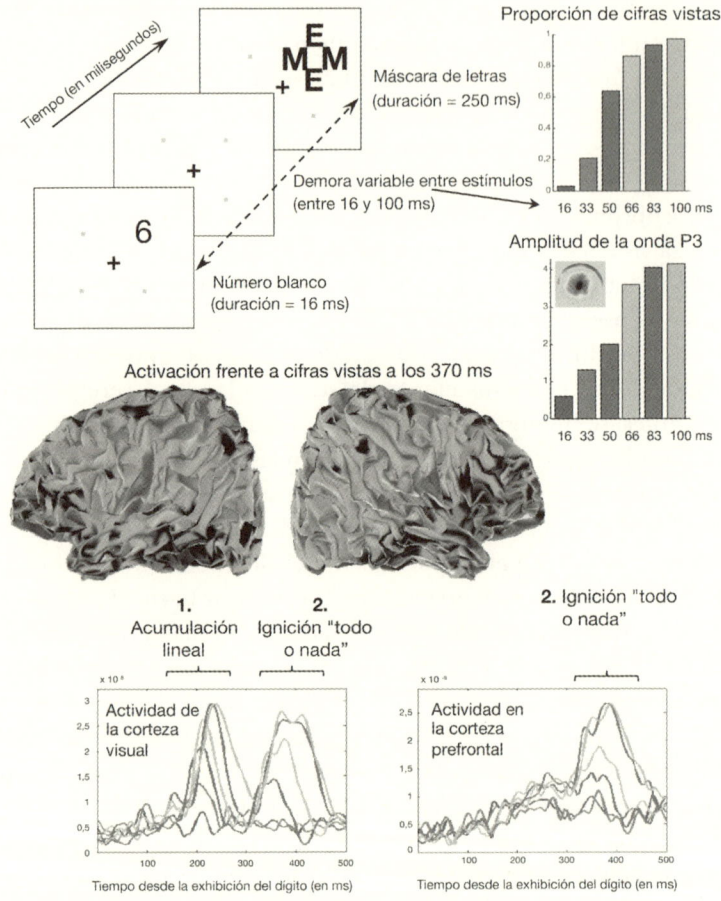

Figura 19. La percepción consciente desencadena un cambio repentino en la actividad cerebral tardía, lo que los físicos llaman una "transición de fase no lineal". En este experimento, se proyectaba un dígito y, luego de un tiempo variable, un conjunto de letras lo enmascaraba. La activación de la corteza visual se incrementaba lentamente a medida que aumentaba el tiempo. Sin embargo, la percepción consciente era discontinua: el dígito de pronto se hacía visible cuando el tiempo pasaba un umbral de cerca de cincuenta milisegundos. Una vez más, la onda tardía P3 aparecía como una marca de la percepción consciente. Aproximadamente trescientos segundos después del dígito, varias regiones de la corteza, incluidos los lóbulos frontales, se activaban de repente, conforme al "todo o nada", sólo cuando los participantes informaban haber visto el dígito.

consciente se parecía a una transición de fase en la dinámica de las redes neuronales.

Otra vez la divergencia consciente se parecía a una onda P3: un voltaje positivo general en la parte superior de la cabeza. Surgía de la activación simultánea de un gran circuito con nodos en varias áreas de los lóbulos occipital izquierdo y derecho, parietal y prefrontal. Dado que al comienzo nuestro dígito se presentaba de un solo lado, fue particularmente notable cómo la ignición invadió ambos hemisferios con un patrón bilateral y simétrico. Es claro que la percepción consciente supone una enorme amplificación del hilo de actividad que en un comienzo surge con un breve haz de luz. Una avalancha de etapas de procesamiento culmina cuando muchas áreas cerebrales se activan de forma sincronizada, lo que señala que ocurrió la percepción consciente.

En la profundidad del cerebro consciente

Los experimentos que hasta aquí tomamos en consideración todavía están muy lejos de los verdaderos eventos neuronales. Los registros de fMRI y de potenciales cerebrales apenas captan un destello de la actividad cerebral subyacente. Sin embargo, de poco tiempo a esta parte, se dio otra vuelta de tuerca a la exploración de la activación consciente: en los pacientes con epilepsia, se ubican electrodos directamente dentro del cerebro (electrodos intracraneales), lo que nos da una perspectiva directa de la actividad cortical. Tan pronto como este método estuvo disponible, mi equipo lo utilizó para seguir el destino cortical de una palabra vista o no vista (Gaillard, Dehaene, Adam, Clémenceau, Hasboun, Baulac, Cohen y Naccache, 2009, Gaillard, Del Cul, Naccache, Vinckier, Cohen y Dehaene, 2006, Gaillard, Naccache, Pinel, Clémenceau, Volle, Hasboun, Dupont y otros, 2006). Nuestros descubrimientos, junto con los de otros muchos, avalan con firmeza el concepto de una avalancha que lleva a una ignición global (Fisch, Privman, Ramot, Harel, Nir, Kipervasser, Andelman y otros, 2009, Quiroga, Mukamel, Isham, Malach y Fried, 2008, Kreiman, Fried y Koch, 2002).

En un estudio combinamos los datos de diez pacientes para obtener una imagen del avance paso a paso de una palabra hacia dentro de la corteza (Gaillard, Dehaene, Adam, Clémenceau, Hasboun, Baulac, Cohen y Naccache, 2009). Por medio de electrodos ubicados a lo largo de la ruta visual, pudimos seguir la trayectoria de nuestros estímulos en diferentes etapas y ordenarlos en función de si el paciente reportaba verlos o no.

La activación inicial era muy similar, pero los dos caminos divergían para los ensayos vistos y no vistos. Luego de unos trescientos milisegundos, la diferencia se hacía enorme. En los ensayos no vistos, la actividad se apagaba tan rápido que la activación frontal estaba casi ausente. Sin embargo, en los ensayos vistos, se amplificaba enormemente. En un tercio de segundo, el cerebro pasaba de una diferencia muy pequeña a una enorme activación de tipo "todo o nada".

Con nuestros electrodos focales, pudimos evaluar hasta dónde se difundía un mensaje consciente. Recordemos que estábamos registrando desde localizaciones de electrodos elegidos sólo para monitorear la epilepsia. Entonces, su localización no tenía ninguna relación específica con el objetivo de nuestro estudio. De todos modos, casi el 70% de ellos mostraba una influencia significativa de las palabras percibidas de manera consciente, en oposición al 25% para las percibidas de manera inconsciente. La conclusión es sencilla: la información inconsciente permanece confinada en un circuito cerebral estrecho, mientras que la percibida de manera consciente se distribuye de modo global a una amplia extensión de la corteza durante un tiempo prolongado.

Los registros intracraneales también son una ventana única abierta hacia el patrón temporal de la actividad cortical. Los electrofisiólogos distinguen muchos ritmos diferentes en la señal de EEG. El cerebro despierto emite una variedad de fluctuaciones eléctricas que se definen a grandes rasgos por sus bandas de frecuencia, etiquetadas de manera convencional con letras griegas. El repertorio de oscilaciones cerebrales incluye la banda alfa (ocho a trece hercios), la banda beta (trece a treinta hercios) y la banda gamma (treinta hercios y más). Cuando un ensayo accede al cerebro, perturba las fluctuaciones que están ocurriendo en ese momento reduciéndolas o modificándolas, e imponiendo además nuevas frecuencias propias. Un análisis de estos efectos rítmicos en nuestros datos nos permitió tener una nueva perspectiva de las marcas de la activación consciente.

Siempre que le presentábamos a un sujeto una palabra, fuera vista o no vista, notábamos una onda de aumento de actividad de la banda gamma en el cerebro. El cerebro emitía fluctuaciones eléctricas aumentadas en esta banda de alta frecuencia, que por lo general refleja descargas neuronales, dentro de los primeros doscientos milisegundos posteriores a la aparición de la palabra. Sin embargo, para las palabras no vistas, esta erupción de ritmos gamma luego desaparecía, mientras que se sostenía para las palabras vistas. A los trescientos milisegundos, había una diferencia de tipo "todo o nada". Rafi Malach y sus colegas del Instituto

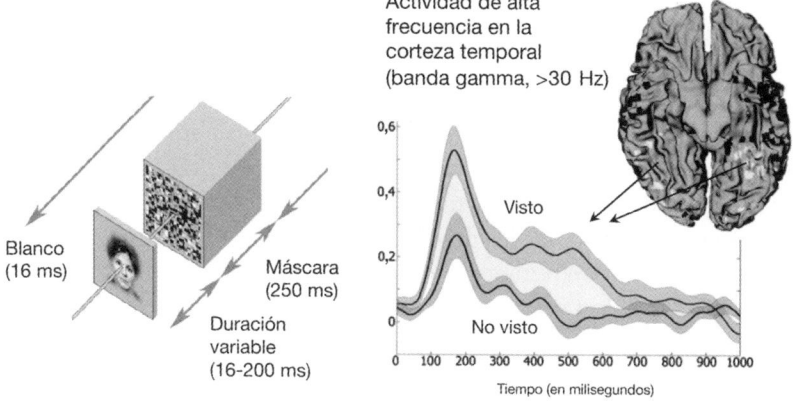

Figura 20. Una extensa erupción de actividad de alta frecuencia acompaña la percepción consciente de una imagen proyectada, y por lo tanto constituye una tercera marca de la conciencia. En pocos casos de epilepsia, pueden disponerse electrodos sobre la corteza, donde se registra la avalancha de actividad que evoca una imagen proyectada. Cuando los sujetos no lograban ver la imagen, sólo un breve estallido de actividad de alta frecuencia atravesaba la corteza visual ventral. Sin embargo, cuando veían la imagen la avalancha se autoamplificaba hasta causar una activación enorme de tipo "todo o nada". La percepción consciente se caracterizaba por una erupción duradera de actividad eléctrica de alta frecuencia, lo que indica una activación fuerte de los circuitos neuronales locales.

Weizmann observaron exactamente el mismo patrón (figura 20; Fisch, Privman, Ramot, Harel, Nir, Kipervasser, Andelman y otros, 2009). Por ende, un aumento enorme del poder de la banda gamma, que empieza cerca de los trescientos milisegundos después de la aparición del estímulo, constituye nuestra tercera marca de la percepción consciente.

Estos resultados arrojan nueva luz sobre una vieja hipótesis acerca del rol de las oscilaciones de cuarenta hercios en la percepción consciente. Ya en la década de 1990, el fallecido Premio Nobel Francis Crick, junto con Christof Koch, especuló que la conciencia podría estar reflejada en la oscilación cerebral cerca de los cuarenta hercios (veinticinco pulsos por segundo), lo que evidencia la circulación de información entre la corteza y el tálamo. Ahora sabemos que esta hipótesis era demasiado extrema: incluso un estímulo inconsciente puede inducir actividad de alta frecuencia, no sólo a cuarenta hercios sino en la banda gamma ente-

ra (Gaillard, Dehaene, Adam, Clémenceau, Hasboun, Baulac, Cohen y
Naccache, 2009, Fisch, Privman, Ramot, Harel, Nir, Kipervasser, Andelman y otros, 2009, Aru, Axmacher, Do Lam, Fell, Elger, Singer y Melloni,
2012). En efecto, no deberíamos sorprendernos de que la actividad de
alta frecuencia acompañe tanto el procesamiento consciente como el
inconsciente: este tipo de actividad se presenta en prácticamente cualquier grupo de neuronas corticales activas, siempre que la inhibición
intervenga para modelar las descargas neuronales en patrones rítmicos
de alta frecuencia (Whittingstall y Logothetis, 2009, Fries, Nikolic y Singer, 2007, Cardin, Carlen, Meletis, Knoblich, Zhang, Deisseroth, Tsai
y Moore, 2009, Buzsaki, 2006). Sin embargo, nuestros experimentos
demuestran que este tipo de actividad tiene un fuerte aumento durante
el estado de activación consciente. La amplificación tardía de la actividad
de la banda gamma, más que su mera presencia, es lo que constituye una
marca de la percepción consciente.

La red del cerebro

¿Por qué el cerebro genera oscilaciones neuronales sincronizadas? Probablemente porque la sincronía facilita la transmisión de información
(Fries, 2005). Dentro de las grandes selvas neuronales de la corteza, con
sus millones de células que se descargan al azar, sería fácil perder el rastro
de una pequeña asamblea de neuronas activas. En cambio, si gritan al unísono, es tanto más probable que su voz se haga oír y se transmita. Las neuronas excitatorias suelen combinar sus descargas para transmitir un mensaje significativo. En esencia, la sincronía abre un canal de comunicación
entre neuronas distantes (Womelsdorf, Schoffelen, Oostenveld, Singer,
Desimone, Engel y Fries, 2007, Fries, 2005, Varela, Lachaux, Rodríguez y
Martinerie, 2001). Las neuronas que oscilan juntas comparten ventanas
de oportunidad durante las cuales están listas para recibir señales una de
la otra. La sincronía que nosotros, como investigadores, observamos en
nuestros registros macroscópicos puede indicar que, a escala microscópica, miles de neuronas están intercambiando información. Lo que puede
ser particularmente significativo para la experiencia consciente son las
etapas en que sucede este tipo de intercambios, no sólo entre dos regiones locales, sino entre muchas regiones distantes de la corteza, de modo
que configuran una asamblea coherente a escala cerebral.

De acuerdo con esta idea, varios equipos observaron que la sincronización masiva de las señales electromagnéticas a lo largo de la corteza

constituye una cuarta marca de la percepción consciente (Rodríguez, George, Lachaux, Martinerie, Renault y Varela, 1999, Gaillard, Dehaene, Adam, Clémenceau, Hasboun, Baulac, Cohen y Naccache, 2009, Gross, Schmitz, Schnitzler, Kessler, Shapiro, Hommel y Schnitzler, 2004, Melloni, Molina, Peña, Torres, Singer y Rodríguez, 2007). Una vez más, el efecto ocurre especialmente dentro de una ventana tardía de tiempo: alrededor de trescientos milisegundos después de la aparición de una imagen, muchos electrodos distantes comienzan a sincronizarse, pero sólo si la imagen se percibe de manera consciente (figura 21). Las imágenes invisibles crean una sincronía sólo temporaria, acotada en el espacio a la parte posterior del cerebro, donde las operaciones se desarrollan sin percepción consciente. Esta última, en contraste, implica la comunicación a larga distancia y un intercambio generalizado de señales recíprocas al cual se denominó "red cerebral" (Varela, Lachaux, Rodríguez y Martinerie, 2001). La frecuencia a la cual se establece esta red cerebral varía según el estudio, pero por lo general sucede en las frecuencias más bajas de la banda beta (de trece a treinta hercios) o de la banda theta (de tres a ocho hercios). Probablemente estas frecuencias lentas sean las más convenientes para remediar los significativos retrasos inherentes a la transmisión de información a través de distancias de varios centímetros.

Todavía no llegamos a comprender con exactitud cuántos millones de descargas neuronales, distribuidas en el tiempo y el espacio, codifican una representación consciente. Cada vez hay más testimonios de que el análisis de las frecuencias, aunque resulta una técnica matemática útil, no puede ser la respuesta completa. La actividad neuronal fluctúa en patrones de banda ancha que crecen y decrecen, abarcan varias frecuencias y, sin embargo, de algún modo permanecen sincronizadas a lo largo de las vastas distancias del cerebro. Es más, las frecuencias tienden a estar "anidadas" una dentro de la otra. los estallidos de alta frecuencia decaen en momentos predecibles en relación con fluctuaciones más bajas (He, Snyder, Zempel, Smyth y Raichle, 2008, He, Zempel, Snyder y Raichle, 2010, Canolty, Edwards, Dalal, Soltani, Nagarajan, Kirsch, Berger y otros, 2006). Necesitamos nuevos instrumentos matemáticos para comprender estos complicados patrones.

Una herramienta interesante que junto con mis colegas ya aplicamos a nuestros registros cerebrales es el "análisis Granger de la causalidad". En el año 1969, el economista británico Clive Granger inventó este método para determinar cuándo dos series de tiempo –por ejemplo, dos indicadores económicos– están relacionadas de modo tal que pueda decirse que una es "causa" de la otra. Hace poco tiempo, el método se extendió

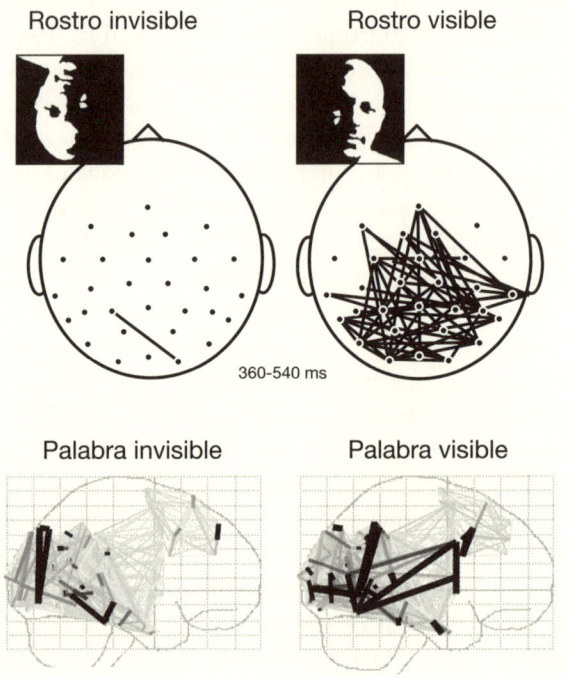

Figura 21. La sincronización de muchas regiones cerebrales distantes, que forman una "red cerebral", provee una cuarta marca de la conciencia. Aproximadamente un tercio de segundo después de ver un rostro (arriba), las señales cerebrales eléctricas se sincronizan. (Cada línea representa un par de electrodos con gran sincronización.) Las oscilaciones de alta frecuencia en la banda gamma (mayores a treinta hercios) fluctúan en armonía, lo que sugiere que las regiones subyacentes intercambian mensajes a una tasa alta a través de una red de conexiones. De modo similar, durante la percepción consciente de las palabras (abajo), las relaciones causales muestran un enorme aumento bidireccional entre regiones corticales distantes, en particular con el lóbulo frontal. Sólo se produce una sincronización modesta y local cuando los participantes no logran percibir el rostro o la palabra.

a la neurociencia. El cerebro está tan interconectado que la causalidad es un tema esencial, pero difícil de determinar. ¿La activación avanza en sentido ascendente, desde los receptores sensoriales hasta los centros integrativos de alto orden en la corteza? ¿O también hay un componente descendente significativo, gracias al cual las regiones más altas envían señales de predicción que dan forma a lo que percibimos de manera consciente? Desde un punto de vista anatómico, la corteza presenta tanto la ruta ascendente como la descendente. La mayor parte de las conexiones de larga distancia son bidireccionales, y las proyecciones descendentes suelen ser más numerosas que las ascendentes. Todavía ignoramos en gran medida el motivo de esta organización, y si cumple un rol en la conciencia.

El análisis de causalidad de Granger nos permitió arrojar algo de luz sobre este tema. Si tenemos dos señales temporales, el método pregunta si una señal precede a la otra y predice sus futuros valores. De acuerdo con esta herramienta matemática, la señal A "causa" la señal B si los estados anteriores de A predicen el estado presente de la señal B mejor de lo que lo hacen los estados pasados de la señal B por sí sola. Nótese que en esta definición nada descarta una relación causal en ambas direcciones: A puede influir a B y simultáneamente B influir a A.

Cuando mis colegas y yo aplicamos el análisis de causalidad de Granger a nuestros registros intracraneales, nos dimos cuenta de que dilucidaba la dinámica de la activación consciente (Gaillard, Dehaene, Adam, Clémenceau, Hasboun, Baulac, Cohen y Naccache, 2009). Específicamente, durante los ensayos que se percibían de manera consciente, observábamos un aumento pasivo en la causalidad *bidireccional* en todo el cerebro. Otra vez, este "estallido causal" emergía de pronto cerca de los trescientos milisegundos. Hacia ese momento, la gran mayoría de nuestros sitios de registro se había integrado a una enorme red de relaciones enmarañadas, que avanzaban mayoritariamente hacia delante, desde la corteza visual en dirección al lóbulo frontal, pero también en el sentido contrario, descendente.

La onda que se movía hacia delante es consistente con una intuición obvia: la información sensorial debe trepar en la jerarquía de áreas corticales, desde la corteza visual primaria hacia representaciones cada vez más abstractas del estímulo. ¿Pero qué debemos hacer a propósito de la onda descendente opuesta? Podemos interpretarla como una señal de atención, que amplifica la actividad que entra, o como una señal de confirmación, un simple control de que la entrada es consistente con la interpretación actual en un nivel más alto. La descripción más abarcativa es que el cerebro funciona como un "atractor distribuido", un patrón a gran escala de regiones cerebrales activadas simultáneamente que, durante un lapso breve de tiempo, produce un estado sostenido de actividad reverberante.

Nada de eso sucedió en los ensayos inconscientes; la red cerebral nunca se activó. Sólo hubo un período transitorio de interrelaciones causales en la corteza visual ventral, pero no duró mucho más de trescientos milisegundos. Es bastante interesante notar en qué medida este período estaba dominado por señales causales descendentes. Daba la sensación de que las regiones anteriores estaban interrogando de manera desesperada a las áreas sensoriales. Su imposibilidad de responder con una señal consistente derivó en la ausencia de percepción consciente.

El punto de inflexión y sus precursores

Permítanme resumir nuestras conclusiones en la medida de lo posible. La percepción consciente es resultado de una onda de actividad neuronal que hace que la corteza cruce su umbral de activación. Un estímulo consciente desencadena una avalancha autoamplificadora de actividad neural que activa varias regiones y da como resultado un complejo entramado. Durante ese estado consciente, que comienza unos trescientos milisegundos después de la aparición del estímulo, las regiones frontales del cerebro no dejan de recibir información acerca de la percepción sensorial según una modalidad ascendente; pero estas regiones también envían proyecciones masivas en la dirección opuesta, de arriba abajo y a varias áreas distribuidas. El resultado final es una red cerebral de áreas sincronizadas cuyas diversas facetas nos proveen de varias marcas de la conciencia: activación distribuida, en particular parietal y frontal, una onda P3, una amplificación de la banda gamma y una sincronización masiva de larga distancia.

La metáfora de la avalancha, con su punto de inflexión, ayuda a resolver algunas de las controversias acerca de *cuándo* aparece la percepción consciente en el cerebro. Mis propios datos, así como los de varios colegas, apuntan hacia un comienzo tardío, cerca de un tercio de segundo después de iniciada la estimulación visual, pero otros laboratorios notaron diferencias tanto más tempranas entre ensayos conscientes e inconscientes: a veces en un momento tan temprano como los cien milisegundos (Pins y Ffytche, 2003, Palva, Linkenkaer-Hansen, Näätänen y Palva, 2005, Fahrenfort, Scholte y Lamme, 2007, Railo y Koivisto, 2009, Koivisto, Lähteenmäki, Sørensen, Vangkilde, Overgaard y Revonsuo, 2008). ¿Están equivocados? No. Si cuenta con sensibilidad suficiente, uno puede detectar pequeños cambios en la actividad cerebral, previos a la activación completa. ¿Pero estas diferencias ya son índices de un cerebro consciente? No. En primer lugar, no siempre se las detecta; actualmente existe un número bastante importante de excelentes experimentos que utilizan la misma estimulación en los ensayos vistos y no vistos: en ellos, el único correlato de la percepción consciente es la activación tardía (Van Aalderen-Smeets, Oostenveld y Schwarzbach, 2006, Lamy, Salti y Bar-Haim, 2009). En segundo lugar, la forma de los cambios tempranos no se condice con los reportes conscientes; por ejemplo, durante el enmascaramiento los eventos más tempranos aumentan de manera lineal en relación con la duración del estímulo, al contrario de la percepción subjetiva, que es no lineal. Por último, es característico que los eventos más tempranos muestren sólo una pequeña amplificación en los ensayos conscientes, además de una gran activación subliminal (Wyart, Dehaene y Tallon-Baudry, 2012). Otra vez, un cambio tan pequeño no es significativo: expresa que una gran activación permanece presente en ensayos en los cuales la persona informa no haber percibido nada.

Entonces, ¿por qué la actividad visual temprana predice la conciencia en algunos experimentos? Lo más probable es que las fluctuaciones aleatorias en la actividad ascendente aumenten las oportunidades de que el cerebro luego entre en un estado de ignición global. En promedio, las fluctuaciones positivas inclinan la balanza hacia la percepción consciente: de modo similar a una sola bola de nieve que puede desencadenar una gran avalancha o esa afamada mariposa causar un catastrófico huracán. Así como una avalancha es un evento probabilístico, no uno certero, la cascada de actividad cerebral que desemboca en la percepción consciente no es por completo determinista: un mismo estimulo a veces puede percibirse y otras permanecer no detectado. ¿Qué es lo que marca la diferencia? Las fluctuaciones impredecibles en la descarga neuronal a veces se adecuan al estímulo entrante y a veces luchan contra él. Cuando promediamos miles de ensayos en que la percepción consciente ocurre o no, estos pequeños sesgos se recortan de entre el ruido como un efecto significativo en las estadísticas. Si el resto permanece igual, la activación visual inicial tiene una magnitud algo mayor en un ensayo visto que en uno no visto. Llegar a la conclusión de que, en esa etapa, el cerebro ya está consciente sería tan errado como decir que la primera bola de nieve ya es la avalancha.

Algunos experimentos incluso detectan un correlato de percepción consciente en las señales cerebrales que se registran *antes* de que se presente un estímulo visual (Palva, Linkenkaer-Hansen, Näätänen y Palva, 2005, Wyart y Tallon-Baudry, 2009, Boly, Balteau, Schnakers, Degueldre, Moonen, Luxen, Phillips y otros, 2007, Supèr, Van der Togt, Spekreijse y Lamme, 2003, Sadaghiani, Hesselmann, Friston y Kleinschmidt, 2010). Eso parece todavía más extraño: ¿cómo puede ser que la actividad cerebral ya incluya un marcador de la percepción consciente para un estímulo que se presentará algunos segundos más tarde? ¿Es un caso de precognición? Por supuesto que no. Sencillamente ahora somos testigos de las precondiciones que *en promedio* tienen más probabilidades de causar una gran avalancha de percepción consciente.

Recordemos que la actividad cerebral fluye constantemente. Parte de ese flujo nos ayuda a percibir el estímulo deseado, mientras que otra parte entorpece nuestra habilidad para concentrarnos en la tarea. Hoy en día, las imágenes cerebrales son lo bastante sensibles para registrar las señales que, antes de un estímulo, indican que la corteza ya está lista para percibirlo. Por eso, cuando promediamos hacia atrás en el tiempo, sabiendo que la percepción consciente ocurrió, notamos que estos eventos tempranos actúan como predictores parciales de la conciencia posterior. Sin embargo, todavía no son constitutivos de un estado consciente. La percepción consciente parece surgir más tarde, cuando los sesgos preexistentes y la evidencia entrante se combinan para alcanzar una activación completa.

Estas observaciones guían hacia una conclusión muy importante: debemos aprender a distinguir los meros *correlatos de la conciencia* de las genuinas *marcas de la conciencia*. A pesar de que la investigación de los mecanismos cerebrales de la experiencia consciente suele describirse como la búsqueda de correlatos neurales de la conciencia, esta expresión es inadecuada. Que dos eventos estén en correlación no significa que uno sea causa del otro; por eso, un mero correlato resulta insuficiente. Demasiados eventos cerebrales se correlacionan con la percepción consciente; incluso, como acabamos de ver, fluctuaciones que preceden al estímulo mismo y que, por tanto, no se puede considerar que lo codifican. Lo que estamos buscando no es cualquier relación estadística entre la actividad cerebral y la percepción consciente, sino una marca sistemática de la conciencia, que esté presente siempre que ocurra la percepción consciente y ausente cuando esta no exista, y que codifique toda la experiencia subjetiva que informa una persona.

Decodificar un pensamiento consciente

Seamos, otra vez, los abogados del diablo. ¿Es posible que la ignición global actúe como un mero tono de alerta, una sirena que suena siempre que estamos conscientes de algo? ¿Puede ser que no tenga relación específica alguna con los detalles de nuestros pensamientos conscientes? ¿Es posible que sólo consista en un arrebato de excitación global, no relacionado con los verdaderos *contenidos* de la experiencia subjetiva?

En verdad, muchos núcleos de propósito general en el tronco cerebral y en el tálamo parecen etiquetar los momentos que llaman nuestra atención. El *locus* cerúleo, por ejemplo, es un conjunto de neuronas localizado en el tronco cerebral, que libera un neurotransmisor particular –la norepinefrina (NA)– a una gran extensión de la corteza siempre que ocurre un evento estresante que requiere nuestra atención. Una descarga de norepinefrina puede acompañar el emocionante evento de volverse consciente de un percepto visual, y algunos sugirieron que esto es exactamente lo reflejado por la gran onda P3 que observamos en el cráneo durante el acceso consciente (Nieuwenhuis, Gilzenrat, Holmes y Cohen, 2005). La descarga de neuronas de NA no tendría relación alguna con la conciencia; constituiría una señal no específica, esencial para nuestra vigilancia general, pero vacía de las distinciones finas que forman el entramado de nuestra vida mental consciente.[9] Llamar a este tipo de evento cerebral "médium de la conciencia" sería como confundir el golpe del diario del domingo al llegar a nuestra puerta con el texto mismo que transmite las noticias.

Por lo tanto, ¿cómo podemos trazar una frontera entre el código consciente genuino y toda esa fanfarria inconsciente que lo acompaña? En principio, la respuesta es fácil. Necesitamos buscar en el cerebro una representación neural decodificable cuyo contenido se correlacione en un cien por ciento con nuestra conciencia subjetiva (Haynes, 2009). El código consciente que estamos buscando debería incluir un registro pormenorizado de la experiencia del sujeto, que se haya completado con exactamente el mismo nivel de detalle que la persona percibe. Debería ser insensible a rasgos que esta pierde, incluso si están físicamente presentes en el *input*. A la inversa, debería codificar el contenido subjetivo de la percepción consciente incluso si esa percepción es una ilusión o

---

9 Las lesiones a los núcleos del bulbo raquídeo en la vecindad del *locus* cerúleo pueden inducir coma; véase Parvizi y Damasio (2003).

una alucinación. Además debería preservar nuestro sentido subjetivo de similitud percibida: cuando vemos un rombo y un cuadrado como dos formas distintas, más que como versiones rotadas uno del otro, esa debería ser una representación consciente más del cerebro.

El código consciente también debería tener un alto grado de invariancia: quedarse quieto siempre que sentimos que el mundo permanece estable, pero cambiar tan pronto como lo veamos moverse. Este criterio obligatoriamente empuja a buscar marcas de la conciencia, porque casi con seguridad excluye todas nuestras áreas sensoriales tempranas. Cuando caminamos por un pasillo, las paredes proyectan en nuestra retina una imagen que cambia a cada instante, pero no prestamos atención a este movimiento visual y percibimos un recinto estable. El movimiento está omnipresente en nuestras áreas visuales tempranas, pero no en nuestra conciencia. Tres o cuatro veces por segundo, nuestros ojos se mueven. Como resultado, tanto en la retina como en la mayor parte de las áreas visuales, la imagen completa del mundo se desplaza hacia atrás y hacia delante. Por fortuna, no percibimos este torbellino que nos marearía: nuestra percepción permanece inalterable. Incluso cuando miramos un blanco que se mueve, no percibimos el paisaje de fondo que se traslada en la dirección opuesta. Por eso, en la corteza, nuestro código consciente debe estar estabilizado de manera similar. De algún modo, gracias a los sensores de movimiento presentes en nuestro oído interno y a las predicciones que llegan de nuestros controles motores, logramos sustraer nuestro propio movimiento y percibir nuestro entorno como una entidad invariante. Sólo en caso de eludir estas señales motoras predictivas –por ejemplo, cuando uno mueve su ojo tocándolo con el dedo– el mundo entero parece estar moviéndose.

Esta diferencia visual inducida por nuestro propio movimiento es sólo una de las muchas claves que nuestro cerebro elimina en la edición de nuestro informe consciente. Muchos otros rasgos distinguen nuestro mundo consciente de las señales borrosas que llegan a nuestros sentidos. Por ejemplo, cuando miramos televisión, la imagen titila entre cincuenta y sesenta veces por segundo, y los registros señalan que este ritmo escondido accede a nuestra corteza visual primaria, donde las neuronas parpadean a igual frecuencia (Shady, MacLeod y Fisher, 2004, Krolak-Salmon, Hénaff, Tallon-Baudry, Yvert, Guénot, Vighetto, Mauguière y Bertrand, 2003). Por fortuna, no percibimos esos *flashes* rítmicos: la detallada información temporal presente en nuestras áreas visuales se filtra antes de llegar a nuestra percepción consciente. Del mismo modo, nuestra área visual primaria codifica un entramado muy fino de líneas, a pesar de que no podemos verlas (MacLeod y He, 1993, He y MacLeod, 2001).

Pero nuestra conciencia no es sólo casi ciega: es un observador activo que, al provocar mejoras espectaculares en la imagen que ingresa, la transforma. En la retina y en las etapas más tempranas del procesamiento cortical, el centro de nuestra visión se expande muchísimo en relación con la periferia: hay más neuronas involucradas en el centro de nuestra mirada que en la periferia. Sin embargo, no percibimos el mundo como a través de una lente de un telescopio gigante; tampoco experimentamos la expansión repentina del rostro o de la palabra que decidimos mirar, cualquiera que sea. La conciencia estabiliza constantemente nuestra percepción.

Tomemos el color como un último ejemplo de la enorme discrepancia que existe entre los datos sensoriales iniciales y nuestra percepción consciente de ellos. Fuera del centro de nuestra mirada, la retina aloja muy pocos conos sensibles al color; sin embargo, no somos ciegos a los colores en la periferia de nuestro campo visual. No caminamos por un mundo en blanco y negro, maravillándonos de cómo aparece el pigmento cuando miramos fijamente algo. En lugar de eso, nuestro mundo visual aparece a todo color. Cada una de nuestras retinas incluso aloja un enorme espacio llamado "punto ciego" en el lugar donde comienza el nervio óptico; sin embargo, por fortuna no percibimos un agujero negro en nuestra imagen interna del mundo.

Todos estos argumentos confirman que las respuestas visuales tempranas no pueden incluir un código consciente. Se requiere gran cantidad de procesamiento antes de que nuestro cerebro resuelva el rompecabezas perceptual y construya una visión estable del mundo. Quizás este sea el motivo por el cual las marcas de la conciencia aparecen tan tarde: un tercio de segundo puede ser el tiempo mínimo requerido para que nuestra corteza vea más allá de todas las piezas de rompecabezas y construya una representación estable del contexto.

Si esta hipótesis es correcta, dicha actividad cerebral tardía debería incluir un registro completo de nuestra experiencia consciente, un código completo de nuestros pensamientos. Si pudiéramos leer este código, tendríamos acceso completo al mundo interno de cualquier persona, incluidas la subjetividad y las ilusiones.

¿Esta posibilidad pertenece al terreno de la ciencia ficción? No tanto. Registrando de manera selectiva y aislada neuronas en el cerebro humano, el neurocientífico Quian Quiroga y sus colegas israelíes Itzhak Fried y Rafi Malach abrieron las puertas de la percepción consciente (Quiroga, Kreiman, Koch y Fried, 2008, Quiroga, Mukamel, Isham, Malach y Fried, 2008). Descubrieron neuronas que reaccionan sólo a imágenes, lugares o personas específicos, y se activan sólo cuando ocurre la percepción consciente. Su descubrimiento aporta material probatorio decisivo contra la interpretación no específica. Durante la ignición global, el cerebro no se excita de modo global. Por el contrario, un conjunto muy específico de neuronas está activo, y sus perfiles delinean con nitidez los contenidos subjetivos de la conciencia.

¿Cómo es posible registrar la actividad de neuronas localizadas en la profundidad del cerebro humano? Como ya expliqué, hoy en día los neurocirujanos monitorean ataques epilépticos ubicando un conjunto de electrodos dentro del cráneo. A menudo, estos electrodos son grandes y registran de manera indiscriminada datos de miles de células. Sin embargo, a partir de trabajos pioneros previos (Wyler, Ojemann y Ward, 1982, Heit, Smith y Halgren, 1988), el neurocirujano Itzhak Fried desarrolló un sistema delicado de electrodos muy finos diseñados específicamente para registrar neuronas individuales (Fried, MacDonald y Wilson, 1997). En el cerebro humano, como en el de la mayoría de los animales, las neuronas corticales intercambian señales eléctricas discretas: se llaman "disparos", porque tienen la apariencia de desvíos muy agudos del potencial eléctrico en un osciloscopio. Es característico que las neuronas excitatorias emitan unos pocos disparos por segundo, y cada uno de ellos se propaga muy rápido por el axón hasta alcanzar blancos locales y distantes. Gracias a los temerarios experimentos de Fried, se volvió posible registrar, durante horas o incluso días, *todos* los disparos que emite determinada neurona, mientras el paciente, completamente despierto, lleva una vida normal.

Cuando Fried y sus colaboradores colocaron electrodos en el lóbulo temporal anterior, de inmediato hicieron un hallazgo notable. Descubrieron que las neuronas humanas individuales pueden ser extraordinariamente selectivas para una imagen, un nombre e incluso un concepto. Al bombardear a un paciente con cientos de imágenes de rostros, lugares, objetos y palabras, por lo general notaron que sólo una o dos imágenes activaban una célula específica. ¡Una neurona, por ejemplo, se descargaba cuando se mostraban imágenes de Bill Clinton y no lo hacía con ninguna otra persona! (Quiroga, Kreiman, Koch y Fried, 2008, Quiroga, Mukamel, Isham, Malach y Fried, 2008, Quiroga, Reddy, Kreiman, Koch y Fried, 2005, Kreiman, Fried y Koch, 2002, Kreiman, Koch y Fried, 2000a, 2000b). A lo largo de los años, se tuvo noticia de neuronas humanas que responden de manera selectiva a una miríada de fotos, incluidos miembros de la familia del paciente, lugares famosos como la Ópera de Sidney o la Casa Blanca, e incluso personalidades de la televisión como Jennifer Aniston y Homero Simpson. Es notable que la palabra escrita suela ser suficiente para activarlas: la misma neurona se descarga en presencia de las palabras "Ópera de Sidney" y al ver ese famoso edificio.

Es fascinante que, si insertamos a ciegas un electrodo y espiamos una neurona al azar, podamos encontrar una célula de Bill Clinton. Esto implica que, en cualquier momento dado, millones de este tipo de células deben estar descargando en respuesta a las escenas que vemos. En conjunto, se piensa que las neuronas del lóbulo temporal anterior forman un código interno distribuido para personas, lugares y otros conceptos memorables. Cada imagen específica, como el rostro de Clinton, induce un patrón particular de neuronas activas e inactivas. El código es tan preciso que, al observar qué neuronas se activan y cuáles permanecen en silencio, podemos entrenar a una computadora para que adivine, con una precisión muy alta, qué imagen está viendo la persona (Quiroga, Reddy, Kreiman, Koch y Fried, 2005).

Así, queda en claro que estas neuronas están muy especializadas para ocuparse de la escena visual actual, pero presentan alto grado de invariancia. Lo que sus descargas indican no es una señal global de excitación ni un sinnúmero de detalles cambiantes, sino el punto esencial de la imagen actual; lisa y llanamente, el tipo correcto de representación estable que esperaríamos que codificara nuestros pensamientos conscientes. Por ende, ¿estas neuronas tienen algún tipo de relación con la experiencia consciente de su dueño? Sí. En la región temporal anterior, muchas neuronas se activan *sólo* si se ve de manera consciente determinada imagen. En un experimento, las figuras estaban enmascaradas por imágenes carentes de sentido y se proyectaban durante un lapso de tiempo tan breve que muchas de ellas no se veían (Quiroga, Mukamel, Isham, Malach y Fried, 2008). En cada instancia del experimento, el paciente informaba si había reconocido la figura. La mayor parte de las células disparaba sólo cuando el paciente reportaba haber visto la figura. Lo que se observaba era similar en los ensayos conscientes e inconscientes y, sin embargo, el disparo de la célula reflejaba la percepción subjetiva por parte del sujeto, más que el estímulo objetivo.

La figura 22 muestra una célula cuyo disparo fue ocasionado por una imagen del World Trade Center. La neurona se descargó sólo durante los ensayos conscientes. Siempre que el paciente informaba no haber visto nada, porque la imagen era enmascarada para que no fuera reconocida, la célula permanecía por completo silenciosa. Incluso cuando

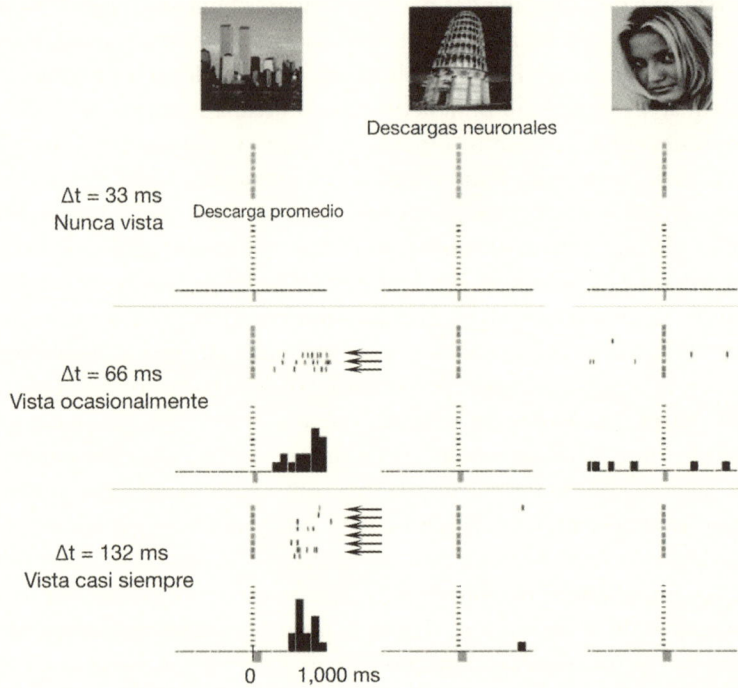

Figura 22. Las neuronas individuales siguen nuestras percepciones conscientes: disparan sólo cuando percibimos de manera consciente una imagen específica. En este ejemplo, una neurona del lóbulo temporal anterior humano disparaba de manera selectiva ante la imagen del World Trade Center, pero sólo cuando esa imagen se percibía de manera consciente. A medida que aumentaba la duración de la presentación, la percepción consciente se hacía más frecuente. Las descargas neuronales ocurrían sólo cuando la persona informaba haber visto la imagen (ensayos marcados con una flecha). La neurona era selectiva y descargaba poco frente a otras imágenes, como una cara o la Torre Inclinada de Pisa. Su disparo tardío y sostenido era indicador de un contenido específico de la conciencia. Millones de este tipo de neuronas, disparando al unísono, codifican lo que vemos.

había una cantidad fija de estimulación física objetiva –de modo que exactamente esa misma imagen se presentaba durante una cantidad fija de tiempo–, la subjetividad era importante. Cuando se establecía con exactitud la duración de la imagen en el umbral de la conciencia, la persona informaba ver la imagen alrededor de la mitad de las veces, y las descargas de las células seguían sólo los ensayos con percepción consciente. El disparo de la célula era tan reproducible que resultaba posible trazar una línea divisoria entre los ensayos vistos y los no vistos a partir del número de disparos observado. En resumen, el estado subjetivo mental podía decodificarse a partir del estado objetivo del cerebro.

Si las células temporales anteriores codifican la percepción consciente, sus descargas no deberían relacionarse con *cómo* se manipula la conciencia. En efecto, Fried y sus colegas descubrieron que la activación de estas neuronas se correlaciona con la percepción consciente en paradigmas diferentes del enmascaramiento de imágenes, como en la rivalidad binocular. Una "célula de Bill Clinton" descargaba siempre que el rostro de Clinton se le presentaba selectivamente a un ojo, pero de inmediato dejaba de disparar si al ojo contralateral se le presentaba la imagen de un tablero de damas que competía con ella, lo que hacía que la figura de Clinton desapareciera de la vista (Kreiman, Fried y Koch, 2002).[10] Su imagen permanecía en la retina, pero la figura que competía con ella la había extinguido subjetivamente y su activación no lograba alcanzar los centros corticales más altos donde se urde la conciencia.

Al promediar por separado los ensayos conscientes e inconscientes, Quian Quiroga y sus colaboradores replicaron el patrón de activación, que, llegados aquí, ya nos resulta familiar. Siempre que la imagen se veía de manera consciente, luego de alrededor de un tercio de segundo, las células temporales anteriores comenzaban a disparar con vigor y por una duración sostenida. Dado que diferentes imágenes activan distintas células, esas descargas no pueden reflejar una mera excitación del cerebro. En cambio, estamos siendo testigos de los contenidos de la conciencia. El patrón de células activas e inactivas forma un código interno de los contenidos de la percepción subjetiva.

---

10 Esta investigación está construida sobre la base de la experimentación pionera de Nikos Logothetis y David Leopold en el mono macaco; en ella se entrenó a los animales para que reportaran su percepción consciente mientras se registraban las descargas neuronales. Véanse Leopold y Logothetis (1996, 1999), Logothetis, Leopold y Sheinberg (1996).

Como puede probarse, este código consciente es estable y reproducible: la misma célula dispara siempre que el paciente piensa en Bill Clinton. De hecho, ya sólo imaginar una imagen del ex presidente es suficiente para que la célula se active en ausencia de cualquier estimulación externa objetiva. La mayor parte de las neuronas temporales anteriores exhiben la misma selectividad para las figuras reales y las imaginadas (Kreiman, Koch y Fried, 2000b). El recuerdo a través de la memoria también las activa. Una célula, que disparaba cuando el paciente veía un video de *Los Simpson*, descargaba también cada vez que el paciente, en total oscuridad, rememoraba ese video.

Si bien las neuronas individuales siguen lo que imaginamos y percibimos, sería incorrecto llegar a la conclusión de que una sola célula es suficiente para inducir un pensamiento consciente. Es probable que la información consciente esté distribuida en un sinnúmero de células. Imaginemos varios millones de neuronas, esparcidos a lo largo de las áreas asociativas de la corteza, entre las cuales cada una codifica un fragmento de la escena visual. Sus descargas sincrónicas crean potenciales cerebrales macroscópicos, de magnitud suficiente para que los electrodos clásicos los detecten dentro o incluso fuera del cráneo. El disparo de una sola célula es indetectable a la distancia, pero ya que la percepción consciente moviliza grandes asambleas de células, podemos, en cierta medida, determinar si una persona está viendo una cara o un edificio sólo a partir de la topografía de los grandes potenciales eléctricos que emite su corteza visual (Fisch, Privman, Ramot, Harel, Nir, Kipervasser, Andelman y otros, 2009). Del mismo modo, a partir del patrón de ondas lentas cerebrales que se encuentran en la corteza parietal puede determinarse la localización e incluso el número de ítems que una persona retiene en su memoria de corto plazo (Vogel, McCollough y Machizawa, 2005, Vogel y Machizawa, 2004).

Como el código consciente es estable y está presente por bastante tiempo, incluso la fMRI, un método poco meticuloso que promedia millones de neuronas, puede descifrarlo. En un experimento reciente, al mostrar a un paciente la imagen de un rostro o una casa, el patrón de actividad en la parte anterior del lóbulo temporal ventral fue lo suficientemente distintivo para determinar lo que la persona había visto (Schurger, Pereira, Treisman y Cohen, 2009). La configuración permaneció estable para varios ensayos, mientras que no hubo actividad reproducible cuando estos eran inconscientes.

Por ende, usted imagine que lo redujeron a un tamaño submilimétrico y lo enviaron a la corteza. Allí está, rodeado por miles de descargas neuronales. ¿Cómo puede reconocer cuál de esos disparos codifica una percepción consciente? Debería buscar conjuntos de disparos con tres rasgos distintivos: *estabilidad* en el tiempo, *reproductibilidad* en diferentes ensayos e *invariancia* ante cambios superficiales que dejan intacto el contenido. Estos criterios se cumplen, por ejemplo, en la corteza cingulada posterior, un área de integración de alto nivel situada en la corteza parietal media. En ese lugar, la actividad neuronal evocada por un estímulo visual permanece estable en tanto el objeto en sí mismo se quede allí, incluso con el movimiento ocular (Dean y Platt, 2006). Es más: las neuronas de esta región están ajustadas a la localización de los objetos en el mundo exterior; incluso si miramos a nuestro alrededor, su nivel de descarga es invariante. Este factor está lejos de ser trivial porque durante los movimientos oculares toda la imagen visual pasa por nuestra corteza visual primaria; sin embargo, de algún modo, alcanzado el momento en que llega al cingulado posterior, la imagen ya se estabilizó.

La región cingulada posterior, en la cual se alojan células de localización estables, está conectada con el giro parahipocampal (al lado del hipocampo), donde residen las "células de lugar" (Derdikman y Moser, 2010). Estas neuronas descargan siempre que un animal ocupa determinada localización en el espacio; por ejemplo, la esquina noroeste de un cuarto familiar. Las células de lugar también tienen un alto grado de invariancia para otras claves sensoriales distintas, e incluso mantienen su disparo selectivo al espacio cuando el animal deambula en la oscuridad. Es fascinante notar cómo estas neuronas manifiestamente codifican el lugar donde el animal *piensa* que está. Si a una rata se la "teletransporta" cambiando de manera repentina los colores del piso, las paredes y el techo para que se parezcan a otro cuarto familiar, las células de lugar que se encuentran en el hipocampo oscilan durante un breve lapso de tiempo entre las dos interpretaciones, y luego comienzan un patrón de disparo apropiado para el cuarto ilusorio (Jezek, Henriksen, Treves, Moser y Moser, 2011). La decodificación de señales neurales alojadas en esta región es tan avanzada que ya se volvió posible descubrir la localización del animal (o dónde cree que está) a partir de este patrón colectivo de descarga, incluso durante el sueño, cuando la trayectoria espacial apenas puede imaginarse. No parece demasiado alocado pensar que, en algunos años, códigos abstractos similares, que encripten el tejido del cual están hechos nuestros pensamientos, se vuelvan decodificables en el cerebro humano.

En resumen, en nuestros días la neurofisiología abrió la caja misteriosa de la experiencia consciente. Durante la percepción consciente, ciertos patrones de actividad neuronal que son únicos de determinada imagen o cierto concepto pueden registrarse en varios lugares del cerebro. Este tipo de células disparan con fuerza si y sólo si la persona reporta percibir una imagen, sea esta real o imaginaria. Cada escena visual consciente parece estar codificada por un patrón reproducible de actividad neuronal, que permanece estable medio segundo o más en tanto la persona lo vea.

Inducir una alucinación

¿Y eso es todo? ¿Nuestra búsqueda de las marcas neurales de la conciencia llegó a un final feliz? No tanto. Se debe alcanzar un criterio más. Para calificar como una verdadera marca (o sello) de la conciencia, la actividad cerebral no sólo debería ocurrir siempre que se da el correspondiente contenido consciente; también debe *hacer que*, de manera ostensible, este contenido aparezca en nuestra conciencia.

La predicción es simple: si lográramos inducir determinado estado de actividad cerebral, deberíamos evocar el estado mental correspondiente. Si un simulador tipo *Matrix* pudiera recrear, en nuestro cerebro, el estado preciso de descarga neuronal en que estaban nuestros circuitos la última vez que vimos un atardecer, deberíamos visualizarlo con total claridad: una alucinación completa, imposible de discernir de la experiencia original.

Este tipo de simulaciones de los estados cerebrales puede parecer disparatado, pero no lo es; ocurre todas las noches. Durante el sueño, yacemos inmóviles, pero nuestra mente vuela, simplemente porque nuestro cerebro descarga conjuntos organizados de puntos que evocan contenido mental específico. En las ratas, los registros neuronales realizados durante el sueño muestran una repetición de patrones neuronales en la corteza y el hipocampo que se correlacionan de modo directo con el contenido de la experiencia del animal durante la jornada previa (Peyrache, Khamassi, Benchenane, Wiener y Battaglia, 2009, Ji y Wilson, 2007, Louie y Wilson, 2001). Y en los humanos, las áreas corticales que están activas sólo segundos antes de despertarnos pueden predecir el contenido del sueño que comunicaremos (Horikawa, Tamaki, Miyawaki y Kamitani, 2013). Por ejemplo, siempre que la actividad se concentra en una región que, según se sabe, está especializada en rostros, puede predecirse que el soñador informe la presencia de otras personas en su sueño.

Estos descubrimientos fascinantes demuestran una correspondencia entre estados neurales y estados mentales, pero todavía no establecen causali-

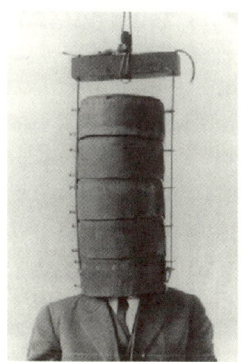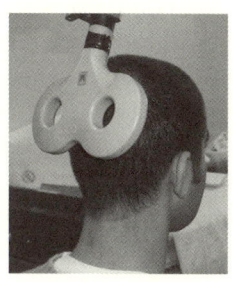

Figura 23. La estimulación magnética transcraneal puede usarse para interferir la actividad cerebral humana e inducir cambios en la experiencia consciente. Creada por S. P. Thompson (1910; izquierda) y por C. E. Magnusson y H. C. Stevens (1911; centro), en la actualidad la técnica es tanto más sencilla y más económica (derecha). La aplicación de un campo magnético transitorio induce un pulso de corriente dentro de la corteza, lo que puede alterar una percepción en pleno desarrollo, o incluso causar una experiencia ilusoria, como ver un haz de luz. Este tipo de experimentos prueba la existencia de un nexo causal entre la actividad cerebral y la experiencia consciente.

dad. Probar que un patrón de actividad cerebral causa un estado mental es uno de los problemas más difíciles con los que se enfrentan los neurocientíficos. Prácticamente todos nuestros métodos de imágenes cerebrales no invasivos son correlativos más que causativos: involucran la observación pasiva de una correlación entre la activación cerebral y los estados mentales. Dos métodos especiales, sin embargo, nos permiten estimular sin peligro el cerebro humano, con técnicas inofensivas y reversibles.

En los sujetos sanos, podemos activar el cerebro desde fuera con una técnica llamada "estimulación magnética transcraneal" (TMS, como su sigla en inglés). Originado a principios del siglo XX (Thompson, 1910, Magnusson y Stevens, 1911) y revivido luego por las tecnologías modernas (Barker, Jalinous y Freeston, 1985, Pascual-Leone, Walsh y Rothwell, 2000, Hallett, 2000), hoy en día este método tiene un uso extendido (figura 23). Veamos cómo funciona. Una batería de acumuladores transmite repentinamente una corriente eléctrica fuerte a un transductor ubicado sobre la cabeza. Esta corriente induce un campo magnético que penetra en la cabeza y genera una descarga en un "punto ideal" en la corteza subyacente. Las instrucciones de seguridad garantizan que la técnica es inofensiva: sólo se escucha un fuerte *clic*, y en ocasiones se siente la desagradable contracción de un músculo. De esta manera, cualquier cerebro normal puede estimularse en casi cualquier región de la cabeza, con gran precisión temporal.

Para mayor precisión espacial, una alternativa es causar una estimulación directa de las neuronas, con electrodos intracraneales. Por supuesto, esta opción sólo está disponible para pacientes epilépticos, con enfermedad de Parkinson o trastornos del movimiento, quienes son cada vez más explorados con dichos electrodos. Previo consentimiento del paciente, pueden descargarse pulsos de corriente eléctrica de bajo voltaje, sincronizados con un estímulo externo. Incluso puede aplicarse una descarga eléctrica durante una cirugía. Como el cerebro no aloja receptores de dolor, este tipo de estimulación eléctrica es inofensiva y puede ser muy informativa para identificar regiones de importancia crucial que el bisturí no debe tocar, como los circuitos del lenguaje. Muchos hospitales en todo el mundo realizan de manera rutinaria este tipo de asombrosos experimentos en el transcurso de una cirugía. Acostado sobre la mesa de operación, con el cráneo abierto hasta la mitad pero completamente despierto, el paciente describe con detalle su experiencia a medida que un electrodo descarga pulsos de corriente eléctrica de bajo voltaje en un punto específico de su cerebro.

Los resultados de estas investigaciones son de gran provecho. Muchos estudios de estimulación, realizados tanto en primates humanos como en no humanos, demostraron una proyección causal directa entre los estados neurales y la percepción consciente. La mera estimulación de los circuitos neuronales, en ausencia de cualquier evento objetivo, es suficiente para causar un sentimiento consciente subjetivo cuyo contenido varía según el circuito estimulado. Por ejemplo, el uso de TMS de la corteza visual en un ambiente a oscuras crea una impresión de luz conocida técnicamente como fosfeno: inmediatamente después de la aplicación de la corriente eléctrica, se percibe un punto de luz débil en un lugar que varía de acuerdo con el área estimulada. Si se mueve el transductor de estimulación hacia el otro lado del cerebro y se lo coloca sobre un área llamada MT/V5, que responde al movimiento, la percepción cambia repentinamente: el propietario del cerebro ahora reporta una impresión de breve movimiento. En un lugar diferente, también se pueden evocar sensaciones de color.

Hace ya mucho tiempo, los registros neuronales confirmaron que cada parámetro de la escena visual se proyecta en un lugar distinto de la corteza visual. En diferentes sectores de la corteza occipital, un mosaico de neuronas responde a formas, movimiento o color. Hoy en día, los estudios de estimulación muestran que la relación que existe entre la descarga de estas neuronas y la percepción correspondiente es causal. Una descarga focal en cualquiera de estos lugares, incluso en ausencia de una imagen, puede evocar la fracción correspondiente de conciencia, con características apropiadas de luminosidad y color.

Con los electrodos intracraneales, los efectos de la estimulación pueden ser todavía más específicos (Selimbeyoglu y Parvizi, 2010, Parvizi, Jacques, Foster, Withoft, Rangarajan, Weiner y Grill-Spector, 2012). Encender un electrodo sobre la región de procesamiento facial de la corteza visual ventral puede inducir de inmediato la percepción subjetiva de un rostro. Si se mueve la estimulación más adelante hacia el lóbulo temporal anterior se pueden despertar recuerdos complejos que tienen su origen en la experiencia pasada. Un paciente olió a tostada quemada. Otro vio y escuchó una orquesta completa, con todos los instrumentos. Otros experimentaron estados de ensoñación todavía más ricos e impresionantemente vívidos: se vieron a sí mismos dando a luz, pasaron por una experiencia digna de una película de terror o se retrotrajeron a un episodio proustiano de su niñez. Wilder Penfield, el neurocirujano canadiense pionero de estos experimentos, llegó a la conclusión de que nuestros microcircuitos corticales contienen un registro latente de los eventos más y menos importantes de nuestras vidas, listos para ser evocados por la estimulación cerebral.

Una exploración sistemática sugiere que cada sitio cortical tiene su propia región especializada de conocimiento. Consideremos la ínsula, una porción profunda de la corteza enterrada detrás de los lóbulos frontal y temporal. Al estimularla puede obtenerse una diversidad de efectos no placenteros, incluidas sensaciones de sofocación, quemazón, hormigueo, calor, náusea, punzadas o caídas (Selimbeyoglu y Parvizi, 2010). Si se mueve el electrodo a una localización que esté más abajo de la superficie de la corteza, el núcleo subtalámico, el mismo pulso eléctrico puede inducir un estado inmediato de depresión, al cual se suman llanto y sollozos, voz monocorde, postura corporal de desconsuelo y pensamientos tristes. Estimular partes del lóbulo parietal puede causar una sensación de vértigo e incluso la llamativa vivencia extracorpórea de que uno levita hasta el techo y mira hacia su propio cuerpo (Blanke, Ortigue, Landis y Seeck, 2002).

Si usted todavía tenía alguna duda de que su vida mental surge por completo de la actividad de su cerebro, estos ejemplos deberían desterrarla. La estimulación cerebral parece capaz de provocar casi cualquier experiencia, desde el orgasmo hasta el *déjà vu*. Pero en sí mismo este hecho no resulta directamente elocuente acerca del tema de los mecanismos causales de la conciencia. La actividad neuronal, luego de despertarse en el lugar de la estimulación, se expande de inmediato a otros circuitos, lo que vuelve difusa, borrosa, la historia causal. Es más, la investigación reciente sugiere que la porción inicial de actividad inducida es inconsciente: sólo si la activación se expande a regiones distantes de la corteza parietal y prefrontal ocurre la experiencia consciente.

Consideremos, por ejemplo, la sorprendente disociación que poco tiempo atrás informó el neurocientífico francés Michel Desmurget (Desmurget, Reilly, Richard, Szathmari, Mottolese y Sirigu, 2009). Cuando durante una cirugía estimuló la corteza premotora en un umbral relativamente bajo, el brazo de la paciente se movió, pero la persona negó que hubiera ocurrido cosa alguna (no podía ver sus miembros). A la inversa, cuando Desmurget estimuló la corteza parietal inferior, la paciente reportó un ansia consciente de moverse, y con una descarga de corriente más elevada juraba que había movido la mano, pero en realidad su cuerpo había permanecido del todo quieto.

Estos resultados tienen una implicancia de primer orden: no todos los circuitos cerebrales son importantes en igual medida para la experiencia consciente. Puede activarse los circuitos sensorial y motor periféricos sin generar necesariamente una experiencia consciente. Por otro lado, las regiones corticales temporal, parietal y prefrontal de nivel más alto están asociadas de manera más íntima a la experiencia consciente comunicable, dado que su estimulación puede inducir alucinaciones por completo subjetivas carentes de asidero en la realidad objetiva.

El siguiente paso lógico es crear estimulación cerebral percibida y no percibida entre las cuales medie una diferencia mínima y analizar en qué difieren los resultados. Como muchos otros científicos antes que ellos, los neurocientíficos londinenses Paul Taylor, Vincent Walsh y Martin Eimer usaron TMS de la corteza visual primaria para inducir fosfenos visuales: alucinaciones de luz creadas sólo por la actividad cortical (Taylor, Walsh y Eimer, 2010). Pero, con gran inteligencia, ajustaron la intensidad de la corriente administrada hasta que el paciente informó ver un punto de luz casi la mitad de las veces. También lograron seguir la actividad inducida por este pulso de nivel de umbral a lo largo del cerebro al registrar el EEG del sujeto, milisegundo a milisegundo, varias veces luego del comienzo de la estimulación.

Los resultados fueron reveladores. El inicio del pulso administrado no tuvo relación alguna con la conciencia. Durante ciento sesenta milisegundos, la actividad cerebral se desarrolló de manera idéntica en los ensayos visibles e invisibles. Sólo luego de este largo período apareció en la superficie de la cabeza nuestra vieja amiga, la onda P3, con una intensidad tanto mayor en los ensayos percibidos que en los no percibidos. Además, su comienzo era más temprano que lo usual (alrededor de doscientos milisegundos): a diferencia del caso de una luz externa, el pulso magnético se salteaba las etapas iniciales del procesamiento de la visión, lo cual abreviaba en una décima de segundo la duración del acceso consciente.

Por ende, la estimulación del cerebro demuestra una relación causal entre la actividad cortical y la experiencia consciente. Incluso en la oscuridad total, un pulso de estimulación a la corteza visual puede inducir experiencia visual. Sin embargo, esta relación es indirecta: la actividad local es insuficiente para crear una percepción consciente; antes de acceder a la conciencia, la actividad inducida primero debe ser despachada a sitios cerebrales distantes. Una vez más, el causante de la percepción consciente parece ser la última parte del hilo de descarga cuando la activación se difunde hacia centros corticales más altos y crea una red cerebral distribuida. Durante la formación de esta red cerebral consciente, la actividad neural circula abiertamente en la corteza y es habitual que vuelva a las áreas sensoriales; de esta manera une los fragmentos neuronales de una imagen percibida. Sólo en ese momento experimentamos en verdad que "estamos viendo".

Destruir la conciencia

Si podemos crear una percepción consciente, ¿también podemos destruirla? Si se da por sentado que la activación tardía de una red cerebral global causa todas nuestras experiencias conscientes, entonces dañarla debería erradicar la percepción consciente. Una vez más, el experimento es simple en lo conceptual. Primero hay que presentar al sujeto un estímulo visible, que se sitúe muy por encima del umbral normal de la percepción consciente, y después usar un pulso de corriente para cambiar la red de larga distancia tardía que es la base de la conciencia. El sujeto debería informar que no hubo estímulo alguno, que no es consciente de haber visto algo. O bien imaginemos que el pulso no sólo destruye el estado global de actividad neuronal, sino que también lo reemplaza por uno diferente. Por tanto, el sujeto debería informar que se vuelve consciente del contenido conexo con el estado neuronal sustituido, una experiencia subjetiva que tal vez nada tenga que ver con el verdadero estado del mundo.

Pese a que puede sonar a ciencia ficción, muchas variantes de este experimento ya se llevaron a cabo con un éxito considerable. Una versión utilizó un TMS dual, que puede inducir corrientes en dos regiones cerebrales distintas en dos momentos arbitrarios. La receta es simple: en primer lugar, excitar el área motora MT/V5 con un pulso de corriente eléctrica; confirmar que, por sí sola, esta descarga evoque un sentimiento consciente de movimiento visual; después aplicar un segundo pulso de corriente, por ejemplo, a la corteza visual primaria. Sorprendentemente, funciona: el segundo pulso erradica la sensación consciente de ver algo que el primer pulso fue capaz de inducir. Este resultado comprueba que el pulso inicial, por sí solo, no logra causar una experiencia consciente: la activación inducida debe volver a la corteza visual primaria antes de que se la perciba de manera consciente (Silvanto, Lavie y Walsh, 2005, Silvanto, Cowey, Lavie y Walsh, 2005). La conciencia vive en los bucles: la actividad neuronal reverberante, que circula en la red de nuestras conexiones corticales, causa nuestras experiencias conscientes.

Todavía más fascinante resulta que pueda combinarse la estimulación cortical con imágenes visuales genuinas para crear ilusiones nuevas. Por ejemplo, estimular la corteza visual un quinto de segundo luego de proyectar durante poco tiempo una imagen puede inducir su repetición en la conciencia: el participante informa que ve la imagen otra vez, lo que confirma que una huella de esta todavía rondaba por la corteza visual doscientos milisegundos después de su primera aparición (Halelamien, Wu y Shimojo, 2007). El efecto es particularmente fuerte cuando se solicita al sujeto que retenga la imagen en la memoria. Esos resultados sugieren que, cuando tenemos una imagen en la mente, nuestro cerebro literalmente la mantiene viva en la descarga de las neuronas situadas en la corteza visual, a un nivel de distancia, bajo el umbral, listas para ser recreadas con un pulso de estimulación (Silvanto y Cattaneo, 2010).

¿Cuán global es la red cerebral que crea nuestro mundo consciente? Según el neuropsicólogo danés Viktor Lamme, siempre que dos áreas forman un bucle local –de modo que el área A le hable al área B, y luego B le hable a A–, esto ya es suficiente para inducir una forma de conciencia (Lamme y Roelfsema, 2000). Este tipo de bucle hace que la activación reverbere, causando "procesamiento recurrente", la reinyección de información en el mismo circuito que la originó. "Incluso podríamos definir 'conciencia' como procesamiento recurrente", escribe Lamme (2006). Para él, cualquier bucle neuronal contiene una pequeña porción de conciencia. Sin embargo, tengo mis dudas de que esta perspectiva sea correcta. Nuestra corteza está llena de bucles cerrados: las neuronas se comunican de manera recíproca a toda escala, desde microcircuitos locales de tamaño milimétrico hasta autopistas globales que se extienden a lo largo de centímetros. Sería realmente motivo de sorpresa que cada uno de estos bucles, por pequeños que fueran, resultaran suficientes para propiciar un fragmento de conciencia.[11] Tanto más plausible, en mi opinión, es la hipótesis de que la actividad reverberante es condición necesaria pero no suficiente de la experiencia consciente. Sólo los bucles de larga distancia, que ligan las regiones prefrontal y parietal, crearían un código consciente.

¿Cuál sería el rol de los bucles locales cortos? Probablemente sean indispensables para operaciones visuales tempranas *inconscientes*, durante las cuales unimos los múltiples fragmentos de una escena (Edelman, 1987, Sporns, Tononi y Edelman, 1991). Con sus campos receptivos muy pequeños, las neuronas visuales no pueden aprehender de inmediato las propiedades globales de la imagen; por ejemplo, la presencia de una gran sombra (como en la ilusión de sombra que se mostró en la figura 10). Son necesarias interacciones entre muchas neuronas antes de que se establezcan propiedades globales de este tipo (Lamme y Roelfsema, 2000, Roelfsema, 2005).

Entonces, ¿son los bucles locales o los globales los que inducen la conciencia? Algunos científicos argumentan que son los bucles locales, porque tienden a desaparecer durante la anestesia (Lamme, Zipser y Spekreijse, 1998, Pack y Born, 2001); pero este tipo de material probatorio no es concluyente: la actividad reverberante puede ser uno de los primeros factores en desaparecer cuando el cerebro está embebido en anestesia, una consecuencia más que una causa de la pérdida de conciencia.

Adulterar la actividad cerebral utilizando la técnica más fina de la estimulación cerebral es otro cantar. Cambiar los bucles de corta distancia alojados dentro de la corteza visual primaria, aproximadamente sesenta milisegundos después de proyectar una imagen visual, sí afecta la percepción consciente; pero es importante destacar que esa misma

---

11 En realidad, Zeki (2003) defiende la hipótesis de una "desunión de la conciencia" y especula que cada región del cerebro codifica una forma distinta de "microconciencia".

estimulación afecta también el procesamiento *inconsciente* (Koivisto, Railo y Salminen-Vaparanta, 2010, Koivisto, Mäntylä y Silvanto, 2010). La capacidad para hacer juicios sobre información visual subliminal que estén por encima del nivel de azar –*blindsight*– se destruye junto con la visión consciente. Esta observación implica que las etapas iniciales del procesamiento cortical local, en cuyo transcurso la actividad circula en los bucles locales, no se asocian exclusivamente con la percepción consciente. Corresponden a operaciones inconscientes y sólo ponen al cerebro en el rumbo apropiado que, mucho más tarde, desembocará en la percepción consciente.

Si mi enfoque es correcto, la valoración consciente es causada por la activación tardía de múltiples regiones sincronizadas de la corteza parietal y prefrontal, y entonces tocar esas regiones debería tener un efecto muy importante. De hecho, gran variedad de estudios realizados en sujetos normales, utilizando TMS para interferir la actividad cerebral, demostraron recientemente que la estimulación parietal o frontal crea una invisibilidad transitoria. Casi todas las condiciones visuales de la estimulación causantes de que las imágenes sean temporariamente invisibles, como el enmascaramiento o la ceguera inatencional, pueden mejorarse si se perturba durante un breve lapso la región parietal izquierda o derecha.[12] Por ejemplo, un parche de color débil pero visible se desvanece de la vista cuando se toca una región parietal (Kanai, Muggleton y Walsh, 2008).

Más notable es un estudio que realizaron Hakwan Lau y su equipo, por entonces en la Universidad de Óxford, en el cual se anularon de modo temporario las regiones prefrontal izquierda y derecha (Rounis, Maniscalco, Rothwell, Passingham y Lau, 2010).[13] Cada lóbulo prefrontal

---

12 Acerca de la ceguera al cambio, véase Beck, Muggleton, Walsh y Lavie (2006). Acerca de la rivalidad binocular, véase Carmel, Walsh, Lavie y Rees (2010). Acerca de la ceguera inatencional, Babiloni, Vecchio, Rossi, De Capua, Bartalini, Ulivelli y Rossini (2007). Acerca del parpadeo atencional, véase Kihara, Ikeda, Matsuyoshi, Hirose, Mima, Fukuyama y Osaka (2010).

13 Mi opinión es que (a diferencia de lo que sucede con la estimulación focal por un pulso único, que parece ser segura) debería evitarse la estimulación repetida, intensa y bilateral, como la utilizaron Rounis, Maniscalco, Rothwell, Passingham y Lau. Aunque se dice que el efecto de una estimulación de este tipo desaparece en el transcurso de la hora siguiente, los psiquiatras aplican de forma rutinaria una repetida estimulación transcraneal a lo largo de períodos prolongados para inducir una remisión de la depresión de un mes de duración, con cambios detectables de largo plazo en la anatomía cerebral (por ejemplo, May, Hajak, Ganssbauer, Steffens, Langguth, Kleinjung

dorsolateral se bombardeó con seiscientos pulsos, agrupados en bloques breves de veinte segundos, primero a la izquierda y después a la derecha. El paradigma se llama *theta-burst* porque los pulsos de corriente están acomodados para alterar específicamente el ritmo theta (cinco ciclos por segundo), una de las frecuencias a la cual la corteza prefiere transmitir mensajes a través de largas distancias. La estimulación bilateral *theta-burst* tiene un efecto de larga duración que funciona casi como una lobotomía: durante unos veinte minutos, los lóbulos frontales se inhiben, y dan a los experimentadores un amplio margen de tiempo para evaluar su impacto en la percepción.

Los resultados fueron sutiles. Objetivamente, nada cambió: los embriagados participantes siguieron teniendo un desempeño igualmente bueno al juzgar cuál forma se había mostrado (un rombo o un cuadrado, presentados cerca del umbral para la percepción consciente). Sus informes subjetivos, sin embargo, contaban otra historia. Durante varios minutos, perdieron seguridad en sus juicios. No eran capaces de decir cuán bien percibían los estímulos y tenían una sensación subjetiva de que su visión se había vuelto poco fiable. Como el zombi del filósofo, percibían y actuaban bien, pero sin un sentido normal de cuán bien les estaba yendo.

Antes de que los participantes asistieran a esos cambios, sus calificaciones de la visibilidad del estímulo tenían un buen correlato en su desempeño objetivo: como cualquiera de nosotros, siempre que sentían que podían ver el estímulo, en efecto podían identificar su forma con una precisión casi perfecta, y siempre que sentían que las formas eran invisibles, sus respuestas eran más bien aleatorias. Sin embargo, durante la lobotomía temporaria se perdía ese correlato. Resultó bastante sorprendente que los informes subjetivos de los participantes empezaran a no tener relación con su verdadero comportamiento. Esta es la definición exacta de la ceguera cortical: una disociación entre la percepción subjetiva y el comportamiento objetivo. Desde entonces, esa condición, que suele asociarse con una lesión cerebral importante, podía reproducirse en cualquier cerebro normal al interferir con la operación de los lóbulos frontales izquierdo y derecho. Claramente, estas regiones tienen un rol causal en los bucles corticales de la conciencia.

---

y Eichhammer, 2007). En el estado actual del conocimiento, no les permitiría hacérselo a mi cerebro.

Una cosa que piensa

> ¿Qué es, pues, lo que soy? Una cosa que piensa. ¿Y qué es una cosa que piensa? Es una cosa que duda, que concibe, que afirma, que niega, que quiere, que no quiere, que imagina, también, y que siente.
>
> **René Descartes, *Segunda meditación* (1641)**

Unir todo el material probatorio nos lleva ineludiblemente a una conclusión reduccionista. Todas nuestras experiencias conscientes, desde el sonido de una orquesta hasta el olor de una tostada quemada, son resultado de una fuente similar: la actividad de circuitos cerebrales masivos que tienen marcas o sellos neuronales reproducibles. Durante la percepción consciente, diferentes grupos de neuronas comienzan a dispararse de modo coordinado, primero en regiones especializadas locales, luego en amplias extensiones de nuestra corteza. En última instancia, ocupan gran parte de los lóbulos prefrontal y parietal, mientras que permanecen muy sincronizadas con las regiones sensoriales más tempranas. Una vez alcanzado este punto, donde una red cerebral coherente se activa de pronto, parece corroborarse la percepción consciente.

En este capítulo descubrimos nada menos que cuatro sellos o marcas fiables de la conciencia: marcadores fisiológicos que señalan si el participante experimentó una percepción consciente. En primer lugar, un estímulo consciente causa una activación neuronal intensa que lleva a una activación repentina de los circuitos parietal y prefrontal. En segundo lugar, en el EEG, el acceso consciente va acompañado por una onda lenta llamada "onda P3", que surge un tercio de segundo después del estímulo. En tercer lugar, la activación consciente también desencadena una explosión tardía y repentina de oscilaciones de alta frecuencia. Por último, muchas regiones intercambian mensajes bidireccionales y sincronizados a través de largas distancias en la corteza, formando de este modo una red cerebral global.

Uno o más de estos eventos podría ser también epifenómeno de la conciencia, similar al silbato de una locomotora: la acompaña de modo sistemático pero no contribuye en nada a ella. La causalidad sigue siendo difícil de evaluar mediante los métodos de la neurociencia. De todos modos, varios experimentos pioneros comenzaron a demostrar que interferir los circuitos corticales de nivel más alto puede alterar la percepción subjetiva dejando intacto el procesamiento inconsciente. Otros experimentos de estimulación indujeron alucinaciones, como puntos ilusorios de luz o una sensación anómala del movimiento corporal. Pese a que estos estudios son demasiado rudimentarios para darnos una imagen detallada del estado consciente, no dejan duda respecto de que la actividad eléctrica de las neuronas puede causar cierto estado mental o, de manera igualmente fácil, destruir uno existente.

En principio, nosotros, como neurocientíficos, creemos en la fantasía del filósofo, que con tanta fuerza despliega la película *Matrix*: el "cerebro en un tanque". Al estimular las neuronas apropiadas y silenciar otras, deberíamos ser capaces de recrear, en cualquier momento dado, alucinaciones de cualquiera del sinfín de estados subjetivos que suelen vivenciar las personas. Las avalanchas neurales deberían causar sinfonías mentales.

En este momento, la tecnología va muy a la zaga de la fantasía de los hermanos Wachowski. Todavía no podemos controlar los miles de millones de neuronas que serían necesarios para trazar con precisión en la corteza el equivalente neural de una calle transitada de Chicago o un atardecer de Bahamas. ¿Pero estas fantasías estarán para siempre fuera de nuestro alcance? No apostaría en ese sentido. De la mano de los bioingenieros actuales, movidos por la necesidad de restaurar funciones en los pacientes ciegos, paralizados o con enfermedad de Parkinson, las neurotecnologías están progresando velozmente. Hoy en día pueden implantarse en la corteza de animales experimentales chips de silicona con miles de electrodos, para aumentar enormemente el ancho de banda de las interfaces entre las computadoras y el cerebro.

Todavía más emocionantes resultan los avances recientes en optogenética, una técnica fascinante que conduce a las neuronas a través de la luz, en lugar de hacerlo a través de la corriente eléctrica. Lo principal en esta técnica es el descubrimiento, en algas y bacterias, de moléculas sensibles a la luz, llamadas "opsinas", que convierten los fotones de la luz en señales eléctricas, la corriente básica de la neurona. Los genes de las opsinas son conocidos, y sus propiedades pueden diseñarse genéticamente. Inyectar un virus con estos genes en el cerebro de un animal y restringir su expresión a un subconjunto preciso de neuronas posibilitó que se agregaran nuevos fotorreceptores a la caja de herramientas del cerebro. En la profundidad de la corteza, en lugares oscuros que por lo general no son sensibles a la luz, apuntar un láser desencadena de pronto un flujo de disparos neuronales con una precisión de milisegundos.

Por medio de la optogenética, los neurocientíficos pueden activar o inhibir de manera selectiva cualquier circuito cerebral (Carlen, Meletis, Siegle, Cardin, Futai, Vierling-Claassen, Ruhlmann y otros, 2011, Cardin,

Carlen, Meletis, Knoblich, Zhang, Deisseroth, Tsai y Moore, 2009). Incluso se utilizó esa técnica para despertar a un ratón dormido al estimular su hipotálamo (Adamantidis, Zhang, Aravanis, Deisseroth y De Lecea, 2007). Pronto deberíamos poder inducir estados aún más diferenciados de actividad cerebral, y de este modo recrear, *de novo*, una percepción consciente específica. Estén atentos, porque es probable que los próximos años traigan nuevos conocimientos notables acerca del código neuronal que es la base de nuestra vida mental.

5. Una teorización de la conciencia

Ya descubrimos sellos o marcas del procesamiento consciente, pero ¿qué significan? ¿Por qué ocurren? Ya alcanzamos el punto en que necesitamos una teoría que explique cómo se relaciona la introspección subjetiva con las medidas objetivas. En este capítulo, presento la hipótesis del "espacio de trabajo neuronal global", fruto de la tarea que mi laboratorio llevó adelante a lo largo de quince años para comprender la conciencia. La propuesta es sencilla: la conciencia es información compartida por todo el cerebro. El cerebro humano desarrolló redes de larga distancia eficientes, en especial en la corteza prefrontal, para seleccionar información relevante y diseminarla por el cerebro. La conciencia es un dispositivo evolucionado que nos permite prestar atención a una porción de información y mantenerla activa dentro de este sistema de transmisión. Una vez que la información es consciente, puede conducírsela con flexibilidad hacia otras áreas de acuerdo con nuestras metas actuales. Por eso podemos nombrarla, evaluarla, memorizarla o usarla para planificar el futuro. Las simulaciones computarizadas de las redes neurales muestran que la hipótesis de un espacio de trabajo neuronal global genera precisamente esas marcas que vemos en los registros cerebrales experimentales. También pueden explicar por qué gran cantidad de conocimiento permanece inaccesible a nuestra conciencia.

Consideraré las acciones y los deseos humanos como si se tratase de líneas, superficies y cuerpos sólidos.
Baruch Spinoza, *Ética* (1677)

El descubrimiento de las marcas de la conciencia es un avance muy importante; pero estas ondas cerebrales y estos disparos neuronales todavía no explican qué *es* la conciencia o por qué ocurre. ¿Por qué la descarga neuronal tardía, la ignición global y la sincronía a escala cerebral crean un estado mental subjetivo? ¿Cómo es que estos eventos cerebrales, por complejos que sean, provocan una experiencia mental? ¿Por qué la descarga de las neuronas en el área V4 provoca una percepción de color, y la de las neuronas del área V5 una sensación de movimiento? Si bien la neurociencia detectó muchas correspondencias empíricas entre la actividad cerebral y la vida mental, el abismo conceptual entre el cerebro y la mente parece más amplio que nunca.

Sin una teoría explícita, la búsqueda contemporánea de los correlatos neurales de la conciencia puede parecer tan inútil como la antigua propuesta de Descartes de que la glándula pineal es el asiento del alma. Esta hipótesis parece deficiente porque ratifica esa misma división que, según se supone, una teoría de la conciencia debe resolver: la idea intuitiva de que lo neural y lo mental pertenecen a reinos completamente diferentes. La mera observación de una relación sistemática entre esos dos ámbitos no es suficiente. Se requiere un marco teórico abarcativo, un conjunto de leyes de enlace que expliquen en detalle cómo se vinculan los eventos mentales con los patrones de actividad cerebral.

Los enigmas que desconciertan a los neurocientíficos contemporáneos no son tan diferentes de los resueltos en los siglos XIX y XX por los físicos, quienes se preguntaban cómo las propiedades macroscópicas de la materia común se originaban en un mero conjunto de átomos. ¿De dónde proviene la solidez de una mesa si consiste casi sólo en un vacío, poblado por unos pocos átomos de carbono, oxígeno e hidrógeno? ¿Qué es un líquido? ¿Qué un sólido? ¿Un cristal? ¿Un gas? ¿Una llama? ¿Cómo es que sus formas y otros rasgos tangibles son la consecuencia de un tejido suelto de átomos? Para responder a estas preguntas hacía falta una disección aguda de los componentes de la materia; pero este análisis ascendente no era suficiente: se requería una teoría matemática sintética. La famosa teoría cinética de los gases, postulada por primera vez por James Clerk Maxwell y Ludwig Boltzmann, explicó cómo las variables macroscópicas de la presión y la temperatura surgían del movimiento de los átomos en un gas. Fue el primero de muchos modelos matemáticos de la materia, una cadena reduccionista que hoy en día explica sustancias tan diversas como nuestros pegamentos y pompas de jabón, el agua que bulle en nuestras cafeteras y el plasma que se encuentra en el lejano sol.

En nuestros días hace falta una labor teórica para colmar la brecha entre la mente y el cerebro. Nunca ningún experimento demostrará cómo los miles de millones de neuronas del cerebro humano disparan en el momento de la percepción consciente. Sólo la teoría matemática puede explicar cómo lo mental se reduce a lo neural. La neurociencia necesita una serie de leyes de enlace, análogas a la teoría de los gases de Maxwell-Boltzmann, que conecte un ámbito con el otro. Esta no es tarea fácil: la "materia condensada" del cerebro tal vez sea el objeto más complejo sobre la faz de la tierra. A diferencia de la estructura simple de un gas, un modelo del cerebro requerirá muchos niveles anidados de explicación. Al igual que la complicada disposición de unas muñecas rusas, la cognición es resultado de una organización sofisticada de rutinas mentales o procesadores, cada uno implementado por circuitos distribuidos a lo largo del cerebro, construidos a su vez por docenas de tipos de células. Incluso una sola neurona, con sus decenas de miles de sinapsis, es un universo de moléculas en movimiento que durante siglos proporcionarán trabajo a quienes deseen proponer modelos de su funcionamiento.

A pesar de estas dificultades, en los últimos quince años mis colegas Jean-Pierre Changeux, Lionel Naccache y yo comenzamos a colmar la brecha. Esbozamos una teoría específica de la conciencia, el "espacio de trabajo neuronal global", que constituye la síntesis condensada de sesenta años de modelado psicológico. En este capítulo espero lograr convencerlos de que, aunque todavía estamos muy lejos de contar con leyes matemáticas precisas, ahora poseemos ciertos rudimentos de la naturaleza de la conciencia, de qué manera aparece como resultado de actividad cerebral coordinada, y por qué exhibe las marcas que vemos en nuestros experimentos.

La conciencia: información compartida a escala global

¿Qué tipo de arquitectura de procesamiento de información subyace a la mente consciente? ¿Cuál es su razón de ser, su rol funcional en la economía basada sobre la información del cerebro? Mi propuesta puede plantearse de manera sucinta (Dehaene, Kerszberg y Changeux, 1998, Dehaene, Changeux, Naccache, Sackur y Sergent, 2006, Dehaene y Naccache, 2001).[1] Cuando decimos que somos conscientes de determinada cantidad de información, lo que queremos decir es simplemente esto: la

---

1 La teoría del espacio de trabajo neuronal global se relaciona directamente con una teoría más temprana de un "espacio de trabajo global", presentada por primera vez por Bernard Baars en un influyente libro (Baars, 1989). Mis colegas y yo la enriquecemos en términos neuronales, proponiendo que las redes

información llegó al interior de un área de almacenamiento específica que la pone a disposición para el resto del cerebro. Entre los millones de representaciones mentales que surcan constantemente nuestros cerebros de manera inconsciente, se selecciona una a causa de su relevancia para nuestras metas actuales. La conciencia la deja a disposición de manera global para todos nuestros sistemas de decisión de nivel alto. Tenemos un *router* mental, una arquitectura evolucionada para extraer información relevante y despacharla. El psicólogo Bernard Baars la llama "espacio de trabajo global": un sistema interno, separado del mundo exterior, que nos permite alojar con libertad nuestras imágenes mentales privadas y esparcirlas a través del vasto conjunto de procesadores especializados de la mente (figura 24).

De acuerdo con esta teoría, la conciencia sólo es un proceso en que se comparte información por todo el cerebro. Podemos retener en nuestra mente todo aquello de lo que nos volvemos conscientes, que permanecerá durante un tiempo muy prolongado luego de que la estimulación correspondiente haya desaparecido del mundo exterior. Eso ocurre porque nuestro cerebro lo trasladó hacia el interior del espacio de trabajo, que lo preserva allí sin que importen el momento y el lugar en que lo percibimos por primera vez. Por eso, podemos usarlo siempre que queramos. En especial, podemos enviarlo hacia nuestros procesadores de lenguaje y nombrarlo; esto motiva que la capacidad para comunicar sea un rasgo clave de un estado consciente. Pero también podemos almacenarlo en la memoria de largo plazo o usarlo para nuestros planes futuros, cualesquiera sean. Sostengo que la diseminación flexible de información es una propiedad característica del estado consciente.

La idea del espacio de trabajo representa una síntesis de muchas propuestas anteriores de la psicología de la atención y la conciencia. Ya en 1870, el filósofo francés Hippolyte Taine (1870: I) presentó la metáfora de un "teatro de la conciencia". La mente consciente, según explicó, es como un escenario angosto que sólo nos permite escuchar a un solo actor:

> Se puede comparar la mente de un hombre con [el escenario de]
> un teatro, de profundidad indefinida, muy angosto en las candilejas
> pero que de allí hacia el foro se amplía. En las candilejas, encendidas,
> apenas hay espacio para un solo actor. [...] Más allá, en los distin-

---

corticales de larga distancia tienen un papel esencial en su implementación (Dehaene, Kerszberg y Changeux, 1998).

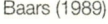

Baars (1989)

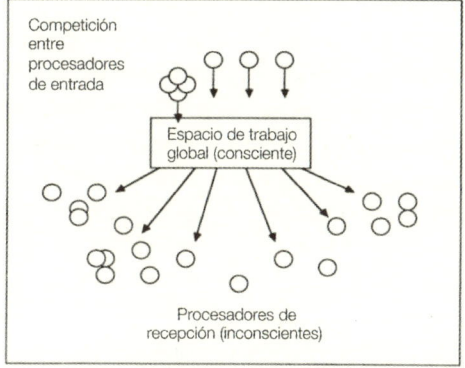

Dehaene y Changeux (1998)

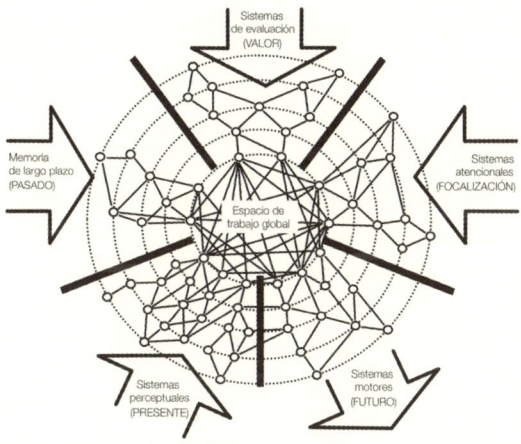

Figura 24. La teoría del espacio de trabajo neuronal global propone que lo que vivenciamos como conciencia es el proceso global en que se comparte información. El cerebro aloja docenas de procesadores locales (representados con círculos); cada uno de ellos se especializa para ocuparse de un tipo de operación. Un sistema de comunicación específico, el "espacio de trabajo global", les permite compartir información de manera flexible. En cualquier momento dado, el espacio de trabajo selecciona un subconjunto de procesadores, asienta una representación coherente de la información que estos codifican, la preserva en la mente a lo largo de una duración arbitraria y la disemina de regreso hacia casi todos los otros procesadores. Siempre que un dato accede al espacio de trabajo, se vuelve consciente.

tos planos de la escena, hay otros grupos tanto menos nítidos en cuanto están más lejos de candilejas. Y más allá de estos grupos, entre bastidores y sobre el lejano telón de fondo, hay una multitud de formas oscuras que a veces un llamado repentino trae a escena e incluso las deja bajo el brillo de las candilejas; e incesantemente se obran evoluciones indefinidas en este enjambre de actores de todo tipo, para proveer los corifeos que, cada vez, como en una linterna mágica, llegan a desfilar ante nuestros ojos.

Décadas antes de Freud, la metáfora de Taine implicaba que, a pesar de que sólo un elemento lograba ingresar a nuestra conciencia, nuestra mente debía abarcar una variedad enorme de procesadores inconscientes. ¡Qué enorme elenco de reemplazo para un espectáculo unipersonal! En cualquier momento dado, el contenido de nuestra conciencia surge de un sinfín de operaciones encubiertas, un ballet de fondo que permanece oculto a la vista.

El filósofo Daniel Dennett (1991) nos recuerda que debemos ser cautelosos con la alegoría del teatro, dado que puede llevar a un gran pecado: la "falacia del homúnculo". Si la conciencia es un escenario, ¿quién es el público? ¿"Ellos" también tienen pequeños cerebros, completos con su propio escenario en miniatura? ¿Y, a su vez, quién lo contempla? Uno debe resistirse siempre a la absurda fantasía, propia de una película de Disney, de que existe un homúnculo instalado en nuestros cerebros, uno que escruta nuestras pantallas y comanda nuestros actos. No hay ningún "yo" que mire dentro de nosotros. El escenario mismo es el "yo". No hay nada de malo en la metáfora del escenario, a condición de que eliminemos de entre el público la inteligencia y la reemplacemos con operaciones explícitas de naturaleza algorítmica. Como Dennett plantea en términos muy llamativos, "uno quita a los elegantes homúnculos de su propio esquema organizando ejércitos de idiotas que hagan el trabajo" (Dennett, 1978).

La versión de Bernard Baars del modelo del espacio de trabajo elimina al homúnculo. El público del espacio de trabajo global no es un pequeño hombre en la cabeza, sino una colección de otros procesadores inconscientes que reciben un mensaje transmitido y actúan frente a él, cada uno de acuerdo con su competencia específica. La inteligencia colectiva es resultado del amplio intercambio de mensajes seleccionados por su pertinencia. Esta idea no es nueva: se remonta al comienzo de la inteligencia artificial, cuando los investigadores sugerían que algunos subprogramas intercambiarían información a través de una "pizarra" compartida, una estructura de información común similar al "portapapeles" con que cuenta una computadora personal.

El angosto escenario de Taine –pequeño, demasiado para permitir que actúe más de un actor por vez– ejemplifica de manera vívida otra idea que tiene una larga historia: que la conciencia se origina en un sistema de capacidad limitada que lidia sólo con un pensamiento por vez. Durante la Segunda Guerra Mundial, el psicólogo británico Donald Broadbent (1958) desarrolló una metáfora mejor, que tomó prestada de la recién nacida teoría de la información y de la computación. Al estudiar a los pilotos de avión, notó que, incluso con entrenamiento, no podían prestar atención con facilidad a dos hilos simultáneos de habla, uno en cada oído. La percepción consciente, presumió, debe involucrar un "canal de capacidad limitada", un cuello de botella lento que procesa sólo un ítem por vez. El subsiguiente descubrimiento del parpadeo atencional y el período psicológico refractario, como vimos en el capítulo 2, fue un fuerte aval de esta noción: cuando nuestra atención se ve atraída por un primer elemento, nos volvemos completamente ciegos a otros. Los psicólogos cognitivos modernos desarrollaron una variedad de metáforas en esencia equivalentes, que explican el acceso consciente como un "cuello de botella central" (Pashler, 1994) o un "segundo escenario de procesamiento" (Chun y Potter, 1995), un salón VIP al cual sólo unos pocos afortunados están invitados.

Una tercera metáfora surgió en las décadas de 1960 y 1970: presenta a la conciencia como un "sistema de supervisión" de alto nivel, un ejecutivo central de alto poder que controla el flujo de información del resto del sistema nervioso (Shallice, 1972, Shallice, 1979, Posner y Snyder, 1975, Posner y Rothbart, 1998). Como había notado William James en su obra maestra de 1890 *Principios de psicología*, la conciencia se parece a un "órgano añadido para conducir a un sistema nervioso que se ha vuelto demasiado complejo para regularse a sí mismo" (James, 1890). Si se la toma en sentido literal, esta afirmación está plagada de dualismo: la conciencia no es algo ajeno que se añade al sistema nervioso, sino un participante que es de la casa. Así, nuestro sistema nervioso alcanza en verdad la sorprendente proeza de "regularse a sí mismo", pero lo hace de un modo jerárquico. Los centros más altos de la corteza prefrontal, más recientes en la evolución, se imponen sobre los sistemas más bajos –situados en áreas corticales posteriores y en núcleos subcorticales–, a menudo para inhibirlos.[2]

---

2 Esta organización jerárquica, enfatizada por el neurólogo británico John

Los neuropsicólogos Michael Posner y Tim Shallice propusieron que la información se vuelve consciente cuando se la representa con este sistema regulatorio de alto nivel. Ahora sabemos que esta perspectiva no puede ser del todo correcta; como vimos en el capítulo 2, incluso un estímulo subliminal, sin ser visto, puede desencadenar parcialmente algunas de las funciones inhibitorias y regulatorias del sistema ejecutivo de supervisión (Van Gaal, Ridderinkhof, Fahrenfort, Scholte y Lamme, 2008, Van Gaal, Ridderinkhof, Scholte y Lamme, 2010). Sin embargo, a la inversa, cualquier dato que alcanza el espacio de trabajo consciente se vuelve capaz de regular, de manera muy profunda y extensa (y de inmediato), todos nuestros pensamientos. La atención ejecutiva es sólo uno de los muchos sistemas que reciben *inputs* del espacio de trabajo global. Como resultado, cualquier cosa de la cual seamos conscientes se vuelve disponible para conducir nuestras decisiones y nuestras acciones intencionales, y da lugar al sentimiento de que están "bajo control". Los sistemas del lenguaje, de la memoria de largo plazo, la atención y la intención forman parte de este círculo interno de dispositivos de intercomunicación que intercambian información consciente. Gracias a esta arquitectura de espacio de trabajo, de manera arbitraria puede darse nuevo curso a cualquier cosa de la cual seamos conscientes, que así se vuelve sujeto de una oración, punto crucial de un recuerdo, foco de nuestra atención o centro de nuestro próximo acto voluntario.

Más allá de la modularidad

Coincido con el psicólogo Bernard Baars, porque creo que la conciencia se reduce a lo que el espacio de trabajo hace: vuelve globalmente accesible la información relevante y la transmite de manera flexible a una variedad de sistemas cerebrales. En principio, nada impide la reproducción de estas funciones en las herramientas no biológicas, como una computadora con circuitos de silicio. Pese a esto, en la práctica las operaciones relevantes están lejos de ser triviales. Todavía no sabemos con exactitud cómo las implementa el cerebro, o cómo podríamos dotar de ellas a una máquina. Los programas informáticos tienden a estar organizados en forma modular rígida: cada rutina recibe información especí-

---

Hughling Jackson en el siglo XIX, se volvió conocimiento básico de manual en el campo de la neurología.

fica y la transforma de acuerdo con reglas propias para generar productos bien definidos. Un procesador de texto puede incluir determinada cantidad de información (por ejemplo, un bloque de texto) durante un tiempo; pero la computadora en conjunto no tiene recursos para decidir si esta información es relevante de manera global, o volverla plenamente accesible para otros programas. Por ende, y para nuestra desesperación, nuestras computadoras no dejan de ser cortas de miras. Realizan sus tareas a la perfección; pero lo que se sabe dentro de un módulo, por inteligente que este sea, no puede compartirse con otros. Sólo un mecanismo rudimentario, el portapapeles, permite que los programas de computación compartan su conocimiento, pero sólo bajo supervisión de un *deus ex machina* inteligente: el usuario humano.

A diferencia de la computadora, nuestra corteza parece haber resuelto este problema al albergar en simultáneo un conjunto modular de procesadores y un flexible sistema de enrutamiento [*routing*]. Muchos sectores de la corteza están dedicados a un proceso específico. Áreas completas sólo están integradas por neuronas abocadas al reconocimiento facial y se activan tan sólo cuando un rostro aparece en el campo visual de la retina (Tsao, Freiwald, Tootell y Livingstone, 2006). Existen regiones de las cortezas parietal y motora que se ocupan de actos motores específicos o de las partes del cuerpo particulares que los desempeñan. Algunos sectores todavía más abstractos codifican nuestro conocimiento de números, animales, objetos y verbos. Si la teoría del espacio de trabajo es correcta, la conciencia puede haber evolucionado para mitigar esta modularidad. Gracias al espacio de trabajo neuronal global, la información puede compartirse con libertad a través de los procesadores modulares de nuestro cerebro. Esta disponibilidad global de la información es precisamente lo que experimentamos de manera subjetiva como un estado consciente (Dehaene y Naccache, 2001).

Las ventajas evolutivas de esta organización son obvias. La modularidad es útil porque diferentes ámbitos del conocimiento requieren diferentes ajustes de la corteza: los circuitos para orientarse en el espacio realizan operaciones distintas de las de aquellos que reconocen un paisaje o almacenan en la memoria un evento pasado. Sin embargo, a menudo las decisiones deben basarse sobre la combinación de múltiples fuentes de conocimiento. Imaginemos un elefante sediento, solo en la sabana. Su supervivencia depende de que encuentre la próxima vertiente. Su decisión de caminar hacia un lugar distante e invisible debe basarse sobre el uso más eficiente de la información disponible, incluido un mapa mental del espacio; el reconocimiento visual de los límites, los árboles y los caminos; y un recuerdo de los éxitos y fracasos del pasado para encontrar agua. Las decisiones de largo plazo de índole tan vital, que someten al animal a una extenuante travesía bajo el sol africano, deben hacer uso de todas las fuentes de información existentes. Quizá la conciencia haya evolucionado, hace una eternidad, en busca de utilizar de manera flexible todas las fuentes de conocimiento relevantes para nuestras necesidades actuales (Denton, Shade, Zamarippa, Egan, Blair-West, McKinley, Lancaster y Fox, 1999).

Un sistema comunicativo evolucionado

De acuerdo con este argumento evolutivo, conciencia presupone conectividad. Un proceso flexible en que se comparta información requiere una arquitectura neuronal específica que conecte en un todo coherente diversas regiones distantes especializadas de la corteza. ¿Podemos identificar este tipo de estructuras dentro de nuestros cerebros? Ya a finales del siglo XIX, el neuroanatomista español Santiago Ramón y Cajal percibió un aspecto peculiar del tejido cerebral. A diferencia del denso mosaico de células que forman nuestra piel, el cerebro está compuesto de células sumamente alargadas: las neuronas. Con sus largos axones, las neuronas tienen la propiedad, única entre las células, de medir hasta metros de largo. Una sola neurona de la corteza motora puede enviar su axón hasta regiones increíblemente distantes de la médula espinal, para dirigir músculos específicos. Lo más interesante es que Cajal descubrió que las células de proyección de larga distancia se distribuyen en forma compacta en la corteza (figura 25), el fino manto que forma la superficie de nuestros dos hemisferios. Desde sus localizaciones en la corteza, células nerviosas en forma de pirámides suelen enviar sus axones hasta la parte posterior del cerebro o hasta el otro hemisferio. Sus axones se agrupan en densos manojos de fibras que forman cables de varios milímetros de diámetro y hasta varios centímetros de largo. Por medio de la resonancia magnética, actualmente podemos detectar con facilidad en el cerebro humano vivo estos conglomerados de fibras entrecruzadas.

Es muy importante señalar que no todas las áreas cerebrales están conectadas igual de bien. Las regiones sensoriales –por ejemplo, el área visual primaria V1– tienden a ser selectivas y a establecer sólo un conjunto pequeño de conexiones, en primer lugar con sus vecinos. Las regiones visuales tempranas están organizadas en una grosera jerarquía: el área V1 le habla principalmente al área V2, que a su vez le habla a V3 y V4, y

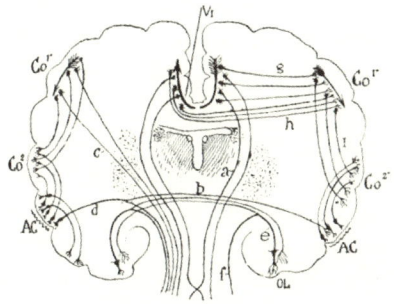 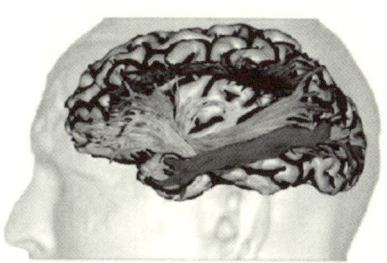

Figura 25. Las conexiones neuronales de larga distancia pueden residir en la base del espacio de trabajo neuronal global. El destacado neuroanatomista Santiago Ramón y Cajal, autor de una disección del cerebro humano en el siglo XIX, ya había hecho notar cómo las neuronas corticales grandes, con forma de pirámides, enviaban sus axones a regiones muy distantes (izquierda). Hoy en día sabemos que estas proyecciones de larga distancia transmiten información sensorial a una red densamente conectada de las regiones parietal, temporal y prefrontal (derecha). Una lesión en estas proyecciones de larga distancia puede causar síndrome de negligencia espacial, una pérdida selectiva de la percepción visual de un lado del espacio.

así sucesivamente. Como resultado, las operaciones visuales tempranas están encapsuladas en cuanto a la función: las neuronas visuales al principio sólo reciben una fracción pequeña del *input* de la retina y la procesan en relativo aislamiento, sin "percibir" la imagen global.

Pese a todo, en estas áreas asociativas de la corteza de nivel más alto la conectividad pierde su carácter de "vecino inmediato" local o de "punto a punto", y de esta forma rompe la modularidad de las operaciones cognitivas. Las neuronas con axones de larga distancia son las más abundantes en la corteza prefrontal, la parte anterior del cerebro. Esta región se conecta con muchos otros sitios en el lóbulo parietal inferior, el lóbulo temporal medio y anterior, y las áreas cinguladas anterior y posterior que se encuentran en la línea media del cerebro. Estas regiones fueron identificadas como focos de gran importancia: los centros de interconexión más importantes del cerebro (Hagmann, Cammoun, Gigandet, Meuli, Honey, Wedeen y Sporns, 2008, Parvizi, Van Hoesen, Buckwalter y Damasio, 2006). Todos están muy interconectados mediante proyecciones recíprocas: si el área A se proyecta al área B, entonces casi siempre B también envía una proyección a A (figura 25). Es más, las conexiones de larga distancia tienden a formar triángulos: si el área A se proyecta tanto a la B como a la C, probablemente ellas, a su vez, estén interconectadas (Goldman-Rakic, 1988).

Estas regiones corticales tienen una fuerte conexión con otras estructuras, como los núcleos centrales laterales e intralaminares del tálamo (involucrados en la atención, la vigilancia y la sincronización), los ganglios basales (cruciales para la toma de decisiones y la acción) y el hipocampo (esencial para memorizar los episodios de nuestras vidas y para recordarlos). De especial importancia son las vías que unen la corteza con el tálamo, que consiste en un grupo de núcleos: cada uno de ellos entra en un bucle compacto con por lo menos una región de la corteza y, a menudo, con muchas a la vez. Prácticamente todas las regiones de la corteza que están interconectadas de manera directa comparten también datos gracias a una ruta paralela de información a través de un relé talámico profundo (Sherman, 2012). Los *inputs* del tálamo a la corteza también tienen un rol fundamental para estimular la corteza y preservarla en un estado "alto" de actividad sostenida (Rigas y Castro-Alamancos, 2007). Como veremos más adelante, la actividad reducida del tálamo y sus interconexiones tienen un papel clave en los estados de coma o vegetativos, cuando el cerebro "se separa de la mente".*

Así, el espacio de trabajo depende de una densa red de regiones cerebrales interconectadas: una organización descentralizada sin siquiera un lugar físico de encuentro. En el primer lugar de la jerarquía cortical, una comisión ejecutiva elitista, distribuida en territorios distantes, se mantiene sincronizada intercambiando una enorme cantidad de mensajes. Lo extraordinario es que esta red anatómica de áreas interconectadas de nivel alto, que involucra principalmente los lóbulos prefrontal y parietal, coincide con aquella que describí en el capítulo 4, cuya activación repentina constituía nuestra primera marca del procesamiento consciente. En esta instancia estamos en condiciones de comprender por qué de manera sistemática estas áreas asociativas entran en ignición siempre que una porción de información ingresa en nuestra percepción consciente: aquellas regiones poseen la conexión de larga distancia exacta requerida para transmitir mensajes a través de las largas distancias del cerebro.

---

* En el original, "*when the brain loses its mind*". Esta frase se convierte en un juego de palabras, ya que metafóricamente significa "volverse loco" y, de manera más literal, "perder la mente" o "desconectarse de la mente". [N. de T.]

Las neuronas piramidales de la corteza que participan en esta red de larga distancia están bien adaptadas para la tarea (figura 26). Para alojar la compleja maquinaria molecular con que dar sustento a sus inmensos axones, cuentan con cuerpos celulares gigantes. Recordemos que el núcleo de la célula es donde la información genética se codifica en ADN; y además las moléculas receptoras que se transcriben allí deben encontrar la manera de abrirse camino hacia la sinapsis, a centímetros de distancia. Las grandes células nerviosas capaces de realizar esta hazaña espectacular tienden a concentrarse en capas específicas de la corteza: las capas II y III, que en especial son responsables de las conexiones callosas que distribuyen información a través de los dos hemisferios.

Ya en la década de 1920, el neuroanatomista austríaco Constantin von Economo observó que estas capas no estaban distribuidas de manera equivalente. Eran mucho más gruesas en las cortezas prefrontal y cingulada, y asimismo en las áreas de asociación parietal y temporal: precisamente las regiones en estrecha interconección que se activan durante la percepción y el procesamiento conscientes.

En época más reciente, Guy Elston, en Queensland, Australia, y Javier de Felipe, en España, observaron que estas neuronas gigantes del espacio de trabajo también poseen inmensas dendritas –las antenas receptoras de las neuronas–, lo que las vuelve particularmente adecuadas para recolectar mensajes provenientes de muchas regiones distantes (Elston, 2000, 2003). Las neuronas piramidales recolectan información de otras neuronas a través de sus dendritas (la palabra se acuñó a partir de la raíz griega que significa "árbol"), la densa arborescencia recolectora de las señales que entran. La sinapsis se produce en el lugar donde una neurona llega a "destino"; allí, la neurona receptora desarrolla una estructura anatómica microscópica llamada "espina": una protuberancia con forma de hongo El árbol dendrítico está densamente cubierto por enormes cantidades de espinas. De modo crucial para la hipótesis del espacio de trabajo, Elston y De Felipe mostraron que las dendritas son tanto más largas, y las espinas tanto más numerosas en la corteza prefrontal que en las regiones posteriores del cerebro (véase figura 26).

Es más, estas adaptaciones en procura de la comunicación de larga distancia resultan particularmente obvias en el cerebro humano (Elston, Benavides-Piccione y De Felipe, 2001). En relación con nuestros familiares cercanos entre los primates, nuestras neuronas prefrontales presentan más ramificaciones e incluyen más espinas. Su densa jungla de dendritas está controlada por una familia de genes que mutaron de manera única en los humanos (Konopka, Wexler, Rosen, Mukamel, Osborn,

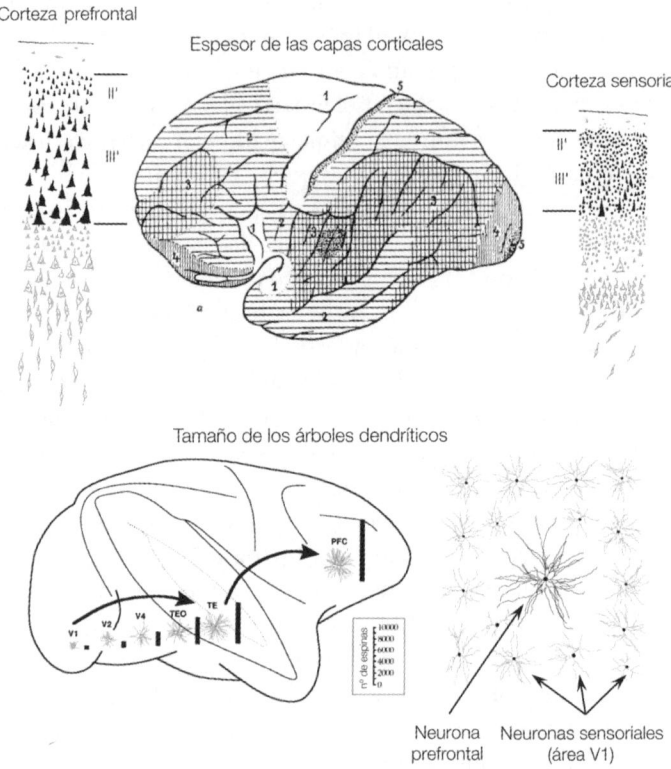

Figura 26. Grandes neuronas piramidales están adaptadas para la transmisión global de información consciente, especialmente en la corteza prefrontal. Toda la corteza está organizada en capas; de estas, la II y la III alojan las grandes neuronas piramidales, cuyos largos axones se proyectan a regiones distantes. Estas capas son tanto más gruesas en la corteza prefrontal que en las áreas sensoriales (arriba). En líneas generales, el espesor de las capas II y III define las regiones que tienen una activación máxima durante la percepción consciente. Estas regiones también exhiben adaptaciones para la recepción de mensajes globales. Sus árboles dendríticos (abajo), que reciben proyecciones de otras regiones, son mucho más grandes en la corteza prefrontal que en otras regiones. Estas adaptaciones para lograr la comunicación de larga distancia son más prominentes en el cerebro humano que en los de otras especies de primates.

Chen, Lu y otros, 2012). La lista incluye el gen FoxP2, el famoso gen con dos mutaciones específico del linaje *Homo* (Enard, Przeworski, Fisher, Lai, Wiebe, Kitano, Monaco y Paabo, 2002), que modula nuestras redes del lenguaje (Pinel, Fauchereau, Moreno, Barbot, Lathrop, Zelenika, Le Bihan y otros, 2012) y cuya alteración crea un gran daño en el habla y la articulación (Lai, Fisher, Hurst, Vargha-Khadem y Monaco, 2001). La familia FoxP2 incluye varios genes responsables de construir neuronas, dendritas, axones y sinapsis. En una hazaña sorprendente de la tecnología genómica, los científicos crearon ratones mutantes portadores de las dos mutaciones humanas FoxP2; por supuesto, desarrollaron neuronas piramidales con dendritas tanto más grandes, similares a las de los humanos, y una mayor facilidad para aprender (aunque todavía no podían hablar; Enard, Gehre, Hammerschmidt, Holter, Blass, Somel, Bruckner y otros, 2009, Vernes, Oliver, Spiteri, Lockstone, Puliyadi, Taylor, Ho y otros, 2011).

A causa del FoxP2 y los demás integrantes de su familia de genes asociada, cada neurona prefrontal humana puede albergar quince mil espinas o más. Esto implica que está hablando a alrededor de esa misma cantidad de neuronas, la mayoría de ellas localizada muy lejos en la corteza y el tálamo. Esta organización anatómica parece la adaptación perfecta para cumplir con el desafío de reunir información de cualquier lugar del cerebro y, una vez que se la estima de relevancia suficiente para que ingrese en el espacio de trabajo global, retransmitirla a miles de lugares.

Supongamos que pudiéramos seguir todas las conexiones que se activan cuando reconocemos un rostro de manera consciente, algo muy similar a como el FBI rastrea una llamada telefónica a través de sucesivas terminales de telecomunicación. ¿Qué tipo de red podríamos ver? Al principio, conexiones muy cortas, localizadas dentro de nuestras retinas, limpian la imagen que llega. A continuación la imagen comprimida se envía, por medio del gran cable del nervio óptico, al tálamo visual, y luego prosigue su camino hacia el área visual primaria, en el lóbulo occipital. Gracias a fibras locales con forma de U, se logra transmitir gradualmente a varios conglomerados de neuronas situados en el giro fusiforme derecho, donde los investigadores descubrieron los "conglomerados de rostros", conjuntos de neuronas abocadas al reconocimiento facial. Toda esta actividad es inconsciente. ¿Qué ocurre después? ¿Hacia dónde van las fibras? La anatomista suiza Stéphanie Clarke halló la sorprendente respuesta (Di Virgilio y Clarke, 1997): de un momento a otro, los axones de larga distancia permiten que la información visual se despache hacia casi cualquier recodo del cerebro. Desde el lóbulo temporal inferior derecho, se proyectan conexiones masivas y directas, en un solo paso sináptico, a áreas distantes de la corteza asociativa, incluidas aquellas situadas en el hemisferio opuesto. Las proyecciones se concentran en la corteza frontal inferior (el área de Broca) y en la corteza asociativa temporal (el área de Wernicke). Estas dos regiones son nodos clave para el sistema lingüístico humano; por ende, una vez alcanzada esa instancia, las palabras comienzan a ligarse con la información visual.

Como estas regiones en sí mismas participan en una red más amplia de áreas de espacio de trabajo, en ese momento la información puede diseminarse más allá, hacia toda la extensión del círculo íntimo de sistemas ejecutivos de nivel más alto; puede circular en una reverberante asamblea de neuronas activas. Según mi teoría, el acceso a este denso sistema es todo lo que se necesita para que la información entrante se vuelva consciente.

Modelar un pensamiento consciente

Intente evaluar la cantidad de pensamientos conscientes que usted puede tomar en consideración: todas las caras, objetos y escenas que reconoce; cada tono específico de emoción que vivenció, desde el enojo más salvaje hasta el más tenue placer malicioso por la desdicha ajena [*Schadenfreude*]; cada uno de los insignificantes detalles geográficos, los datos históricos, el conocimiento matemático o el mero chisme, verdadero o falso, que usted puede haber visto u oído; la pronunciación y el significado de cada palabra que conoció o podría conocer, en cualquiera de las lenguas del mundo... ¿No le parece que la lista es infinita? Y, sin embargo, cualquiera de ellas podría volverse tema de sus pensamientos conscientes en el próximo minuto. ¿Cómo es posible que semejante cornucopia de estados se codifique en el espacio de trabajo neuronal? ¿Cuál es el código neural para la conciencia, y cómo es sustrato de un repertorio casi infinito de ideas?

El neurocientífico Giulio Tononi señala que el auténtico tamaño de nuestro repertorio de ideas limita estrictamente el código neural para los pensamientos conscientes (Tononi y Edelman, 1998). Su característica principal debe ser un grado enorme de diferenciación: las combinaciones de neuronas activas e inactivas de nuestro espacio de trabajo global deben ser capaces de formar miles de millones de patrones de actividad diferentes. Cada uno de nuestros estados mentales conscientes potenciales debe asignarse a un estado diferente de actividad neuronal, bien diferenciado de los restantes. Como resultado, nuestros estados conscientes deben mostrar límites claros: o es un pájaro, o es un avión, o es Superman, pero no puede ser todos a la vez. Una mente clara, con una miríada de pensamientos potenciales, requiere un cerebro con una miríada de estados potenciales.

En su libro *Organización de la conducta* (1949), Donald Hebb ya había propuesto una teoría visionaria de cómo el cerebro puede codificar los pensamientos, al enunciar el concepto de "asambleas de neuronas", conjuntos de neuronas interconectados por sinapsis excitatorias y que por tanto tienden a permanecer activas durante largo tiempo luego de concluido cualquier estímulo externo. Así –conjeturaba–,

> cualquier estimulación particular, repetida con frecuencia, llevará al desarrollo lento de una "asamblea de células", una estructura difusa que abarque las células que se encuentran en la corteza y el diencéfalo (y quizá también en los ganglios basales del cerebelo), capaces de actuar durante un tiempo breve como un sistema cerrado (Hebb, 1949).

Todas las neuronas de una asamblea de células se apoyan unas a otras enviando pulsos excitatorios. Como resultado, forman una "colina" delimitada de actividad en el espacio neuronal. Y como muchas de las asambleas locales de este tipo pueden activarse de manera independiente en lugares diferentes del cerebro, el resultado es un código combinatorio capaz de representar miles de millones de estados. Por ejemplo, cualquier objeto visual puede representarse con una combinación de color, tamaño y fragmentos de formas. Los registros de la corteza visual avalan esta idea: por ejemplo, un matafuegos parece estar codificado por una combinación de "áreas" activas de neuronas, cada una compuesta por unos pocos cientos de neuronas activas que representan una parte específica (palanca, cuerpo, manguera, etc.; Tsunoda, Yamane, Nishizaki y Tanifuji, 2001).

En 1959, el pionero de la inteligencia artificial John Selfridge presentó otra metáfora útil: el "pandemonio" (Selfridge, 1959). Imaginó el cerebro como una jerarquía de "demonios" especializados; cada uno de ellos propone una interpretación tentativa para la imagen entrante. Treinta años de investigación neurofisiológica –incluido el espectacular descubrimiento de neuronas especializadas para distinguir líneas, colores, ojos, rostros e incluso presidentes de los Estados Unidos y estrellas de Hollywood– significaron una sólida confirmación de esta idea. En el modelo de Selfridge, los demonios se gritaban unos a otros su interpretación preferida, en proporción directa con la medida en que la imagen entrante favorecía su propia interpretación. Las ondas de gritos se propagaban a través de una jerarquía de unidades cada vez más abstractas, y eso permitía que las neuronas respondiesen a rasgos cada vez más abstractos de la imagen; por ejemplo, tres demonios que gritaban ante la presencia de ojos, nariz y pelo conspirarían, juntos, para excitar a un cuarto demonio que codificara la presencia de un rostro. Prestando oído a los demonios con más voz, un sistema de toma de decisiones se formaría una opinión de la imagen entrante: una percepción consciente.

El modelo del pandemonio de Selfridge recibió una mejora importante. Originariamente, estaba organizado conforme a una estricta jerarquía de prealimentación: los demonios les gritaban sólo a sus superiores jerárquicos, pero un demonio de alto nivel nunca dirigía sus gritos hacia uno de bajo nivel o incluso a otro de igual rango. Sin embargo, los sistemas neurales no se reportan meramente ante sus superiores; también charlan entre sí. La corteza está llena de bucles y proyecciones bidireccionales (Felleman y Van Essen, 1991, Salin y Bullier, 1995). Incluso las neuronas individuales dialogan entre sí: si una neurona α se proyecta hacia una neurona β, es probable que por contrapartida β se proyecte hacia α (Perin, Berger y Markram, 2011). En cualquier nivel, las neuronas interconectadas se apoyan unas a otras, y aquellas situadas en la cúspide de la jerarquía pueden hablarles a sus subordinadas, de modo que los mensajes se propaguen hacia abajo por lo menos tanto como hacia arriba.

La simulación y los modelos matemáticos "conexionistas" realistas con muchos bucles de este tipo demuestran poseer una propiedad muy útil. Cuando un subconjunto de neuronas se excita, el grupo completo se autoorganiza en "estados atractores": grupos de neuronas que forman patrones reproducibles de actividad, que se mantienen estables durante un lapso prolongado (Hopfield, 1982, Ackley, Hinton y Sejnowski, 1985, Amit, 1989). Como anticipó Hebb, las neuronas interconectadas tienden a formar asambleas estables de células.

Como una estrategia de codificación, estas redes recurrentes poseen una ventaja adicional: a menudo convergen en un consenso. En las redes neuronales dotadas de conexiones recurrentes, a diferencia de los demonios de Selfridge, las neuronas no se gritan con pedestre obstinación unas a otras: llegan paulatinamente a un acuerdo inteligente, una interpretación unificada de la escena percibida. Las neuronas que reciben mayor cantidad de activación se apoyan unas a otras y de modo gradual suprimen cualquier interpretación alternativa. Como resultado, pueden restaurarse las partes faltantes de la imagen y extirparse las porciones ruidosas. Luego de varias repeticiones, la representación neuronal codifica una versión limpia, interpretada de la imagen percibida. También se vuelve más estable, resistente al sonido, provista de coherencia interna y llega a diferenciarse de otros estados atractores. Francis Crick y Christof Koch describen esta representación como una "coalición neural" ganadora y sugieren que es el vehículo perfecto para una representación consciente (Crick y Koch, 2001).

El término "coalición" señala otro aspecto esencial del código neuronal consciente: debe estar firmemente integrado (Tononi, 2008).[3] Cada uno de nuestros momentos conscientes forma un todo coherente como una pieza única. Cuando contemplamos la *Mona Lisa* de Leonardo da Vinci, no percibimos un Picasso eviscerado, con manos seccionadas del cuerpo, una sonrisa de gato de Cheshire y ojos flotantes. Recuperamos todos estos elementos sensoriales y muchos otros (un nombre, un significado, una conexión con nuestros recuerdos del genio de Leonardo), y de algún modo lo reunimos en un todo coherente. Sin embargo, cada uno de ellos es procesado inicialmente por un grupo diferenciado de neuronas, a centímetros de distancia en la superficie de la corteza visual ventral. ¿Cómo llegan a unirse entre sí?

Una solución es la formación de una asamblea global, gracias a los centros provistos por los sectores más altos de la corteza. Estos centros, que el neurólogo Antonio Damasio denominó "zonas de convergencia" (Meyer y Damasio, 2009, Damasio, 1989), predominan especialmente en la corteza prefrontal, pero también en otros sectores del lóbulo temporal anterior, el lóbulo parietal inferior y una región de la línea media llamada "precúneo". Todos envían y reciben numerosas proyecciones hacia y desde una amplia variedad de regiones cerebrales distantes, y esto permite a las neuronas allí presentes integrar información a lo lar-

---

3 Giulio Tononi presentó un formalismo matemático para la diferenciación y la integración que provee una medida cuantitativa de integración de la información llamada Φ. Valores altos de esta cantidad serían necesarios y suficientes para un sistema consciente: "La conciencia es información integrada". Sin embargo, soy reacio a aceptar esta conclusión, porque lleva al panpsiquismo, la perspectiva de que cualquier sistema conectado, ya sea una colonia de bacterias o una galaxia, tiene cierto grado de conciencia. Tampoco logra explicar por qué el procesamiento visual y semántico complejo pero inconsciente ocurre de forma bastante rutinaria en el cerebro humano.

go del espacio y del tiempo. Por eso, muchos módulos sensoriales pueden converger en una sola interpretación coherente ("una seductora mujer italiana"). A su vez, esta interpretación global puede retransmitirse a las áreas en que las señales sensoriales se originaron. El resultado es un todo integrado. A causa de una serie de neuronas con axones de larga distancia descendentes que se proyectan hacia atrás desde la corteza prefrontal y su red de áreas de alto nivel asociado hacia áreas sensoriales de nivel bajo, la comunicación global crea las condiciones para el surgimiento de un solo estado de conciencia, que se diferencia y se integra enseguida.

Esta permanente comunicación hacia atrás y hacia delante es lo que el ganador del Premio Nobel Gerald Edelman llamó "reentrada" (Edelman, 1987). Las redes neuronales modeladas sugieren que la reentrada permite una computación sofisticada de la mejor interpretación estadística posible de la escena visual (Friston, 2005, Kersten, Mamassian y Yuille, 2004). Cada grupo de neuronas actúa como un estadístico experto, y muchos grupos colaboran para explicar los rasgos del *input* (Beck, Ma, Kiani, Hanks, Churchland, Roitman, Shadlen y otros, 2008). Por ejemplo, un experto en "sombras" decide que puede dar cuenta de la zona oscura de la imagen, pero sólo si la fuente de luz está a la izquierda y arriba. Un experto en "luz" está de acuerdo con él y, usando esta hipótesis, explica por qué las partes superiores de los objetos se iluminan. Un tercer experto decide que, una vez explicados estos dos efectos, la imagen que queda se parece a una cara. Estos intercambios prosiguen hasta que cada porción de la imagen haya recibido una interpretación tentativa.

La forma de una idea

Asambleas de células, un pandemonio, coaliciones en competencia, atractores, zonas de convergencia con reentrada... cada una de estas hipótesis parece captar parte de la verdad, y mi teoría de un espacio de trabajo neuronal global toma mucho de ellas (Dehaene, Kerszberg y Changeux, 1998, Dehaene, Changeux, Naccache, Sackur y Sergent, 2006, Dehaene y Naccache, 2001, Dehaene, 2011). Propone que la activación estable, durante unas pocas décimas de segundo, de un subconjunto de neuronas de espacio de trabajo activas codifica un estado consciente. Estas neuronas están distribuidas en muchas áreas cerebrales, y todas codifican diferentes facetas de una misma representación mental. Volverse consciente de la *Mona Lisa* supone la activación conjunta de millones de neuronas que se ocupan de los objetos, los fragmentos de significado y los recuerdos.

Durante el acceso consciente, gracias a los largos axones de las neuronas de espacio de trabajo, todas estas células intercambian mensajes recíprocos, en un intento paralelo masivo por alcanzar una interpretación coherente y sincrónica. La percepción consciente se completa cuando convergen. La asamblea de células que codifica este contenido consciente está distribuida por todo el cerebro: fragmentos de información relevante, cada uno emanado de una región cerebral distinta, se cohesionan porque todas las neuronas se mantienen en sincronía, de modo descendente, por obra de neuronas con axones de larga distancia.

La sincronía neuronal puede ser un ingrediente clave. Cada vez hay más material probatorio de que neuronas distantes forman asambleas gigantes al sincronizar sus descargas con oscilaciones eléctricas que están ocurriendo en el fondo (Fries, 2005, Womelsdorf, Schoffelen, Oostenveld, Singer, Desimone, Engel y Fries, 2007, Buschman y Miller, 2007, Engel y Singer, 2001). Si esta imagen es correcta, la red cerebral que codifica cada uno de nuestros pensamientos se parece a un enjambre de luciérnagas que armonizan sus descargas de acuerdo con el ritmo general del patrón propio del grupo. Cuando no hay conciencia, asambleas de células de tamaño moderado todavía pueden sincronizarse de manera local, por ejemplo, cuando codificamos de manera inconsciente el significado de una palabra dentro de los circuitos del lenguaje de nuestro lóbulo temporal izquierdo. De todos modos, dado que la corteza prefrontal no obtiene acceso al mensaje correspondiente, este no puede compartirse de modo extensivo y, entonces, permanece inconsciente.

Conjuremos una imagen mental más de este código neuronal de la conciencia. Imagine los dieciséis millones de neuronas corticales que hay en su corteza. Cada una de ellas se ocupa de un rango pequeño de estímulos. Su auténtica diversidad es sorprendente: sólo en la corteza visual, uno se encuentra con neuronas que se ocupan del reconocimiento facial, de las manos, los objetos, la perspectiva, la forma, las líneas, las curvas, los colores, la profundidad en tres dimensiones… Cada célula comunica sólo porciones escasas y pequeñas de información acerca de la escena percibida. Sin embargo, en conjunto, las neuronas son capaces de representar un repertorio inmenso de pensamientos. El modelo del espacio de trabajo global plantea que, en cualquier momento dado, de este enorme conjunto potencial se selecciona un solo objeto del pensamiento y se lo convierte en el foco de nuestra conciencia. En ese momento, todas las neuronas relevantes se activan en sincronía parcial bajo la égida de un subconjunto de neuronas corticales prefrontales.

Resulta decisivo comprender que, en este tipo de plan de codificación, las neuronas silenciosas, que *no* se disparan, también codifican información. Su silencio les muestra a las otras de manera implícita que su rasgo preferido no está presente o es irrelevante para la escena mental actual. Un contenido consciente se define tanto por sus neuronas silenciosas como por las activas.

En última instancia, la percepción consciente de una palabra, por ejemplo, puede asemejarse al proceso de esculpir una estatua. A partir de un bloque de mármol en bruto, y quitándole poco a poco la mayor parte, el escultor expone gradualmente su visión. Del mismo modo, a partir de cientos de millones de neuronas del espacio de trabajo, al principio no involucradas y que disparan a una tasa de referencia, es decir, a su ritmo normal, nuestro cerebro nos deja percibir la palabra silenciando la mayor parte de ellas, quedándose sólo con una pequeña fracción activa. Y (casi en sentido literal) el conjunto activo de neuronas delinea los contornos de un pensamiento consciente.

El paisaje de las neuronas activas e inactivas puede explicar nuestra segunda marca (o "sello") de la conciencia: la onda P3 que describí en el capítulo 4, un gran voltaje positivo que alcanza un punto máximo en la parte superior del cráneo. Durante la percepción consciente, un pequeño subconjunto de neuronas del espacio de trabajo se vuelve activo y define el contenido actual de nuestros pensamientos, mientras que el resto se inhibe. Las neuronas activas comunican su mensaje por toda la corteza al enviar picos de activación a lo largo de sus extensos axones. Sin embargo, en la mayoría de los casos estas señales aterrizan en neuronas inhibitorias. Actúan como un silenciador que acalla grupos enteros de neuronas: "Por favor permanezca en silencio, sus rasgos son irrelevantes". Una idea consciente es codificada por pequeñas áreas de células activas y sincronizadas, junto con una corona enorme de neuronas inhibidas.

Ahora bien, la disposición geométrica de las células se da de modo tal que, en las activas, las corrientes sinápticas viajan desde las dendritas superficiales hacia los cuerpos celulares. Como todas estas neuronas están dispuestas y conectadas en paralelo entre sí, sus corrientes eléctricas se suman y, en la superficie del cráneo, crean una onda negativa lenta sobre las regiones que codifican el estímulo consciente (He y Raichle, 2009). Sin embargo, las neuronas inhibidas dominan la escena, y su actividad se suma para formar un potencial eléctrico *positivo*. Como hay muchas más neuronas inhibidas que activadas, todos estos voltajes positivos terminan formando una larga onda en la cabeza: la onda P3, que detectamos con facilidad siempre que ocurre el acceso consciente (Rockstroh, Müller, Cohen y Elbert, 1992). Así, ya explicamos nuestra segunda marca de la conciencia.

La teoría da cuenta muy bien de por qué la onda P3 es tan fuerte, genérica y reproducible: indica en mayor medida de qué *no* se trata el pensamiento que se está teniendo. Los contenidos de la conciencia resultan definidos por las negatividades focales, no por la positividad difusa. De acuerdo con esta idea, Edward Vogel y sus colegas de la Universidad de Oregón publicaron hermosas demostraciones de los voltajes negativos sobre la corteza parietal que permiten rastrer los contenidos actuales de nuestra memoria de trabajo para los patrones espaciales (Vogel, McCollough y Machizawa, 2005, Vogel y Machizawa, 2004). Siempre que memorizamos un conjunto de objetos, los lentos voltajes negativos indican con exactitud cuántos objetos vimos y dónde estaban. Estos voltajes duran todo el tiempo que mantenemos los objetos en la mente; aumentan cuando agregamos objetos a nuestra memoria, se saturan cuando no podemos seguir el ritmo, decaen abruptamente cuando olvidamos, y señalan con precisión la cantidad de ítems que recordamos. En el trabajo de Edward Vogel, los voltajes negativos delinean una representación consciente: exactamente como lo predice nuestra teoría.

Simular una activación consciente

> La ciencia de la realidad no se conforma ya con el *cómo* fenomenológico: ella busca el *porqué* matemático.
> **Gaston Bachelard, *La formación del espíritu científico* (1938)**

El acceso consciente talla un pensamiento en nosotros esculpiendo un patrón de neuronas activas e inactivas en nuestra red de espacio de trabajo global. Si bien esta visión metafórica puede ser suficiente para estimular nuestra intuición de lo que es la conciencia, en última instancia debería suplantarla una teoría matemática más sofisticada de cómo operan las redes neurales, y por qué generan las marcas neurofisiológicas que podemos observar en nuestros registros macroscópicos. Haciendo un esfuerzo en esta dirección, Jean-Pierre Changeux y yo comenzamos a desarrollar simulaciones computadas de redes neurales, que detectan algunas de las propiedades básicas del acceso consciente (Dehaene y Changeux, 2005,

Dehaene, Sergent y Changeux, 2003, Dehaene, Kerszberg y Changeux, 1998).[4]

Nuestra modesta meta era indagar cómo las neuronas se comportarían una vez conectadas conforme a los preceptos de la teoría del espacio de trabajo global (figura 27). Para recrear, con herramientas informáticas, la dinámica de una pequeña coalición de neuronas comenzamos con neuronas de "integración y disparo", ecuaciones simplificadas que imitan las descargas de las células nerviosas. Cada neurona tenía sinapsis realistas, con parámetros que detectaban varios tipos importantes de receptores para neurotransmisores que se encuentran en el cerebro vivo.

Más tarde conectamos estas neuronas virtuales en columnas corticales locales, imitando la subdivisión de la corteza en capas interconectadas de células. El concepto de "columna" neuronal deriva de que las neuronas que yacen una sobre otra, perpendiculares a la superficie de la corteza, tienden a estar estrechamente interconectadas, a compartir respuestas similares, y a originarse por obra de divisiones de una misma célula fundadora durante el desarrollo. Nuestro modelo respetó esta organización biológica: en nuestras columnas simuladas las neuronas tendían a apoyarse unas a otras y a responder a *inputs* similares.

También incluimos un pequeño tálamo, una estructura que consiste en múltiples núcleos, cada uno en fuerte conexión con un sector de la corteza o con una amplia cantidad de localizaciones corticales. Lo ligamos con fuerzas de conexión y latencias de reacción realistas, tomando en cuenta las distancias que las descargas debían transitar a lo largo de los axones. El resultado fue un modelo rudimentario de la unidad computacional básica del cerebro primate, la columna tálamo-cortical. Nos aseguramos de que este modelo operara de manera realista: incluso en ausencia de *input*, las neuronas virtuales disparaban espontáneamen-

---

4 Nuestras simulaciones se inspiraban en un modelo anterior (Lumer, Edelman y Tononi, 1997a, 1997b) que, sin embargo, estaba limitado a la corteza visual. Luego Ariel Zylberberg y Mariano Sigman implementaron simulaciones tanto más amplias y realistas de esas mismas ideas en la Universidad de Buenos Aires: Zylberberg, Fernández Slezak, Roelfsema, Dehaene y Sigman (2010), Zylberberg, Dehaene, Mindlin y Sigman (2009). En esa misma línea, Nancy Kopell y sus colegas de la Universidad de Boston desarrollaron modelos neuropsicológicos detallados de la dinámica cortical, capaces de simular el sueño y la anestesia: Ching, Cimenser, Purdon, Brown y Kopell (2010), McCarthy, Brown y Kopell (2008).

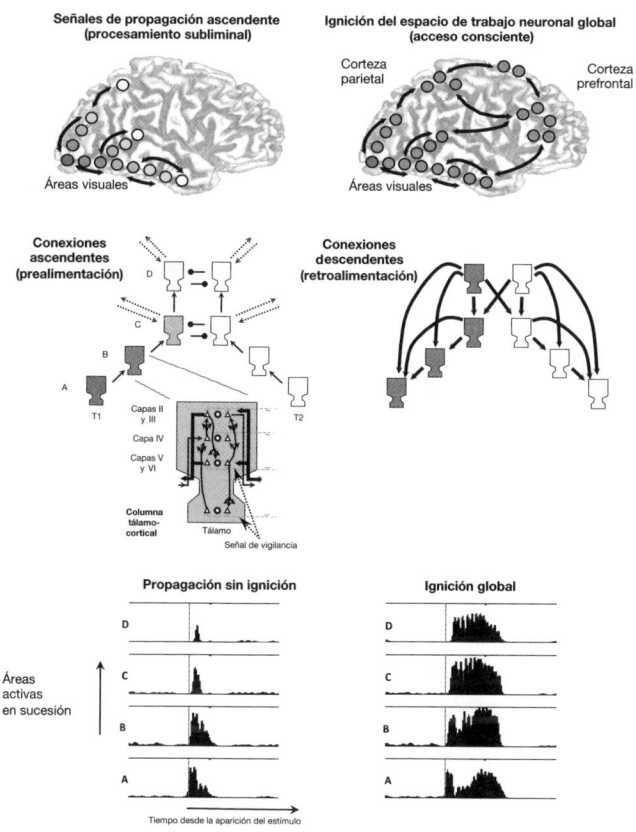

Figura 27. Una simulación informática imita las marcas de la percepción consciente e inconsciente. Jean-Pierre Changeux y yo simulamos, en una computadora, un subconjunto de las muchas áreas parietales, visuales y prefrontales que contribuyen al procesamiento subliminal y consciente (arriba). Cuatro regiones jerárquicas se conectaron a través de conexiones de retroalimentación hacia delante y de larga distancia (medio). Cada área simulada incluía células corticales organizadas en capas y conectadas a neuronas situadas dentro del tálamo. Cuando simulamos la red con un pequeño *input*, la activación se propagó de abajo arriba antes de extinguirse, y reprodujo de este modo la breve activación de los caminos corticales durante la percepción subliminal. Un estímulo un poco más largo llevó a la ignición global: las conexiones descendentes amplificaron el *input* y desencadenaron una segunda ola de activación de larga duración; de este modo simularon las activaciones que se observaban durante la percepción consciente.

te y generaban un trazado electroencefalográfico similar al generado por la corteza humana.

Una vez que tuvimos un buen modelo de la columna tálamo-cortical, interconectamos varias de ellas en redes cerebrales funcionales de larga distancia. Simulamos una jerarquía de cuatro áreas cerebrales y dimos por sentado que cada una de ellas contenía dos columnas que codificaban dos objetos blanco: un sonido y una luz. Nuestra red podía distinguir entre sólo dos percepciones: una enorme sobresimplificación que, lamentablemente, era necesaria para que la simulación continuara siendo manejable. Sencillamente supusimos que las propiedades fisiológicas no cambiarían demasiado si se incluía un conjunto de estados tanto más amplio.[5]

En la periferia, la percepción operaba en paralelo: las neuronas que codificaban el sonido y la luz podían activarse en simultáneo, sin interferir unas con otras. Sin embargo, en los niveles corticales más altos en jerarquía se inhibían activamente, de manera tal que estas regiones podían albergar sólo un estado integrado de activación neural: un único "pensamiento".

Tal como en el cerebro real, las áreas corticales se proyectaban serialmente hacia delante en una línea de alimentación: la primaria recibía entradas sensoriales, y luego enviaba sus descargas a una secundaria, que a su vez se proyectaba a una tercera y luego a una cuarta región. Algo muy importante es que las proyecciones de retroalimentación de larga distancia hacían que la red se doblara sobre sí misma al permitir a las áreas más altas enviar apoyo excitatorio a las mismas zonas sensoriales que las habían estimulado al principio. El resultado fue un espacio de trabajo global simplificado: una maraña de conexiones de pre- y retroalimentación con múltiples escalas anidadas: neuronas, columnas, áreas y las conexiones de larga distancia que median entre ellas.

Luego de tanta programación computada, fue divertido poder encender por fin la simulación y ver cómo se iluminaban las neuronas virtuales. Para imitar la percepción, inyectamos una pequeña corriente a las neuronas visuales talámicas, y remedamos toscamente lo que ocurre cuando, por ejemplo, los receptores de luz de la retina se activan y, luego del preprocesamiento retiniano, excitan las neuronas de relevo que se encuentran en un área talámica llamada "cuerpo geniculado lateral".

---

5 Más tarde Ariel Zylberberg extendió las simulaciones a redes tanto más amplias. Véanse Zylberberg, Fernández Slezak, Roelfsema, Dehaene y Sigman (2010), Zylberberg, Dehaene, Mindlin y Sigman (2009).

Después dejamos que la simulación se desarrollara de acuerdo con sus ecuaciones. Como habíamos esperado, aunque era una simplificación drástica, nuestra simulación exhibió muchas propiedades fisiológicas que se habían observado en los experimentos reales y cuyos orígenes de pronto quedaron franqueados para la investigación.

La primera de estas propiedades fue la ignición global. Cuando presentábamos un pulso de estimulación, trepaba lentamente por la jerarquía cortical en un orden fijo, desde el área primaria hasta la secundaria, luego a la tercera y a la cuarta. Esta onda de prealimentación imitaba la famosa transmisión de actividad neural a través de la jerarquía de áreas visuales. Pasado un instante, el conjunto completo de columnas que codificaban el objeto percibido comenzó a encenderse. Como resultado de grandes conexiones de retroalimentación, las neuronas que codificaban el mismo *input* perceptual intercambiaron señales excitatorias mutuamente intensificadas, lo que traía aparejada una repentina ignición de actividad. Mientras tanto, el percepto alternativo se inhibía activamente. Su duración casi no tenía relación con la del estímulo inicial; incluso un breve pulso externo podía llevar a un estado de reverberación sostenido. Estos experimentos recrearon en esencia la forma en que el cerebro construye una representación duradera de una imagen proyectada y la mantiene activa.

La dinámica del modelo reprodujo las propiedades que habíamos observado en nuestros registros electroencefalográficos e intracraneales. En su mayoría las neuronas simuladas mostraron un aumento tardío y repentino en todas las corrientes sinápticas que recibían. La excitación se desplazaba hacia delante, pero también regresaba a las áreas sensoriales de origen, imitando la amplificación tardía que habíamos notado en las áreas sensoriales durante el acceso consciente. En la simulación, el estado de ignición también llevó a una reverberación de actividad neuronal a través de varios bucles anidados del modelo: dentro de una columna cortical, desde la corteza hasta el tálamo –y de regreso–, y a través de las largas distancias de la corteza. El efecto neto fue un aumento de las fluctuaciones oscilatorias en un amplio rango de frecuencias, con un prominente punto máximo en la banda gamma (treinta hercios y más). En el momento de la ignición global, las descargas se acoplaban fuertemente y se sincronizaban entre las neuronas que codificaban la representación consciente. En resumen, la simulación informática emuló nuestros cuatro marcadores empíricos del acceso consciente.

Al simular este proceso, obtuvimos novedosos conocimientos matemáticos. El acceso consciente correspondía a lo que los físicos teóricos denominan "transición de fase": la transformación repentina de un sistema físico de un estado a otro. Como expliqué en el capítulo 4, una transición de fase ocurre, por ejemplo, cuando el agua se convierte en hielo: las moléculas de H_2O de pronto se ensamblan para formar una estructura rígida con nuevos rasgos emergentes. Durante una transición de fase, las propiedades físicas del sistema suelen cambiar de manera repentina y discontinua. Del mismo modo, en nuestras simulaciones informáticas, las descargas cambiaban de un estado de baja actividad espontánea a un estadío temporario de cotas elevadas e intercambios sincronizados.

Es fácil ver por qué esta transición fue casi discontinua. Dado que las neuronas situadas en niveles más altos enviaron excitación a las mismas unidades que las activaron en primer lugar, el sistema poseía dos estados estables separados por una cota inestable. La simulación permanecía en un nivel de actividad bajo o bien, tan pronto como el *input* aumentaba más allá de un valor crítico, rodaba como una bola de nieve y se convertía en una avalancha de autoamplificación, sumiendo a un subconjunto de neuronas en un ritmo de disparo frenético. Por ende, el destino de un estímulo de intensidad intermedia era impredecible: la actividad desaparecía rápidamente o de pronto saltaba a un nivel alto.

Este aspecto de nuestras simulaciones encaja muy bien con un concepto de la psicología que tiene ciento cincuenta años: la idea de que la conciencia tiene un umbral que delimita con mucha precisión los pensamientos inconscientes (subliminales) y conscientes (supraliminales). El procesamiento inconsciente equivale a activación neuronal que se propaga de un área a la siguiente sin desencadenar una ignición global. Por otra parte, el acceso consciente equivale a la transición repentina hacia un estado más alto de actividad cerebral sincronizada.

Sin embargo, el cerebro es tanto más complicado que una bola de nieve. Alcanzar una teoría de las transiciones de fases que ocurren en la dinámica de las redes neurales reales insumirá tantos años más.[6] De hecho, nuestras simulaciones ya incluían dos transiciones de fase anidadas. Una de ellas, que expliqué poco antes, involucraba una ignición

---

6 La bibliografía científica contiene varias propuestas detalladas de transiciones de fase que corresponden a la anestesia, la vigilancia y el acceso consciente. Véanse Steyn-Ross, Steyn-Ross y Sleigh (2004), Breshears, Roland, Sharma, Gaona, Freudenburg, Tempelhoff, Avidan y Leuthardt (2010), Jordan, Stockmanns, Kochs, Pilge y Schneider (2008), Ching, Cimenser, Purdon, Brown y Kopell (2010), Dehaene y Changeux (2005).

global. Pese a esto, el umbral mismo para esta ignición estaba bajo el control de otra transición de fase, que correspondía al "despertar" de la red entera. Cada neurona piramidal de nuestra corteza simulada recibía una señal de vigilancia, una pequeña cantidad de corriente que resumía, de manera muy simplificada, los conocidos efectos de activación de la acetilcolina, la noradrenalina y la serotonina que ascienden de varios núcleos del tronco cerebral, el prosencéfalo basal y el hipotálamo y "encienden" la corteza. Nuestro modelo, entonces, capturó cambios en el *estado* de conciencia: el paso de un cerebro inconsciente a uno consciente.

Cuando la señal de vigilancia era escasa, la actividad espontánea se reducía de manera drástica y la propiedad de ignición desaparecía: incluso un *input* sensorial fuerte, mientras activaba las neuronas talámicas y corticales que se encontraban en las áreas primaria y secundaria, chisporroteaba rápido sin llegar a pasar el umbral de la ignición global. En este estado, nuestra red entonces se comportaba como un cerebro adormecido o anestesiado (Portas, Krakow, Allen, Josephs, Armony y Frith, 2000, Davis, Coleman, Absalom, Rodd, Johnsrude, Matta, Owen y Menon, 2007, Supp, Siegel, Hipp y Engel, 2011). Respondía a estímulos, pero sólo en sus áreas sensoriales periféricas: por lo general, la activación no lograba trepar hasta las áreas del espacio de trabajo y activar una asamblea de células completa. En cambio, cuando aumentábamos el parámetro de vigilancia, surgía en el modelo un trazado electroencefalográfico estructurado, y de pronto se recuperaba la ignición por medio de estímulos externos. El umbral para esta ignición variaba según cuán adormecido estuviera el modelo, lo que indica la medida en que el aumento de la vigilancia eleva la probabilidad de detectar incluso *inputs* sensoriales débiles.

El cerebro que nunca duerme

> Yo os digo: es preciso tener todavía caos dentro de sí para poder dar a luz una estrella danzante. Yo os digo: vosotros tenéis todavía caos dentro de vosotros.
> **Friedrich Nietzsche, *Así habló Zaratustra* (1883-1885)**

En nuestra simulación salió a la luz otro fenómeno fascinante: la actividad neuronal espontánea. No teníamos que estimular de manera constante nuestra red. Incluso cuando no había *input*, las neuronas disparaban de forma espontánea, activadas por eventos aleatorios en sus sinapsis, y esta actividad caótica se autoorganizaba en patrones reconocibles.

En niveles altos del parámetro de vigilancia, patrones de disparo complejos aumentaban y menguaban de manera continua en las pantallas de nuestras computadoras. Dentro de ellos, en ocasiones reconocíamos una ignición global, desencadenada en ausencia de estímulos. Un conjunto completo de columnas corticales, todas codificando el mismo estímulo, se activaban durante un breve lapso, y luego desaparecían. Una fracción de segundo más tarde, lo reemplazaba otra asamblea global. Sin que nada le diera pie, la red se autoorganizaba en una serie de igniciones aleatorias, que se parecían mucho a las evocadas durante la percepción de los estímulos externos. La única diferencia era que la actividad espontánea tendía a comenzar en los niveles corticales más altos, dentro de las áreas de espacio de trabajo, y a propagarse hacia abajo a las regiones sensoriales: lo inverso de lo que ocurría durante la percepción.

¿Este tipo de ataques de actividad endógena existen en el cerebro real? Sí. De hecho, la actividad organizada espontánea está omnipresente en el sistema nervioso. Cualquiera que haya visto el trazado de un EEG sabe esto: los dos hemisferios generan constantemente enormes ondas eléctricas de alta frecuencia, ya sea que la persona esté despierta o dormida. Esta excitación espontánea es tan intensa que domina el paisaje de la actividad cerebral. En comparación, la activación evocada por un estímulo externo apenas es detectable, y se necesita promediar la respuesta a muchos estímulos equivalentes antes de que pueda observarse. La actividad evocada por estímulos da cuenta sólo de una muy pequeña porción de la energía total que consume el cerebro, probablemente menos del 5%. El sistema nervioso actúa sobre todo como un dispositivo autónomo que genera sus propios patrones de pensamiento. Incluso en la oscuridad, mientras descansamos y "pensamos en nada", nuestro cerebro constantemente produce conjuntos variados de actividad neuronal compleja e incesante.

Los patrones organizados de actividad cortical espontánea se observaron por primera vez en los animales. Valiéndose de tinturas sensibles al voltaje, que transforman los voltajes invisibles en cambios visibles en la refracción de la luz, Amiram Grinvald y sus colegas del Instituto Weizmann registraron la actividad eléctrica de una gran área de la corteza por un período extendido de tiempo (Tsodyks, Kenet, Grinvald y Arieli, 1999, Kenet, Bibitchkov, Tsodyks, Grinvald y Arieli, 2003). A pesar de que el animal estaba anestesiado, increíblemente surgían patrones complejos. En la oscuridad, sin ningún tipo de estimulación, una neurona visual comenzaría a descargar de manera repentina a un ritmo más alto. No estaba sola: las imágenes mostraron que, en ese mismo momento, una asamblea completa de neuronas se había activado de manera espontánea.

En el cerebro humano existe un fenómeno similar (He, Snyder, Zempel, Smyth y Raichle, 2008, Raichle, MacLeod, Snyder, Powers, Gusnard y Shulman, 2001, Raichle, 2010, Greicius, Krasnow, Reiss y Menon, 2003). Las imágenes de la activación cerebral durante el descanso apacible revelaron que, lejos de permanecer en silencio, el cerebro humano exhibe patrones de actividad cortical en constante cambio. Las redes globales, que suelen estar distribuidas por toda la extensión de los dos hemisferios, se activan de manera similar en diferentes personas. En algunas se corresponden (con alta precisión) con patrones evocados por la estimulación externa. Por ejemplo, un gran subconjunto del circuito del lenguaje se activa cuando escuchamos una historia, pero también descarga de manera espontánea cuando descansamos en la oscuridad, lo que avala la noción de "discurso interno".

El significado de esta actividad en el estado de descanso todavía es un tema de debate entre los neurocientíficos. Parte de ella puede indicar sólo que las descargas aleatorias del cerebro siguen la red existente de conexiones anatómicas. ¿A qué otro lugar podrían ir? En efecto, parte de la activación correlacionada permanece presente durante el sueño, bajo anestesia o en los pacientes inconscientes (He, Snyder, Zempel, Smyth y Raichle, 2008, Boly, Tshibanda, Vanhaudenhuyse, Noirhomme, Schnakers, Ledoux, Boveroux y otros, 2009, Greicius, Kiviniemi, Tervonen, Vainionpaa, Alahuhta, Reiss y Menon, 2008, Vincent, Patel, Fox, Snyder, Baker, Van Essen, Zempel y otros, 2007). Sin embargo, en sujetos despiertos y atentos, otra parte parece revelar de forma directa sus pensamientos corrientes. Por ejemplo, una de las redes del estado de descanso, llamada "red de modo por defecto", se activa siempre que reflexionamos acerca de nuestra situación personal, recuperamos recuerdos autobiográficos o comparamos nuestros pensamientos con los de otros (Buckner, Andrews-Hanna y Schacter, 2008). Cuando dejamos recostadas a las personas en un escáner, y esperamos hasta que su cerebro alcance ese estado por defecto antes de preguntarles en qué pensaban, informan que estuvieron dando vueltas por sus propios pensamientos y recuerdos, más que cuando se los había interrumpido otras veces (Mason, Norton, Van Horn, Wegner, Grafton y Macrae, 2007, Christoff, Gordon, Smallwood, Smith y Schooler, 2009). Entonces, la red particular que se activa de manera espontánea predice, al menos en parte, el estado mental de la persona.

En resumen, incesantes descargas neuronales crean los pensamientos que rumiamos. Es más, este flujo interno compite con el mundo exterior. Durante los momentos de alta actividad en el modo "por defecto", la presentación de un estímulo inesperado, como una imagen, ya no evoca la gran onda cerebral P3, como sucede en un sujeto atento (Smallwood, Beach, Schooler y Handy, 2008). Los estados endógenos de la conciencia interfieren con nuestra habilidad para volvernos conscientes de los eventos externos. La actividad cerebral espontánea invade el espacio de trabajo global y, si es absorbente, puede bloquear el acceso a otros estímulos por períodos extensos de tiempo. Conocimos una variante de este fenómeno en el capítulo 1 con el nombre de "ceguera inatencional".

Mis colegas y yo estuvimos encantados cuando nuestra simulación computada exhibió ese mismo tipo de actividad endógena (Dehaene y Changeux, 2005). Ante nuestros ojos ocurrían ataques de ignición espontánea, y era más probable que fuesen globalmente coherentes cuando el parámetro de vigilancia de la simulación era alto. De manera significativa, durante este período, si estimulábamos la red con un *input* externo, incluso muy por encima del umbral normal de ignición, su avance se bloqueaba y no desembocaba en ignición global: la actividad interna competía con los impulsos externos. Nuestra simulación podía imitar la ceguera inatencional y el parpadeo atencional, dos fenómenos que encarnan la incapacidad del cerebro para presentar atención de manera consciente a dos cosas a la vez.

La actividad espontánea también explica por qué un mismo estímulo a veces conduce a una ignición completa y a veces sólo a un mínimo flujo. Todo depende de si el ruidoso patrón de activación *anterior* al estímulo está alineado con el hilo de descargas entrante o es incompatible con él. En nuestra simulación, tal como en el cerebro humano vivo, las fluctuaciones aleatorias de actividad predisponen a la percepción de un estímulo externo débil (Sadaghiani, Hesselmann, Friston y Kleinschmidt, 2010).

Darwin en el cerebro

La actividad espontánea es uno de los rasgos que con mayor frecuencia se pasan por alto en el modelo del espacio de trabajo global; por mi parte, la considero una de sus cualidades más originales e importantes. Demasiados neurocientíficos todavía adhieren a la idea obsoleta del arco reflejo como un modelo fundamental del cerebro humano (Raichle,

2010). Esta idea, que se remonta a René Descartes, Charles Sherrington e Ivan Pavlov, retrata al cerebro como a un dispositivo de *input-output* que meramente transfiere información desde los sentidos hasta nuestros músculos, como en el famoso diagrama de Descartes a propósito del modo en que el ojo dirige el brazo (figura 2). Ahora sabemos que esta perspectiva es del todo errada. La autonomía es la propiedad principal del sistema nervioso. La actividad neuronal intrínseca predomina sobre la excitación externa. Por ende, nuestro cerebro nunca se somete pasivamente a su entorno, sino que genera sus propios patrones estocásticos de actividad. Durante el desarrollo del cerebro, los patrones relevantes se preservan, mientras que los inapropiados se extirpan (Berkes, Orban, Lengyel y Fiser, 2011). Este algoritmo gratamente creativo, de especial preeminencia en los niños pequeños, somete a nuestro cerebro a un proceso de selección darwiniana.

Este punto era central en la forma en que William James veía al organismo. Así, su pregunta retórica era: "¿Por qué no decir que, mientras la médula espinal es una máquina con unos pocos reflejos, los hemisferios son una máquina con muchos de ellos, y que en esto consiste toda la diferencia?". Porque –responde– el circuito evolucionado del cerebro actúa como "un órgano cuyo estado natural es de equilibrio inestable", lo que permite a quien "lo posee adaptar su conducta a las alteraciones más pequeñas de las circunstancias que lo rodean".

El punto crucial de esta facultad es la excitabilidad de las células nerviosas: temprano en la evolución, las neuronas adquirieron la habilidad para autoactivarse y hacer una descarga de manera espontánea. Esta excitabilidad, filtrada y amplificada por los circuitos cerebrales, se convierte en un comportamiento intencional exploratorio. Cualquier animal explora su ambiente natural de manera algo aleatoria, gracias a "generadores centrales de patrones" organizados en jerarquías, redes neurales cuya actividad espontánea genera movimientos rítmicos para nadar o caminar.

Por mi parte, sostengo que en el cerebro del primate, y tal vez en muchas otras especies, ocurre una exploración similar dentro del cerebro, en un nivel puramente cognitivo. Al generar de manera espontánea patrones fluctuantes de actividad, incluso en ausencia de estimulación externa, el espacio de trabajo global nos permite crear libremente nuevos planes, probarlos y modificarlos cuando queramos si no satisfacen nuestras expectativas.

Un proceso darwiniano de variación seguido por selección ocurre dentro de nuestro sistema de espacio de trabajo global (Changeux,

Heidmann y Patte, 1984, Changeux y Danchin, 1976, Edelman, 1987, Changeux y Dehaene, 1989). La actividad espontánea actúa como un "generador de diversidad" cuyos patrones son modelados constantemente por la evaluación que el cerebro hace de los beneficios que se obtendrán a futuro. Las redes neuronales dotadas de esta idea pueden ser muy poderosas. En las simulaciones informáticas, Jean-Pierre Changeux y yo demostramos que resuelven problemas complejos y pruebas de ingenio, como el clásico problema de la Torre de Londres (Dehaene y Changeux, 1991, 1997, Dehaene, Kerszberg y Changeux, 1998). Cuando se combina esa la lógica de aprendizaje por selección con reglas sinápticas clásicas de aprendizaje, genera una arquitectura robusta, capaz de aprender de sus propios errores y de extraer las reglas abstractas subyacentes a un problema (Rougier, Noelle, Braver, Cohen y O'Reilly, 2005).

Si bien "generador de diversidad" [*Generator of Diversity*] puede abreviarse como GOD ["Dios", en inglés], no hay nada mágico detrás de la noción de actividad espontánea, y con seguridad tampoco una acción dualista de la mente sobre la materia. La excitabilidad es una propiedad física natural de las células nerviosas. En cada neurona, el potencial de membrana pasa por incesantes fluctuaciones de voltaje. En gran medida, esas fluctuaciones se deben a que en algunas de las sinapsis de la neurona las vesículas liberan aleatoriamente neurotransmisores. En última instancia, este patrón aleatorio proviene del ruido térmico, que mueve constantemente nuestras moléculas. Uno diría que la evolución minimizaría el impacto de este ruido, como en el caso de los chips digitales cuando los ingenieros les asignan voltajes muy distintos a los ceros y a los unos, de modo que el ruido térmico no pueda compensarlos. Eso no ocurre en el cerebro: las neuronas no sólo toleran el ruido, sino que incluso lo amplifican, probablemente porque cierto grado de aleatoriedad es de ayuda en muchas situaciones en que buscamos una solución óptima a un problema complejo. (Muchos algoritmos, como la "cadena de Markov-Montecarlo" y el "recocido simulado", requieren una fuente reconocida de ruido.)

Siempre que las fluctuaciones de la membrana de la neurona superan un nivel de umbral, se emite una descarga. Nuestras simulaciones demuestran que estas descargas aleatorias pueden adquirir forma por obra de los enormes conjuntos de conexiones que unen neuronas para formar asambleas de columnas y también circuitos, hasta que surge un patrón de actividad global. Lo que comienza como ruido local termina como una avalancha estructurada de actividad espontánea que se corresponde con nuestros pensamientos y metas ocultos. Es modesto pensar que el "fluir de la conciencia" –las palabras e imágenes que aparecen constantemente en nuestra mente y que crean la textura de nuestra vida mental– tienen su origen último en descargas aleatorias modeladas por decenas de billones de sinapsis decantadas durante la maduración y educación de toda nuestra vida.

Un catálogo del inconsciente

En los últimos años, la teoría del espacio de trabajo global llegó a ser una herramienta interpretativa muy importante, un prisma a través del cual volver a mirar las observaciones empíricas. Uno de sus éxitos fue el de esclarecer los variados tipos de procesos inconscientes que ocurren en el cerebro humano. De modo similar a como en el siglo XVIII el académico sueco Carl Linneo concibió una "taxonomía" de todas las especies vivas (una clasificación organizada de plantas y animales en tipos y subtipos), ahora podemos comenzar a proponer una taxonomía del inconsciente.

Recordemos el mensaje más importante del capítulo 2: la mayoría de las operaciones del cerebro son inconscientes. No percibimos de manera consciente la mayor parte de lo que hacemos y sabemos, desde la respiración hasta el control de la postura, desde la visión de bajo nivel hasta los movimientos finos de la mano, desde la frecuencia de aparición de las letras hasta las reglas gramaticales; y durante la ceguera inatencional, incluso podemos perder de vista a un joven vestido de gorila que se golpea el pecho. Una gran profusión de procesadores inconscientes teje la textura de quienes somos y la manera en que interactuamos.

La teoría del espacio de trabajo global ayuda a poner cierto orden en esta jungla (Dehaene, Changeux, Naccache, Sackur y Sergent, 2006). Nos lleva a encasillar nuestras hazañas inconscientes en cestos distintos, cuyos mecanismos cerebrales difieren radicalmente (figura 28). Consideremos en primer lugar lo que sucede durante la ceguera inatencional. En ese caso, un estímulo visual se presenta muy por encima del umbral normal para la percepción consciente; sin embargo, no logramos notarlo porque nuestra mente está del todo abocada a otra tarea. Escribo estas palabras en la casa natal de mi esposa, una casa de campo del siglo XVII en cuyo encantador salón hay un gran reloj de pie. El péndulo se mueve justo frente a mí, y puedo oír su tic-tac sin problemas. Pero siempre que me concentro en la escritura, el ruido rítmico desaparece de mi mundo mental: la inatención hace que no seamos conscientes de ello.

En nuestro catálogo de lo inconsciente, mis colegas y yo propusimos nombrar a este tipo de información inconsciente con el adjetivo "preconsciente" (Dehaene, Changeux, Naccache, Sackur y Sergent, 2006). Es conciencia en espera: información que ya fue codificada por una asamblea activa de neuronas que disparan y que entonces podría volverse consciente en cualquier momento si sólo se la esperara; de todos modos, no se la espera. De hecho, tomamos prestada de Sigmund Freud esa palabra. En su *Compendio del psicoanálisis*, observó que

> algunos procesos fácilmente se tornan conscientes, y, aunque dejen de serlo, pueden volver a la conciencia sin dificultad. [...] Todo lo inconsciente se conduce de esta manera, que puede trocar tan fácilmente su estado inconsciente por el consciente, convendrá calificarlo, pues, como "pasible de conciencia" o *preconsciente*...

Las simulaciones del espacio de trabajo global apuntan a un presunto mecanismo neuronal para el estado preconsciente (Sergent, Baillet y Dehaene, 2005, Dehaene, Sergent y Changeux, 2003, Zylberberg, Fernández Slezak, Roelfsema, Dehaene y Sigman, 2010, Zylberberg, Dehaene, Mindlin y Sigman, 2009). Cuando un estímulo ingresa a nuestra simulación, su activación se propaga y, en última instancia, provoca la ignición del espacio de trabajo global. A su vez, esta representación consciente crea a su alrededor un cerco de inhibición que evita que un segundo estímulo ingrese en simultáneo. Esta competencia central es inevitable. Ya señalé que una representación consciente se define tanto por lo que *no* es como por lo que es. De acuerdo con nuestra hipótesis, algunas neuronas del espacio de trabajo se deben silenciar activamente para delimitar el contenido consciente actual y señalar lo que *no* es. Esta inhibición difusa crea un cuello de botella dentro de los centros más altos de la corteza. El silenciamiento neuronal que forma una parte ineludible de cualquier estado consciente evita que veamos dos cosas a la vez y realicemos dos tareas que requieran mucho esfuerzo simultáneo. Sin embargo, no excluye la activación de áreas sensoriales tempranas: sin duda se iluminan, casi al mismo nivel que siempre, incluso cuando el espacio de trabajo ya está ocupado por un primer estímulo. La información preconsciente se acopia temporariamente en este tipo de almacenes de memoria transitorios, fuera del espacio de trabajo global. Allí poco a poco caerá en el olvido, a menos que decidamos orientar nuestra atención a ella. Durante un breve momento, la información preconsciente que está decayendo todavía puede recuperarse y llevarse a la conciencia; en ese caso, la vivenciamos

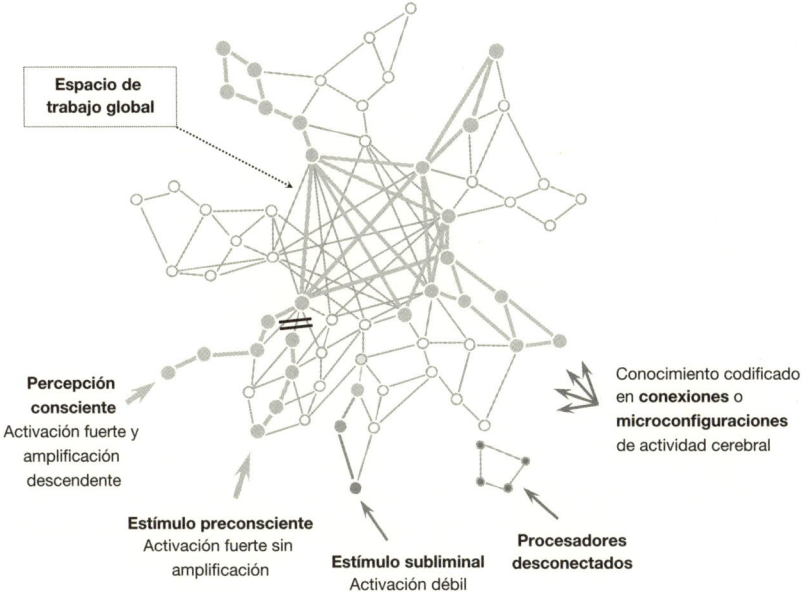

Figura 28. El conocimiento puede permanecer inconsciente por varios motivos. En cualquier momento dado, sólo un pensamiento enciende el espacio de trabajo. Otros objetos no logran obtener acceso a la conciencia, ya sea porque no se presenta atención para ellos, lo cual les impide ingresar en el espacio de trabajo (preconsciente), o bien porque son demasiado débiles para causar una avalancha de activación completa, que llegue hasta el nivel del espacio de trabajo (subliminal). Tampoco somos conscientes de la información que se codifica en procesadores desconectados del espacio de trabajo. Por último, una gran cantidad de información Inconsciente descansa en nuestras conexiones cerebrales y en los micropatrones de actividad cerebral.

de modo retrospectivo, largo tiempo después del hecho (Sergent, Wyart, Babo-Rebelo, Cohen, Naccache y Tallon-Baudry, 2013, Marti, Sigman y Dehaene, 2012).

El estado preconsciente contrasta netamente con un segundo tipo de inconciencia, que rotulamos como "estado subliminal". Consideremos una imagen que se proyecta durante un tiempo tan breve o tan tenuemente que no podemos verla. Aquí, la situación es muy diferente. Sin importar cuánta atención presentemos, somos incapaces de percibir el estímulo escondido. Inserta entre formas geométricas, la palabra enmascarada nos eludirá para siempre. En efecto, un estímulo subliminal de este tipo induce actividad detectable en las áreas visuales, semánticas y motoras del cerebro; pero esta activación tiene una vida demasiado breve para causar ignición global. Las simulaciones de mi laboratorio también dan cuenta de este estado de situación. En la computadora, un breve pulso de actividad puede no lograr desencadenar una ignición global, porque para cuando las señales descendentes de las áreas más altas vuelven a las áreas sensoriales tempranas y tienen una oportunidad de amplificar la actividad entrante, la activación original ya se esfumó y fue reemplazada por la máscara (véanse también Enns y Di Lollo, 2000, Di Lollo, Enns y Rensink, 2000). Jugando con el cerebro, el psicólogo sagaz diseña sin dificultad estímulos tan débiles, tan breves o tan amontonados que sistemáticamente evitan la ignición global. El término "subliminal" se aplica a esta categoría de situaciones en que la onda sensorial entrante se extingue antes de crear un tsunami en las riberas del espacio de trabajo neuronal global. No importa cuánto intentemos percibirlo, un estímulo subliminal nunca se volverá consciente, mientras que un estímulo preconsciente llegará a serlo, siempre que hagamos a tiempo para presentar atención. Esta es una diferencia clave, con muchas consecuencias a escala cerebral.

La distinción entre preconsciente y subliminal no agota la dotación de conocimiento inconsciente alojada en nuestro cerebro. Consideremos la respiración. A cada minuto de nuestras vidas, patrones armoniosos de disparos neurales, generados en la profundidad del tronco cerebral y enviados a los músculos del tórax, dan forma a los ritmos de ventilación que nos mantienen vivos. Ingeniosos bucles de retroalimentación los adaptan a los niveles de oxígeno y de dióxido de carbono que circulan en nuestra sangre. ¿Por qué? Su disparo neuronal es fuerte y se extiende en el tiempo, de manera que no es subliminal; sin embargo, no importa cuánta atención les prestemos, no pueden llegar a nuestra mente; por ende, tampoco son preconscientes. Dentro de nuestra taxonomía, este caso corresponde a una tercera categoría de representación inconsciente: los *patrones desconectados*. Encapsulados en nuestro tronco cerebral, los patrones de disparo que controlan nuestra respiración están desconectados del sistema del espacio de trabajo global localizado en la corteza prefrontal y parietal.

Para que se vuelva consciente, la información alojada dentro de una asamblea de neuronas tiene que comunicarse a las neuronas del espacio de trabajo localizadas en la corteza prefrontal y en sitios asociados. La información de la respiración, en cambio, está para siempre atrapada en neuronas de nuestro tronco cerebral. Los patrones de disparo que señalan el nivel de dióxido de carbono de la sangre no pueden transmitirse al resto de nuestra corteza. Así, permanecemos inconscientes de ellos. Muchos de nuestros circuitos neuronales especializados están atrincherados en zonas tan profundas que, lisa y llanamente, no tienen las conexiones necesarias para alcanzar nuestra conciencia. La única forma de llevarlos a la mente consiste en registrarlos mediante otra modalidad sensorial: sólo de manera indirecta, cuando prestamos atención a los movimientos de nuestro tórax, nos hacemos conscientes de que respiramos.

Si bien todos sentimos que tenemos control sobre nuestros cuerpos, cientos de señales neuronales viajan constantemente a través de nuestros módulos cerebrales sin llegar a nuestra conciencia, desconectadas de regiones corticales de nivel jerárquico más alto. En algunos pacientes que sufrieron un ACV, la situación se vuelve aún peor. Una lesión en las vías de materia blanca cerebral puede desconectar sistemas sensoriales o cognitivos específicos, y esto hace que de pronto no sean accesibles a la conciencia. Un caso impresionante es el síndrome de desconexión que ocurre cuando un ACV afecta el cuerpo calloso, el vasto haz de conexiones que une los dos hemisferios. Un paciente con una lesión de este tipo puede perder cualquier conciencia de su propio plan motor. Incluso desconocerá los movimientos de su mano izquierda, comentando que esta se comporta de manera aleatoria y fuera de control. Lo que sucede es que el comando motor de la mano izquierda proviene del hemisferio derecho, mientras que los comentarios verbales provienen del hemisferio izquierdo. La desconexión de dichos sistemas produce dos espacios de trabajo dañados, cada uno parcialmente inconsciente de lo que el otro está tramando.

Además de la desconexión, una cuarta modalidad en que la información neural puede permanecer inconsciente, de acuerdo con la teoría del espacio de trabajo, es que se *diluya* en un patrón complejo de disparos. Usted puede apreciar un ejemplo completo al imaginar una retícula visual que está tan poco espaciada, o que titila tan rápido (cincuenta hercios o más), que resulta invisible. A pesar de que usted percibe sólo un gris uniforme, los experimentos demuestran que la retícula en realidad está codificada dentro de su cerebro: distintos grupos de neuronas visuales se activan de acuerdo con las diferentes orientaciones de la retícula (Shady, MacLeod y Fisher, 2004, He y MacLeod, 2001). ¿Por qué no es posible que se traiga a la conciencia este patrón de actividad neuronal? Probablemente porque emplea un patrón espaciotemporal de disparos del área visual primaria sumamente enmarañado, una cifra neural compleja, demasiado para que lleguen a reconocerla de manera explícita las neuronas del espacio de trabajo global situadas en un nivel más alto en la corteza. Si bien todavía no comprendemos en su totalidad el código neural, creemos que, para volverse consciente, determinada información primero tiene que ser recodificada de modo explícito por una asamblea compacta de neuronas. Las regiones anteriores de la corteza visual deben dedicar neuronas específicas a *inputs* visuales significativos, antes de que su propia actividad se amplifique y cause una ignición del espacio de trabajo global que haga que la información se vuelva consciente. Si la información permanece diluida en los disparos de un sinfín de neuronas no relacionadas, entonces no se la puede hacer consciente.

Cualquier rostro que veamos, cualquier palabra que oigamos, comienza de esta manera inconsciente, como un hilo espaciotemporal de descargas retorcido de forma absurda en millones de neuronas, en que cada una percibe sólo una parte minúscula de la escena completa. Cada uno de estos patrones de *input* incluye cantidades casi infinitas de información acerca del hablante, el mensaje, la emoción, el tamaño del cuarto… si sólo pudiéramos decodificarlo… Pero no podemos. Nos hacemos conscientes de esta información latente sólo cuando nuestras áreas cerebrales de nivel más alto la categorizan en cestos significativos. Hacer que el mensaje se vuelva explícito es un rol esencial de la pirámide jerárquica de neuronas sensoriales, que en lo sucesivo extraen rasgos cada vez más abstractos de nuestras sensaciones. El entrenamiento sensorial nos hace conscientes de visiones o sonidos débiles porque, en todos los niveles, las neuronas reorientan sus propiedades para amplificar estos mensajes sensoriales (Gilbert, Sigman y Crist, 2001). Antes del aprendizaje, un mensaje neuronal ya estaba presente en nuestras áreas sensoriales, pero sólo de manera implícita, como un patrón de disparo diluido inaccesible a nuestra conciencia.

Este hecho tiene una consecuencia fascinante: el cerebro contiene señales que incluso su propietario desconoce: por ejemplo, acerca de las proyecciones de enrejados visuales y de las intenciones débiles (Haynes y Rees, 2005a, 2005b, Haynes, Sakai, Rees, Gilbert, Frith y Passingham, 2007). Las imágenes cerebrales están comenzando a decodificar estas formas crípticas. Un programa desarrollado por el ejército de los Estados Unidos implica mostrar fotografías satelitales al sorprendente ritmo de diez por segundo a un observador entrenado y monitorear sus potenciales cerebrales para encontrar cualquier intuición inconsciente de la presencia de un avión enemigo. Dentro de nuestro inconsciente hay una riqueza inimaginable, a la espera de que la descubramos. En el futuro, amplificando esos micropatrones que nuestros sentidos detectan pero nuestra conciencia pasa por alto, la decodificación cerebral asistida por computadoras puede garantizarnos una forma rigurosa de percepción extrasensorial: una sensación exacerbada de lo que nos rodea.

Por último, una quinta categoría de conocimiento inconsciente permanece dormida en nuestro sistema nervioso, adoptando la forma de conexiones latentes. De acuerdo con la teoría del espacio de trabajo, nos volvemos conscientes de los patrones de disparo neuronal sólo si forman asambleas activas a escala cerebral. Sin embargo, en nuestras conexiones sinápticas latentes se almacenan cantidades de información desmesuradamente más grandes. Incluso antes de nacer, nuestras neuronas toman muestras de las estadísticas del mundo y adaptan sus conexiones en consecuencia. Las sinapsis corticales, que alcanzan el número de cientos de billones en el cerebro humano, alojan recuerdos latentes de toda nuestra vida. Millones de sinapsis se forman o se destruyen todos los días, especialmente durante los primeros pocos años de nuestras vidas, cuando nuestro cerebro se adapta más a su entorno. Cada sinapsis almacena una porción minúscula de sabiduría estadística: ¿cuál es la probabilidad de que mi neurona presináptica dispare justo antes que mi neurona postsináptica?

En cualquier rincón del cerebro, este tipo de fuerzas de conexión es la base de nuestras intuiciones inconscientes aprendidas. En la visión temprana, las conexiones corticales compilan estadísticas de la forma en que las líneas adyacentes se conectan para formar los contornos de los objetos (Stettler, Das, Bennett y Gilbert, 2002). En las áreas auditivas y motoras, almacenan nuestro conocimiento encubierto de los patrones de sonido. Allí, años de práctica de piano inducen un cambio detectable en la densidad de la materia gris, probablemente debido a cambios en la densidad sináptica, el tamaño de las dendritas, la estructura de la materia blanca y las células gliales que actúan de soporte (Gaser y Schlaug, 2003, Bengtsson, Nagy, Skare, Forsman, Forssberg y Ullen, 2005). Y en el hipocampo (una estructura rizada que se encuentra debajo de los lóbulos temporales), las sinapsis almacenan nuestros recuerdos episódicos: dónde, cuándo y con quién ocurrió un evento.

Nuestros recuerdos pueden yacer latentes por años, con su contenido comprimido en una distribución de espinas sinápticas. No podemos acceder de modo directo a este conocimiento sináptico, porque su formato difiere bastante del patrón de disparo neuronal que constituye la base de los pensamientos conscientes. Para recuperar nuestros recuerdos, necesitamos convertirlos de latentes a activos. Mientras los recuperan, nuestras sinapsis promueven la recreación de un patrón específico de disparo neuronal, y sólo en ese trance recordamos de manera consciente. Un recuerdo consciente sólo es un viejo momento consciente, la reconstrucción aproximada de un patrón preciso de activación que alguna vez existió. Las imágenes cerebrales muestran que los recuerdos tienen que transformarse en patrones de actividad neuronal explícitos que ocupan la corteza prefrontal y las regiones cinguladas interconectadas antes de que recuperemos la conciencia de un episodio específico de nuestras vidas (Buckner y Koutstaal, 1998, Buckner, Andrews-Hanna y Schacter, 2008). Este tipo de reactivación de áreas corticales distantes durante el recuerdo consciente se condice a la perfección con nuestra teoría del espacio de trabajo.

La distinción entre las conexiones latentes y los disparos activos explica por qué somos completamente inconscientes de las reglas gramaticales por cuyo intermedio procesamos el habla. Ante distintas expresiones ambiguas, podemos saber o averiguar la clave para descifrarlas, pero no tenemos idea de las reglas por las que las obtenemos. Nuestras redes de lenguaje están conectadas para procesar palabras y frases, pero en todo momento el diagrama de estas conexiones permanece inaccesible para nuestra conciencia. La teoría del espacio de trabajo global puede explicar por qué: el formato del conocimiento no es el adecuado para el acceso consciente.

La gramática muestra una enorme diferencia con la aritmética. Cuando multiplicamos 24 por 31, somos sumamente conscientes. Cada operación intermedia, su índole y su orden –e incluso los errores ocasionales que cometemos– son pasibles de introspección. En cambio, cuando procesamos el habla, paradójicamente permanecemos mudos acerca de nuestros procesos internos. Los problemas que resuelve nuestro procesador sintáctico son igual de difíciles que los de la aritmética, pero no tenemos idea de cómo los resolvemos. ¿Por qué se da esta diferencia? Las computaciones aritméticas complejas se realizan paso a paso, bajo el control directo de nodos clave de la red del espacio de trabajo (las áreas prefrontal, cingulada y parietal). Este tipo de secuencias complejas se codifican de manera explícita en los disparos de las neuronas prefrontales. Cada célula por separado codifica nuestras intenciones, nuestros planes, los pasos individuales, su número e incluso nuestros errores y sus conexiones (Sigala, Kusunoki, Nimmo-Smith, Gaffan y Duncan, 2008, Saga, Iba, Tanji y Hoshi, 2011, Shima, Isoda, Mushiake y Tanji, 2007, Fujii y Graybiel, 2003; una revisión, en Dehaene y Sigman, 2012). Entonces, para la aritmética, tanto el plan como el modo en que se desarrolla están codificados de manera explícita en los disparos neurales, dentro de la red neuronal que es la base de la conciencia. En cambio, la gramática se implementa por obra de conjuntos de conexiones que unen el lóbulo temporal izquierdo superior y el giro frontal inferior, y no utiliza las redes del procesamiento consciente esforzado que se encuentran en la corteza prefrontal dorsolateral (Tyler y Marslen-Wilson, 2008, Griffiths, Marslen-Wilson, Stamatakis y Tyler, 2013, Pallier, Devauchelle y Dehaene, 2011, Saur, Schelter, Schnell, Kratochvil, Kupper, Kellmeyer, Kummerer y otros, 2010, Fedorenko, Duncan y Kanwisher, 2012). Durante la anestesia, gran parte de la corteza temporal del lenguaje continúa procesando el habla de manera autónoma, sin conciencia (Davis, Coleman, Absalom, Rodd, Johnsrude, Matta, Owen y Menon, 2007). No sabemos cómo es que las neuronas codifican las reglas gramaticales, pero una vez que lo sepamos, predigo que su esquema de codificación será radicalmente distinto al de la aritmética mental.

Estados subjetivos de la materia

En resumen, la teoría del espacio de trabajo neuronal global logra explicar gran cantidad de observaciones acerca de la conciencia y sus mecanismos cerebrales. Explica por qué nos volvemos conscientes sólo de una pequeña porción del conocimiento que está almacenado en nuestros cerebros. Para que sea accesible de manera consciente, la información debe codificarse como un patrón organizado de actividad neuronal en las regiones corticales de nivel más alto, y a su vez este patrón debe activar un círculo interno de áreas estrechamente interconectadas para formar un espacio de trabajo global. Las características de esta ignición de larga distancia dan cuenta de las marcas de la conciencia que se identificaron en los experimentos con imágenes cerebrales.

Si bien las simulaciones computadas generadas en mi laboratorio reproducen algunos rasgos del acceso consciente, están muy lejos de imitar el cerebro real; la simulación dista de ser consciente. Sin embargo, en principio no dudo de que un programa informático podría ser capaz de capturar los detalles de un estado consciente. Una simulación más apropiada tendría miles de millones de estados neuronales diferenciados. En lugar de meramente propagar la activación, realizaría inferencias estadísticas útiles de sus *inputs*, por ejemplo, computando la probabilidad de que un rostro específico esté presente o de que un gesto motor alcance con éxito su blanco.

Comenzamos a visualizar cómo las redes de neuronas pueden estar conectadas para realizar este tipo de computaciones estadísticas (Beck, Ma, Kiani, Hanks, Churchland, Roitman, Shadlen y otros, 2008, Friston, 2005, Deneve, Latham y Pouget, 2001). Las decisiones perceptuales más básicas se realizan mediante acumulación de material probatorio ruidoso provisto por neuronas especializadas (Yang y Shadlen, 2007). Durante la ignición consciente, un subconjunto de ellas colapsa en una interpretación unificada, lo que lleva a una decisión interna acerca de qué hacer después. Imaginemos un gran estadio interno donde múltiples regiones cerebrales, como los demonios del pandemonio de Selfridge, luchan para lograr la coherencia. Las reglas según las cuales operan las hacen buscar constantemente una sola interpretación coherente de los mensajes diversos que reciben. A través de las conexiones de larga distancia, confrontan su información fragmentada y acumulan evidencia, esta vez a escala global, hasta que se alcanza una respuesta coherente que satisface las metas actuales del organismo.

La maquinaria entera sólo se ve afectada en parte por los *inputs* externos. La autonomía es su lema. Genera sus propias metas, gracias a la actividad espontánea; y a su vez estos patrones configuran el resto de la actividad del cerebro en sentido descendente. Inducen a otras áreas a recuperar los recuerdos de larga distancia, generar una imagen mental y transformarla según reglas lingüísticas o lógicas. Un flujo constante de activación neuronal circula dentro del espacio de trabajo interno, tamizando cuidadosamente millones de procesadores paralelos. Cada resultado coherente nos lleva un paso más cerca del algoritmo mental que nunca se detiene: el flujo del pensamiento consciente.

Simular una máquina estadística tan paralela, basada sobre principios neuronales realistas, sería fascinante. En Europa, las fuerzas de investigación se están uniendo para trabajar en el Human Brain Project, un intento épico por conocer y simular redes corticales de tamaño humano. Las simulaciones de redes que abarcan millones de neuronas y miles de millones de sinapsis ya están a nuestro alcance, gracias a chips de silicio "neuromórficos" pensados para ese fin (Izhikevich y Edelman, 2008). En la próxima década, estas herramientas computacionales lograrán trazar una imagen tanto más detallada de cómo los estados cerebrales causan nuestra experiencia consciente.

6. La prueba definitiva

Cualquier teoría de la conciencia debe enfrentarse a la prueba definitiva: la clínica. Cada año, miles de pacientes entran en coma. Muchos seguirán inconscientes de manera permanente, en una temida condición llamada "estado vegetativo". ¿Es posible que nuestra incipiente ciencia de la conciencia los ayude? La respuesta es un sí cauteloso. Está a nuestro alcance hacer realidad el sueño de un "medidor de conciencia". El análisis matemático sofisticado de las señales cerebrales ya comienza a seleccionar de modo fiable qué pacientes tienen una vida consciente y cuáles no. Las intervenciones clínicas también están a la vista. La estimulación de los núcleos profundos del cerebro puede acelerar la recuperación de la conciencia. Las interfaces entre cerebro y computadora incluso pueden restaurar una forma de comunicación para los pacientes encerrados en sí mismos, conscientes, pero completamente paralizados. Las neurotecnologías futuras cambiarán para siempre la manipulación clínica de las enfermedades de la conciencia.

De cómo me quedé holado y débil,
no inquieras, lector, que no lo escribo,
porque poco sería cualquier dicho.
Yo no morí, tampoco quedé vivo.
Dante Alighieri, *La Divina Comedia* (ca. 1307-1321)

Cada año, una enorme cantidad de accidentes de auto, ACV, suicidios fallidos, intoxicaciones con monóxido de carbono y accidentes en el agua dejan a adultos y a niños con terribles discapacidades. Comatosos y cuadripléjicos, incapaces de moverse y de hablar, parecen haber perdido la chispa misma de la vida mental. Y, sin embargo, bien dentro de ellos, la conciencia todavía puede estar allí. En *El Conde de Montecris-*

to (1844), Alejandro Dumas trazó un dramático retrato de cómo una conciencia intacta puede estar encerrada viva dentro de la tumba de un cuerpo paralizado:

> El señor Noirtier, inmóvil como un cadáver, contemplaba con ojos inteligentes y vivaces a sus hijos, cuya ceremoniosa reverencia le anunciaba que iban a dar algún paso oficial inesperado.
>
> La vista y el oído eran los dos únicos sentidos que animaban aún, como dos fulgores, aquella materia humana, que en sus tres cuartas partes estaba dispuesta para la tumba; de estos dos sentidos, sólo uno podía aún revelar la vida interior que animaba a la estatua, y la vista, que delataba esta vida interior, se asemejaba a una de esas luces lejanas que durante la noche enseñan al viajero perdido en un desierto que aún existe un ser viviente que vela en ese silencio y esa oscuridad.

El señor Noirtier es un personaje de ficción, tal vez la primera descripción literaria de un síndrome de cautiverio [*locked-in syndrome*]. Sin embargo, su condición clínica es completamente real. Jean-Dominique Bauby, editor de la revista francesa de moda *Elle*, sólo tenía 43 años cuando su vida dio un vuelco inesperado. "Hasta entonces", escribe,

> nunca había siquiera oído hablar del tronco cerebral. Ese día descubrí de modo patente que es un componente esencial de nuestra computadora interna, el nexo forzoso entre el cerebro y la médula espinal, cuando un accidente cerebrovascular lo dejó fuera de circuito.

El 8 de diciembre de 1995, un ACV dejó a Bauby en un coma de veinte días. Se despertó en un hospital, para encontrarse completamente paralizado a excepción de un ojo y parte de su cabeza. Sobrevivió durante quince meses, lo suficiente para concebir, memorizar, dictar y publicar un libro completo. *La escafandra y la mariposa* (1997), un testimonio vivo de la vida interna de un paciente con síndrome de cautiverio, se volvió de inmediato un éxito de ventas. Prisionero en un cuerpo que no se podía mover, como un Noirtier moderno, Jean-Dominique Bauby dictó su libro a un carácter por vez, pestañeando con el ojo izquierdo mientras un asistente recitaba las letras *E, S, A, R, I, N, T, U, L, O, M...* Doscientos mil guiños cuentan la historia de una mente brillante destrozada por un ataque cerebral. La neumonía le quitó la vida apenas tres días después de que el libro se publicara.

De modo sobrio, aunque a veces cómico, el ex editor de la revista *Elle* describe su odisea diaria, llena de frustración, aislamiento, incomunicación y ocasional desesperación. Aunque estaba prisionero de un cuerpo inmóvil, que con acierto él equipara a una escafandra, su prosa concisa y elegante vuela con la ligereza de una mariposa: su metáfora para los meandros intactos de su mente. No hay mejor prueba de la autonomía de la conciencia que la vívida imaginación y la escritura alerta de Jean-Dominique Bauby. Por supuesto, todo un repertorio de estados mentales –desde la visión hasta el tacto, desde el olfato hasta la emoción– puede fluir con tanta libertad como siempre, incluso desde la cárcel de un cuerpo encerrado para siempre en sí mismo.

Sin embargo, en muchos pacientes similares a Bauby la presencia de una rica vida mental pasa inadvertida (Laureys, 2005). De acuerdo con una encuesta reciente que realizó la Association du Locked-In Syndrome (ALIS, fundada por Bauvy y dirigida por pacientes, gracias a interfaces informáticas de última tecnología), la persona que detecta por primera vez la conciencia del paciente no suele ser el médico. Más de la mitad de las veces, es un miembro de la familia (León-Carrión, Van Eeckhout, Domínguez-Morales y Pérez-Santamaría, 2002). Para peor, luego de un daño cerebral, pasa un promedio de dos meses y medio antes de que pueda confirmarse un diagnóstico correcto. A algunos pacientes no se los diagnostica sino hasta cuatro años más tarde. Como su cuerpo paralizado a veces tiene repentinos tics involuntarios o reflejos estereotipados, a menudo, si es que se perciben movimientos oculares y parpadeos, no se les da importancia porque se los considera reflejos. Incluso en los mejores hospitales, alrededor del 40% de los pacientes que al principio se catalogan como totalmente inconscientes y "vegetativos" resultan presentar signos de mínima conciencia luego de ser examinados en forma más exhaustiva (Schnakers, Vanhaudenhuyse, Giacino, Ventura, Boly, Majerus, Moonen y Laureys, 2009).

Los pacientes que no son capaces de expresar su conciencia presentan un desafío acuciante para la neurociencia. Una buena teoría de la conciencia debería explicar por qué algunos de ellos pierden esa habilidad mientras que otros no. Por sobre todas las cosas, debería proveer ayuda concreta. Si las marcas (o "sellos") de la conciencia son detectables, deberían aplicarse a aquellos que más las necesitan: los pacientes paralíticos, para quienes la detección de un signo de conciencia es, literalmente, cuestión de vida o muerte. En las unidades de cuidados intensivos de todo el mundo, la mitad de las muertes son resultado de una decisión clínica de retirar el soporte vital (Smedira, Evans, Grais, Cohen, Lo, Cooke,

Schecter y otros, 1990). Queda la duda de cuántos Noirtier y Bauby murieron porque la medicina no contaba con los medios para detectar su conciencia residual o para prever que en última instancia saldrían del coma y recuperarían una valiosa vida mental.

Sin embargo, en nuestros días el futuro parece tanto más alentador. Los neurólogos y los científicos que trabajan con imágenes cerebrales están logrando avances significativos en la identificación de los estados conscientes. En la actualidad esa área se acerca a métodos más simples y más económicos para detectar la conciencia y restaurar la comunicación con los pacientes conscientes. En este capítulo, daremos una mirada a esta emocionante nueva frontera entre ciencia, medicina y tecnología.

Cómo perder la cabeza

Comencemos por trazar una distinción entre los diferentes tipos de desórdenes neurológicos de la conciencia o de la comunicación con el mundo exterior (figura 29; Laureys, Owen y Schiff, 2004). Podemos tomar como punto de partida el término familiar "coma" (del griego antiguo κῶμα, "sueño profundo"), dado que la mayoría de los pacientes comienza en ese estado. Por lo general, el coma ocurre minutos u horas después de un daño al cerebro. Sus causas son diversas e incluyen traumatismo de cráneo (el caso típico es luego de un accidente vial), ACV (sea por ruptura o por taponamiento de una arteria cerebral), anoxia (cuando se interrumpe la provisión de oxígeno al cerebro; por ejemplo, debido a un ataque cardíaco, intoxicación con monóxido de carbono o asfixia por inmersión) y envenenamiento (a veces causado por un exceso de alcohol). Desde la perspectiva clínica, el coma se define como una pérdida prolongada de la capacidad de ser despertado. El paciente yace sin responder, con los ojos cerrados. Ningún tipo de estimulación puede despertarlo, y no da señales de conciencia de sí mismo ni de su entorno. Para que el término "coma" resulte aplicable, los clínicos requieren, además, que este estado dure una hora o más (de este modo, lo distinguen del síncope transitorio, la concusión o el estupor).

Sin embargo, coma no es lo mismo que muerte cerebral. La *muerte cerebral* es un estado distinto, caracterizado por una ausencia total de reflejos del bulbo raquídeo, junto con un EEG plano e incapacidad para comenzar la respiración. En los pacientes con muerte cerebral, la tomografía por emisión de positrones (PET) y otras medidas como el eco-doppler muestran que el metabolismo cortical y la perfusión de sangre al cerebro

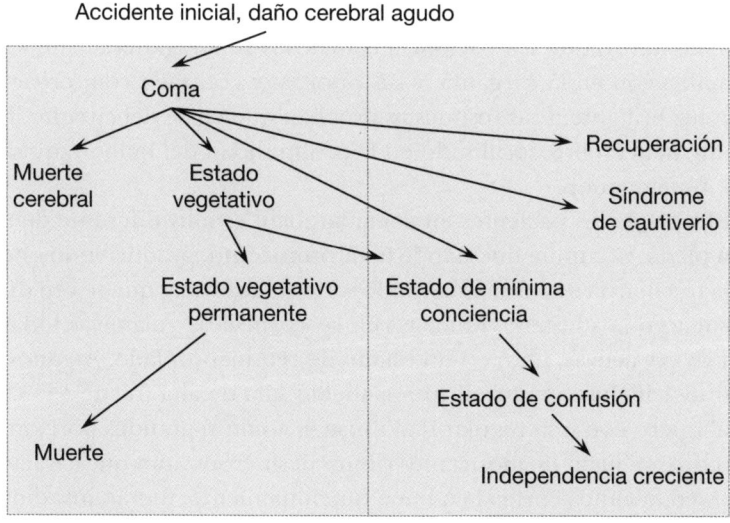

Figura 29. La lesión cerebral puede causar una variedad de desórdenes de la conciencia y de la comunicación. En este esquema, las categorías principales de pacientes están ordenadas de izquierda a derecha para corresponder a grandes rasgos con la presencia de conciencia y su estabilidad durante el día. Las flechas indican cómo puede evolucionar la condición de un paciente a lo largo del tiempo. Un contraste mínimo separa a los pacientes en estado vegetativo, que no muestran signos clínicos de conciencia, de los pacientes apenas conscientes, que todavía pueden realizar algunos actos voluntarios.

están aniquilados. Una vez que se descarta la hipotermia, así como el efecto de toxinas y fármacos, puede darse por definitivo el diagnóstico de muerte cerebral entre seis horas y un día después. Las neuronas corticales y talámicas se degeneran y se desvanecen con rapidez, lo cual borra para siempre todos los recuerdos de la vida que definen a una persona. Por eso el estado de muerte cerebral es irreversible: ninguna tecnología revivirá jamás las células y moléculas disueltas. La mayoría de los países, incluido el Vaticano (Pontificia Academia de las Ciencias, 2008), identifican la muerte cerebral con la muerte. Punto y aparte.

¿Por qué el estado de coma es radicalmente diferente? ¿Y cómo puede un neurólogo diferenciarlo de la muerte cerebral? En primer lugar, durante el coma el cuerpo continúa exhibiendo algunas reacciones coordinadas. Muchos reflejos de alto nivel siguen estando presentes. Por ejemplo, la mayoría de los pacientes comatosos se atraganta cuando recibe estimulación en la garganta, y sus pupilas se contraen como reacción a una luz brillante. Esas respuestas prueban que parte del circuito inconsciente del cerebro, localizado en la profundidad del bulbo raquídeo, sigue funcionando.

El EEG de los pacientes en coma también es muy diferente de una línea plana. Continúa fluctuando a un ritmo lento, produciendo ondas de baja frecuencia que de algún modo son similares a las que se ven durante el sueño o la anestesia. Muchas células corticales y talámicas todavía están vivas y activas, pero en un estado de red inapropiado. Algunos casos extraños incluso muestran ritmos theta y alfa de alta frecuencia ("coma alfa") pero con una regularidad inusual, como si grandes porciones del cerebro, en lugar de mostrar los ritmos desincronizados que caracterizan una red talámico-cortical en buen funcionamiento, fueran invadidas por ondas extremadamente sincrónicas (Alving, Moller, Sindrup y Nielsen, 1979, Grindal, Suter y Martínez, 1977, Westmoreland, Klass, Sharbrough y Reagan, 1975). El neurólogo Andreas Kleinschmidt, colega mío, compara el ritmo alfa con el "limpiaparabrisas del cerebro"; e incluso en el cerebro consciente normal las ondas alfa se usan para cancelar regiones específicas, como las áreas visuales cuando nos concentramos en un sonido (Hanslmayr, Gross, Klimesch y Shapiro, 2011, Capotosto, Babiloni, Romani y Corbetta, 2009). Durante algunos estados comatosos, de manera similar a lo que ocurre con la anestesia con propofol (el sedante que mató a Michael Jackson; Supp, Siegel, Hipp y Engel, 2011), un ritmo alfa gigante parece invadir la corteza y acabar con la mera posibilidad de un estado consciente. Sin embargo, como las células todavía están activas, sus ritmos de codificación normal algún día pueden regresar.

Así, puede demostrarse que los pacientes comatosos poseen un cerebro activo. Su corteza genera un EEG fluctuante, pero no tiene la capacidad de emerger del "sueño profundo" y obtener un estado consciente. Por fortuna, el coma muy pocas veces dura demasiado tiempo. En algunos días o semanas, si se evitan complicaciones clínicas tales como las infecciones, casi la totalidad de los pacientes presenta una gradual mejoría. El primer signo suele ser la recuperación del ciclo de sueño y vigilia. La mayoría de los pacientes en coma recobra allí la conciencia, la comunicación y el comportamiento intencional.

Sin embargo, en casos desafortunados la recuperación se detiene en un estado muy extraño de excitación sin conciencia (Jennett y Plum, 1972). Cada día el paciente se despierta, pero durante estos momentos en que está despierto no responde y parece no percibir lo que hay a su alrededor, como perdido en ese estupor de Dante ("Yo no morí, tampoco quedé vivo"). Un ciclo de sueño y vigilia preservado sin signos de conciencia es el sello distintivo del estado vegetativo, también conocido como "vigilia sin respuesta", condición que puede persistir durante muchos años. El paciente respira de manera espontánea y, cuando se lo alimenta de modo artificial, no muere. Los lectores estadounidenses pueden recordar a Terri Schiavo, quien pasó quince años en estado vegetativo mientras su familia, el estado de Florida e incluso el presidente George W. Bush libraban batallas legales; por último se la dejó morir en marzo de 2005, cuando se ordenó la desconexión del tubo que la alimentaba.

¿Qué significa con exactitud "vegetativo"? El término es algo desafortunado, ya que nos hace pensar en un "vegetal" impotente (aunque, lamentablemente, en los hospitales con una atención pobre, este nombre encaja bien). Los neurólogos Jennett y Plum acuñaron el adjetivo a partir del verbo "vegetar" [*vegetate*], que, de acuerdo con el *Oxford English Dictionary*, significa "vivir una vida sólo física, desprovista de actividad intelectual o de intercambio social" (Jennett, 2002).* Por lo general, las funciones que dependen del sistema nervioso autónomo –como la regulación de la frecuencia cardíaca, el tono vascular y la temperatura corporal– permanecen intactas. El paciente no está inmóvil, y en ocasiones hará movimientos lentos e impresionantes con el cuerpo o los ojos. Sin causa aparente, una sonrisa, un llanto o un fruncimiento de ceño pueden iluminar de pronto su rostro. Este tipo de comportamiento puede crear confusión en la familia. (En el caso de Terri Schiavo, eso convencía a sus padres de que todavía podía recibir alguna ayuda.) Sin embargo, los neurólogos saben que este tipo de respuestas corporales puede aparecer como un reflejo. La médula espinal y el tronco cerebral suelen generar movimientos meramente involuntarios, no dirigidos a una meta específica. Lo crucial es que el paciente nunca responde a las órdenes verbales, ni dice una palabra, a pesar de que puede emitir gruñidos esporádicos.

Transcurrido un mes desde el daño inicial, los médicos hablan de un "estado vegetativo persistente", y luego de tres a doce meses, según si el daño cerebral es debido a anoxia o a un traumatismo de cráneo, se

---

* La definición que provee el Diccionario de la Real Academia Española (ed. 2001) es "vivir maquinalmente con vida meramente orgánica, comparable a la de las plantas". [N. de T.]

declara el "estado vegetativo permanente". Sin embargo, estos términos son objeto de debate porque implican una falta de recuperación, sugieren una condición estable de inconciencia y por eso pueden llevar a una decisión prematura de interrumpir el soporte vital. Varios clínicos e investigadores están a favor de la expresión neutral "vigilia sin respuesta", una designación meramente descriptiva que no da por sentada la índole exacta del estado presente y futuro del paciente. Como veremos pronto, lo cierto es que el estado vegetativo es un entrevero de condiciones poco comprendidas que hasta incluyen casos inusuales de pacientes conscientes pero que no se comunican.

En algunos pacientes con daño cerebral severo, la conciencia puede fluctuar mucho, incluso en el lapso de unas pocas horas. Durante algunos períodos, recuperan un grado de control voluntario sobre sus acciones, que justifica situarlos en una categoría distinta: el "estado de mínima conciencia" (EMC). En 2005, un grupo de neurólogos presentó este concepto para hacer referencia a los pacientes con respuestas escasas, inconsistentes y limitadas que sugieren comprensión y volición residual (Giacino, 2005). Los pacientes apenas conscientes (con EMC) pueden responder a una orden verbal pestañeando o pueden seguir un espejo con los ojos. Por lo general puede entablarse algún tipo de comunicación con ellos: muchos pueden responder "sí" o "no" diciendo esas palabras o sólo moviendo la cabeza. A diferencia de aquellos en estado vegetativo, que sonríen o lloran al azar, un paciente mínimamente consciente también puede expresar emociones conectadas de manera apropiada con su contexto actual.

Una sola clave no es suficiente para dar un diagnóstico seguro: hace falta observar signos de conciencia con cierta consistencia. E incluso, paradójicamente, los pacientes apenas conscientes pasan por un estado que les impide expresar sus pensamientos de manera coherente. Su comportamiento puede ser muy variable. Algunos días no se observan signos consistentes de conciencia, o los signos pueden notarse a la noche, pero no a la tarde. Es más, la evaluación de un observador acerca de si un paciente se rio o lloró en el momento adecuado puede ser muy subjetiva. En procura de que el diagnóstico resulte más fiable, el neuropsicólogo Joseph Giacino creó la Coma Recovery Scale, una serie de tests objetivos que se aplican en forma controlada a los pacientes internados (Giacino, Kezmarsky, DeLuca y Cicerone, 1991).[1] Los sondeos evalúan funciones

---

1 En la actualidad, los neurólogos utilizan la Coma Recovery Scale Revised

simples, como la capacidad para reconocer y manipular objetos, orientar la mirada de manera espontánea o como respuesta a órdenes verbales y reaccionar a un ruido inesperado. El equipo médico está entrenado para indagar al paciente de modo persistente y para permanecer atento a cualquier respuesta conductual, incluso si es extremadamente lenta o apenas apropiada. Por lo general, las pruebas se administran en forma repetida, en diferentes momentos del día.

Gracias a esa escala, el equipo médico puede distinguir con mucha mayor precisión entre un paciente vegetativo y uno apenas consciente (Giacino, Kalmar y Whyte, 2004, Schnakers, Vanhaudenhuyse, Giacino, Ventura, Boly, Majerus, Moonen y Laureys, 2009). Por supuesto, esta información es crucial, no sólo para tomar la decisión de terminar una vida, sino también para anticipar la posibilidad de recuperación. Desde un punto de vista estadístico, los pacientes con un diagnóstico de EMC tienen mejores posibilidades de recuperar la conciencia estable que quienes permanecen en estado vegetativo durante años (aunque todavía es muy difícil predecir el destino de cada una de esas personas). La recuperación suele ser penosamente lenta: semana tras semana las respuestas del paciente se vuelven cada vez más consistentes y fiables. En unos pocos casos impresionantes, ocurre un despertar repentino tras apenas unos pocos días. Una vez que recuperan una capacidad estable para comunicarse con otros, ya no se los considera mínimamente conscientes.

¿Cómo es permanecer en un EMC? ¿Estos pacientes viven una vida interna más o menos normal, llena de recuerdos del pasado, esperanzas para el futuro y, tal vez lo más importante, una rica conciencia del presente, quizá llena de sufrimiento y desesperanza? ¿O ante todo se ven en una confusión y son incapaces de reunir la energía suficiente para emitir una respuesta detectable? No lo sabemos, aunque las grandes fluctuaciones en el nivel de respuesta sugieren que lo último puede estar más cerca de la verdad. Tal vez una analogía apropiada es el estado confuso y lento que experimentamos luego de que nos noquean, nos anestesian o después de una gran borrachera.

En este sentido, es probable que el EMC sea muy diferente de la última condición de nuestra lista: "el síndrome de cautiverio" que vivenció Jean-Dominique Bauby. Ese estado de cautiverio suele ser resultado de

---

(CRS-R), como la describen Giacino, Kalmar y Whyte (2004). Esta batería de tests todavía es objeto de debate y de mejora. Véase, por ejemplo, Schnakers, Vanhaudenhuyse, Giacino, Ventura, Boly, Majerus, Moonen y Laureys (2009).

una lesión bien delimitada, la mayoría de las veces en la protuberancia del tronco cerebral. Con una precisión demoledora, una lesión como esta desconecta por completo la corteza de las rutas de salida hacia la médula espinal. La corteza y el tálamo permanecen indemnes, lo que deja intacta la conciencia. El paciente se despierta de un coma para encontrarse preso en un cuerpo paralizado, incapaz de moverse o hablar. Sus ojos están quietos. Sólo se preservan movimientos oculares verticales y parpadeos, generados por rutas neuronales específicas, que abren un canal de comunicación con el mundo exterior.

En la novela *Thérèse Raquin* (1867), el escritor naturalista Émile Zola representó con vividez la vida mental de Madame Raquin, una anciana cuadripléjica recluida en sí misma. Zola detalló con cuidado que los ojos eran la única ventana hacia la mente de la pobre señora:

> Habríase dicho la máscara desbaratada de una muerta, en cuyo centro hubiese colocado alguien dos ojos vivos; sólo se movían aquellos ojos, girando rápidamente en las órbitas; las mejillas y la boca estaban como petrificadas; permanecían en tal inmovilidad que espantaban. [...] Día a día, sus ojos adoptaban una dulzura y una claridad más penetrantes. Había llegado a valerse de ellos como de una mano, como de una boca, para pedir y agradecer. Suplía así, de modo singular y encantador, los órganos de que carecía. Tenían sus miradas una belleza celestial, en medio de aquel rostro cuyas carnes colgaban flácidas y deformadas en muecas.

A pesar de su déficit para la comunicación, los pacientes con síndrome de cautiverio pueden preservar una mente completamente clara, con vigorosa conciencia no sólo de su déficit sino también de sus propias habilidades mentales y del cuidado que reciben. Una vez detectada su condición y aliviado su dolor, pueden llevar una vida plena. Los cerebros en cautiverio continúan experimentando todas las experiencias de la vida, y funcionan como prueba de que una corteza intacta y un tálamo son suficientes para generar estados mentales autónomos. En la novela de Zola, Madame Raquin saborea la dulce venganza cuando su sobrina y su amante, a quienes odia por haber matado a su hijo, cometen doble suicidio ante sus ojos atentos. En la novela *El Conde de Montecristo* de Alejandro Dumas, un Noirtier paralizado logra advertir a su nieta que está por casarse con el hijo de un hombre a quien él mató muchos años antes.

Las vidas de los verdaderos pacientes con síndrome de cautiverio tal vez sean menos activas, pero no son menos extraordinarias. Con ayuda de dispositivos computarizados de monitoreo de movimientos oculares, algunos de ellos logran responder sus mensajes de correo, dirigir una organización sin fines de lucro o, como el ejecutivo francés Philippe Vigand, escribir dos libros y tener un hijo. A diferencia de los pacientes comatosos, vegetativos y en EMC, no puede considerárselos víctimas de un trastorno de la conciencia. Incluso su humor puede ser bueno: una encuesta reciente acerca de su calidad de vida subjetiva reveló que la gran mayoría de ellos, una vez pasados los primeros horribles meses, daban calificaciones de felicidad que se equiparaban con el promedio de la población normal (Bruno, Bernheim, Ledoux, Pellas, Demertzi y Laureys, 2011; véase también Laureys, 2005).

Cortico ergo sum

En 2006, la subdivisión de los pacientes sin comunicación en pacientes en coma, vegetativos, en EMC y con síndrome de cautiverio parecía estar bien establecida, cuando de pronto un informe impactante, publicado por la prestigiosa revista *Science,* sacudió el consenso clínico. El neurocientífico británico Adrian Owen describía a una paciente que mostraba todos los signos clínicos de un estado vegetativo, pero cuya actividad cerebral sugería un grado considerable de conciencia (Owen, Coleman, Boly, Davis, Laureys y Pickard, 2006).[2] Este informe estremecedor implicaba la existencia de pacientes en un estado peor que el síndrome de cautiverio normal: conscientes pero *sin modo alguno* de expresarlo al mundo exterior, ni siquiera por medio del parpadeo. A pesar de que demolía las reglas clínicas establecidas, esta investigación también traía un mensaje de esperanza: las imágenes cerebrales eran ya lo suficientemente sensibles para detectar la presencia de una mente consciente e incluso, como veremos, para reconectarla con el mundo exterior.

La paciente que Adrian Owen y sus colegas estudiaban en el artículo de *Science* era una mujer de 23 años que, víctima de un accidente de tránsito, había sufrido daño bilateral de los lóbulos frontales. Cinco meses

2 Como esta paciente mostró respuestas conductuales fluctuantes a la estimulación, hay una discusión en curso entre los clínicos acerca de si debería habérsela clasificado como en EMC en primer lugar. Incluso así, el contraste con sus patrones de activación cerebral extensos, y en gran medida normales, seguiría siendo sorprendente.

después, a pesar de que conservaba el ciclo de sueño-vigilia, permanecía por completo inconsciente: la definición exacta del estado vegetativo. Incluso un equipo experimentado de clínicos no pudo detectar signos de conciencia residual, comunicación o control voluntario.

La sorpresa apareció al visualizar su actividad cerebral. Como parte de un protocolo de investigación para monitorear el estado de la corteza en los pacientes vegetativos, pasó por una serie de exámenes de fMRI. Los investigadores quedaron impactados al observar que su red cortical del lenguaje estaba completamente activa cuando escuchaba frases u oraciones. Tanto el giro temporal medio como el superior, que alojan los circuitos para escuchar y comprender el habla, se activaban con bastante fuerza. Había incluso una activación fuerte en la corteza frontal inferior izquierda (el área de Broca) cuando las oraciones se hacían más difíciles porque incluían palabras ambiguas (por ejemplo, "*Vino* en un *bote* lleno de basura").

Una actividad cortical tan alta sugirió que su procesamiento del habla incluía etapas de análisis de palabras y de integración de oraciones. Pero ¿realmente comprendía lo que se le decía? Por sí sola, la activación de los circuitos del lenguaje no proveía material probatorio concluyente de conciencia; varios estudios anteriores habían demostrado que ese circuito podía preservarse en gran medida durante el sueño o la anestesia (Davis, Coleman, Absalom, Rodd, Johnsrude, Matta, Owen y Menon, 2007, Portas, Krakow, Allen, Josephs, Armony y Frith, 2000). Por eso, para descubrir si la paciente comprendía algo, Owen realizó una segunda serie de estudios, en los cuales las oraciones habladas que se le presentaban transmitían instrucciones complejas. Se le decía: "Imagine que está jugando al tenis", "Imagine que recorre los cuartos de su casa" y "Relájese". Las instrucciones le pedían que comenzara y terminara estas actividades en momentos precisos. Accesos de treinta segundos de imaginación vívida, señalados por la palabra hablada "tenis" o "recorre", alternaban con treinta segundos de descanso, marcados por la palabra hablada "relájese".

Más allá del escáner, Owen no tenía forma de saber si la paciente muda e inmóvil comprendía estas órdenes, y mucho menos si las seguía. Sin embargo, la fMRI proveyó sin dificultad la respuesta: su actividad cerebral seguía de cerca las instrucciones habladas. Cuando se le pedía que imaginara que estaba jugando al tenis, el área motora suplementaria se activaba y desactivaba cada treinta segundos, exactamente cuando se lo solicitaba. Y cuando hacía una visita mental a su departamento, se encendía un circuito cerebral distinto, que compromete áreas involucradas en la representación del espacio: el giro parahipocampal, el lóbulo parietal posterior y la corteza premotora. Sorprendentemente, activaba las mismas regiones cerebrales que los sujetos control sanos que realizaban iguales tareas mentales de imaginación.

Por ende, ¿estaba consciente? Unos pocos científicos actuaron como abogados del diablo (Naccache, 2006a, Nachev y Husain, 2007, Greenberg, 2007). Tal vez –argumentaron– era posible activar estas áreas de manera totalmente inconsciente, sin que el paciente comprendiera las instrucciones de manera consciente. El solo hecho de oír el sustantivo "tenis" podía ser suficiente para activar las áreas motoras, sólo porque la acción es parte integrante del significado de esta palabra. De igual modo, tal vez oír la palabra "transita" era suficiente para desencadenar una sensación del espacio. Así, era concebible que la activación cerebral ocurriera de manera automática, sin la presencia de una mente consciente. Desde un punto de vista más filosófico, ¿sería posible alguna vez que una imagen cerebral comprobara o refutara la existencia de una mente? Refiriéndose en términos negativos a este tema, el neurólogo estadounidense Allan Ropper expresó su conclusión pesimista con una ocurrencia ingeniosa: "Los médicos y la sociedad no están listos para 'tengo activación cerebral, luego existo'. Esto pondría claramente al carro y a Descartes delante de los bueyes" (Ropper, 2010).*

Más allá del juego de palabras, esta conclusión es errada. Las imágenes cerebrales ya llegaron en verdad a la madurez, e incluso un problema tan complejo como la detección de la conciencia residual a partir de imágenes meramente objetivas del cerebro está a punto de ser resuelto en nuestros días. Las críticas, incluso las sensatas desde un punto de vista lógico, se hicieron añicos cuando Owen realizó un elegante experimento de control. Escaneó a voluntarios normales mientras escuchaban sólo las palabras "tenis" y "recorrer"; no habían recibido instrucción alguna acerca de lo que debían hacer cuando las oían (Owen, Coleman, Boly, Davis, Laureys, Jolles y Pickard, 2007). Tal vez no fue sorprendente ver cómo las activaciones que evocaban esas dos palabras no presentaban diferencias detectables entre sí. En estos oyentes pasivos, el paisaje de

---

* En el texto original: "That would seriously put Descartes before the horse". Esta frase implica un juego fónico con el apellido "Descartes", que, de acuerdo con su pronunciación francesa, suena igual a "the cart", "el carro". Así, la traducción literal de esta frase sería: "Poner a Descartes antes del caballo", pero también la expresión española que se incluye en el texto traducido (equivalente a la inglesa "Put the cart before the horse"). [N. de T.]

la actividad cerebral era diferente del circuito que se activaba cuando la paciente de Owen o los individuos control seguían las instrucciones para imaginar. Este descubrimiento claramente refutó a los abogados del diablo. Cuando activaba sus áreas premotora, parietal e hipocampal de modo relevante para la tarea, la paciente de Owen hizo mucho más que reaccionar de manera inconsciente a una única palabra: parecía estar *pensando* acerca de la tarea.

Como Owen y sus colegas señalaron, parecía improbable que oír una sola palabra desencadenara actividad cerebral por treinta segundos completos, a menos que la paciente estuviera usando la palabra, de algún modo, como punto de apoyo para realizar la tarea mental requerida. Desde la perspectiva teórica del espacio de trabajo neuronal global que sostengo, si la palabra hubiera desencadenado sólo una activación inconsciente, habríamos esperado que se disipara con rapidez y regresara al punto de partida luego de unos pocos segundos como máximo. Al contrario, la observación de una activación sostenida de regiones prefrontales y parietales durante treinta segundos casi con seguridad reflejó la presencia de pensamientos conscientes en la memoria de trabajo. Si bien podríamos criticar a Owen y sus colegas por seleccionar una tarea bastante arbitraria, su decisión fue inteligente y pragmática: la tarea de imaginación era fácil de realizar para la paciente, pero resultaba difícil ver cómo la actividad cerebral que evocaba podía ocurrir sin conciencia.

Liberar la mariposa interna

Si todavía quedaban dudas respecto de si los pacientes en estado vegetativo podían estar conscientes, un segundo artículo, publicado en el notorio *The New England Journal of Medicine*, las desvaneció por completo (Monti, Vanhaudenhuyse, Coleman, Boly, Pickard, Tshibanda, Owen y Laureys, 2010). Ese estudio proveyó pruebas de que las imágenes cerebrales podían abrir un canal de comunicación con un paciente vegetativo. El experimento era sorprendentemente simple. En primer lugar, los investigadores replicaron el estudio de Owen, basado sobre la imaginación. De cincuenta y cuatro pacientes con trastornos del estado de conciencia, cinco mostraban actividad cerebral distintiva cuando se les pedía que imaginasen un partido de tenis o que recorriesen su casa. Cuatro de ellos eran vegetativos. A uno de ellos se lo invitó a una segunda sesión de MRI. Antes de cada escaneo, se le hacía una pregunta personal como "¿Tiene hermanos?". Él no podía moverse ni hablar, pero Martin Monti y sus colaboradores le pedían una respuesta sólo mental. "Si quiere responder que sí", decían, "por favor, imagine que está jugando al tenis. Si quiere responder que no, por favor imagine, en cambio, que está recorriendo su departamento. Comience cuando oiga la palabra 'responder' y pare cuando escuche la palabra 'relájese'".

Esta hábil estrategia funcionó notablemente bien (figura 30). Para cinco de seis palabras, uno de los dos circuitos cerebrales que se habían identificado con anticipación mostró una activación significativa. (Para la sexta pregunta, ninguna se activó, así que no se marcó ninguna respuesta.) Los investigadores no sabían cuáles eran las respuestas correctas, pero cuando compararon la actividad cerebral que habían detectado con las respuestas verdaderas que dio la familia del paciente, estuvieron complacidos al ver que todas eran correctas.

Hagamos una pausa para digerir las implicancias de estos sorprendentes descubrimientos. En el cerebro del paciente, una larga cadena de procesos mentales debe haber quedado intacta. En primer lugar, el paciente comprendió la pregunta, encontró la respuesta correcta y la tuvo en mente durante varios minutos antes del escaneo. Esto implica comprensión del lenguaje, memoria de largo plazo y memoria de trabajo intactas. En segundo lugar, intencionalmente siguió las instrucciones del experimentador, que identificaban de manera arbitraria con jugar al tenis la respuesta "sí" y con una navegación mental la respuesta "no". Por ende, el paciente todavía podía reorientar la información de manera flexible a través de un conjunto arbitrario de módulos cerebrales: un descubrimiento que en sí y por sí solo sugiere que en dicho paciente el espacio de trabajo neuronal global estaba intacto. Por último, el paciente aplicó las instrucciones en el momento apropiado, y sin dudarlo cambió sus respuestas en los cinco escaneos sucesivos. Esta capacidad para la atención ejecutiva y el cambio de tarea parece indicar un sistema ejecutivo central preservado. Si bien la evidencia todavía es escasa, y un investigador estadístico demandante querría que este paciente hubiera respondido veinte preguntas en lugar de cinco, es difícil eludir la conclusión de que todavía tenía una mente consciente y decidida.

Esta conclusión hace trizas las categorías clínicas establecidas y nos fuerza a confrontarnos con una dura realidad: algunos pacientes sólo son aparentemente vegetativos. La mariposa de la conciencia todavía revolotea, a pesar de que un meticuloso examen clínico puede no percibirla.

Tan pronto como salió a la luz la investigación de Owen, las noticias se divulgaron por los medios con rapidez. Desafortunadamente, los descubrimientos muchas veces se malinterpretan. Una de las conclusiones más

Paciente en estado vegetativo aparente

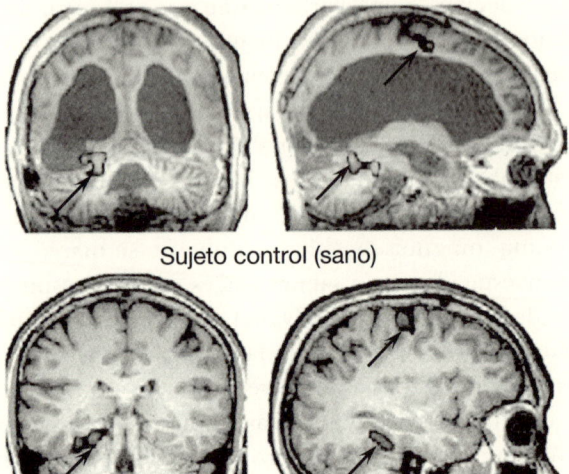

Sujeto control (sano)

Figura 30. Algunos pacientes que están en aparente estado vegetativo muestran actividad cerebral casi normal durante tareas mentales complejas, lo que sugiere que en realidad están conscientes. El paciente de la imagen superior ya no podía moverse ni hablar, pero respondía correctamente las preguntas verbales activando su cerebro. Se le pedía que, para responder que no, imaginase estar de visita en su departamento y, para responder que sí, imaginase estar jugando al tenis. Cuando se le preguntaba si el nombre de su padre era Thomas, sus regiones cerebrales para la navegación espacial se encendían tal como en un sujeto normal, y de esta manera daba la respuesta correcta: no. Como el paciente no mostraba absolutamente ningún signo de comunicación o conciencia manifiestas, se lo consideraba en estado vegetativo. Las lesiones masivas del paciente son notorias a simple vista.

estúpidas que algunos periodistas derivaron fue que "los pacientes en coma están conscientes". ¡Para nada! El estudio sólo incluía a pacientes en estado vegetativo o en EMC, y ni siquiera un paciente comatoso. Incluso así, apenas una pequeña cantidad, entre el 10 y el 20%, respondió a la prueba, lo que sugiere que este síndrome de "súper cautiverio" es más bien infrecuente.

En realidad, no tenemos idea de los números exactos, porque la prueba de imágenes cerebrales es asimétrica. Cuando da una respuesta positiva, la conciencia es casi una certeza; a la inversa, un paciente puede estar consciente pero no pasar la prueba por todo tipo de motivos, incluidas sordera, patologías del lenguaje, baja vigilancia o una incapacidad para sostener la atención. Resulta llamativo que los únicos pacientes que respondían eran los sobrevivientes de una lesión cerebral traumática. Otros, en quienes la pérdida de la conciencia había sido causada por un ACV masivo o por deprivación de oxígeno, no mostraban capacidad para realizar la tarea, tal vez porque su cerebro, como el de Terri Schiavo, había sufrido un daño difuso e irreversible en neuronas corticales. El "milagro" de encontrar conciencia intacta dentro de un paciente vegetativo sólo concernía a un pequeño subconjunto de casos, y usarlo como un argumento pro vida para proveer soporte clínico ilimitado a todos los pacientes en coma sería totalmente irracional.

Incluso más sorprendente, tal vez, es que treinta de treinta y un pacientes en EMC no superaron la prueba. En las pruebas, todos estos pacientes daban en ocasiones señales de volición y conciencia preservados. Sin embargo, por una terrible ironía, todos menos uno perdieron su oportunidad de probarlo definitivamente durante la prueba de imágenes cerebrales. ¿Quién sabe por qué? Tal vez la prueba llegó en un momento en el que su vigilancia era baja. Tal vez eran incapaces de concentrarse en el entorno extraño y, precisamente, ruidoso del resonador. O tal vez sus funciones cognitivas eran demasiado débiles para realizar esta tarea compleja. Como mínimo, se derivan dos conclusiones: en primer lugar, el diagnóstico clínico de "apenas consciente" no implica que estos pacientes tengan una mente consciente completamente normal; y en segundo lugar, la prueba de imaginación propuesta por Owen quizá subestime la conciencia por un amplio margen.

Debido a estos inconvenientes, nunca un examen probará, de manera definitiva, si la conciencia está presente. El enfoque ético sería desarrollar una batería completa de tests y ver cuál, si acaso alguno, logra entablar comunicación con la mariposa interna del paciente. En el mejor de los mundos posibles, estas pruebas deberían ser tanto más sencillas que tener que imaginar un partido de tenis. Es más, deberían repetirse en días distintos, de modo de no dejar pasar a un paciente con síndrome de cautiverio cuya conciencia fluctúa a lo largo del tiempo. Desafortunadamente, la fMRI es la herramienta menos indicada para este propósito, porque el equipo es tan complejo y costoso que por lo general los pacientes pasan por sólo uno o dos escaneos. Como el propio Adrian Owen dijo, "resulta intolerable abrir un canal de comunicación con un paciente y luego no estar en condiciones de proseguirlo de inmediato con algún instrumento que permita entablar una rutina de comunicación entre ellos y sus parientes" (Cyranoski, 2012). Incluso el segundo paciente de Owen, que daba señales tan claras de responder intencionalmente, sólo pudo ser testeado una vez antes de ser enviado de nuevo a la prisión de su estado de cautiverio.

Al notar la importancia de superar este frustrante estado de la cuestión, en la actualidad varios equipos de investigación están desarrollando interfaces entre el cerebro y la computadora, sobre la base de la tecnología tanto más sencilla del EEG, una técnica económica, disponible normalmente en las clínicas, que requiere sólo la amplificación de las señales eléctricas de la superficie del cráneo.[3]

Desafortunadamente, jugar al tenis y visitar su propio departamento son instrucciones difíciles de seguir con EEG. Por esto, en un estudio los investigadores utilizaron una instrucción tanto más sencilla para los pacientes:

> Cada vez que oiga un *bip*, intente imaginar que está cerrando su mano derecha para formar un puño y luego relajándola. Concéntrese en la forma en que sus músculos se sentirían si realmente estuviera realizando este movimiento (Cruse, Chennu, Chatelle, Bekinschtein, Fernández-Espejo, Pickard, Laureys y Owen, 2011).

En otra instancia, los pacientes tenían que imaginar que movían los dedos del pie. Mientras los pacientes realizaban estas tareas mentalmente, los investigadores buscaban patrones de actividad de EEG oscilatoria en la corteza motora. En cada caso, un algoritmo computarizado de aprendizaje automático intentaba clasificar las señales en puños y dedos. En tres de dieciséis pacientes vegetativos, parecía funcionar; pero la técnica todavía es demasiado poco fiable para descartar por completo la posibilidad de que ese resultado se deba al azar (Goldfine, Victor, Conte, Bardin y Schiff, 2012). (Incluso en pacientes saludables y conscientes, funcionaba sólo en nueve de doce ocasiones.) Otro equipo, liderado por Nicolas Schiff, de Nueva York, realizó una prueba en la cual cinco voluntarios sanos y tres pacientes debían imaginar que nadaban o bien que visitaban su departamento (Goldfine, Victor, Conte, Bardin y Schiff, 2011).

---

3 El pionero indiscutido en el campo de la decodificación de EEG y las interfaces entre cerebro y computadora es Neils Birbaumer, de la Universidad de Tubinga. Una revisión, en Birbaumer, Murguialday y Cohen (2008).

Otra vez, a pesar de que la prueba parecía dar resultados confiables, las magnitudes eran demasiado pequeñas para que pudiesen considerarse concluyentes.

A pesar de sus limitaciones actuales, este tipo de comunicación basada sobre EEG representa el camino más práctico para la investigación futura (Chatelle, Chennu, Noirhomme, Cruse, Owen y Laureys, 2012). Muchos ingenieros se ven muy atraídos por el desafío de conectar una computadora al cerebro, y están desarrollando sistemas cada vez más sofisticados. Mientras la mayoría todavía se basa sobre la mirada y la atención visual, lo que resulta complicado para muchos pacientes, también se están haciendo progresos en la decodificación de la atención auditiva y la imaginería motora. La industria de los videojuegos se está asociando a estos emprendimientos, con dispositivos de registro más livianos e inalámbricos. Mediante una cirugía, los electrodos incluso pueden implantarse de manera directa sobre la corteza de los pacientes paralizados. Gracias a un dispositivo como este, un paciente cuadripléjico logró controlar mentalmente un brazo robótico (Hochberg, Bacher, Jarosiewicz, Masse, Simeral, Vogel, Haddadin y otros, 2012). Tal vez si el dispositivo se colocara sobre las áreas del lenguaje, un sintetizador de habla sería alguna vez capaz de transformar en verdaderas palabras la intención del paciente (Brumberg, Nieto-Castañón, Kennedy y Guenther, 2010).

Se abrieron enormes rumbos de investigación. No sólo llevarán a mejores dispositivos de comunicación para los pacientes con síndrome de cautiverio, sino que también proveerán nuevas formas de detectar conciencia residual. En los centros de investigación avanzados, como el Coma Science Group, dirigido por Steven Laureys en Lieja, Bélgica, las interfaces entre cerebro y computadora ya se incluyeron en la batería de tests que se utilizan sistemáticamente siempre que se admite a un paciente en estado vegetativo. Presumo que, de aquí a veinte años, será cosa de todos los días ver a pacientes cuadripléjicos y con síndrome de cautiverio manejar su silla de ruedas con sólo desearlo.

Cuando la conciencia detecta lo novedoso

A pesar de que admiro la investigación pionera de Adrian Owen, el teórico que hay en mí todavía está frustrado. Desde luego, superar su prueba requiere una mente consciente; pero esa indagación no es fácil de relacionar con ninguna teoría específica de la conciencia. Dado que incluye lenguaje, memoria e imaginación, hay muchos aspectos bajo los cuales un paciente podría no superarla y, de todos modos, estar consciente. ¿Podemos diseñar una prueba de fuego más sencilla que evalúe la conciencia? Gracias a los avances en las imágenes cerebrales, ya identificamos varios "sellos" o marcadores de la conciencia. ¿No podríamos monitorearlos para decidir si un paciente está o no consciente? Una prueba tan elemental como esta, impulsada por la teoría, también tendría la ventaja de ayudar con el difícil tema de determinar si los niños pequeños, los bebés prematuros, e incluso las ratas y los monos, poseen algún tipo de conciencia.

En 2008, durante un memorable almuerzo en Orsay, en el sur de París, mis colegas Tristan Bekinschtein, Lionel Naccache, Mariano Sigman y yo nos hicimos esta inocente pregunta: ¿si tuviéramos que diseñar el detector de conciencia más sencillo posible, cómo haríamos? Decidimos de inmediato que debería basarse sobre EEG, la técnica de neuroimágenes más simple y económica. También decidimos que debería basarse sobre estímulos auditivos, porque el oído está preservado en la mayoría de los pacientes, mientras que su visión muchas veces queda dañada. Nuestra decisión de utilizar audio trajo algunos problemas, porque las marcas de la conciencia que habíamos detectado estaban basadas ante todo sobre experimentos visuales. De todos modos, confiábamos en que los principios generales del acceso consciente que habíamos descubierto se generalizarían a la modalidad auditiva.

Decidimos capitalizar la marca más clara que habíamos registrado en todos los experimentos: la onda P3 masiva, que indiza la ignición sincronizada de una red cerebral de regiones corticales. Provocar una onda P3 auditiva es muy fácil. Usted puede imaginar que está escuchando un concierto sinfónico cuando, de repente, suena el teléfono celular de alguien. Este sonido inesperado desencadena una enorme onda P3, a medida que usted reorienta su atención y se vuelve consciente de este evento extraño (Squires, Squires y Hillyard, 1975, Squires, Wickens, Squires y Donchin, 1976).

En nuestro diseño, presentaríamos una serie de sonidos que se repitieran de manera regular: *bip bip bip bip…* En un momento impredecible, aparecería un sonido diferente: *bup.* Cuando un sujeto está despierto y presenta atención, este evento anormal sistemáticamente genera un evento de tipo P3, nuestra representante de la conciencia. Para asegurarnos de que esta respuesta cerebral no sólo se debe a la intensidad del sonido o a algún otro rasgo de nivel bajo, en un conjunto de ensayos independientes invertiríamos la disposición de los ítems: *bup* se convertiría en el estándar y *bip* en el desvío de la regla. Por medio de este truco, podríamos probar que la P3 ocurre exclusivamente por la improbabilidad de que ese sonido apareciera en ese contexto.

Sin embargo, esa escena todavía tenía una complicación. Los sonidos distintos no sólo desencadenan una onda P3, sino también una serie de respuestas cerebrales más tempranas que, según se sabe, reflejan el procesamiento inconsciente. Ya cien milisegundos después del comienzo del sonido, la corteza auditiva está generando una respuesta grande a dicha desviación o intrusión. Este efecto se conoció como "respuesta a la discordancia" o "negatividad de la discordancia" (MMN, según su sigla en inglés) porque aparece como un voltaje negativo en la parte superior de la cabeza (Näätänen, Paavilainen, Rinne y Alho, 2007). El problema es que esta MMN no es una marca de la conciencia, sino una respuesta automática a la novedad auditiva que ocurre ya sea que la persona presente atención, vague con la mente, lea un libro, mire una película o bien incluso se duerma o esté postrada en coma. En efecto, nuestro sistema nervioso incluye un detector inconsciente de novedad. Para percibir con rapidez los sonidos discrepantes, compara de manera inconsciente ese estímulo actual con una predicción basada sobre los sonidos pasados. Este tipo de predicción es ubicua: probablemente cualquier parte de la corteza aloje una red simple de neuronas que predice y compara (Wacongne, Changeux y Dehaene, 2012). Estas operaciones son automáticas, y sólo su resultado despierta nuestra atención y nuestra conciencia.

Esto significa que, con una marca de la conciencia, el paradigma de la excentricidad falla: incluso un cerebro comatoso puede reaccionar ante un sonido nuevo. La respuesta MMN muestra sólo que la corteza auditiva es lo bastante apta para detectar la novedad, no que el paciente está consciente.[4] Pertenece al catálogo de operaciones sensoriales tempranas que son sofisticadas, aunque operan por fuera de la conciencia. Lo que mi equipo y yo necesitábamos era evaluar los eventos cerebrales subsiguientes: ¿el cerebro de un paciente generaría la avalancha tardía de actividad neuronal que indiza la conciencia?

Para crear una versión de la prueba de excentricidad que desencadenara de modo específico una respuesta tardía y consciente a la novedad,

---

4 Pese a que la respuesta incongruente no indiza la conciencia, es un signo clínico útil: los pacientes en coma con una clara respuesta incongruente tienen una posibilidad mayor de recuperación posterior que los que no la tienen; véanse Fischer, Luaute, Adeleine y Morlet (2004), Kane, Curry, Butler y Cummins (1993), Naccache, Puybasset, Gaillard, Serve y Willer (2005).

inventamos un nuevo truco: enfrentar entre sí la novedad local y global. Usted debe imaginar que oye una secuencia de cinco tonos que terminan con un sonido diferente: *bip bip bip bip bup*. En respuesta a la intrusión final, su cerebro genera al principio tanto una MMN temprana como una P3 tardía. Ahora repita esta secuencia muchas veces. Muy pronto su cerebro se acostumbra a oír cuatro *bips* seguidos por un *bup*: a escala consciente, la sorpresa se terminó. Sin embargo, la diferencia final sigue generando una respuesta MMN. La corteza auditiva aloja un dispositivo de detección de la novedad bastante estúpido. En lugar de darse cuenta del patrón global, se queda con la predicción de cortas miras de que a los *bips* los siguen otros *bips*, una predicción que, por supuesto, el *bup* final viola.

Lo que resulta interesante es que la onda P3 es una bestia tanto más inteligente. Otra vez sigue de cerca a la conciencia: tan pronto como el sujeto se da cuenta del patrón global de cinco sonidos y ya no se sorprende por el cambio final, la onda P3 desaparece. Una vez que se establece esta expectativa consciente, podemos violarla al presentar, en escasas ocasiones, cinco sonidos idénticos: *bip bip bip bip bip*. De hecho, este intruso evoca una onda P3 tardía. Note cuán curioso es esto: el cerebro clasifica como novedosa una secuencia de tonos perfectamente monótona. Lo hace sólo porque detecta que esta secuencia se desvía de la que se había registrado antes en la memoria de trabajo.

Alcanzamos nuestra meta: podemos provocar una pura onda P3 en ausencia de respuestas inconscientes más tempranas. Incluso podemos amplificarla pidiéndoles a nuestros sujetos que cuenten las secuencias distintas. El conteo explícito aumenta mucho la onda P3 observada, y la vuelve un marcador fácilmente detectable (figura 31). Cuando la vemos, podemos estar bastante seguros de que el paciente está consciente y puede seguir nuestras instrucciones.

Desde el punto de vista empírico, la prueba local-global funciona bien. Mi equipo y yo detectamos sin dificultad la respuesta P3 global en cada persona normal, incluso luego de una sesión de registro corta. Es más, estaba presente sólo cuando los sujetos permanecían atentos y conscientes de la regla general (Bekinschtein, Dehaene, Rohaut, Tadel, Cohen y Naccache, 2009). Cuando los distraíamos con una tarea visual difícil, la P3 auditiva desaparecía. Cuando los dejamos vagar con la mente, la P3 sólo estaba presente en quienes al final del experimento eran capaces de informar la regularidad auditiva y sus infracciones. Los participantes que no reconocían la regla no presentaban onda P3.

La red de áreas que se activan por las desviaciones globales también sugiere una ignición consciente. A través de EEG, fMRI y registros intracraneales en pacientes epilépticos, confirmamos que la red del espacio de trabajo global se enciende siempre que aparece la secuencia intrusa global. Cuando se escucha una secuencia diferente de este tipo, la actividad cerebral no permanece restringida a la corteza auditiva, sino que ocupa un amplio circuito del espacio de trabajo que abarca la corteza prefrontal bilateral, la cingulada anterior, la parietal e incluso algunas áreas occipitales. Esto implica que la información acerca de la novedad del sonido se está transmitiendo de manera global, un signo de que esta información es consciente.

¿Esta prueba también funcionaría en el ámbito clínico? ¿Los pacientes conscientes reaccionarían a la novedad auditiva global? Nuestro ensayo inicial con ocho pacientes fue bastante exitoso (Bekinschtein, Dehaene, Rohaut, Tadel, Cohen y Naccache, 2009). En los cuatro pacientes vege-

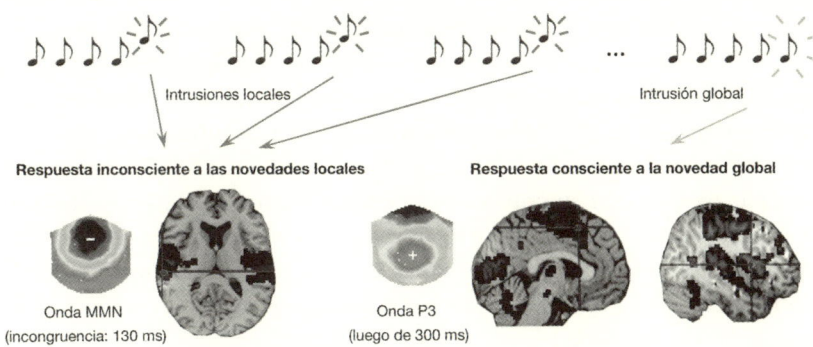

Onda MMN
(incongruencia: 130 ms)

Onda P3
(luego de 300 ms)

Figura 31. La prueba local-global puede detectar conciencia residual en pacientes lesionados. Consiste en repetir, muchas veces, una secuencia idéntica de cinco sonidos. Cuando el ultimo sonido difiere de los cuatro primeros, las áreas auditivas reaccionan con una "respuesta a la discordancia", una reacción automática a la novedad local que es por completo inconsciente y que persiste incluso en el sueño profundo o en un coma. Sin embargo, desde el punto de vista consciente, el cerebro se adapta muy pronto a la melodía que se repite. Luego de la adaptación, la ausencia de novedad final es lo que pasa a desencadenar una respuesta a la novedad. Significativamente, esta respuesta de alto orden parece existir sólo en los pacientes conscientes. Presenta todas las marcas de la conciencia, incluidas una onda P3 y una activación sincrónica de áreas parietales y prefrontales distribuidas.

tativos, la respuesta a las intrusiones globales estaba ausente, pero en tres de los cuatro con EMC, estaba presente (y esos tres pacientes luego recuperaron la conciencia).

En ese momento mi colega Lionel Naccache comenzó a aplicar esta prueba de manera rutinaria en el Hospital La Salpêtrière de París, con resultados muy positivos (Faugeras, Rohaut, Weiss, Bekinschtein, Galanaud, Puybasset, Bolgert y otros, 2011, 2012). Siempre que estaba presente una respuesta global, el paciente parecía estar consciente. De veintidós pacientes en estado vegetativo, sólo dos sujetos excepcionales mostraron alguna vez una onda global P3, y recuperaron algún grado de conciencia mínima pocos días después, lo que sugería que podrían ya haber estado conscientes durante la prueba, de modo muy similar a los pacientes de Owen que respondían.

En la unidad de cuidados intensivos, nuestra prueba local-global a veces provee una ayuda vital. Por ejemplo, luego de un terrible accidente de auto, un hombre joven había permanecido tres semanas en coma, no daba respuesta alguna y sufría tantas complicaciones que el equipo médico debatía la posibilidad de interrumpir el tratamiento. Sin embargo, su cerebro todavía mostraba una respuesta fuerte a las intrusiones globales. ¿Tal vez estaba atrapado en un tipo de estado de cautiverio transitorio, incapaz de expresar su conciencia residual? Lionel convenció a los doctores de que todavía era posible una evolución positiva en unos pocos días... y, como lo había previsto, más tarde el paciente recuperó toda la conciencia. De hecho, su condición clínica mejoró tanto que fue capaz de recuperar una vida prácticamente normal.

La teoría del espacio de trabajo global ayuda a explicar por qué funciona la prueba. Para detectar la secuencia repetida, los participantes deben almacenar una secuencia de cinco tonos en su memoria. Luego deben compararla con la secuencia siguiente, que llega más de un segundo más tarde. Como expusimos en el capítulo 3, la habilidad para retener información en la mente unos pocos segundos es una marca distintiva de la mente consciente. En nuestra prueba, esta función se manifiesta de dos maneras diferentes: la mente debe integrar cada una de las notas en un patrón completo y debe comparar varios de esos patrones.

Nuestra prueba también revela un segundo nivel de procesamiento de la información. Pensemos en las operaciones necesarias para decidir que una secuencia monótona de *bips*, en realidad, es novedosa. Al oír la secuencia estándar *bip bip bip bip bup*, nuestro cerebro se acostumbra al sonido discrepante final. Si bien ese sonido todavía genera una señal de novedad de primer orden en las áreas auditivas, un sistema de segundo orden logra predecirlo (Friston, 2005, Wacongne, Labyt, Van Wassenhove, Bekinschtein, Naccache y Dehaene, 2011). En las pocas ocasiones en que la secuencia monótona de cinco *bips* se escucha en su lugar, este sistema de segundo orden se sorprende. La novedad, en efecto, es que no hay novedad final. Nuestra prueba funciona porque elude el detector de novedad de primer orden y da, de modo selectivo, con una etapa de segundo orden, estrechamente relacionada con la ignición global de la corteza prefrontal y, por lo tanto, con la conciencia.

1, 2, 3, probando la corteza

Alcanzada esta instancia, mi equipo de investigación y yo tenemos suficientes relatos exitosos para creer que nuestra prueba local-global señala la conciencia. Más allá de esto, la prueba todavía está lejos de ser perfecta. Tuvimos demasiados falsos negativos: pacientes que se recuperaron de un coma y en la actualidad es inequívoco que están conscientes, pero en quienes nuestra prueba falla. Es cierto que mejoramos la eficacia si aplicamos a nuestros datos un sofisticado algoritmo de aprendizaje automático (King, Faugeras, Gramfort, Schurger, El Karoui, Sitt, Wacongne y otros, 2013). Esta herramienta tipo Google nos permite buscar en el cerebro *cualquier* respuesta a la novedad global, incluso si es inusual y apenas se ve en un solo paciente. De todos modos, en casi la mitad de los pacientes con EMC o que recuperaron habilidades de comunicación, todavía somos incapaces de detectar cualquier reacción a las secuencias extrañas.

Los investigadores estadísticos describen esto como un caso de alta especificidad pero baja sensibilidad. Para decirlo de modo sencillo, nuestra prueba, como la de Owen, es asimétrica: si da una respuesta positiva, estamos casi seguros de que el paciente está consciente; pero si da una respuesta negativa, no podemos usarla para derivar la conclusión de que el paciente *no* está consciente. Hay muchos motivos posibles para esta baja sensibilidad. Nuestros registros de EEG podrían ser demasiado ruidosos; es muy difícil obtener una señal limpia desde una cama de hospital, rodeada por montones de equipamiento electrónico, y con un paciente que a menudo es incapaz de permanecer quieto o mantener la mirada fija. Aún más probable es que algunos de los pacientes estén conscientes pero sean incapaces de comprender la prueba. Sus lesiones son tan extensas que no pueden contar las diferencias o tal vez detectarlas, o siquiera enfocar su atención en los sonidos durante más de unos pocos segundos.

De todos modos, estos pacientes tienen una vida mental en curso. Si nuestra teoría es correcta, esto significa que su cerebro todavía es capaz de propagar información global a lo largo de grandes distancias corticales. Entonces, ¿cómo pueden detectarla los investigadores? A finales de la década de 2000, Marcello Massimini, de la Universidad de Milán, tuvo una buena idea (Massimini, Ferrarelli, Huber, Esser, Singh y Tononi, 2005, Massimini, Boly, Casali, Rosanova y Tononi, 2009, Ferrarelli, Massimini, Sarasso, Casali, Riedner, Angelini, Tononi y Pearce, 2010). Mientras todas las pruebas de la conciencia que había desarrollado mi laboratorio suponían monitorear la progresión de una señal sensorial en el cerebro, Massimini propuso usar un estímulo interno: provocar la actividad eléctrica directamente desde la corteza. Como el *ping* del pulso de un sonar, este estímulo intenso se propagaría por la corteza y el tálamo, y la fuerza y duración de su eco indicarían la integridad de las áreas que atravesaba. Si la actividad se comunicaba a regiones distantes, y si resonaba durante un tiempo prolongado, era probable que el paciente estuviese consciente. Increíblemente, el paciente ni siquiera tendría que prestar atención al estímulo o comprenderlo. Un pulso podría sondear el estado de las vías corticales de larga distancia incluso si el sujeto no estaba consciente de él.

Para implementar esta idea, Massimini utilizó una combinación sofisticada de dos tecnologías: TMS y EEG. Como expliqué en el capítulo 4, la estimulación magnética transcraneal usa la inducción magnética para estimular la corteza descargando corriente en una bobina ubicada cerca de la cabeza; el EEG, como el lector ya sabe a esta altura, es sólo el viejo y conocido registro de las ondas cerebrales. El truco de Massimini sería "hacer sonar la corteza" mediante TMS, y luego usar EEG para registrar la propagación de la actividad cerebral provocada por este pulso magnético. Esto requería amplificadores especiales que se recuperarían rápidamente de la intensa corriente provocada por la TMS, y crearían una imagen precisa de la actividad siguiente sólo pocos milisegundos más tarde.

Los resultados de Massimini hasta el día de hoy son motivo de entusiasmo. Primero aplicó esta técnica en sujetos normales durante la vigilia, el sueño y la anestesia. Durante la pérdida de conciencia, el pulso de TMS causaba sólo una activación corta y focal, que permanecía confinada a alrededor de los primeros doscientos milisegundos. En cambio, siempre que el participante estaba consciente –o incluso mientras soñaba–, ese mismo pulso causaba una secuencia compleja y duradera de actividad cerebral. La localización exacta donde se aplicaba la estimulación no parecía relevante: sin importar dónde ingresaba el pulso inicial a la corteza, la complejidad y la duración de la respuesta subsiguiente proveían un índice excelente de la conciencia (Casali, Gosseries, Rosanova, Boly, Sarasso, Casali, Casarotto y otros, 2013). Esta observación parecía muy compatible con lo que mi equipo y yo habíamos detectado con los estímulos sensoriales: la difusión de las señales en la red a escala cerebral, más allá de los trescientos milisegundos, indiza el estado consciente.

Significativamente, Massimini luego intentó probar este estimulador en cinco pacientes vegetativos, cinco en EMC y dos con síndrome de cautiverio (Rosanova, Gosseries, Casarotto, Boly, Casali, Bruno, Mariotti y otros, 2012). Si bien estas cantidades son reducidas, la prueba tuvo un cien por ciento de efectividad: todos los pacientes conscientes mostraron respuestas complejas y duraderas al impulso cortical. En cuanto a otros cinco en estado vegetativo, se realizó un seguimiento de sus casos durante varios meses. Durante este período, tres de ellos pasaron a la categoría de "EMC", conforme recuperaban lentamente algún grado de comunicación. Aquellos eran precisamente los tres pacientes en que las señales cerebrales recobraron complejidad. Y de acuerdo con el modelo del espacio de trabajo global, la progresión de las señales a las regiones prefrontal y parietal fue un índice especialmente correcto del nivel de conciencia de los pacientes.

Detectar el pensamiento espontáneo

Sólo el futuro podrá demostrar si la prueba del pulso de Massimini es tan buena como parece y se volverá una herramienta clínica estándar para medir el estado de conciencia en cada uno de los pacientes. Lo más apasionante es que parece funcionar en todos los casos, sin excepción. Pese a esto, la tecnología requerida todavía es compleja: no todos los hospitales tienen sistemas de EEG de alta densidad –esto es, que utilizan sesenta electrodos o más para mejorar la captación de ondas subcorticales– capaces de absorber los grandes *shocks* que genera la TMS. En teoría, debería haber una solución tanto más sencilla. Si la hipótesis del espacio de trabajo global es correcta, entonces incluso en la oscuridad, en ausencia de cualquier estimulación externa, una persona consciente debería mostrar marcas detectables de comunicación cerebral de larga distancia. Un flujo constante de actividad cerebral debería viajar entre los lóbulos prefrontal y parietal, y generar períodos fluctuantes de sincronía con regiones cerebrales distantes. Esta actividad debería asociarse con un estado de actividad eléctrica elevado, sobre todo en frecuencias media (beta) y alta (gamma). Este tipo de transmisión de larga distancia debería consumir mucha energía. ¿No podemos sencillamente detectarla?

Sabemos hace muchos años que el metabolismo cerebral global, tal como lo mide la tomografía por emisión de positrones (PET), se reduce durante la pérdida de conciencia. Un escáner de PET es un detector sofisticado de rayos gamma de alta energía que pueden usarse para medir cuánta glucosa (una fuente química de energía) se consume en cualquier lugar del cuerpo. El truco consiste en inyectar al paciente un precursor de la glucosa, etiquetado con vestigios de un compuesto radiactivo, y utilizar el escáner para detectar las cotas máximas de desintegración radiactiva. Las localizaciones de esa radiactividad máxima indican dónde se está consumiendo la glucosa dentro del cerebro. El sorprendente resultado es que, en las personas normales, la anestesia y el sueño profundo causan una reducción del 50% en el consumo de glucosa en toda la extensión de la corteza. Un estado similar de bajo consumo de energía ocurre durante el coma y el estado vegetativo. Ya en la década de 1990, el equipo de Steven Laureys, en Lieja, produjo imágenes sorprendentes de anomalías en el metabolismo cerebral durante el estado vegetativo (figura 32; Laureys, 2005, Laureys, Lemaire, Maquet, Phillips y Franck, 1999).

Es importante señalar que la reducción en el consumo de glucosa, así como en el metabolismo de oxígeno, difiere en las distintas áreas cerebrales. La pérdida de conciencia parece estar específicamente asociada a una actividad reducida de las regiones prefrontal y parietal bilaterales, así como las áreas de la línea media del cingulado y el precúneo. Estas regiones se superponen de forma casi exacta con nuestra red de espacio de trabajo global, las más ricas en proyecciones corticales de larga distancia: nueva confirmación de que este sistema de espacio de trabajo es crucial para la experiencia consciente. Otras regiones aisladas de la corteza sensorial y motora pueden permanecer anatómicamente intactas y metabólicamente activas incluso en ausencia de cualquier respuesta consciente (Schiff, Ribary, Moreno, Beattie, Kronberg, Blasberg, Giacino y otros, 2002, Schiff, Ribary, Plum y Llinas, 1999). Por ejemplo, los pacientes vegetativos que realizan movimientos faciales ocasionales muestran actividad preservada en las áreas motoras focales. Durante los últimos veinte años, un paciente había borboteado palabras ocasionales (según parecía, de modo inconsciente y sin relevancia alguna para su

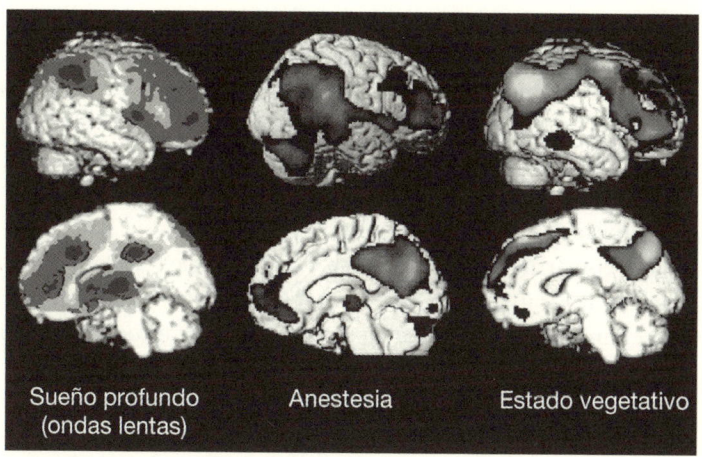

Sueño profundo   Anestesia   Estado vegetativo
(ondas lentas)

Figura 32. A la pérdida de conciencia en el sueño de ondas lentas, en la anestesia y en los pacientes en estado vegetativo, subyacen reducciones en el metabolismo frontal y parietal. Si bien en otras regiones también puede notarse actividad reducida, las áreas que forman el espacio de trabajo neuronal global muestran una caída reproducible en el consumo de energía cuando se pierde la conciencia.

entorno). Su actividad neuronal y su metabolismo estaban confinados a unas pocas islas de corteza preservada en las áreas del lenguaje del hemisferio izquierdo. Claramente, este tipo de actividad esporádica no era suficiente para sostener un estado consciente: era necesaria una más amplia comunicación.

Desafortunadamente, el metabolismo cerebral per se no es suficiente para inferir la presencia o ausencia de conciencia residual. Algunos pacientes vegetativos tienen metabolismo cortical casi normal; es probable que su lesión haya afectado sólo las estructuras ascendentes del diencéfalo más que la corteza en sí misma. A la inversa, y más importante, muchos pacientes vegetativos que se recuperan parcialmente y entran en la categoría de "apenas consciente" no muestran un metabolismo normal. Una comparación de las imágenes pre- y posrecuperación sí evidencia incremento en el consumo de energía en las regiones del espacio de trabajo, pero el aumento es modesto. Por lo general el metabolismo no logra volver a la normalidad, tal vez porque la corteza permanece dañada sin que sea posible la recuperación. Incluso las imágenes detalladas de lesiones, obtenidas a través de los mejores resonadores magnéticos, sólo son indicativas (Galanaud, Perlbarg, Gupta, Stevens, Sánchez, Tollard, Menjot de Champfleur y otros, 2012, Tshibanda, Vanhaudenhuyse, Galanaud, Boly, Laureys y Puybasset, 2009, Galanaud, Naccache y Puybasset, 2007): no logran mostrar un conjunto infalible de predictores de la conciencia. Utilizando sólo imágenes metabólicas o anatómicas, aún no fue posible estimar con precisión la circulación de la información neuronal que subyace al estado consciente.

Para construir un mejor detector de la conciencia residual, mis colegas Jean-Rémi King, Jacobo Sitt, Lionel Naccache y yo volvimos a la idea de usar el simple EEG como un marcador de la comunicación cortical (King, Faugeras, Gramfort, Schurger, El Karoui, Sitt, Wacongne y otros, 2013). El equipo de Naccache había obtenido casi doscientos registros de alta densidad, con doscientos cincuenta y seis electrodos que monitoreaban la actividad eléctrica de pacientes vegetativos, en EMC y conscientes. ¿Podíamos usar estas mediciones para cuantificar la tasa de intercambio de información en la corteza? Hurgando en la bibliografía, a Sitt –que es a la vez un médico genial, científico informático y psiquiatra– se le ocurrió una idea brillante. Elaboró un programa rápido para computar una cantidad matemática llamada "información mutua simbólica ponderada" [*weighted symbolic mutual information*, en inglés], diseñado para evaluar cuánta información se estaba compartiendo entre dos sitios cerebrales.[5]

Aplicada a los datos de nuestros pacientes, esta medida distinguió con eficacia a los pacientes vegetativos de todos los demás (figura 33). En comparación con los sujetos conscientes, el grupo vegetativo mostró una cantidad muy reducida de transmisión de información. Esto fue aún más evidente cuando restringimos el análisis a pares de electrodos separados por al menos siete u ocho centímetros; una vez más, la comunicación de larga distancia era privilegio de los cerebros conscientes. Gracias a otra medida direccional, vimos que la conversación del cerebro era bidireccional: las áreas especializadas de la parte posterior hablaban con áreas generales de los lóbulos parietal y prefrontal, que devolvían señales hacia regiones posteriores.

La conciencia de los pacientes también estaba reflejada en muchos otros rasgos del EEG (Sitt, King, El Karoui, Rohaut, Faugeras, Gramfort, Cohen y otros, 2013). Las medidas matemáticas de la cantidad de ener-

---

5 Nuestra medida de "información mutua simbólica ponderada" fue inspirada por una propuesta anterior, llamada "entropía de transferencia simbólica" [*symbolic transfer entropy*, en inglés]; véase Staniek y Lehnertz (2008).

| Estado vegetativo | Estado de mínima conciencia | Pacientes conscientes | Voluntarios sanos (pacientes control) |

Figura 33. La información intercambiada a través de largas distancias corticales es un excelente índice de conciencia en los pacientes con lesiones cerebrales. Para crear esta imagen, se registraron las señales cerebrales electroencefalográficas de doscientos cincuenta y seis electrodos en casi doscientos pacientes con o sin pérdida de conciencia. Para cada par de electrodos, simbolizado por un arco, computamos un índice matemático de la cantidad de información compartida entre áreas cerebrales subyacentes. Los sujetos en estado vegetativo mostraron una cantidad tanto más pequeña de información compartida que los conscientes y los sujetos control. Este hallazgo se condice con un principio general de la teoría del espacio de trabajo global: el intercambio de información es una función esencial de la conciencia. Un estudio de seguimiento mostró que los pocos pacientes vegetativos en quienes se registró mayor cantidad de información compartida tenían mayores posibilidades de recuperar la conciencia dentro de los siguientes días o meses.

gía presente en las diferentes bandas de frecuencia mostró, sin que nos sorprendiéramos, que la pérdida de conciencia llevaba a la desaparición de las altas frecuencias que caracterizan la codificación y el procesamiento neural, en beneficio de frecuencias muy bajas típicas del sueño o la anestesia.[6] Las medidas de la sincronía entre estas osci

6 La compensación entre las altas y las bajas frecuencias tiene un gran peso en la computación del índice biespectral, un sistema comercial que afirma medir la profundidad de la inconciencia durante la anestesia. Para una evaluación crítica, véanse, por ejemplo, Miller, Sleigh, Barnard y Steyn-Ross

laciones cerebrales confirmaron que, durante el estado consciente, las regiones corticales tendían a armonizar sus intercambios.

Cada una de estas cantidades matemáticas arrojó una luz apenas diferente sobre la conciencia, y proveyó, de este modo, perspectivas complementarias sobre el estado consciente. Para combinarlas, Jean-Rémi King diseñó un programa que aprendía, de manera bastante automática, qué combinación de medidas proporcionaba una predicción óptima del estado clínico de los pacientes. Veinte minutos de registro de EEG proveyeron un diagnóstico excelente. Casi nunca confundimos a un paciente en estado vegetativo con una persona consciente. En su mayoría los errores de nuestro programa consistían en etiquetar como vegetativo a un paciente en EMC. No podemos garantizar que, en efecto, esas medidas fuesen acertadas: durante esos veinte minutos, podríamos haber pasado por alto a un paciente con mínima conciencia; de modo que repetir la medida otro día habría mejorado el diagnóstico.

El error inverso también ocurrió: en ocasiones nuestro programa etiquetaba a un paciente como si este fuese uno con EMC, mientras que el examen clínico lo diagnosticaba como vegetativo. ¿Era un error genuino? ¿O era posible que esos pacientes fueran aquellos casos paradójicos que parecen estar en estado vegetativo pero en realidad están conscientes y completamente encerrados en sí mismos? Cuando miramos el resultado clínico de nuestros pacientes vegetativos en los meses subsiguientes al registro de EEG, nos encontramos con un resultado impactante. Para dos tercios de ellos, nuestro programa informático concordó con el diagnóstico clínico de un estado vegetativo, y sólo el 20% de ellos se recuperó y pasó a la categoría "apenas consciente". Sin embargo, en el tercio restante, nuestro sistema detectó un destello de conciencia cuando el clínico no encontraba nada, y un 50% de esos casos recuperó el estado de conciencia clínicamente evidente de allí a pocos meses más.

De esta diferencia en el pronóstico se derivan grandes implicancias. Significa que, gracias a medidas cerebrales automatizadas, en la actualidad podemos detectar huellas de conciencia mucho antes de que se manifiesten en la conducta. Nuestros marcadores de conciencia elaborados por medio de la teoría se volvieron más sensibles que el clínico experimentado. La nueva ciencia de la conciencia está dando sus primeros frutos.

(2004), Schnakers, Ledoux, Majerus, Damas, Damas, Lambermont, Lamy y otros (2008).

Hacia las intervenciones clínicas

> ¿No puedes calmar un espíritu enfermo, arrancar de su memoria los
> arraigados pesares, borrar las angustias grabadas en el cerebro?
> **Shakespeare, *Macbeth* (1606)**

Detectar un matiz de conciencia es apenas el comienzo. Lo que los pacientes y sus familias desean es una respuesta a la pregunta shakespeareana: "¿No puedes calmar un espíritu enfermo?". ¿Podemos ayudar a los pacientes en coma y en estado vegetativo a recuperar su conciencia? Sus facultades mentales a veces vuelven repentinamente, años después del accidente original. ¿Podemos acelerar este proceso de recuperación?

Cuando las familias devastadas hacen esta pregunta, la comunidad médica en general les da una respuesta pesimista. Ya transcurrido un año entero, si el paciente todavía se demuestra inconsciente, se dice que él o ella es un caso en "estado vegetativo permanente". Esta etiqueta clínica viene con un subtexto sencillo: habrá muy pocos cambios, sin importar la intensidad de la estimulación. Y en muchos pacientes, esta es la triste verdad.

Sin embargo, en 2007, Nicholas Schiff y Joseph Giacino publicaron un excelente artículo en la tan reconocida revista *Nature*, en que sugerían que debía revisarse esa cuestión (Schiff, Giacino, Kalmar, Victor, Baker, Gerber, Fritz y otros, 2007).[7] Por primera vez, presentaron un tratamiento que poco a poco devolvió a un paciente en EMC a un estado consciente más estable. Su intervención consistió en insertar largos electrodos en el cerebro y estimular una localización de importancia central: el llamado (con acierto) "tálamo central" y los núcleos intralaminares que lo rodean.

Gracias a la investigación pionera que Giuseppe Moruzzi y Horace Magoun habían llevado adelante en la década de 1940, ya se sabía que estas regiones eran nodos esenciales del sistema ascendente que regula el nivel general de vigilancia de la corteza (Moruzzi y Magoun, 1949). Los núcleos talámicos centrales alojan una gran densidad de neuronas

---

7 La prioridad de esta investigación fue cuestionada (Staunton, 2008), ya
que la estimulación cerebral profunda se intentó a menudo en pacientes en
coma y en estado vegetativo desde la década de 1960. Véase, por ejemplo,
Tsubokawa, Yamamoto, Katayama, Hirayama, Maejima y Moriya (1990). Para
una respuesta, véase Schiff, Giacino, Kalmar, Victor, Baker, Gerber, Fritz y
otros (2008).

de proyección, marcadas por proteínas particulares (proteínas de unión a calcio), que son conocidas por proyectarse de manera amplia hacia la corteza, en especial hacia los lóbulos frontales. Curiosamente, sus axones apuntan con preferencia a las neuronas piramidales situadas en las capas superiores de la corteza, precisamente en aquellas con proyecciones de larga distancia que subyacen al espacio de trabajo neuronal global. En los animales, la activación del tálamo central puede modular la actividad general de la corteza, aumentar la actividad motora y estimular el aprendizaje (Shirvalkar, Seth, Schiff y Herrera, 2006).

En un cerebro normal, la actividad del tálamo central, a la vez, es modulada por las áreas prefrontal y cingulada de la corteza. Este bucle de retroalimentación quizá nos permita que ajustemos de forma dinámica la excitación cortical en función de las demandas de la tarea: una tarea que capte la atención la enciende, alentando la capacidad de procesamiento del cerebro (Giacino, Fins, Machado y Schiff, 2012). Sin embargo, en un cerebro con daño severo, una reducción global en el nivel general de la actividad neuronal que circula puede alterar este bucle esencial que regula constantemente nuestro nivel de excitación. De este modo, Schiff y Giacino predijeron que la estimulación del tálamo central puede "redespertar" a la corteza. Restauraría, desde fuera, la capacidad de controlar el nivel sostenido de excitación del cerebro que el paciente ya no poseía.

Como ya expusimos, la vigilancia no es lo mismo que el acceso consciente. Los pacientes en estado vegetativo suelen tener un sistema de vigilancia parcialmente preservado: se despiertan a la mañana y abren los ojos, pero esto no es suficiente para devolver la corteza al modo consciente. En efecto, la mayoría de los pacientes en estado vegetativo persistente da muestra de beneficiarse poco con un estimulador talámico. Terri Schiavo tenía uno, y sin embargo no mostró mejoras a largo plazo, tal vez porque su corteza, especialmente la materia blanca subyacente, estaban muy dañadas. En los pocos casos en que pareció funcionar, no podía descartarse la recuperación espontánea.

Muy conscientes de este desalentador punto de partida, de todos modos Schiff y Giacino diseñaron un plan para aumentar sus probabilidades de éxito. En primer lugar apuntaron específicamente al núcleo central lateral del tálamo, que ingresa en esos bucles directos con la corteza prefrontal. En segundo lugar, seleccionaron a un paciente en quien pensaron que era probable que la intervención fuese exitosa, porque ya lindaba la conciencia. Recordemos que el propio Joseph Giacino había tenido un rol instrumental en definir el EMC: una categoría de pacientes que muestran signos fugaces de procesamiento consciente y comunicación intencional y sin embargo son incapaces de manifestarlo de una forma sistemática y reproducible. El equipo de Schiff identificó a un paciente de este tipo en que las imágenes cerebrales mostraron que la corteza estaba notablemente preservada. Si bien había permanecido muchos años en un estado de conciencia mínima estable, sus dos hemisferios todavía se activaban en respuesta al habla. Su metabolismo cortical global, en cambio, estaba muy reducido, lo que sugería que la excitación estaba mal regulada. ¿Era posible que la estimulación talámica proveyera el empujón que faltaba para traerlo de regreso a un estado de conciencia estable?

Schiff y Giacino actuaron siguiendo varios pasos cuidadosos. Antes de implantar electrodos en el paciente, lo monitorearon atentamente a lo largo de meses. Lo evaluaron de forma repetida con la misma batería (la escala de recuperación del coma) hasta que tuvieron una estimación invariable de sus habilidades y fluctuaciones. Varias pruebas tuvieron resultados intermedios: el paciente daba escasas señales de actuar de manera intencional, e incluso soltaba una palabra ocasional; pero esta conducta era errática. Eso significaba que era apenas consciente y que había muchas posibilidades de una mejoría.

Con estas observaciones en mente, Schiff y Giacino procedieron a implantar los electrodos. Durante la cirugía, guiaron cuidadosamente dos cables hasta la corteza izquierda y derecha y hasta el tálamo central. Cuarenta y ocho horas más tarde se encendieron los electrodos. De inmediato, los resultados fueron drásticos: el paciente, que había transcurrido seis años en EMC, abrió los ojos, su ritmo cardíaco aumentó, y él se daba vuelta de forma espontánea en respuesta a voces. Sin embargo, sus respuestas todavía eran limitadas; cuando se le pedía que nombrara objetos, su habla permanecía "ininteligible y limitada a episodios de vocalización de palabras incomprensibles" (Schiff, Giacino, Kalmar, Victor, Baker, Gerber, Fritz y otros, 2007). Tan pronto como se apagó el estimulador, estos comportamientos desaparecieron.

Para fijar un punto de partida posterior a la intervención, los investigadores dejaron que pasaran dos meses sin aplicar estimulación alguna. Durante ese tiempo, no hubo mejorías. Luego, mes por medio, en un estudio doble ciego, prendían o apagaban el estimulador, en un patrón alternante. El paciente tenía una notoria mejoría. En todas las medidas de la excitación, la comunicación, el control motor y la denominación de objetos, los puntajes de las pruebas se disparaban durante el período en que se encendía el estimulador. Es más, de forma significativa, estas medidas sólo disminuían un poco cuando se lo apagaba: el paciente no volvía al punto de partida. El efecto era lento pero acumulativo, y seis meses más tarde él podía alimentarse llevando una taza a su boca. Su familia notó una mejoría marcada en sus interacciones sociales. Permaneció severamente discapacitado, pero para entonces podía tener un rol activo en su vida e incluso discutir su tratamiento médico.

Esta historia exitosa permite abrigar grandes esperanzas. La estimulación cerebral profunda, al aumentar el nivel de excitación cortical y, de este modo, llevar la actividad neuronal más cerca de su nivel de operación normal, puede ayudar al cerebro a recuperar su autonomía.

Incluso en los pacientes con largo historial de estado vegetativo o de EMC, el cerebro sigue siendo plástico, y la recuperación espontánea nunca se puede excluir. Es más, abundan los llamativos informes de remisiones repentinas. Un hombre permaneció diecinueve años en EMC, y luego recuperó de repente el habla y la memoria. Las imágenes de su cerebro, creadas mediante la técnica de tensor de difusión, sugirieron que varias de sus conexiones cerebrales de larga distancia habían vuelto a crecer lentamente (Voss, Uluc, Dyke, Watts, Kobylarz, McCandliss, Heier y otros, 2006. Véase también Sidaros, Engberg, Sidaros, Liptrot, Herning, Petersen, Paulson y otros, 2008). En otro paciente, la comunicación entre la corteza frontal y el tálamo, disminuida cuando era vegetativo, volvió a la normalidad luego de que se recuperara en forma espontánea (Laureys, Faymonville, Luxen, Lamy, Franck y Maquet, 2000).

No esperamos que una mejoría de este tipo sea posible en todos los pacientes, pero ¿podemos entender por qué algunos se recuperan y otros no? Desde luego, si varias de las neuronas de la corteza prefrontal están muertas, no existe estimulación que llegue a revivirlas. En algunos casos, sin embargo, las neuronas están intactas pero ya perdieron muchas de sus conexiones. En otros, la dinámica autosostenida de los circuitos cerebrales parece ser la culpable: pese a que las conexiones todavía están presentes, la información que circula ya no es suficiente para preservar un estado sostenido de actividad, y el cerebro se apaga. Si del circuito sobrevivió lo bastante para poder encenderse de nuevo, este tipo de pacientes puede exhibir una recuperación sorprendentemente rápida.

¿Pero cómo podemos poner el interruptor cortical otra vez en la posición de encendido? Los agentes farmacológicos que actúan sobre los circuitos de dopamina del cerebro son los candidatos principales. La dopamina es un neurotransmisor involucrado sobre todo en los circuitos de recompensa del cerebro. Las neuronas dopaminérgicas envían enormes proyecciones modulatorias a la corteza prefrontal y a los núcleos grises profundos que controlan las acciones voluntarias. Estimular los circuitos dopaminérgicos, entonces, puede ayudarlos a restaurar un nivel normal de excitación. En efecto, tres pacientes en estado vegetativo persistente recuperaron de pronto la conciencia luego de la administración de una droga llamada "levodropa", un precursor químico de la dopamina generalmente utilizado en pacientes con enfermedad de Parkinson (Matsuda, Matsumura, Komatsu, Yanaka y Nose, 2003). La amantadina es otro estimulante del sistema dopaminérgico; en pruebas clínicas controladas, se describió que esta droga acelera un poco la recuperación de los pacientes vegetativos y en EMC (Giacino, Fins, Machado y Schiff, 2012).

Los otros casos registrados son tanto más llamativos. El más paradójico es el efecto del zolpidem, un fármaco que, de forma extraña, puede revivir la conciencia. Un paciente había estado totalmente mudo e inmóvil por meses, con un síndrome neurológico llamado "mutismo acinético". Para facilitar su sueño, se le administró zolpidem, un hipnótico conocido: de repente se despertó, se movió y comenzó a hablar (Brefel-Courbon, Payoux, Ory, Sommet, Slaoui, Raboyeau, Lemesle y otros, 2007). En otro caso, a una mujer que había sufrido un ACV en el hemisferio izquierdo y estaba afásica, incapaz de decir más que una sílaba ocasional, también se le prescribió zolpidem porque tenía problemas para conciliar el sueño. La primera vez que la tomó, volvió a hablar de inmediato durante pocas horas. Podía responder a preguntas, contar e incluso nombrar objetos. Luego se quedó dormida y, por supuesto, a la mañana siguiente su afasia había regresado. Sin embargo, el fenómeno se repetía cada noche, siempre que su familia le daba la píldora para dormir (Cohen, Chaaban y Habert, 2004). No sólo no lograba hacerla dormir, sino que tenía el efecto paradójico de redespertar su circuito cortical latente de lenguaje.

Comienza a haber explicaciones de estos fenómenos: parecen deberse a los múltiples bucles que unen el espacio de trabajo cortical, el tálamo y dos de los ganglios basales (el estriado y el pálido). Por obra de estos bucles, la corteza puede excitarse a sí misma en forma indirecta, ya que la activación se propaga en un camino circular desde la corteza frontal hacia el estriado, el pálido, el tálamo y luego otra vez hacia la corteza. Sin embargo, dos de estas conexiones dependen de la inhibición más que de la excitación: el estriado inhibe el pálido, que a su vez inhibe el tálamo. Cuando el cerebro pierde su provisión de oxígeno, las células inhibitorias del estriado parecen ser las más vulnerables. Por eso, el pálido se inhibe de manera insuficiente. Su actividad está libre para descargar; de este modo inhibe el tálamo y la corteza e impide que estos sostengan ningún tipo de actividad consciente.

Sin embargo, por lo general estas rutas quedan intactas; sólo son objeto de una inhibición generalizada. Pueden volver a encenderse si se inserta una llave general en este circuito, que pueda interrumpir ese ciclo vicioso. Muchas soluciones parecen estar a disposición. Un electrodo que se planta en la profundidad del tálamo puede contrarrestar la inhibición de las neuronas talámicas y de este modo volver a encenderlas. En vez de esto, puede utilizarse dopamina o amantadina para excitar la corteza, ya sea de forma directa o bien a partir de las neuronas restantes en el estriado. Por último, un fármaco como el zolpidem puede frenar la inhibición: al conectarse con los muchos receptores inhibitorios que se encuentran en el pálido, hace que sus células inhibitorias sobreexcitadas se apaguen, y de esta forma liberen de la indeseada inactividad la corteza y el tálamo. Todos estos mecanismos, aunque todavía hipotéticos, pueden explicar por qué estos fármacos tienen efectos finales en común: promueven actividad cortical más cercana a los niveles usuales (Schiff, 2010).

Los ardides citados arriba sólo funcionarán si la corteza en sí no está demasiado dañada. Un signo favorable es que la corteza prefrontal parezca intacta en la imagen anatómica pero muestre un metabolismo reducido drásticamente; es posible que, sin más, se haya apagado la corteza, la cual puede volver a despertarse. Una vez encendida, retornará con lentitud a un estado de autorregulación. En su rango normal de operación, muchas de las sinapsis del cerebro son plásticas y pueden aumentar su peso para ayudar a estabilizar grupos neuronales activos. Gracias a este tipo de plasticidad cerebral, las conexiones del espacio de trabajo de un paciente cuentan con la opción de ganar fuerza paulatinamente y volverse cada vez más capaces de sostener un estado de actividad consciente.

Incluso para los pacientes cuyos circuitos corticales fueron dañados, podemos imaginar soluciones futurísticas. Si la hipótesis del espacio de trabajo es correcta, la conciencia no es otra cosa que la circulación flexible de información dentro de un denso conmutador de neuronas corticales. ¿Es demasiado disparatado imaginar que algunos de sus nodos y conexiones pueden ser suplantados por bucles externos? Las interfaces entre cerebro y computadoras, en especial mediante dispositivos implantados, tienen el potencial de restaurar la comunicación de larga distancia en el cerebro. Pronto seremos capaces de recolectar las descargas cerebrales espontáneas de la corteza prefrontal o premotora y reproducirlas para otras regiones distantes: ya sea de forma directa como descargas eléctricas o bien, acaso, de un modo más sencillo al registrarlas como señales visuales o auditivas. Una sustitución sensorial de este tipo ya se usa para hacer que los ciegos "vean", entrenándolos para reconocer señales auditivas que encriptan la imagen de una cámara de video (Striem-Amit, Cohen, Dehaene y Amedi, 2012). Conforme a ese principio, la sustitución sensorial podría ayudar a reconectar al cerebro consigo mismo restaurando una forma más densa de comunicación interna. Los bucles más simples pueden proveer al cerebro la cantidad de autoexcitación necesaria para mantener un estado activo en procura de permanecer consciente.

El tiempo dirá si esta idea es demasiado disparatada. Lo cierto es que, en las próximas décadas, el interés renovado en los estados de coma y vegetativo, sobre la base de una teoría cada vez más sólida de cómo los circuitos neuronales engendran los estados conscientes, llevará a grandes avances en la atención médica. Nos espera una revolución en el tratamiento de las alteraciones de la conciencia.

7. El futuro de la conciencia

La emergente ciencia de la conciencia todavía se enfrenta a muchos desafíos. ¿Podemos determinar el momento preciso en que la conciencia surge por primera vez en los bebés? ¿Podemos decidir si un mono, o un perro o un delfín están conscientes de su entorno? ¿Podemos resolver el acertijo de la conciencia de uno mismo, nuestra sorprendente habilidad de pensar acerca de nuestros pensamientos? ¿El cerebro humano es único en este sentido? ¿Aloja circuitos distintivos? Si lo hace, ¿es posible que su disfunción explique los orígenes de enfermedades únicas de los humanos como la esquizofrenia? Y si logramos analizar esos circuitos, ¿alguna vez podremos replicarlos en una computadora, dando lugar de este modo a la conciencia artificial?

De algún modo me resisto a la idea de que la ciencia meta la nariz en este negocio, mi negocio. ¿La ciencia no se apropió ya de demasiadas cosas de la realidad? ¿Debe también reclamar el intangible, invisible, esencial yo?
David Lodge, *Pensamientos secretos* (2001)

De hecho, a más ciencia, mayor misterio.
Vladimir Nabokov, *Opiniones contundentes* (1973)

Ya se abrió la caja negra de la conciencia y se sacó a la luz su contenido. Gracias a una variedad de paradigmas experimentales, aprendimos a visibilizar e invisibilizar las imágenes, luego seguir los patrones de actividad neuronal que ocurren sólo cuando se presenta el acceso consciente. Comprender cómo el cerebro manipula las imágenes vistas y no vistas no resultó tan complicado como temíamos al principio. Muchos marcadores o "sellos" electrofisiológicos confirmaron la presencia de una ignición consciente. Estas marcas de la conciencia demostraron ser tan sólidas que hoy en día se las usa en las clínicas para probar la conciencia residual en pacientes con lesiones cerebrales masivas.

Sin duda este es apenas el comienzo. Las respuestas a muchas preguntas todavía nos eluden. En este capítulo final, me gustaría delinear lo que veo como el futuro de la investigación sobre la conciencia: las preguntas pendientes que darán trabajo a los neurocientíficos durante muchos años más.

Algunas de estas preguntas son absolutamente empíricas y ya recibieron un vislumbre de respuesta. Por ejemplo, ¿cuándo surge la conciencia en el desarrollo y en la evolución? ¿Los recién nacidos son conscientes? ¿Qué ocurre con los niños prematuros o los fetos? ¿Los monos, los ratones y los pájaros comparten un espacio de trabajo similar al nuestro?

Otros problemas lindan con lo filosófico, y sin embargo yo creo firmemente que en última instancia recibirán una respuesta empírica una vez que encontremos una línea de abordaje experimental. Por ejemplo, ¿qué es la conciencia de uno mismo? Está claro que algo peculiar de la mente humana le permite desplazar el foco de atención de la conciencia hacia sí misma y pensar acerca de su propio pensamiento. ¿Somos únicos en este sentido? ¿Qué hace que el pensamiento humano sea tan poderoso pero también tan singularmente vulnerable a las enfermedades psiquiátricas como la esquizofrenia? ¿Este conocimiento nos permitirá construir una conciencia artificial, un robot sensible? ¿Tendrá sentimientos, experiencias e incluso un sentido del libre albedrío?

Nadie puede afirmar que conoce las respuestas a estos enigmas, y no haré de cuenta que puedo resolverlas. Pero me gustaría mostrarles un modo factible para encararlas.

¿Bebés conscientes?

Consideremos el inicio de la conciencia en la niñez. ¿Los bebés son conscientes? ¿Qué ocurre con los recién nacidos? ¿Y los bebés prematuros? ¿Los fetos dentro del útero? Por supuesto, es necesario algún grado de organización cerebral antes de que nazca una mente consciente, pero ¿exactamente cuánta?

Por décadas, esta pregunta controversial enfrentó a defensores de la sacralidad de la vida humana y a racionalistas. Abundan las declaraciones provocativas de ambos lados. Por ejemplo, el filósofo Michael Tooley, de la Universidad de Colorado, escribe sin ambages que "los humanos recién nacidos no son ni personas ni cuasipersonas, y de ningún modo es intrínsecamente malo destruirlos" (Tooley, 1983). Según Tooley (1972), desde un punto de vista moral el infanticidio está justificado al menos hasta la edad de 3 meses, porque un recién nacido "no posee el concepto de un yo continuo, no más que un gatito recién nacido" y, por lo tanto, "no tiene derecho a la vida". En el mismo sentido de este macabro mensaje, Peter Singer –profesor de bioética en Princeton– sostiene que "la vida sólo comienza en sentido moralmente significativo cuando hay conciencia de la existencia de uno mismo a lo largo del tiempo":

> El hecho de que un ser es un ser humano, en el sentido de que es un miembro de la especie *Homo sapiens*, no es relevante en cuanto a la incorrección de matarlo; en cambio, lo que marca la diferencia son características como la racionalidad, la autonomía y la conciencia de sí mismo. Los niños no tienen estas características. Luego, matarlos no puede volverse equivalente a matar a seres humanos normales, o a ningún otro ser consciente de sí mismo (Singer, 1993).

Este tipo de afirmaciones es absurdo por muchos motivos. Chocan con la intuición moral de que a todos los seres humanos, desde los ganadores del Premio Nobel hasta los niños discapacitados, les caben iguales derechos de tener una buena vida. También entran en colisión directa con nuestras intuiciones acerca de la conciencia: pregúntenle a cualquier madre que haya intercambiado contacto ocular y distintos tonos del *ajó ajó* con su bebé recién nacido. Lo más chocante es que Tooley y Singer dictan sus arrogantes decretos sin que los avale siquiera una mínima cuota de material probatorio. ¿Cómo saben que los bebés no tienen experiencias? ¿Sus perspectivas tienen una base científica firme? Bajo ningún aspecto: son meramente apriorísticas, están desligadas de la experimentación y, de hecho, suelen ser erradas. Por ejemplo, Singer escribe que

> en la mayoría de los sentidos [los pacientes en coma y vegetativos] no difieren de forma notable de los niños discapacitados. No son conscientes de sí mismos, racionales o autónomos, [...] sus vidas no tienen valor intrínseco. El viaje de sus vidas ha llegado a su fin.

En el capítulo 6 vimos que esta perspectiva es del todo errada: las imágenes cerebrales revelan conciencia residual en una fracción de los pacientes vegetativos adultos. Una perspectiva arrogante como esta, que niega la complejidad de la vida y la conciencia, es abominable. El cerebro merece una filosofía mejor.

La vía alternativa que propongo es sencilla: debemos aprender a hacer los experimentos correctos. Si bien la mente infantil todavía es un vasto territorio desconocido, el comportamiento, la anatomía y las imágenes cerebrales pueden aportar mucha información acerca de los estados conscientes. Las marcas de la conciencia, una vez que se las valide en los adultos humanos, pueden y deberían ser indagadas en los bebés humanos de varias edades.

Desde luego, esta estrategia es imperfecta, porque está construida sobre una analogía. Confiamos en encontrar, en algún estadío del desarrollo temprano de los niños, los mismos marcadores objetivos que, según sabemos, indizan la experiencia subjetiva en los adultos. Si los encontramos, llegaremos a la conclusión de que a esa edad los niños tienen un punto de vista subjetivo del mundo exterior. Claro que la naturaleza podría ser más compleja; los marcadores de la conciencia podrían cambiar con la edad. También puede suceder que nunca obtengamos una respuesta que no sea ambigua. Quizá los diferentes marcadores no concuerden entre sí, y el espacio de trabajo que funciona como un sistema integrado en la adultez consista en fragmentos o porciones que se desarrollan a su propio ritmo durante la infancia. Pese a todo, el método experimental tiene una capacidad única para informar el lado objetivo del debate. Cualquier conocimiento científico será mejor que lo proclamado a priori por los líderes filosóficos y religiosos.

Así, ¿los niños tienen un espacio de trabajo consciente? ¿Qué dice la anatomía cerebral? En el siglo que pasó, la corteza inmadura de los bebés, repleta de neuronas esqueléticas, dendritas endebles y axones flacos sin su capa aislante de mielina, indujeron en muchos pediatras la creencia de que la mente no era operativa al nacer. Según pensaban, sólo unas pocas islas de corteza visual, auditiva y motora eran suficientemente maduras para procurar a los niños sensaciones primitivas y reflejos. Los *inputs* sensoriales se fusionaban para crear "una gran, frenética y floreciente confusión", en las famosas palabras de William James. Era una creencia muy difundida que los centros de razonamiento de nivel más alto en la corteza prefrontal de los bebés permanecían silenciosos por lo menos hasta el final del primer año de vida, cuando por fin comenzaban a madurar. Esta virtual lobotomía frontal explicaba el fracaso sistemático de los bebés pequeños en las pruebas conductuales de planeamiento motor y control ejecutivo, como la famosa prueba de "A no B" de Piaget (Diamond y Doar, 1989, Diamond y Gilbert, 1989, Diamond y Goldman-Rakic, 1989). Para más de un pediatra, era obvio que los recién nacidos no sentían dolor; entonces, ¿por qué anestesiarlos? Rutinariamente se aplicaban inyecciones, e incluso se realizaban cirugías, sin contemplar la posibilidad de conciencia en los niños.

Sin embargo, los recientes avances en la evaluación del comportamiento y las imágenes cerebrales, refutan esta perspectiva pesimista. De hecho, el gran error era confundir inmadurez con disfunción. Incluso en el vientre, desde los 6 ½ meses de gestación, la corteza de un bebé comienza a formarse y a plegarse. En el recién nacido, regiones corticales distantes ya están fuertemente interconectadas por fibras de larga distancia (Dubois, Dehaene-Lambertz, Perrin, Mangin, Cointepas, Duchesnay, Le Bihan y Hertz-Pannier, 2007, Jessica Dubois y Ghislaine Dehaene-Lambertz, investigación en curso en el Unicog Lab, NeuroSpin Center, Gif-sur-Yvette, Francia). Pese a no estar recubiertas con mielina, estas conexiones procesan información, aunque a un ritmo tanto más lento que en los adultos. Desde el momento del nacimiento, ya promueven una autoorganización de la actividad neuronal espontánea en redes funcionales (Fransson, Skiold, Horsch, Nordell, Blennow, Lagercrantz y Aden, 2007, Doria, Beckmann, Arichi, Merchant, Groppo, Turkheimer, Counsell y otros, 2010, Lagercrantz y Changeux, 2010).

Consideremos el procesamiento del habla. Los bebés se ven enormemente atraídos por el lenguaje. Quizá comiencen a aprenderlo dentro del vientre, porque incluso los recién nacidos pueden distinguir entre oraciones de su lengua materna y las de una lengua extranjera (Mehler, Jusczyk, Lambertz, Halsted, Bertoncini y Amiel-Tison, 1988). La adquisición del lenguaje ocurre tan rápido que una larga lista de prestigiosos científicos, desde Darwin hasta Chomsky y Pinker, postuló la existencia de un órgano especial, un "dispositivo de adquisición del lenguaje", especializado para aprender lenguas y único para el cerebro humano. Mi esposa –Ghislaine Dehaene-Lambertz– y yo probamos de modo directo esta idea, utilizando fMRI para mirar dentro de los cerebros de los bebés mientras escuchaban su lengua materna (Dehaene-Lambertz, Dehaene y Hertz-Pannier, 2002, Dehaene-Lambertz, Hertz-Pannier y Dubois, 2006, Dehaene-Lambertz, Hertz-Pannier, Dubois, Meriaux, Roche, Sigman y Dehaene, 2006, Dehaene-Lambertz, Montavont, Jobert, Allirol, Dubois, Hertz-Pannier y Dehaene, 2009). Acunados en un colchón cómodo, con los oídos protegidos del barullo del resonador por un enorme auricular, bebés de dos meses de edad escuchaban en silencio segmentos de habla dirigida a bebés mientras tomábamos imágenes de su actividad cerebral cada tres segundos.

Para nuestra sorpresa, la activación era enorme, y con seguridad no estaba restringida al área auditiva primaria. Al contrario, se encendía una red completa de regiones corticales (figura 34). La actividad trazaba con gran claridad los contornos de las áreas clásicas del lenguaje, exactamente en el mismo lugar que en el cerebro adulto. Los *inputs* de habla ya se conducían a las áreas temporales y frontales izquierdas del lenguaje, mientras que estímulos igualmente complejos como la música de Mozart se dirigían a otras regiones del hemisferio derecho (Dehaene-Lambertz, Montavont, Jobert, Allirol, Dubois, Hertz-Pannier y Dehaene, 2009). Incluso el área de Broca, situada en la corteza prefrontal inferior izquierda, se veía estimulada por el lenguaje. Esta región ya estaba lo bastante madura para activarse en los bebés de 2 meses de edad. Luego se notó que era una de las regiones que más temprano maduran y que están mejor conectadas en la corteza prefrontal de los bebés (Leroy, Glasel, Dubois, Hertz-Pannier, Thirion, Mangin y Dehaene-Lambertz, 2011).

Al medir la velocidad de activación con MRI, confirmamos que la red de lenguaje de un bebé está funcionando, pero a una velocidad tanto menor que en un adulto, especialmente en la corteza prefrontal (Dehaene-Lambertz, Hertz-Pannier, Dubois, Meriaux, Roche, Sigman y Dehaene, 2006). ¿Esta lentitud evita que surja la conciencia? ¿Los niños pequeños procesan el habla en un "modo zombi", similar a la respuesta inconsciente del cerebro comatoso ante los tonos novedosos? Desafortunadamente, el mero hecho de que durante el procesamiento del lenguaje un niño de 2 meses atento active la misma red cortical que un adulto no nos lleva a una conclusión firme, porque sabemos que gran parte de esta red (tal vez no el área de Broca) puede activarse de forma inconsciente, por ejemplo, durante la anestesia (Davis, Coleman, Absalom, Rodd, Johnsrude, Matta, Owen y Menon, 2007). Sin embargo, nuestro experimento también demostró, de manera significativa, que los bebés poseen una forma rudimentaria de memoria de trabajo verbal. Cuando repetimos una oración luego de un intervalo de catorce segundos, nuestros bebés de 2 meses dieron evidencia de recordar (Dehaene-Lambertz, Hertz-Pannier, Dubois, Meriaux, Roche, Sigman y Dehaene, 2006): su área de Broca se encendió con tanta más fuerza la segunda vez que la primera. Ya a los 2 meses, su cerebro mostraba una de las marcas distintivas de la conciencia: la capacidad de retener información en la memoria de trabajo unos pocos segundos.

También es importante destacar que las respuestas de los niños al habla eran diferentes cuando estaban despiertos y dormidos. Su corteza auditiva siempre se encendía, pero la actividad continuaba en cascada hacia la corteza dorsolateral prefrontal sólo en los bebés despiertos; en los bebés dormidos vimos una curva plana en esta área (figura 34). Por

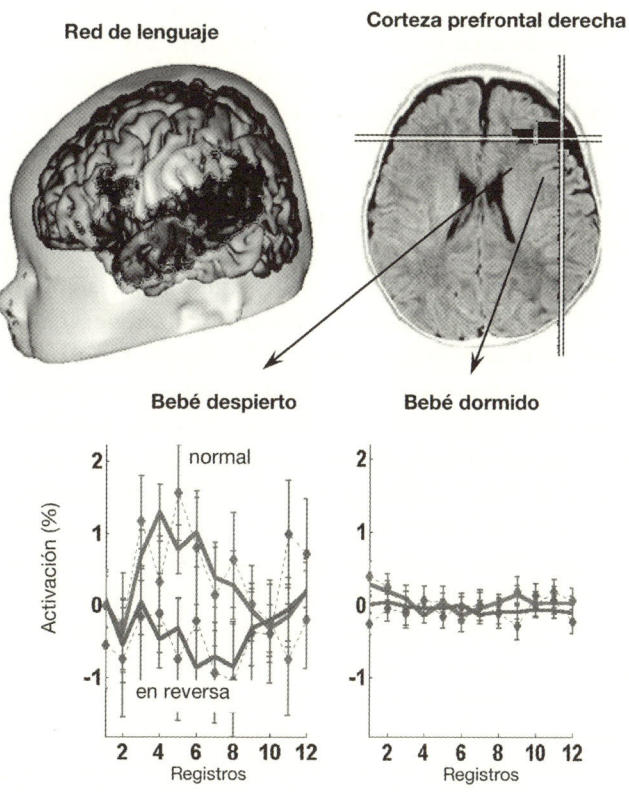

Figura 34. La corteza prefrontal ya está activa en los niños despiertos. Un grupo de bebés de 2 meses escuchó oraciones en su lengua materna mientras se escaneaba su cerebro con fMRI. El habla activó una amplia red de lenguaje, incluida la región inferior frontal izquierda conocida como área de Broca. Si se pasaba la misma cinta en reversa, y se destruían de ese modo todas las claves del habla, la activación se reducía mucho. Los bebés despiertos también activaban su corteza prefrontal derecha. Esta actividad estaba relacionada con la conciencia, porque se desvanecía cuando los bebés se dormían.

ende, la corteza prefrontal, este nodo crucial del espacio de trabajo adulto, parece ya hacer un aporte primordial al procesamiento consciente en los bebés despiertos.

Una prueba más rigurosa de que los bebés de pocos meses poseen conciencia proviene de la aplicación de la prueba local-global que describí en el capítulo 6, y que confirma la existencia de conciencia residual en los pacientes adultos en estado vegetativo. En esa prueba sencilla, los pacientes escuchan repetidas series de sonidos como *bip bip bip bip bup* mientras registramos sus ondas cerebrales mediante EEG. En ocasiones, una secuencia extraña viola la regla, y termina, por ejemplo, con un quinto *bip*. Cuando esta novedad evoca una onda P3 global, que ocupa la corteza prefrontal y las áreas del espacio de trabajo asociadas, es muy probable que el paciente esté consciente.

Para someterse a esta prueba no se requiere educación, lenguaje, ni instrucción, y por eso es bastante sencillo realizarla en bebés pequeños (o casi en cualquier especie animal). Cualquier niño puede escuchar una secuencia de tonos y, si su cerebro tiene suficiente inteligencia, darse cuenta de las regularidades. Los potenciales relacionados con eventos pueden registrarse desde los primeros meses de vida. El único problema es que los bebés muy pronto se ponen incómodos cuando la prueba es demasiado repetitiva. Para buscar esta marca de la conciencia en los bebés, mi esposa Ghislaine, neuropediatra y especialista en cognición infantil, adaptó nuestra prueba local-global. La convirtió en un show multimedia en que rostros atractivos articulaban una secuencia de vocales: *aa aa aa ee*. Las caras, que cambiaban constantemente y movían la boca, fascinaban a los bebés; una vez que logramos capturar su atención, nos alegró ver que, a los 2 meses de edad, su cerebro ya emitía una respuesta global consciente a la novedad: una marca de la conciencia (Basirat, Dehaene y Dehaene-Lambertz, 2014).

En su mayoría, los padres no se sorprenderán cuando les avisen que su bebé de 2 meses ya tiene un puntaje alto en una prueba de conciencia; sin embargo, nuestras pruebas también mostraron que su conciencia difiere de la propia de los adultos en un aspecto importante: en los niños, la latencia de las respuestas cerebrales es más lenta. Cada paso de procesamiento parece llevar un tiempo desproporcionadamente mayor. El cerebro de nuestros bebés necesitaba un tercio de segundo para registrar el cambio de vocal y para generar una respuesta de incongruencia inconsciente. Y era necesario un segundo entero para que su corteza prefrontal reaccionara a la novedad global, más o menos tres o cuatro veces más que en el caso de los adultos. Entonces, la arquitectura del cerebro del bebé, en las primeras semanas de vida, incluye un espacio de trabajo global funcional, aunque muy lento.

Mi colega Sid Kouider replicó y extendió este descubrimiento utilizando, esta vez, la visión. Se enfocó en el procesamiento de rostros, otro ámbito para el cual incluso los bebés recién nacidos tienen una competencia innata (Johnson, Dziurawiec, Ellis y Morton, 1991). Los bebés aman los rostros, y desde el nacimiento se orientan como un imán hacia ellos. Kouider capitalizó este tropismo natural para estudiar si las criaturas son sensibles al enmascaramiento visual y exhiben igual tipo de umbral para el acceso consciente que los adultos. Adaptó para bebés de 5 meses el paradigma de enmascaramiento que habíamos usado para estudiar la visión consciente en adultos.[1] Se proyectaba durante un lapso breve y variable un rostro atractivo, seguido de inmediato por una fea imagen distorsionada que servía como máscara. La pregunta era: ¿los niños veían los rostros? ¿Eran conscientes de eso?

Probablemente recuerden del capítulo 1 que, durante el enmascaramiento, los adultos informaban no ver nada excepto si la imagen blanco duraba más de alrededor de un veinteavo de segundo. Si bien los bebés que no hablan no pueden comunicar lo que ven, sus ojos, como los de un paciente con síndrome de cautiverio, cuentan una historia similar. Kouider descubrió que cuando el rostro se proyecta por debajo de una duración mínima, no lo miran con detenimiento, y esto sugiere que no logran verlo. Sin embargo, una vez que el rostro se expone por alguna duración umbral, los bebés se orientan hacia él. Exactamente como los adultos, sufren el enmascaramiento y perciben la cara sólo cuando es "supraliminal", es decir, cuando se presenta por encima del umbral de percepción. La duración del umbral resulta ser de dos a tres veces más larga en los niños pequeños que en los adultos. Los bebés de 5 meses detectan el rostro sólo cuando se les muestra durante más de cien milisegundos, mientras que en los adultos el umbral de enmascaramiento suele rondar entre los cuarenta y los cincuenta milisegundos. Resulta muy interesante que el umbral ronde este mismo valor adulto cuando los bebés alcanzan de 10 a 12 meses de edad, precisamente el momento en que los comportamientos que dependen de la corteza prefrontal comienzan a emerger (Diamond y Doar, 1989).

Luego de exponer la existencia de un umbral para el acceso consciente en los bebés, Sid Kouider, Ghislaine Dehaene-Lambertz y yo procedimos a registrar las respuestas de los cerebros de los bebés a la proyección de rostros. Vimos exactamente la misma serie de etapas

1 Acerca de los experimentos en bebés, véanse Gelskov y Kouider (2010), Kouider, Stahlhut, Gelskov, Barbosa, Dutat, De Gardelle, Christophe y otros (2013). El paradigma adulto, que describí en el capítulo 4, se publicó en Del Cul, Baillet y Dehaene (2007).

corticales de procesamiento que habíamos notado en los adultos: una fase subliminal lineal seguida por una ignición no lineal repentina (figura 35). Durante la primera fase, la actividad de la parte posterior del cerebro aumenta de modo paulatino con la duración esa proyección, sin importar si las imágenes están por debajo o por encima del umbral: el cerebro del bebé claramente acumula la evidencia disponible acerca del rostro proyectado. Durante una segunda fase, sólo los rostros que superan el nivel de umbral desencadenan una onda negativa lenta hacia la corteza prefrontal. Desde el punto de vista funcional y topográfico, esta activación tardía comparte muchas similitudes con la onda P3 adulta. Es claro que, si se dispone de suficiente evidencia sensorial, incluso el cerebro infantil puede propagarla hasta la corteza prefrontal, aunque a un ritmo muy reducido. Como esta arquitectura de dos etapas es esencialmente la misma que en los adultos conscientes, que pueden informar lo que ven, podemos dar por sentado que los bebés ya gozan de visión consciente, aunque todavía no pueden comunicarla mediante el lenguaje.

De hecho, aparece una negatividad frontal muy lenta en todo tipo de experimentos infantiles que requiera orientar la atención hacia una estimulación novedosa, ya sea auditiva o visual (De Haan y Nelson, 1999, Csibra, Kushnerenko y Grossman, 2008). Otros investigadores han notado su similitud con la onda P3 adulta (Nelson, Thomas, De Haan y Wewerka, 1998), que aparece siempre que ocurre el acceso consciente, sin importar la modalidad sensorial. Por ejemplo, la negatividad frontal se presenta cuando los niños prestan atención a sonidos distintos (Dehaene-Lambertz y Dehaene, 1994), pero sólo cuando están despiertos, no cuando están dormidos (Friederici, Friedrich y Weber, 2002). Experimento tras experimento, esta respuesta frontal lenta se comporta como un marcador de procesamiento consciente.

Llegados a este punto, podemos derivar con seguridad la conclusión de que el acceso consciente existe en los bebés como en los adultos, pero es más lento, quizás hasta cuatro veces más lento. ¿Por qué esta lentitud? Recordemos que el cerebro infantil es inmaduro. Los tractos de fibra de larga distancia más importantes que forman el espacio de trabajo global adulto ya están presentes en el nacimiento (Dubois, Dehaene-Lambertz, Perrin, Mangin, Cointepas, Duchesnay, Le Bihan y Hertz-Pannier, 2007), pero todavía no tienen aislamiento eléctrico. Las vainas de mielina, la gruesa membrana que recubre los axones, continúan madurando hasta bien entrada la niñez e incluso la adolescencia. Su rol principal es proveer aislamiento eléctrico para así aumentar la

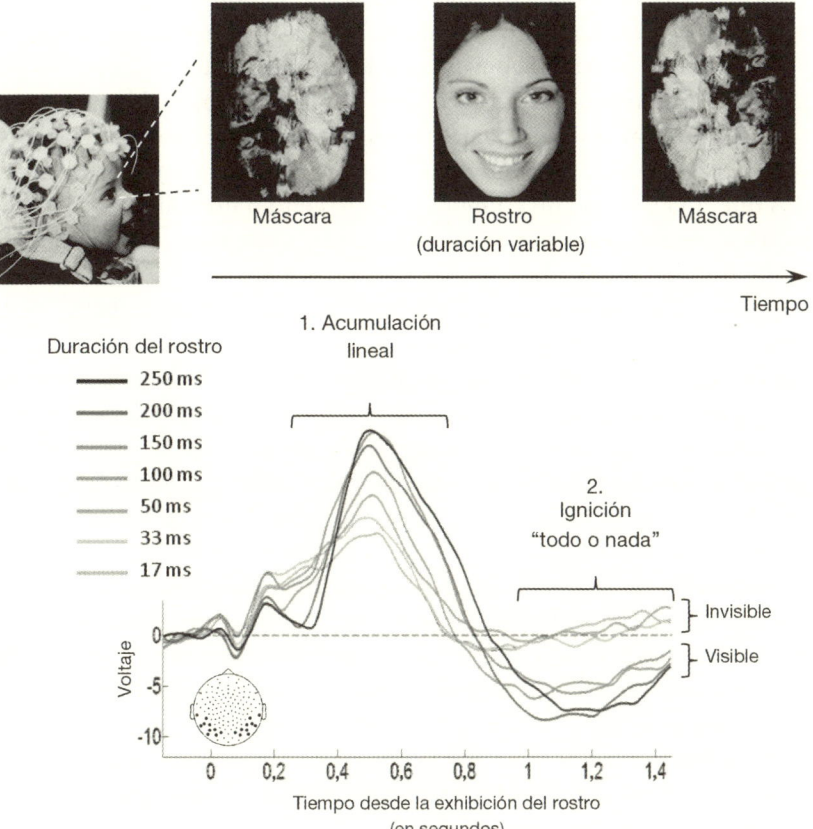

Figura 35. Los bebés presentan las mismas marcas de la percepción consciente que los adultos, pero procesan la información a una velocidad menor. En este experimento, se mostraron rostros atractivos enmascarados para visibilizarlos o invisibilizarlos a niños de 12 a 15 meses de edad. El cerebro infantil mostró dos etapas de procesamiento: primero una acumulación lineal de evidencia sensorial y luego una ignición no lineal. La ignición tardía puede reflejar la percepción consciente, porque ocurría sólo cuando se exhibía el rostro durante cien milisegundos o más, precisamente la duración necesaria para que los bebés orientaran su mirada. Es importante señalar que la ignición consciente comenzaba un segundo después de que apareciese el rostro, alrededor de tres veces más tarde que para los adultos.

velocidad y la fidelidad con que las descargas neuronales se propagan a sitios distantes. La red cerebral del bebé está conectada, pero todavía no aislada; la integración de la información, entonces, opera a un ritmo mucho más lento. La lentitud de un bebé probablemente sea comparable con la de un paciente que regresa de un coma. En ambos casos, pueden evocarse respuestas flexibles, pero lleva uno o dos segundos que una sonrisa, un fruncimiento de ceño o un balbuceo salga de su boca. Se la puede considerar una mente brumosa, rezagada, pero, en definitiva, consciente.

Visto que los sujetos más jóvenes que evaluamos fueron bebés de 2 meses, todavía no sabemos cuál es el momento exacto en que emerge la conciencia. ¿Un recién nacido ya está consciente, o lleva unas semanas que su arquitectura cortical comience a funcionar de manera apropiada? Evitaré dar una respuesta hasta que se cuente con todo el material probatorio indispensable, pero no me sorprendería si descubriéramos que la conciencia existe desde el nacimiento. Las conexiones anatómicas de larga distancia ya surcan el cerebro del bebé recién nacido, y no debería subestimarse la profundidad de su procesamiento. Unas pocas horas después del nacimiento, los bebés ya muestran un comportamiento sofisticado, como la capacidad de distinguir conjuntos de objetos sobre la base de un número aproximado de estos (Izard, Sann, Spelke y Streri, 2009).

El pediatra suizo Hugo Lagercrantz y el neurobiólogo francés Jean-Pierre Changeux (2009) propusieron una hipótesis muy interesante: el nacimiento coincidiría con el primer acceso a la conciencia. En el vientre, argumentan, el feto está esencialmente sedado, bañado en una droga que incluye "el anestésico neuroesteroide pregnalonona y el inductor de sueño prostaglandina D2 provisto por la placenta". El nacimiento coincide con un gran estallido de hormonas del estrés y de neurotransmisores estimulantes como las catecolaminas; por lo general, en las horas siguientes el recién nacido está despierto y energizado, con los ojos bien abiertos. ¿Está teniendo su primera experiencia consciente? Si estas inferencias farmacológicas resultan válidas, el parto es un evento todavía más significativo de lo que pensábamos: el verdadero nacimiento de una mente consciente.

¿Animales conscientes?

Aquel que entienda al babuino hará más por la metafísica que Locke.
Charles Darwin, anotación en sus cuadernos (1838)

Las mismas preguntas que nos planteamos respecto de los niños pequeños también deberían hacerse acerca de nuestros primos sin habla: los animales. Los animales no pueden describir sus pensamientos conscientes, pero ¿eso significa que no tienen ninguno? Una extraordinaria diversidad de especies evolucionó en la superficie terrestre, desde pacientes predadores (chitas, águilas, anguilas) hasta cuidadosos planificadores de rutas (elefantes, gansos), personajes juguetones (gatos, nutrias), genios vocales (periquitos) y grandes maestros sociales (murciélagos, lobos). Me sorprendería mucho si ninguno de ellos compartiera al menos una fracción de nuestras experiencias conscientes. Mi teoría es que la arquitectura del espacio de trabajo consciente desempeña un papel esencial para facilitar el intercambio de información entre las áreas cerebrales. Por consiguiente, la conciencia es un dispositivo útil que quizás haya surgido hace mucho tiempo en la evolución (y quizá más de una vez).

¿Por qué deberíamos suponer de forma inocente que el sistema del espacio de trabajo es exclusivo de los humanos? No lo es. La densa red de conexiones de larga distancia que conecta la corteza prefrontal con otras cortezas asociativas resulta evidente en los monos macacos, y este sistema del espacio de trabajo bien puede estar presente en todos los mamíferos. Incluso el ratón tiene pequeñas cortezas prefrontal y cingulada que se activan cuando retienen la información visual en mente por un segundo (Han, O'Tuathaigh, Van Trigt, Quinn, Fanselow, Mongeau, Koch y Anderson, 2003, Dos Santos Coura y Granon, 2012). Una pregunta apasionante es si algunos pájaros, especialmente los que tienen comunicación e imitación vocal, pueden poseer circuitos análogos con una función similar (Bolhuis y Gahr, 2006).

La atribución de conciencia a los animales no debería basarse sólo sobre su anatomía. A pesar de que no tienen lenguaje, puede entrenarse a los monos para que pulsen teclas de una computadora y así informen lo que ven. Este enfoque está aportando cada vez más evidencias de que tienen experiencias subjetivas muy similares a las nuestras. Por ejemplo, se los puede recompensar para que presionen una tecla si ven una luz y otra si no lo hacen. Este acto motor, entonces, puede usarse como representante de un "reporte" mínimo: un gesto no verbal equivalente a que el animal diga "creo que vi una luz" o "no vi nada". También se puede entrenar a un mono para que clasifique las imágenes que percibe, y pulse una tecla para rostros y otra para "no rostros". Una vez entrenado, el animal puede ser objeto de pruebas con la misma variedad de paradigmas visuales que exploran el procesamiento consciente e inconsciente en los humanos.

Los resultados de estos estudios conductuales demuestran que los monos, como nosotros, experimentan ilusiones visuales. Si les mostramos dos imágenes diferentes, una a cada ojo, informan rivalidad binocular: aprietan las teclas de manera alternativa, indicando que ellos también ven sólo una de las dos imágenes en un momento dado. Las imágenes oscilan incesantemente dentro y fuera de su conciencia a igual ritmo que en cualquiera de nosotros (Leopold y Logothetis, 1996). El enmascaramiento también funciona en los monos. Cuando les proyectamos una imagen y la seguimos con una máscara aleatoria, los macacos comunican que no vieron la imagen escondida, a pesar de que su corteza visual todavía muestra una descarga neuronal transitoria y selectiva (Kovács, Vogels y Orban, 1995, Machnik y Haglund, 1999). Entonces, como nosotros, poseen una forma de percepción subliminal, así como un umbral preciso más allá del cual la imagen se vuelve visible.

Por último, cuando su corteza visual primaria está dañada, los monos también desarrollan una forma de ceguera cortical. A pesar de la lesión, todavía pueden señalar con precisión el origen de una luz en su campo visual dañado. Sin embargo, cuando se los entrena para informar la presencia o ausencia de luz, cuando etiquetan un estímulo que se les presenta en su campo visual dañado utilizan la tecla de "no luz", lo que sugiere que, tal como los pacientes humanos con ceguera cortical, perdieron su conciencia perceptual (Cowey y Stoerig, 1995).

Hay pocas dudas de que los monos macacos puedan usar su espacio de trabajo rudimentario para pensar acerca del pasado. Pasan con facilidad la prueba de respuesta retrasada, que requiere que se almacene información en la mente largo tiempo luego de desaparecido el estímulo. Como nosotros, lo hacen preservando una descarga sostenida en las neuronas de las regiones prefrontal y parietal (Fuster, 2008). Cuando están mirando una película en forma pasiva, tienden a activar su corteza prefrontal más que los humanos (Denys, Vanduffel, Fize, Nelissen, Sawamura, Georgieva, Vogels y otros, 2004). Podemos ser superiores a los monos en nuestra habilidad para inhibir la distracción, y, por lo tanto, cuando estamos viendo una película, nuestra corteza prefrontal es capaz de separarse de la corriente entrante, dejando que nuestra mente vague con libertad (Hasson, Nir, Levy, Fuhrmann y Malach, 2004). Pero los monos macacos también poseen una red de regiones "por defecto" que se activan durante el descanso (Hayden, Smith y Platt, 2009), regiones similares a las que se activan cuando hacemos introspección, cuando recordamos o cuando vagamos por nuestra mente (Buckner, Andrews-Hanna y Schacter, 2008).

¿Qué ocurre con nuestra prueba de fuego de la percepción auditiva consciente, la experiencia local-global que utilizamos para revelar una conciencia residual en los pacientes que se recuperan de un coma? Mis colegas Bechir Jarraya y Lynn Uhrig evaluaron si los monos se dan cuenta de que *bip bip bip bip* es una secuencia anómala cuando aparece dentro de una cantidad de sonidos *bip bip bip bop* frecuentes: sin duda, lo hacen. La fRMI muestra que la corteza prefrontal de los monos se activa sólo para las secuencias globalmente distintas.[2] Como en los humanos, esta respuesta prefrontal desaparece cuando los monos están anestesiados. Una vez más, parece existir una marca de la conciencia en estos animales.

En la investigación piloto llevada a cabo por Karim Benchenane, incluso los ratones parecen superar esta prueba elemental. En el futuro, a medida que evaluemos de manera sistemática a una variedad de especies, no me sorprendería descubrir en todos los mamíferos, y tal vez muchas especies de aves y otros animales, evidencia de una evolución convergente hacia el espacio de trabajo consciente.

¿Monos conscientes de sí mismos?

Sin lugar a duda, los monos macacos poseen un espacio de trabajo global parecido en gran medida al nuestro. ¿Pero es idéntico? En este libro, hice foco sobre el aspecto más básico de la conciencia: el acceso consciente, o la habilidad para volverse consciente de estímulos sensoriales seleccionados. Esta competencia es tan básica que la compartimos con los monos y quizá con gran cantidad de otras especies. Sin embargo, en lo que atañe a las funciones cognitivas de nivel más alto, los humanos son muy distintos. Tenemos que preguntarnos si el espacio de trabajo consciente humano posee propiedades adicionales que nos diferencian de modo radical de los demás animales.

---

2 En la actualidad, mis colegas y yo estamos explorando el paradigma local-global en monos (en colaboración con Lynn Uhrig y Bechir Jarraya) y en ratones (con Karim Benchenane y Catherine Wacongne).

La conciencia de sí parece ser la principal candidata para sostener la singularidad de los humanos. ¿No es que somos *sapiens sapiens*, la única especie que sabe que sabe? ¿No es la capacidad de reflexionar acerca de nuestra propia existencia un rasgo exclusivamente humano? En *Opiniones contundentes* (1973), Vladimir Nabokov, un novelista consumado pero también un entomólogo apasionado, destacó esto:

> Ser consciente de ser consciente de ser… Si yo no sólo sé que yo *soy*, sino que también sé que lo sé, entonces pertenezco a la especie humana. Todo el resto viene después: la gloria del pensamiento, la poesía, una visión del universo. De este modo, la brecha entre el simio y el hombre es inconmensurablemente mayor que la que existe entre la ameba y el simio.

Sin embargo, Nabokov estaba equivocado. "Conócete a ti mismo", el más famoso de los lemas inscriptos en el pronaos del Templo de Apolo en Delfos, no es privilegio de la humanidad. En los últimos años, la investigación reveló la sorprendente sofisticación de la reflexión de los animales sobre sí mismos. Incluso en tareas que requieren juicios de segundo orden, como cuando detectamos nuestros errores para ponderar el éxito o el fracaso, los animales no son tan incompetentes como podríamos creer.

Este ámbito de competencia se llama "metacognición", la capacidad para sostener pensamientos acerca de nuestros pensamientos. Donald Rumsfeld, secretario de Defensa de George W. Bush, la resumió muy bien cuando, en unas instrucciones al Departamento de Defensa, realizó la afamada distinción entre los "sabidos sabidos" ("cosas que sabemos que sabemos"), los "ignorados sabidos" ("sabemos que hay cosas que no sabemos") y los "ignorados no sabidos" ("lo que no sabemos que no sabemos"). La metacognición intenta determinar los límites del conocimiento de uno mismo: asignar grados de creencia o confianza a nuestros propios pensamientos. La evidencia sugiere que los monos, los delfines e incluso las ratas y las palomas poseen los rudimentos de estas operaciones.

¿Cómo sabemos que los animales saben lo que saben? Consideremos a Natua, un delfín que nada en libertad en su piscina de coral en el Dolphin Research Center de Marathon, Florida (Smith, Schull, Strote, McGee, Egnor y Erb, 1995). El animal recibió entrenamiento para clasificar los sonidos que se oyen debajo del agua de acuerdo con su tono. Lo hace muy bien: ejerce presión sobre una paleta en el borde izquierdo para los tonos bajos y una en el borde derecho para los sonidos altos.

El investigador trazó el límite entre los tonos altos y bajos en una frecuencia de dos mil cien hercios. Cuando el sonido está bastante lejos de esta referencia, el animal nada rápidamente al lado correcto. En cambio, cuando la frecuencia del sonido está muy cerca de los dos mil cien hercios, las respuestas de Natua se vuelven muy lentas. Mueve la cabeza dubitativamente antes de nadar hacia un lado, a menudo el incorrecto.

¿Este comportamiento dubitativo es suficiente para indicar que el animal "sabe" que le está costando decidir? No. El aumento de la dificultad en las distancias cortas es poco importante. En los humanos, como en muchos otros animales, el tiempo de decisión y la tasa de error por lo general aumentan siempre que se reduce la diferencia que deben distinguir. Pero es importante que en los humanos una distancia perceptual más pequeña también provoca un sentimiento de segundo orden de falta de seguridad. Cuando el sonido está demasiado cerca del límite, notamos que estamos ante una dificultad. Nos sentimos inseguros, y sabemos que nuestra decisión puede resultar errónea. Si podemos, nos echamos atrás y a la vez comunicamos abiertamente que no tenemos idea de cuál es la respuesta correcta. Este es conocimiento metacognitivo típico: *sé que no sé.*

¿Natua tiene este tipo de conocimiento de su propia incertidumbre? ¿Puede diferenciar si conoce la respuesta correcta o está inseguro? ¿Tiene un sentido de seguridad de sus propias decisiones? Para responder a estas preguntas, J. David Smith, de la State University of New York, diseñó una experiencia ingeniosa: la respuesta de "escape". Luego del entrenamiento perceptual inicial, presentó al delfín una tercera paleta de respuesta. Por medio de prueba y error, Natua aprendió que, siempre que ejerce presión sobre ella, el sonido del estímulo se reemplaza de inmediato por un sonido fácil de tono bajo (a mil doscientos hercios) que le da una pequeña recompensa. Siempre que está presente la tercera paleta, Natua tiene la opción de eludir la tarea principal. Sin embargo, no se le permite usar esa opción en todos los ensayos: la paleta de escape debe usarse con moderación, si no, la recompensa se reduce de modo drástico.

Veamos el magnífico resultado experimental: durante la tarea del tono, Natua decide de forma espontánea usar la respuesta que lo libera de elegir en los sonidos difíciles. Presiona la tercera paleta sólo cuando la frecuencia de la estimulación está cerca de la referencia de dos mil cien hercios, precisamente los ensayos en que es probable que cometa un error. Al parecer, usa la tercera paleta como un "comentario" de segundo orden acerca de su desempeño de primer orden. Al ejercer presión sobre ella, "comunica" que le parece demasiado difícil responder a la tarea primaria y que prefiere un ensayo más fácil. Un delfín es lo bastante inteligente para discernir su propia falta de seguridad. Como Rumsfeld, sabe que no sabe.

Algunos investigadores cuestionan esta interpretación mentalista. Señalan que la tarea puede describirse en términos conductuales tanto más sencillos: el delfín muestra tan sólo un comportamiento motor entrenado que maximiza la recompensa. Su único rasgo inusual es permitir que haya tres respuestas en lugar de dos. Como ocurre normalmente en las tareas de aprendizaje por refuerzo, el animal descubrió qué estímulos hacen más ventajoso presionar la tercera paleta: nada más que conducta mecánica.

Mientras muchos experimentos pasados son presa de esta interpretación de nivel bajo, nuevas investigaciones sobre los monos, las ratas y las palomas enfrentan esta crítica e inclinan la balanza con fuerza hacia una genuina competencia metacognitiva: al utilizar la opción que los exime de responder, los animales suelen demostrar mayor inteligencia de lo predecible sólo por la recompensa (Terrace y Son, 2009). Por ejemplo, cuando se les da la opción de escapar *luego* de realizar una elección, pero *antes* de que se les diga si tenían razón o no, monitorean con precisión qué ensayos son subjetivamente difíciles para ellos. Sabemos esto porque en efecto tienen un desempeño peor en los ensayos en los que optan por "no" que en aquellos en que persisten en su respuesta inicial, incluso cuando en las dos ocasiones se presenta el mismo estímulo. Parecen hacer un monitoreo interno de su estado mental y seleccionar precisamente aquellos ensayos en que, por un motivo u otro, se los distrajo y la señal que procesaron no fue tan nítida. Da la sensación de que en cada instancia del ensayo realmente pueden evaluar la confianza en sí y optar por "no" sólo cuando se sienten inseguros (Hampton, 2001, Kornell, Son y Terrace, 2007, Kiani y Shadlen, 2009).

¿Cuán abstracto es el autoconocimiento animal? En los monos, por lo menos, un experimento reciente demuestra que no están atados a un único sobreentrenamiento contextual; los macacos generalizan de forma espontánea el uso de la tecla de optar por "no", más allá de los límites de su entrenamiento inicial. Una vez que descubren lo que significa esta tecla en una tarea sensorial, la usan de inmediato y de modo apropiado en el contexto novedoso de una tarea de memoria. Ya aprendieron a comunicar "no percibí bien", y lo generalizan a "no recuerdo bien" (Kornell, Son y Terrace, 2007).

Sin duda estos animales poseen algún grado de autoconocimiento, pero ¿es posible que sea todo inconsciente? Debemos ser cuidadosos al respecto, porque, como podrán recordar del capítulo 2, mucho de nuestro comportamiento proviene de mecanismos inconscientes. Incluso los mecanismos de automonitoreo pueden desencadenarse de forma inconsciente. Cuando nos equivocamos al escribir con un teclado o cuando nuestros ojos se ven atraídos a la meta equivocada, nuestro cerebro registra de manera automática estos errores y los corrige, y tal vez nunca nos volvamos conscientes de ellos (Nieuwenhuis, Ridderinkhof, Blom, Band y Kok, 2001, Logan y Crump, 2010, Charles, Van Opstal, Marti y Dehaene, 2013). Sin embargo, diversos argumentos sugieren que el autoconocimiento del mono no se basa sólo sobre este tipo de automatismos subliminales. Sus juicios para optar por "no" son flexibles y se extienden a una tarea no entrenada. Suponen evaluar por varios segundos una decisión tomada, una reflexión al cabo de un lapso extenso, cuya duración vuelve improbable que esté dentro de los límites de los procesos inconscientes. Requieren el uso de una señal arbitraria de respuesta, la tecla para optar por el "no". En una dimensión neurofisiológica, involucran una acumulación lenta de evidencia y reclutan áreas altas de los lóbulos parietal y prefrontal (Kiani y Shadlen, 2009, Fleming, Weil, Nagy, Dolan y Rees, 2010).[3] Si extrapolamos lo que sabemos del cerebro humano, parece improbable que este tipo de juicios lentos y complicados de segundo orden se den en ausencia de conciencia.

Si esta inferencia es correcta (por supuesto, todavía necesita que la validen más investigaciones), el comportamiento animal tiene la marca distintiva de una mente consciente y reflexiva. Probablemente no seamos los únicos en saber que sabemos, y el calificativo *sapiens sapiens* ya no debería utilizarse sólo para el género *Homo*. Varias otras especies de animales en verdad pueden reflexionar acerca de su estado mental.

¿Sólo los humanos tienen conciencia?

A pesar de que resulta evidente que los monos poseen un espacio de trabajo neuronal consciente y pueden usarlo para evaluarse a sí mismos y al mundo exterior, los humanos presentan introspección superior. ¿Pero

---

3 Una parte específica del tálamo llamada "pulvinar", que está muy interconectada con las áreas prefrontal y parietal, también cumple un rol clave en los juicios metacognitivos. Véase Komura, Nikkuni, Hirashima, Uetake y Miyamoto (2013).

qué es exactamente lo que marca la diferencia entre el cerebro humano y el de los demás? ¿Su tamaño? ¿El lenguaje? ¿La cooperación social? ¿La plasticidad duradera? ¿La educación?

Dar respuesta a esas preguntas es una de las tareas más apasionantes para la investigación futura en neurociencia cognitiva. Aquí sólo aventuraré una respuesta tentativa: aunque compartimos la mayor parte –si no la totalidad– de nuestros sistemas cerebrales centrales con otras especies de animales, el cerebro humano puede ser único en su habilidad para reunirlas utilizando una sofisticada "lengua del pensamiento". René Descartes tenía razón acerca de una cosa: sólo los *Homo sapiens* "usa[n] las palabras [y] otros signos combinándolos [*en les composant*] entre sí, como hacemos para expresar nuestros pensamientos a los demás". Esta capacidad para *componer* nuestros pensamientos puede ser el ingrediente decisivo que estimula nuestros pensamientos internos. La singularidad humana reside en la forma peculiar en que formulamos explícitamente nuestras ideas gracias a estructuras anidadas o recursivas de símbolos.

Según este argumento –y en coincidencia con Noam Chomsky–, el lenguaje evolucionó como un dispositivo representacional más que como un sistema de comunicación: la ventaja principal que confiere es la capacidad de *pensar* en nuevas ideas, más allá de la habilidad para compartirlas con otros. Nuestro cerebro parece tener una habilidad especial para asignar símbolos a cualquier representación mental y para hacer que estos símbolos entren en combinaciones por completo novedosas. El espacio de trabajo neuronal global humano puede ser único en su capacidad para formular pensamientos conscientes como "más alto que Tom", "a la izquierda de la puerta roja" o "no dado a John". Cada uno de estos ejemplos combina varios conceptos elementales que se encuentran en distintos ámbitos de competencia: tamaño (alto), persona (Tom, John), espacio (izquierda), color (rojo), objeto (puerta), lógica (no) o acción (dar). Si bien en principio cada uno es codificado por un circuito cerebral distinto, la mente humana los ensambla como quiere: no sólo asociándolos, como indudablemente hacen los animales, sino también componiéndolos por medio de una sintaxis sofisticada que traza una distinción escrupulosa entre, por ejemplo, "el hermano de mi esposa" y "la esposa de mi hermano", o bien "perro muerde hombre" y "hombre muerde perro".

Conjeturo que este lenguaje composicional del pensamiento subyace a muchas habilidades exclusivas de los humanos, desde el diseño de herramientas complejas hasta la creación de matemática de nivel superior. Y en lo atinente a la conciencia, esta capacidad puede explicar los orígenes de nuestra sofisticada capacidad de conciencia de sí. Los humanos tienen un sentido de la mente increíblemente refinado: lo que los psicólogos llaman una "teoría de la mente", un conjunto extenso de reglas intuitivas que nos permiten representar y razonar acerca de lo que piensan los demás. En efecto, todas las lenguas humanas tienen un vocabulario elaborado para los estados mentales. Entre los diez verbos más frecuentes en inglés, seis hacen referencia a conocimiento, sentimientos o metas ("notar", "decir", "preguntar", "parecer", "sentir", "intentar"). Los aplicamos a nosotros así como a otros utilizando construcciones idénticas con pronombres ("yo" [*I*] es la décima palabra más frecuente del inglés –indispensable, y de hecho obligatoria, para conjugar los verbos–, y "tú" [*you*] la decimoctava). Así, podemos representar exactamente en el mismo formato lo que sabemos y lo que los otros saben ("yo creo X, pero tú crees Y"). Esta perspectiva mental está presente desde el principio: incluso los bebés de 7 meses de edad ya generalizan lo que ellos saben a lo que otros saben (Meltzoff y Brooks, 2008, Kovács, Téglas y Endress, 2010). Y esto puede ser exclusivo de los humanos: los niños de dos años y medio ya superan a los chimpancés adultos y a otros primates en su comprensión de los eventos sociales (Herrmann, Call, Hernández-Lloreda, Hare y Tomasello, 2007).

La función recursiva del lenguaje humano puede funcionar como un vehículo para los complejos pensamientos anidados que permanecen inaccesibles para otras especies. Sin la sintaxis propia del lenguaje no está claro si podríamos dar cabida a pensamientos conscientes anidados como "Él piensa que yo no sé que miente". Este tipo de pensamientos parecen estar más allá de la competencia de nuestros primos primates (Marticorena, Ruiz, Mukerji, Goddu y Santos, 2011). Su metacognición parece incluir tan sólo dos pasos (un pensamiento y un grado de creencia en él) en lugar de la potencial infinidad de conceptos que una lengua recursiva permite.

El sistema del espacio de trabajo neuronal humano es el único del linaje primate que puede poseer adaptaciones únicas a la manipulación interna de pensamientos y creencias composicionales. La evidencia neurobiológica, aunque escasa, es coherente con esta suposición. Como expusimos en el capítulo 5, la corteza prefrontal, un enclave relevante del espacio de trabajo consciente, ocupa una porción importante del cerebro de cualquier primate, pero en las especies humanas, está enormemente expandida (Fuster, 2008). Entre todos los primates, las neuronas prefrontales humanas poseen los árboles dendríticos más extensos (Elston, Benavides-Piccione y De Felipe, 2001, Elston, 2003). Por eso, nuestra corteza prefrontal probablemente sea en verdad más ágil para recolectar e integrar información de procesadores situados en otros lugares del cerebro, lo que puede explicar nuestra asombrosa habilidad para la introspección y el pensamiento sobre nosotros mismos, separado del mundo exterior.

Algunas regiones de la línea media y el lóbulo frontal anterior se activan sistemáticamente siempre que desplegamos nuestro talento para el razonamiento social u orientado hacia nuestros intereses (Ochsner, Knierim, Ludlow, Hanelin, Ramachandran, Glover y Mackey, 2004, Saxe y Powell, 2006, Fleming, Weil, Nagy, Dolan y Rees, 2010). Una de estas regiones, llamada "corteza frontopolar" o "área 10 de Brodmann", es más grande en el *Homo sapiens* que en cualquier otro simio. (Los expertos debaten si existe en los monos macacos.) La materia blanca subyacente, que aloja las conexiones de larga distancia del cerebro, es desproporcionadamente más grande en los humanos en comparación con cualquier otro primate, incluso luego de ajustarse por el gran cambio en el tamaño general del cerebro (Schoenemann, Sheehan y Glotzer, 2005). Todos estos descubrimientos hacen que la corteza prefrontal anterior sea una candidata muy importante para la localización de nuestras habilidades introspectivas especiales.

Otra región especial es el área de Broca, la región frontal inferior izquierda, que tiene un papel fundamental en el lenguaje humano. Sus neuronas de capa III, que envían proyecciones de larga distancia, están más espaciadas en los humanos que en otros simios, lo que (una vez más) permite una interconexión mayor (Schenker, Buxhoeveden, Blackmon, Amunts, Zilles y Semendeferi, 2008, Schenker, Hopkins, Spocter, Garrison, Stimpson, Erwin, Hof y Sherwood, 2009). En esta área, así como en el cingulado anterior de la línea media, otra región crucial para el autocontrol, Constantin von Economo descubrió neuronas gigantes que bien pueden ser exclusivas de los cerebros humanos y los grandes simios como los chimpancés y los bonobos, al parecer ausentes en otros primates, como los macacos (Nimchinsky, Gilissen, Allman, Perl, Erwin y Hof, 1999, Allman, Hakeem y Watson, 2002, Allman, Watson, Tetreault y Hakeem, 2005). Con sus cuerpos celulares gigantes y sus largos axones, es probable que estas células realicen una contribución muy significativa a la comunicación de mensajes conscientes en el cerebro humano.

Todas estas adaptaciones apuntan hacia una misma tendencia evolutiva. Durante la hominización, las redes de nuestra corteza prefrontal se volvieron cada vez más densas, hasta un punto que supera lo predecible sólo a partir del tamaño del cerebro. Nuestros circuitos del espacio de trabajo se expandieron tanto más allá de lo proporcional; pero tal vez este aumento sea la punta del iceberg. Somos más que meros primates con cerebros más grandes. No me sorprendería que, en los próximos años, los neurocientíficos cognitivos descubriesen que el cerebro humano posee microcircuitos únicos que le dan acceso a un nuevo nivel de operaciones recursivas como las del lenguaje. Nuestros primos primates con seguridad poseen una vida mental interna y una capacidad para aprehender de modo consciente su entorno, pero nuestro mundo interno es tanto más rico, quizá por una facultad única para pensar pensamientos anidados.

En resumen, la conciencia humana es el resultado único de dos evoluciones anidadas. En todos los primates, la conciencia en primer lugar evolucionó como un dispositivo de comunicación, con la corteza prefrontal y sus circuitos asociados de larga distancia que rompían la modularidad de circuitos neuronales locales y transmitían información por toda la extensión del cerebro. Sólo en los humanos el poder de este dispositivo de comunicación luego recibió el impulso de una segunda evolución, cuando surgió un "lenguaje del pensamiento" que nos permite formular creencias sofisticadas y compartirlas con otros.

¿Enfermedades de la conciencia?

Las dos evoluciones sucesivas del espacio de trabajo humano deben depender de mecanismos biológicos específicos determinados por genes específicos. Por eso, una pregunta obvia es: ¿las enfermedades afectan la maquinaria consciente humana? ¿Es posible que las mutaciones genéricas o los daños cerebrales inviertan la tendencia evolutiva e induzcan una falla en el espacio de trabajo neuronal global?

Las conexiones corticales de larga distancia que sostienen la conciencia quizá sean frágiles. En comparación con cualquier otro tipo de célula del cuerpo, las neuronas son monstruosas, ya que su axón puede extenderse con facilidad por decenas de centímetros. Sostener un apéndice tan largo, más de mil veces más grande que el cuerpo principal de la célula, plantea problemas únicos de expresión genética y tráfico molecular. La transcripción del ácido desoxirribonucleico (ADN) siempre se efectúa en el núcleo de la célula, pero de algún modo sus productos finales deben ser enviados a sinapsis localizadas a centímetros de distancia. Hace falta una maquinaria biológica compleja para resolver este problema de planificación. Así, podemos esperar que el sistema evolucionado de conexiones de espacio de trabajo de larga distancia sea blanco privilegiado de déficits específicos.

Jean-Pierre Changeux y yo conjeturamos que el misterioso conjunto de síntomas psiquiátricos llamado "esquizofrenia" puede comenzar a tener una explicación en este nivel (Dehaene y Changeux, 2011). La esquizofrenia es una enfermedad común que afecta a alrededor del 0,7% de la población adulta. Es una enfermedad mental devastadora: los adolescentes y los adultos jóvenes pierden contacto con la realidad, desarrollan delusiones y alucinaciones (llamados "síntomas positivos") y vivencian en simultáneo una reducción general en su capacidad emocional e intelectual, incluidas habla desordenada y conductas repetitivas (los "síntomas negativos").

Ya se confirmó la gran dificultad de detectar sólo un principio subyacente a esta variedad de manifestaciones. Sin embargo, resulta llamativo que estos déficits siempre parezcan afectar a funciones que por hipótesis se asocian con el espacio de trabajo consciente en los humanos: las creencias sociales, el automonitoreo, los juicios metacognitivos e incluso el acceso elemental a la información perceptual (Frith, 1979, 1996, Stephan, Friston y Frith, 2009).

Clínicamente, los pacientes esquizofrénicos exhiben una enorme seguridad en sus extrañas creencias. La metacognición y la teoría de la mente pueden estar tan dañadas que los pacientes no logran distinguir entre aquellos pensamientos, conocimientos, acciones y recuerdos que les son propios y aquellos que son ajenos. La esquizofrenia altera de manera drástica la integración consciente del conocimiento en una red coherente de creencias, lo que causa delusiones y confusiones. Como ejemplo, los recuerdos conscientes de los pacientes pueden ser groseramente errados: minutos después de ver una lista de imágenes o de palabras, a menudo no recuerdan haber visto algunos ítems, y su conocimiento metacognitivo de si lo hicieron, cuándo y dónde vieron o aprendieron algo suele ser muy malo. Sin embargo, resulta llamativo que sus recuerdos inconscientes implícitos puedan permanecer intactos (Huron, Danion, Giacomoni, Grange, Robert y Rizzo, 1995, Danion, Meulemans, Kauffmann-Muller y Vermaat, 2001, Danion, Cuervo, Piolino, Huron, Riutort, Peretti y Eustache, 2005).

Con este conocimiento previo, mis colegas y yo nos preguntábamos si es posible que exista un déficit básico en su percepción consciente. Investigamos cómo experimentan los esquizofrénicos el enmascaramiento: la desaparición subjetiva de una palabra o una imagen cuando luego de un breve intervalo le sigue otra imagen. Nuestros descubrimientos fueron muy inequívocos: la duración mínima de presentación necesaria para ver una palabra enmascarada estaba notoriamente alterada (Dehaene, Artiges, Naccache, Martelli, Viard, Schurhoff, Recasens y otros, 2003, Del Cul, Dehaene y Leboyer, 2006).[4] El umbral para el acceso consciente era elevado: los esquizofrénicos permanecían en la zona subliminal durante un tiempo tanto mayor, y necesitaban mucha más evidencia sensorial antes de comunicar la experiencia de una visión consciente. Era obvio que su procesamiento inconsciente estaba intacto. Un dígito subliminal proyectado durante apenas veintinueve milisegundos llevaba a un efecto de *priming* inconsciente detectable, tal como en los sujetos normales. La preservación de una medida tan tenue indica que esencialmente la cadena de prealimentación del procesamiento inconsciente, desde el reconocimiento visual hasta la atribución de significado, no resulta alterada por este trastorno. El mayor problema de los esquizofrénicos parece residir en la integración global de la información entrante, en procura de un todo coherente.

Mis colegas y yo observamos una disociación similar entre el procesamiento subliminal intacto y el acceso consciente dañado en los pacientes que padecen esclerosis múltiple, una enfermedad que afecta las conexiones de la materia blanca del cerebro (Reuter, Del Cul, Audoin, Malikova, Naccache, Ranjeva, Lyon-Caen y otros, 2007). Ya en estadíos tempranos de la enfermedad, antes de que aparezca cualquier otro síntoma importante, los pacientes no logran ver de manera consciente palabras y dígitos que se les muestran, pero todavía los procesan de forma inconsciente. La severidad de este déficit en la percepción consciente puede predecirse a partir de la cantidad de daño existente en las fibras de larga distancia que conectan la corteza prefrontal con las regiones posteriores de la corteza visual (Reuter, Del Cul, Malikova, Naccache, Confort-Gouny, Cohen, Chérif y otros, 2009). Estos resultados son importantes, en primer lugar, porque confirman que los daños a la materia blanca pueden afectar de manera selectiva el acceso consciente; y en segundo lugar, porque una fracción pequeña de los pacientes con esclerosis múltiple desarrolla desórdenes psiquiátricos afines a la esquizofrenia. Esto su-

---

4 Nuestro trabajo se enfocó específicamente en la disociación entre el acceso consciente dañado y el procesamiento subliminal intacto. Para una revisión de investigaciones previas sobre el déficit de enmascaramiento en la esquizofrenia, véase McClure (2001).

giere, una vez más, que la pérdida de conexiones de larga distancia puede desempeñar un papel crucial en el comienzo de una enfermedad mental.

Las imágenes cerebrales de los pacientes esquizofrénicos prueban que su capacidad para la ignición consciente está severamente reducida. Sus procesos atencionales y visuales tempranos pueden permanecer intactos en gran medida, pero no cuentan con la enorme activación sincrónica que crea una onda P3 en la superficie craneal y que señala una percepción consciente (Luck, Fuller, Braun, Robinson. Summerfelt y Gold, 2006, Luck, Kappenman, Fuller, Robinson, Summerfelt y Gold, 2009, Antoine Del Cul, Stanislas Dehaene, Marion Leboyer y otros, experimentos no publicados). Otra marca del acceso consciente, el surgimiento repentino de una red cerebral coherente con correlaciones masivas entre regiones corticales distantes en el rango de las frecuencias beta (trece a treinta hercios), también suele ser deficiente (Uhlhaas, Linden, Singer, Haenschel, Lindner, Maurer y Rodríguez, 2006, Uhlhaas y Singer, 2010).

¿Hay aún más evidencia directa de una alteración anatómica de las redes del espacio de trabajo global en la esquizofrenia? Sí. Las imágenes con tensor de difusión –esto es, un método más bien reciente de obtención de imágenes bi- y tridimensionales de MRI– revelan anomalías enormes en los conjuntos de axones de larga distancia que conectan las regiones corticales. Las fibras del cuerpo calloso, que interconectan los dos hemisferios, están dañadas, y también lo están las conexiones que unen la corteza prefrontal con regiones distantes de la corteza, el hipocampo y el tálamo (Kubicki, Park, Westin, Nestor, Mulkern, Maier, Niznikiewicz y otros, 2005, Karlsgodt, Sun, Jimenez, Lutkenhoff, Willhite, Van Erp y Cannon, 2008, Knöchel, Oertel-Knöchel, Schönmeyer, Rotarska-Jagiela, Van de Ven, Prvulovic, Haenschel y otros, 2012). El resultado es una disrupción severa de la conectividad del estado de descanso: durante el reposo silencioso, en los pacientes esquizofrénicos la corteza prefrontal pierde su estatuto de gran sitio interconectado, y las activaciones están mucho menos integradas en un todo funcional que en sujetos control (Bassett, Bullmore, Verchinski, Mattay, Weinberger y Meyer-Lindenberg, 2008, Liu, Liang, Zhou, He, Hao, Song, Yu y otros, 2008, Bassett, Bullmore, Meyer-Lindenberg, Apud, Weinberger y Coppola, 2009, Lynall, Bassett, Kerwin, McKenna, Kitzbichler, Müller y Bullmore, 2010).

A escala microscópica, las grandes células piramidales presentes en la corteza prefrontal dorsolateral (capas II y III), con sus extensas dendritas capaces de recibir miles de conexiones sinápticas, son tanto más pequeñas en los pacientes esquizofrénicos. En estos se registran menos espinas, que –como ya se mencionó– son sitios terminales de las sinapsis excitatorias cuya enorme densidad es característica del cerebro humano. Esta pérdida de conectividad bien puede tener un rol causal muy importante. En efecto, muchos de los genes alterados en la esquizofrenia afectan alguno o ambos sistemas de neurotransmisión molecular más importantes, los receptores dopaminérgicos D2 y de glutamatérgicos NMDA, que tienen un papel clave en la transmisión sináptica prefrontal y la plasticidad (Ross, Margolis, Reading, Pletnikov y Coyle, 2006, Dickman y Davis, 2009, Tang, Yang, Chen, Lu, Ji, Roche y Lu, 2009, Shao, Shuai, Wang, Feng, Lu, Li, Zhao y otros, 2011).

Lo más interesante tal vez sea que los adultos normales experimentan una psicosis transitoria similar a la esquizofrenia cuando consumen sustancias como la fenciclidina (más conocida como PCP, su abreviatura en inglés, o "polvo de ángel") y la ketamina. Estos agentes actúan bloqueando la transmisión neuronal, de forma bastante específica, y las sinapsis excitatorias que involucran receptores NMDA. Según se sabe actualmente, estos receptores son esenciales en la transmisión de mensajes de tipo descendente a lo largo de las extensas distancias de la corteza (Self, Kooijmans, Supèr, Lamme y Roelfsema, 2012). En mis simulaciones informáticas de la red del espacio de trabajo global, las sinapsis NMDA eran esenciales para la ignición consciente: formaban los bucles de larga distancia que en modo descendente conectaban las áreas corticales de alto nivel con los procesadores de nivel más bajo que las activadas más tempranamente. Retirar los receptores de NMDA de nuestra simulación causaba una pérdida drástica de la conectividad global y la desaparición de la ignición (Dehaene, Sergent y Changeux, 2003, Dehaene y Changeux, 2005). Otras simulaciones muestran que esos receptores son igualmente importantes para la acumulación lenta de la información que subyace a la toma de decisiones mediada (Wong y Wang, 2006).

Una pérdida global de conectividad descendente puede recorrer un largo camino si su meta es explicar los síntomas negativos de la esquizofrenia. No afectaría la transmisión hacia delante de información sensorial, pero evitaría de manera selectiva su integración global a través de bucles de tipo descendente de larga distancia. De este modo, los pacientes esquizofrénicos conservarían el procesamiento hacia delante, incluidas las operaciones sutiles que inducen el *priming* subliminal. Experimentarían un déficit sólo en la ignición y transmisión de información subsiguientes, lo que alteraría sus capacidades para el monitoreo consciente, la atención en sentido descendente, la memoria de trabajo y la toma de decisiones.

¿Qué pasa con los síntomas positivos de los pacientes, sus extrañas alucinaciones e delusiones? Los neurocientíficos cognitivos Paul Fletcher y Chris Frith propusieron un mecanismo explicativo preciso, también basado en una alteración en la propagación de la información (Fletcher y Frith, 2009; véase también Stephan, Friston y Frith, 2009). Como expusimos en el capítulo 2, el cerebro actúa como un Sherlock Holmes, un detective que deriva inferencias máximas de *inputs* variados, ya sean perceptuales o sociales. Este tipo de aprendizaje estadístico requiere un intercambio bidireccional de información (Friston, 2005): las regiones sensoriales envían sus mensajes hacia regiones jerárquicas más elevadas y estas responden con predicciones en sentido descendente, como parte de un algoritmo de aprendizaje que se aboca a dar cuenta de la información proveniente de los sentidos. El aprendizaje termina cuando las representaciones de nivel más alto son tan precisas que sus predicciones concuerdan del todo con los *inputs* de tipo ascendente. En este punto, el cerebro percibe una señal con un nivel de error despreciable (la diferencia entre las señales predichas y las observadas) y por consiguiente la sorpresa es mínima: la señal entrante ya no causa interés, de modo que no desencadena ningún aprendizaje.

Ahora imagine que, en la esquizofrenia, los mensajes descendentes no consiguen llegar a destino, ya que las conexiones de larga distancia están dañadas o los receptores de NMDA son disfuncionales. Esto, según argumentan Fletcher y Frith, provocaría una fuerte disrupción del mecanismo de aprendizaje estadístico. Los *inputs* sensoriales nunca se explicarían en forma satisfactoria. Las señales de error siempre permanecerían, desencadenando una avalancha ininterrumpida de interpretaciones. Por ende, los pacientes esquizofrénicos tendrían la constante sensación de que algo todavía necesita ser explicado, que el mundo contiene muchas capas escondidas de significado, niveles profundos de explicación que sólo ellos pueden percibir y computar. Por eso, a cada instante elaborarían interpretaciones incongruentes de su entorno.

Consideremos, por ejemplo, cómo el cerebro esquizofrénico monitorearía sus propias acciones. Normalmente, siempre que nos movemos, un mecanismo predictivo cancela las consecuencias sensoriales de nuestras acciones. Gracias a eso, no nos sorprendemos cuando agarramos una taza de café: el toque tibio y la liviandad que siente nuestra mano son altamente predecibles, e (incluso antes de que actuemos) nuestras áreas motoras envían una predicción ascendente a nuestras áreas sensoriales para informarles que están por experimentar esa acción. Este pronóstico funciona tan bien que, cuando actuamos, por lo general no percibimos el tacto, sino que sólo nos volvemos conscientes cuando nuestra predicción es errada, como cuando tomamos una taza inesperadamente caliente.

Llegado a este punto, imagine que vive en un mundo donde la predicción ascendente falla de manera sistemática. Hasta su taza de café parece extraña: al tomarla en sus manos, la sensación al tacto se desvía de manera sutil respecto de lo esperado, y eso hace que usted se pregunte quién o qué está alterando sus sentidos. Por sobre todas las cosas, se siente extraño al hablar. Puede oír su propia voz mientras habla, y le resulta graciosa. La extrañeza en el sonido que usted percibe llama constantemente su atención. Empieza a creer que alguien se está inmiscuyendo en su habla. Desde allí hay un breve trecho hasta convencerse de que oye voces en su cabeza, y que agentes del mal –tal vez su vecino o la CIA– controlan su cuerpo y perturban su vida. Se descubre a sí mismo en trance de buscar a cada instante las explicaciones ocultas de los eventos misteriosos que su prójimo ni siquiera advierte: esta es una imagen bastante pormenorizada de los síntomas esquizofrénicos.

En resumen, la esquizofrenia parece un candidato bastante seguro a ser un trastorno de las conexiones de larga distancia que transmiten señales por toda la extensión del cerebro y forman el sistema del espacio de trabajo consciente. Por supuesto, con esto no sugiero que los pacientes con esquizofrenia son zombis inconscientes. Mi concepción es que en ellos la comunicación consciente está eminentemente afectada, tanto más que otros procesos automáticos. Las enfermedades tienden a respetar las fronteras del sistema nervioso, y la esquizofrenia puede perjudicar específicamente los mecanismos biológicos que sostienen las conexiones neuronales ascendentes de larga distancia.

En los pacientes esquizofrénicos, esta disfunción no es completa; si fuera así, el paciente sencillamente estaría inconsciente. ¿Puede haber una condición clínica tan desesperada? En 2007, un grupo de neurólogos de la Universidad de Pensilvania describió una sorprendente enfermedad nueva (Dalmau, Tuzun, Wu, Masjuan, Rossi, Voloschin, Baehring y otros, 2007, Dalmau, Gleichman, Hughes, Rossi, Peng, Lai, Dessain y otros, 2008). Distintos jóvenes llegaban al hospital con una variedad de síntomas. En gran proporción eran mujeres con cáncer de ovarios; pero otros pacientes sólo se quejaban de cefalea, fiebre o síntomas afines a la gripe. Sin embargo, muy pronto su enfermedad daba un vuelco inesperado, y ellos desarrollaban "síntomas psiquiátricos prominentes, incluidos ansiedad, agitación, comportamiento extravagante, pensamientos delirantes o paranoides, y alucinaciones visuales o auditivas": una variante de esquizofrenia aguda, adquirida y de rápida evolución. Tres semanas después, la conciencia de los pacientes comenzaba a decaer. Para entonces su EEG mostraba ondas cerebrales lentas, similares a las del momento en que se concilia el sueño o a las del coma. Quedaban inmovilizados y dejaban de responder a estímulos o incluso de respirar por sí solos. Muchos morían en el transcurso de pocos meses. Otros se recuperaban más tarde, llevaban una vida normal y conservaban su salud mental, pero confirmaban que no tenían recuerdos del episodio de inconciencia.

¿Qué estaba ocurriendo? Una indagación cuidadosa reveló que todos estos pacientes sufrían una enfermedad autoinmune generalizada. Su sistema inmunológico los atacaba a ellos mismos, en lugar de defenderlos de invasores externos como los virus o las bacterias. Destruía de manera selectiva una molécula dentro del cuerpo de cada paciente: el receptor glutamatérgico NMDA. Como ya mencionamos, este compuesto esencial para el cerebro tiene un papel clave en la transmisión de información en sentido descendente en las sinapsis corticales. Cuando un cultivo de neuronas se expuso a plasma de estos pacientes, sus sinapsis de NMDA literalmente desaparecieron en cuestión de horas, pero el receptor regresó tan pronto como se retiró el suero letal.

Es fascinante que eliminar una sola molécula resulte suficiente para causar una pérdida selectiva de la salud mental y, con el tiempo, de la conciencia misma. Quizás actualmente seamos testigos de la primera condición clínica en que un trastorno altera selectivamente conexiones de larga distancia que, según lo postulado por mi modelo de espacio de trabajo neuronal global, subyacen a cualquier experiencia consciente. Este ataque localizado entorpece de inmediato la conciencia y en primer término induce una forma artificial de esquizofrenia; poco después destruye la posibilidad misma de sostener un estado de vigilancia. En los años venideros, esta condición clínica puede servir como una enfermedad modelo cuyos mecanismos moleculares arrojen luz sobre las enfermedades psiquiátricas, su inicio y su conexión con la experiencia consciente.

¿Máquinas conscientes?

Ahora que estamos comenzando a comprender la función de la conciencia, su arquitectura cortical, su base molecular e incluso sus enfermedades, ¿es factible que pensemos en simularla con la computadora? No sólo no logro ver problema lógico alguno en esta posibilidad, sino que considero que es un rumbo emocionante de investigación científica, un gran desafío que la ciencia computacional puede resolver en las próximas décadas. Todavía nos falta un trecho para llegar a construir una máquina de este tipo, pero el mero hecho de que podamos hacer una propuesta concreta acerca de algunas de sus principales características es señal de que la ciencia de la conciencia está avanzando.

En el capítulo 5, bosquejé un plan general para la simulación computada del acceso consciente. Esas ideas podrían servir como base para un nuevo tipo de arquitectura de *software*. De modo muy similar a como una computadora moderna ejecuta en paralelo muchos programas con un propósito específico, nuestro *software* incluiría gran cantidad de programas especializados, cada uno dedicado a determinada función, como el reconocimiento de rostros, la detección del movimiento, la navegación espacial (una suerte de GPS), la producción de habla o la guía motora. Algunos de estos programas tomarían su *input* de dentro del sistema más que de fuera, y así lo dotarían de una forma de introspección y autoconocimiento. Por ejemplo, un dispositivo especializado para detectar errores puede aprender a predecir la probabilidad de que el organismo se desvíe de su meta actual. En nuestros días las computadoras tienen los rudimentos de esta idea, dado que cada vez llegan a nosotros más equipadas con dispositivos de automonitoreo que evalúan la carga restante de batería, el espacio disponible en el disco, la integridad de la memoria o los conflictos internos.

Diviso al menos tres funciones críticas que las computadoras actuales todavía no tienen: comunicación flexible, plasticidad y autonomía. En primer lugar, los programas deberían comunicarse de modo flexible entre ellos. En un momento dado, el *output* de uno de los programas sería seleccionado como foco de interés para el organismo entero. La información seleccionada entraría en el espacio de trabajo, un sistema de capacidad limitada que operaría de forma lenta y serial pero tendría la gran ventaja de estar en condiciones de retransmitir la información hacia cualquier otro programa. En las computadoras actuales, este tipo de intercambios suele estar prohibido: cada aplicación se ejecuta en un espacio de memoria separado, y sus resultados no pueden compartirse. Los programas no tienen formas generales de intercambio de su competencia, más allá del portapapeles, que es rudimentario y depende del control del usuario. La arquitectura que tengo en mente realzaría prodigiosamente la flexibilidad de los intercambios de información proveyendo un tipo de portapapeles universal y autónomo: el espacio de trabajo global.

¿Cómo utilizarían los programas receptores la información transmitida por el portapapeles? Mi segundo ingrediente clave es un poderoso algoritmo de aprendizaje. Cada programa por separado no sería estático, sino que estaría dotado de capacidad para descubrir el mejor uso de la información que recibiera; también se modularía según una regla de aprendizaje similar a la del cerebro, que daría cuenta de las muchas relaciones predictivas existentes entre sus *inputs*. Por ende, el sistema se adaptaría al entorno e incluso a las peculiaridades de su propia arquitectura, volviéndola resistente; por ejemplo, ante la falla de un subprograma. Descubriría cuáles de sus *inputs* merecen atención y cómo combinarlos para computar funciones útiles.

Y eso me lleva al tercer factor de mi propuesta: la autonomía. Incluso si no hubiese interacción del usuario, la computadora utilizaría su propio sistema de valores para decidir qué datos merecen un examen consciente lento en el espacio de trabajo global. En todo momento la actividad espontánea dejaría que los "pensamientos" al azar entraran en el espacio de trabajo, donde serían retenidos o rechazados, según su adecuación a las metas básicas del organismo. Aun en ausencia de *inputs*, aparecería un flujo serial de estados internos fluctuantes.

El comportamiento de un organismo simulado como este nos recordaría nuestra propia variedad de conciencia. Sin intervención humana alguna, plantearía sus metas, exploraría el mundo, y aprendería acerca de sus estados internos. Y en cualquier momento enfocaría sus recursos sobre una sola representación interna, lo que podemos llamar "su contenido consciente".

A decir verdad, estas ideas todavía son vagas. Hará falta mucho trabajo para traducirlas a un plan de acción detallado. Pero al menos en principio, no veo motivos que le impidan desembocar en una conciencia artificial.

Muchos pensadores no están de acuerdo. Consideremos sucintamente sus argumentos. Algunos creen que la conciencia no puede reducirse al procesamiento de información, porque en ningún momento habrá una cantidad de procesamiento de información que logre causar una experiencia subjetiva. Por ejemplo, Ned Block, filósofo de la Universidad de Nueva York, admite que la maquinaria del espacio de trabajo puede explicar el acceso consciente, pero argumenta que por naturaleza aquella resulta incapaz de explicar nuestros *qualia*: los estados subjetivos o sensaciones crudas de "cómo es" experimentar un sentimiento, un dolor o un hermoso atardecer (Block, 2001, 2007).

En ese mismo sentido, David Chalmers, un filósofo de la Universidad de Arizona, sostiene que, aunque la teoría del espacio de trabajo explica qué operaciones pueden o no cumplirse de forma consciente, nunca explicará la incógnita de la subjetividad en primera persona (Chalmers, 1996). Este autor es famoso por haber presentado una distinción entre los problemas fáciles y difíciles que debe enfrentar la conciencia. De acuerdo con su línea argumentativa, los problemas fáciles consisten en explicar las muchas funciones del cerebro: ¿cómo reconocemos una cara, una palabra o un paisaje? ¿Cómo obtenemos información de los sentidos y la usamos para orientar nuestro comportamiento? ¿Cómo generamos oraciones para describir lo que sentimos? "A pesar de que todas estas preguntas están asociadas con la conciencia", sostiene Chalmers (1995: 81), "todas conciernen a los mecanismos objetivos del sistema cognitivo y, en consecuencia, estamos en todo nuestro derecho de esperar que el trabajo continuo en psicología cognitiva y neurociencia las responda". En contraste, el problema difícil es:

> La cuestión de cómo los procesos físicos en el cerebro hacen surgir la experiencia subjetiva: [...] el modo en que el sujeto siente las cosas. Cuando vemos, por ejemplo, experimentamos sensaciones visuales, como la de un azul alegre. O pensemos en el inefable sonido de un oboe distante, la agonía de un dolor intenso, el destello de felicidad o la cualidad meditativa de un momento perdido en el pensamiento. [...] Son estos fenómenos los que plantean el misterio real de la mente.

Mi opinión es que Chalmers intercambió los rótulos: el problema "fácil" es el difícil, mientras que el aparentemente difícil sólo lo sería porque involucra intuiciones mal definidas. En cuanto nuestra intuición está educada por la neurociencia cognitiva y las simulaciones computadas, el problema difícil de Chalmers se evapora. El concepto hipotético de *qualia*, pura experiencia mental desligada de cualquier rol de procesamiento de la información, se verá como una idea peculiar de la era precientífica, muy similar al vitalismo, el descaminado pensamiento del siglo XIX de que, sin importar cuántos detalles reunamos acerca de los mecanismos químicos de los organismos vivos, nunca daremos cuenta de las cualidades únicas de la vida. La biología molecular moderna hizo añicos esta creencia al mostrar cómo la maquinaria molecular situada dentro de nuestras células forma un autómata que se autorreproduce. De igual modo, la ciencia de la conciencia seguirá desbastando el problema difícil hasta que desaparezca. Por ejemplo, los modelos actuales de percepción visual ya explican no sólo por qué el cerebro humano sufre una variedad de ilusiones visuales, sino también por qué estas ilusiones aparecerían en cualquier máquina racional que debiese afrontar ese mismo problema computacional (Weiss, Simoncelli y Adelson, 2002). La ciencia de la conciencia ya explica los bloques significativos de nuestra experiencia subjetiva, y no veo límites obvios a este enfoque.

Un argumento filosófico conexo propone que, sin importar cuánto intentemos estimular el cerebro, a nuestro *software* siempre le faltará un factor clave de la conciencia humana: el libre albedrío. Para algunas personas, una máquina con libre albedrío es un oxímoron, porque las máquinas son deterministas; su comportamiento está determinado por su organización interna y su estado inicial. Sus acciones pueden no ser predecibles debido a la imprecisión de las mediciones y al caos, pero no pueden alejarse de la cadena causal dictada por su organización física. Este determinismo parece no dar margen a la libertad personal. Como escribió el poeta y filósofo Lucrecio en el siglo I a.C.:

> Si todos los movimientos están interconectados, pues el nuevo surge del viejo según un orden riguroso; si, en su declinación, los átomos nunca provocan un movimiento que quiebre las leyes del destino e impida que las causas se sucedan, al infinito, ¿de dónde proviene, digo yo, esa libre facultad concedida en la tierra a los seres vivos? (Lucrecio, *De rerum natura* [*Sobre la naturaleza de las cosas*]: II, vv. 251-256).

Incluso los científicos contemporáneos de primera línea consideran tan insuperable este problema que buscan nuevas leyes de la física. Sólo la mecánica cuántica –argumentan– presenta la cuota adecuada de libertad. John Eccles (1903-1997), que recibió el Premio Nobel en 1963 por sus grandes descubrimientos acerca de la base química de la transmisión de señales en las sinapsis, fue uno de estos neuroescépticos. Para él, el problema principal de la neurociencia era descubrir "cómo el yo controla su cerebro" –tal el título de uno de sus numerosos libros (Eccles, 1994)–, una expresión cuestionable que huele a dualismo. Terminó por suponer de manera arbitraria que los pensamientos inmateriales de la mente actúan sobre el cerebro material alterando las probabilidades de que haya eventos significativos en las sinapsis.

Otro brillante científico contemporáneo, el consumado físico sir Roger Penrose, reconoce que la conciencia y el libre albedrío requerirán mecánica cuántica (Penrose y Hameroff, 1998). Junto con el anestesiólogo Stuart Hameroff, Penrose desarrolló la original visión del cerebro como una computadora cuántica. La habilidad de un sistema físico cuántico para existir en múltiples estados superpuestos sería aprovechada por el cerebro humano para explorar en tiempo finito una cantidad de opciones tendiente al infinito, lo que explicaría de algún modo la habilidad del matemático para consumar el teorema de Gödel.

Desafortunadamente, estas barrocas propuestas no se basan sobre una neurobiología o una ciencia cognitiva sólida. Si bien la intuición de que nuestra mente elige sus acciones "a voluntad" implora una explicación, la física cuántica, la versión moderna de los "átomos que cambian de dirección" de Lucrecio, no da una solución. La mayoría de los físicos está de acuerdo en que el manantial de sangre tibia en que está inmerso el cerebro es incompatible con la computación cuántica, que requiere temperaturas frías para evitar una pérdida rápida de coherencia cuántica. Y la escala temporal en la cual nos volvemos conscientes de aspectos del mundo exterior discrepa enormemente de la escala de femtosegundos (10^{-15}) en que típicamente ocurre esta decoherencia cuántica (cuando un estado cuántico pasa a comportarse según los parámetros de un sistema clásico).

Más significativo es que, incluso si los fenómenos cuánticos influyeran en algunas de las operaciones del cerebro, su impredictibilidad intrínseca no satisfaría nuestra noción de libre albedrío. Como argumenta de manera convincente el filósofo contemporáneo Daniel Dennett, nunca una pura forma de aleatoriedad en el cerebro nos provee algún "tipo de libertad que vale la pena tener" (Dennett, 1984). ¿Realmente queremos que nuestros cuerpos se vean sacudidos al azar por cambios incontrolables generados en un nivel subatómico, como las sacudidas aleatorias y los tics de un paciente con síndrome de Tourette? Nada podría estar más lejos de nuestro concepto de libertad.

Cuando discutimos el "libre albedrío", hacemos referencia a una forma mucho más interesante de libertad. Nuestra creencia en el libre albedrío expresará la idea de que, bajo las circunstancias correctas, tenemos la habilidad de guiar nuestras decisiones a través de nuestros pensamientos de nivel jerárquico más alto, nuestras creencias, nuestros valores y nuestras experiencias pasadas, y de ejercer el control sobre nuestros impulsos indeseados de nivel jerárquico más bajo. Siempre que tomamos una decisión autónoma, ejercemos nuestro libre albedrío al considerar todas las opciones disponibles, ponderarlas y elegir la que cuenta con nuestro favor. Algún grado de azar puede incidir en una elección voluntaria, pero este no es un rasgo esencial. La mayor parte del tiempo nuestros actos deliberados no son para nada azarosos: consisten en una revisión cuidadosa de nuestras opciones, a la cual seguirá una resuelta selección de nuestro preferido.

Esta concepción de libre albedrío no requiere que se apele a la física cuántica y puede implementarse en una computadora estándar. Nuestro espacio de trabajo neuronal global nos permite recolectar toda la información necesaria, tanto de nuestros sentidos en el momento presente como de nuestros recuerdos, sintetizarla, evaluar sus consecuencias, ponderarlas tanto tiempo como queramos y, llegado el momento, usar esta reflexión interna para guiar nuestras acciones. Esto es lo que llamamos "decisión deliberada".

Por ende, al pensar acerca del libre albedrío, tenemos que distinguir con claridad dos intuiciones acerca de nuestras decisiones: su indeterminación fundamental (una idea cuestionable) y su autonomía (una noción respetable). Indudablemente los estados de nuestro cerebro no carecen de causa; así, no escapamos de las leyes de la física: nada puede hacerlo. Pero nuestras decisiones son en verdad libres siempre que se basen sobre una deliberación que procede de forma autónoma, sin impedimento alguno, sopesando con cuidado los pros y los contras antes de comprometerse con un curso de acción. Cuando esto sucede, tenemos razón al hablar de una decisión voluntaria, incluso si, en última instancia, es causada por nuestros genes, nuestra historia de vida, y los parámetros que estos inscribieron en nuestros circuitos neuronales. Por las fluctuaciones en la actividad cerebral espontánea, nuestras decisiones pueden permanecer impredecibles, incluso para nosotros. Sin embargo, esta impredictibilidad no es un rasgo definitorio del libre albedrío; tampoco se la debería confundir con la indeterminación absoluta. Lo que cuenta es la toma de decisiones autónoma.

Así, en mi opinión, una máquina con libre albedrío no es una contradicción en los términos, sino apenas una descripción taquigráfica de lo que somos. No tengo problema en imaginar un dispositivo artificial capaz y deseoso de decidir sobre su curso de acción. Incluso si la arquitectura de nuestro cerebro fuese completamente determinista, como puede serlo una simulación computada, todavía resultaría legítimo decir que ejerce una forma de libre albedrío. Siempre que una arquitectura neuronal muestra autonomía y deliberación, tenemos razón en llamarla "mente libre", y una vez que le apliquemos un proceso de ingeniería inversa aprenderemos a imitarla en máquinas artificiales.

En resumen, ni los *qualia* ni el libre albedrío parecen plantear un problema filosófico serio para el concepto de una máquina consciente. Hacia el final de nuestra travesía por las profundidades de la conciencia y del cerebro, nos damos cuenta de cuán cuidadosamente deberíamos tratar nuestras intuiciones acerca de lo que una maquinaria neuronal compleja puede llegar a hacer. La riqueza del procesamiento de información provisto por una red evolucionada de dieciséis mil millones de neuronas corticales está más allá de nuestra imaginación actual. Nuestros estados neuronales fluctúan incesantemente, con autonomía parcial, creando un mundo interior de pensamientos personales. Incluso cuando se los confronta con *inputs* sensoriales idénticos, reaccionan de manera diferente según nuestro estado de ánimo, nuestras metas y nuestros recuerdos. Nuestros códigos neuronales conscientes también varían de cerebro a cerebro. Si bien todos compartimos igual inventario general de neuronas que codifican color, forma o movimiento, su organización detallada es resultado de un largo proceso de desarrollo que esculpe cada uno de nuestros cerebros de forma diferente, en un trabajo incesante de selección y eliminación de sinapsis, para así crear nuestras personalidades únicas.

El código neuronal que resulta de este cruce de reglas genéticas, experiencias pasadas y encuentros al azar es único para cada momento y para cada persona. Su inmenso número de estados crea un mundo rico de representaciones internas, conectadas con el entorno pero no impuestas por él. Los sentimientos subjetivos de dolor, belleza, lujuria o aflicción corresponden a atractores neuronales estables en este paisaje dinámico. Son por naturaleza subjetivos, ya que la dinámica del cerebro inserta sus *inputs* presentes en un tapiz de recuerdos del pasado y metas futuras; así, suma una capa de experiencia personal a los *inputs* sensoriales en bruto.

Lo que emerge es un "presente recordado" (Edelman, 1989), una cifra personalizada del aquí y ahora, enriquecido con recuerdos perdurables y pronósticos, y que proyecta constantemente una perspectiva en primera persona sobre su entorno: un mundo interior consciente.

Esta maquinaria biológica exquisita está haciendo clic justo ahora en su cerebro. Mientras usted cierra este libro para analizar su propia existencia, encendidas asambleas de neuronas construyen su mente.

Agradecimientos

Mis hipótesis acerca de la conciencia no se desarrollaron en el vacío. A lo largo de los últimos treinta años, estuve inmerso en una nube de ideas y rodeado por un *dream team* de colegas que en muchas ocasiones pasaron a ser amigos cercanos. Contraje una gran deuda con tres de ellos. A comienzos de la década de 1990, mi mentor Jean-Pierre Changeux fue el primero en sugerirme que el problema de la conciencia no estaba fuera de nuestro alcance, y que podíamos abordarlo en conjunto desde el punto de vista empírico y el teórico. Mi amigo Laurent Cohen luego me señaló una variedad de casos neuropsicológicos muy pertinentes. También me presentó a Lionel Naccache, quien en ese momento era un joven estudiante de medicina y en la actualidad es un brillante neurólogo y neurocientífico cognitivo, con quien exploramos las profundidades del procesamiento subliminal. Nuestras colaboraciones y discusiones nunca se interrumpieron. Jean-Pierre, Laurent, Lionel, gracias por su aliento constante y su amistad.

París se ha vuelto un centro importante en la investigación de la conciencia. Mi laboratorio se benefició mucho con este ambiente estimulante, y estoy especialmente agradecido por las discusiones esclarecedoras que compartí con Patrick Cavanagh, Sid Kouider, Jérôme Sackur, Étienne Koechlin, Kevin O'Regan y Mathias Pessiglione. Muchos brillantes estudiantes y posdoctorandos, con frecuencia financiados por la Fundación Fyssen o el excelente programa de máster en ciencia cognitiva que se desarrolla en la École Normale Supérieure, enriquecieron mi laboratorio con su energía y creatividad. Mi gratitud a mis estudiantes de doctorado Lucie Charles, Antoine Del Cul, Raphaël Gaillard, Jean-Rémi King, Claire Sergent, Mélanie Strauss, Lynn Uhrig, Catherine Wacongne y Valentin Wyart, y a mis colegas posdoctorales Tristan Bekinschtein, Floris de Lange, Sébastien Marti, Kimihiro Nakamura, Moti Salti, Aaron Schurger, Jacobo Sitt, Simon van Gaal y Filip van Opstal por sus incesantes preguntas e ideas. Mi especial agradecimiento a Mariano Sigman por diez años de fructífera colaboración, generoso tiempo compartido y pura y simple amistad.

Las descripciones de la conciencia provienen de una gran variedad de disciplinas, laboratorios e investigadores en todo el mundo. En especial, me complace hacer constar las conversaciones con Bernard Baars (la mente detrás de la primera versión de la teoría del espacio de trabajo global), Moshe Bar, Edoardo Bisiach, Olaf Blanke, Ned Block, Antonio Damasio, Dan Dennett, Derek Denton, Gerry Edelman, Pascal Fries, Karl Friston, Chris Frith, Uta Frith, Mel Goodale, Tony Greenwald, John-Dylan Haynes, Biyu Jade He, Nancy Kanwisher, Markus Kiefer, Christof Koch, Víctor Lamme, Dominique Lamy, Hakwan Lau, Steve Laureys, Nikos Logothetis, Lucía Melloni, Earl Miller, Adrian Owen, Josef Parvizi, Dan Pollen, Michael Posner, Alex Pouget, Marcus Raichle, Geraint Rees, Pieter Roelfsema, Niko Schiff, Mike Shadlen, Tim Shallice, Kimron Shapiro, Wolf Singer, Elizabeth Spelke, Giulio Tononi, Wim Vanduffel, Larry Weiskrantz, Mark Williams y muchos otros.

Mi investigación recibió respaldo de largo plazo del Institut National de la Santé et de la Recherche Médicale (INSERM), el Commissariat à l'Énergie Atomique et aux Énergies Alternatives (CEA), el Collège de France, la Université Paris-Sud, y el European Research Council. El NeuroSpin Center, con sede al sur de París y dirigido por Denis Le Bihan, proveyó un ámbito estimulante donde pudimos encarar este tema sumamente especulativo, y estoy agradecido por el apoyo y el consejo de mis colegas locales, incluidos Gilles Bloch, Jean-Robert Deverre, Lucie Hertz-Pannier, Behir Jarraya, Andreas Kleinschmidt, Jean-François Mangin, Bertrand Thirion, Gaël Varoquaux y Virginie van Wassenhove.

Mientras escribía este libro, recibí la hospitalidad de muchas otras instituciones, como el Peter Wall Institute of Advanced Studies de Vancouver, la Macquaire University en Sidney, el Istituto Universitario di Studi Superiori (IUSS) en Pavía, la Fondation des Treilles en el sur de Francia, la Pontificia Academia de las Ciencias en el Vaticano… y La Chouannière y La Trinitaine, los escondites de mi familia, donde se escribieron muchas de estas líneas.

Mi agente John Brockman, junto con su hijo Max, tuvieron un rol instrumental al principio al incitarme a escribir este libro. Melanie Tortoroli, de Viking, corrigió con paciencia sus muchas versiones sucesivas. También me beneficié con dos lecturas que realizaron los ojos afilados aunque benevolentes de Sid Kouider y Lionel Naccache.

Por último, pero no por eso menos importante, mi esposa Ghislaine Dehaene-Lambertz compartió conmigo no sólo su deslumbrante conocimiento acerca de todo lo que concierne al cerebro y la mente del bebé, sino también el amor y la ternura que hacen que valga la pena vivir la vida y tener una conciencia.

Bibliografía

Abrams, R. L. y A. G. Greenwald (2000), "Parts Outweigh the Whole (Word) in Unconscious Analysis of Meaning", *Psychological Science*, 11 (2): 118-124.

Abrams, R. L., M. R. Klinger y A. G. Greenwald (2002), "Subliminal Words Activate Semantic Categories (Not Automated Motor Responses)", *Psychonomic Bulletin and Review*, 9 (1): 100-106.

Ackley, D. H., G. E. Hinton y T. J. Sejnowski (1985), "A Learning Algorithm for Boltzmann Machines", *Cognitive Science*, 9 (1): 147-169.

Adamantidis, A. R., F. Zhang, A. M. Aravanis, K. Deisseroth y L. de Lecea (2007), "Neural Substrates of Awakening Probed with Optogenetic Control of Hypocretin Neurons", *Nature*, 450 (7168): 420-424.

Allman, J., A. Hakeem y K. Watson (2002), "Two Phylogenetic Specializations in the Human Brain", *Neuroscientist*, 8 (4): 335-346.

Allman, J. M., K. K. Watson, N. A. Tetreault y A. Y. Hakeem (2005), "Intuition and Autism: A Possible Role for Von Economo Neurons", *Trends in Cognitive Sciences*, 9 (8): 367-373.

Almeida, J., B. Z. Mahon, K. Nakayama y A. Caramazza (2008), "Unconscious Processing Dissociates Along Categorical Lines", *Proceedings of the National Academy of Sciences*, 105 (39): 15 214-15 218.

Alving, J., M. Moller, E. Sindrup y B. L. Nielsen (1979), "'Alpha Pattern Coma' Following Cerebral Anoxia", *Electroencephalography and Clinical Neurophysiology*, 47 (1): 95-101.

Amit, D. (1989), *Modeling Brain Function. The World of Attractor Neural Networks*, Nueva York, Cambridge University Press.

Anderson, J. R. (1983), *The Architecture of Cognition*, Cambridge, Mass., Harvard University Press.

Anderson, J. R. y C. Lebiere (1998), *The Atomic Components of Thought*, Mahwah, NJ, Lawrence Erlbaum.

Aru, J., N. Axmacher, A. T. Do Lam, J. Fell, C. E. Elger, W. Singer y L. Melloni (2012), "Local Category-Specific Gamma Band Responses in the Visual Cortex Do Not Reflect Conscious Perception", *Journal of Neuroscience*, 32 (43): 14 909-14 914.

Ashcraft, M. H. y E. H. Stazyk (1981), "Mental Addition: A Test of Three Verification Models", *Memory and Cognition*, 9: 185-196.

Baars, B. J. (1989), *A Cognitive Theory of Consciousness*, Cambridge, UK, Cambridge University Press.

Babiloni, C., F. Vecchio, S. Rossi, A. De Capua, S. Bartalini, M. Ulivelli y P. M. Rossini (2007), "Human Ventral Parietal Cortex Plays a Functional Role on Visuospatial Attention and Primary Consciousness: A Repetitive Transcranial Magnetic Stimulation Study", *Cerebral Cortex*, 17 (6): 1486-1492.

Bahrami, B., K. Olsen, P. E. Latham, A. Roepstorff, G. Rees y C. D. Frith (2010), "Optimally Interacting Minds", *Science*, 329 (5995): 1081-1085.

Baker, C., M. Behrmann y C. Olson (2002), "Impact of Learning on Representation of Parts and Wholes in Monkey Inferotemporal Cortex", *Nature Neuroscience*, 5 (11): 1210-1216.

Bargh, J. A. y E. Morsella (2008), "The Unconscious Mind", *Perspectives on Psychological Science*, 3 (1): 73-79.

Barker, A. T., R. Jalinous y I. L. Freeston (1985), "Non-Invasive Magnetic Stimulation of Human Motor Cortex", *Lancet*, 1 (8437): 1106-1107.

Basirat, A., S. Dehaene y G. Dehaene-Lambertz (2014), "A Hierarchy of Cortical Responses to Sequence Violations in Two-Month-Old Infants", *Cognition*, 132 (2): 137-150.

Bassett, D. S., E. Bullmore, B. A. Verchinski, V. S. Mattay, D. R. Weinberger y A. Meyer-Lindenberg (2008), "Hierarchical Organization of Human Cortical Networks in Health and Schizophrenia", *Journal of Neuroscience*, 28 (37): 9239-9248.

Bassett, D. S., E. T. Bullmore, A. Meyer-Lindenberg, J. A. Apud, D. R. Weinberger y R. Coppola (2009), "Cognitive Fitness of Cost-Efficient Brain Functional Networks", *Proceedings of the National Academy of Sciences*, 106 (28): 11 747-11 752.

Batterink, I. y H. J. Neville (2013), "The Human Brain Processes Syntax in the Absence of Conscious Awareness", *Journal of Neuroscience*, 33 (19): 8528-8533.

Bechara, A., H. Damasio, D. Tranel y A. R. Damasio (1997), "Deciding Advantageously Before Knowing the Advantageous Strategy", *Science*, 275 (5304): 1293-1295.

Beck, D. M., N. Muggleton, V. Walsh y N. Lavie (2006), "Right Parietal Cortex Plays a Critical Role in Change Blindness", *Cerebral Cortex*, 16 (5): 712-717.

Beck, D. M., G. Rees, C. D. Frith y N. Lavie (2001), "Neural Correlates of Change Detection and Change Blindness", *Nature Neuroscience*, 4: 645-650.

Beck, J. M., W. J. Ma, R. Kiani, T. Hanks, A. K. Churchland, J. Roitman, M. N. Shadlen y otros (2008), "Probabilistic Population Codes for Bayesian Decision Making", *Neuron*, 60 (6): 1142-1152.

Bekinschtein, T. A., S. Dehaene, B. Rohaut, F. Tadel, L. Cohen y L. Naccache (2009), "Neural Signature of the Conscious Processing of Auditory Regularities", *Proceedings of the National Academy of Sciences*, 106 (5): 1672-1677.

Bekinschtein, T. A., M. Peeters, D. Shalom y M. Sigman (2011), "Sea Slugs, Subliminal Pictures, and Vegetative State Patients: Boundaries of Consciousness in Classical Conditioning", *Frontiers in Psychology*, 2: 337.

Bekinschtein, T. A., D. E. Shalom, C. Forcato, M. Herrera, M. R. Coleman, F. F. Manes y M. Sigman (2009), "Classical Conditioning in the Vegetative and Minimally Conscious State", *Nature Neuroscience*, 12 (10): 1343-1349.

Bengtsson, S. L., Z. Nagy, S. Skare, L. Forsman, H. Forssberg y F. Ullen (2005), "Extensive Piano Practicing Has Regionally Specific Effects on White Matter Development", *Nature Neuroscience*, 8 (9): 1148-1150.

Berkes, P., G. Orban, M. Lengyel y J. Fiser (2011), "Spontaneous Cortical Activity Reveals Hallmarks of an Optimal Internal Model of the Environment", *Science*, 331 (6013): 83-87.

Birbaumer, N., A. R. Murguialday y L. Cohen (2008), "Brain-Computer Interface in Paralysis", *Current Opinion in Neurology*, 21 (6): 634-638.

Bisiach, E., C. Luzzatti y D. Perani (1979), "Unilateral Neglect, Representational Schema and Consciousness", *Brain*, 102 (3): 609-618.

Blanke, O., T. Landis, L. Spinelli y M. Seeck (2004), "Out-of-Body Experience and Autoscopy of Neurological Origin", *Brain*, 127 (2): 243-258.

Blanke, O., S. Ortigue, T. Landis y M. Seeck (2002), "Stimulating Illusory Own-Body Perceptions", *Nature*, 419 (6904): 269-270.

Block, N. (2001), "Paradox and Cross Purposes in Recent Work on Consciousness", *Cognition*, 79 (1-2): 197-219.

— (2007), "Consciousness, Accessibility, and the Mesh Between Psychology and Neuroscience", *Behavioral and Brain Sciences*, 30 (5-6): 481-499; discusión 499-548.

Bolhuis, J. J. y M. Gahr (2006), "Neural Mechanisms of Birdsong Memory", *Nature Reviews Neuroscience*, 7 (5): 347-357.

Boly, M., E. Balteau, C. Schnakers, C. Degueldre, G. Moonen, A. Luxen, C. Phillips y otros (2007), "Baseline Brain Activity Fluctuations Predict Somatosensory Perception in Humans", *Proceedings of the National Academy of Sciences*, 104 (29): 12 187-12 192.

Boly, M., L. Tshibanda, A. Vanhaudenhuyse, Q. Noirhomme, C. Schnakers, D. Ledoux, P. Boveroux y otros (2009), "Functional Connectivity in the Default Network During Resting State Is Preserved in a Vegetative but Not in a Brain Dead Patient", *Human Brain Mapping*, 30 (8): 239-400.

Botvinick, M. y J. Cohen (1998), "Rubber Hands 'Feel' Touch That Eyes See", *Nature*, 391 (6669): 756.

Bowers, J. S., G. Vigliocco y R. Haan (1998), "Orthographic, Phonological, and Articulatory Contributions to Masked Letter and Word Priming", *Journal of Experimental Psychology: Human Perception and Performance*, 24 (6): 1705-1719.

Brascamp, J. W. y R. Blake (2012), "Inattention Abolishes Binocular Rivalry: Perceptual Evidence", *Psychological Science*, 23 (10): 1159-1167.

Brefel-Courbon, C., P. Payoux, F. Ory, A. Sommet, T. Slaoui, G. Raboyeau, B. Lemesle y otros (2007), "Clinical and Imaging Evidence of Zolpidem Effect in Hypoxic Encephalopathy", *Annals of Neurology*, 62 (1): 102-105.

Breitmeyer, B. G., A. Koc, H. Ogmen y R. Ziegler (2008), "Functional Hierarchies of Nonconscious Visual Processing", *Vision Research*, 48 (14): 1509-1513.

Breshears, J. D., J. L. Roland, M. Sharma, C. M. Gaona, Z. V. Freudenburg, R. Tempelhoff, M. S. Avidan y E. C. Leuthardt (2010), "Stable and Dynamic Cortical Electrophysiology of Induction and Emergence with Propofol Anesthesia", *Proceedings of the National Academy of Sciences*, 107 (49): 21 170-21 175.

Bressan, P. y S. Pizzighello (2008), "The Attentional Cost of Inattentional Blindness", *Cognition*, 106 (1): 370-383.

Brincat, S. L. y C. E. Connor (2004), "Underlying Principles of Visual Shape Selectivity in Posterior Inferotemporal Cortex", *Nature Neuroscience*, 7 (8): 880-886.

Broadbent, D. E. (1958), *Perception and Communication*, Londres, Pergamon.
— (1962), "Attention and the Perception of Speech", *Scientific American*, 206 (4): 143-151.

Brumberg, J. S., A. Nieto-Castañón, P. R. Kennedy y F. H. Guenther (2010), "Brain-Computer Interfaces for Speech Communication", *Speech Communication*, 52 (4): 367-379.

Bruno, M. A., J. L. Bernheim, D. Ledoux, F. Pellas, A. Demertzi y S. Laureys (2011), "A Survey on Self-Assessed Well-Being in a Cohort of Chronic Locked-in Syndrome Patients: Happy Majority, Miserable Minority", *BMJ Open*, 1 (1): e000039.

Buckner, R. L., J. R. Andrews-Hanna y D. L. Schacter (2008), "The Brain's Default Network: Anatomy, Function, and Relevance to Disease", *Annals of the New York Academy of Sciences*, 1124: 1-38.

Buckner, R. L. y W. Koutstaal (1998), "Functional Neuroimaging Studies of Encoding, Priming, and Explicit Memory Retrieval", *Proceedings of the National Academy of Sciences*, 95 (3): 891-898.

Buschman, T. J. y E. K. Miller (2007), "Top-Down Versus Bottom-Up Control of Attention in the Prefrontal and Posterior Parietal Cortices", *Science*, 315 (5820): 1860-1862.

Buzsaki, G. (2006), *Rhythms of the Brain*, Nueva York, Oxford University Press.

Canolty, R. T., E. Edwards, S. S. Dalai, M. Soltani, S. S. Nagarajan, H. E. Kirsch, M. S. Berger y otros (2006), "High Gamma Power Is Phase-Locked to Theta Oscillations in Human Neocortex", *Science*, 313 (5793): 1626-1628.

Capotosto, P., C. Babiloni, G. L. Romani y M. Corbetta (2009), "Frontoparietal Cortex Controls Spatial Attention through Modulation of Anticipatory Alpha Rhythms", *Journal of Neuroscience*, 29 (18): 5863-5872.

Cardin, J. A., M. Carlen, K. Meletis, U. Knoblich, F. Zhang, K. Deisseroth, L. H. Tsai y C. I. Moore (2009), "Driving Fast-Spiking Cells Induces Gamma Rhythm and Controls Sensory Responses", *Nature*, 459 (7247): 663-667.

Carlen, M., K. Meletis, J. H. Siegle, J. A. Cardin, K. Futai, D. Vierling-Claassen, C. Ruhlmann y otros (2011), "A Critical Role for NMDA Receptors in Parvalbumin Interneurons for Gamma Rhyhm Induction and Behavior", *Molecular Psychiatry*, 17 (5): 537-548.

Carmel, D., V. Walsh, N. Lavie y G. Rees (2010), "Right Parietal TMS Shortens Dominance Durations in Binocular Rivalry", *Current Biology*, 20 (18): R799-800.

Carter, R. M., C. Hofstotter, N. Tsuchiya y C. Koch (2003), "Working Memory and Fear Conditioning", *Proceedings of the National Academy of Sciences*, 100 (3): 1399-1404.

Carter, R. M., J. P. O'Doherty, B. Seymour, C. Koch y R. J. Dolan (2006), "Contingency Awareness in Human Aversive Conditioning Involves the Middle Frontal Gyrus", *Neurotmage*, 29 (3): 1007-1012.

Casali, A., O. Gosseries, M. Rosanova, M. Boly, S. Sarasso, K. R. Casali, S. Casarotto y otros (2013), "A Theoretically Based Index of Consciousness Independent of Sensory Processing and Behavior", *Science Translational Medicine*, 5 (198).

Chalmers, D. (1996), *The Conscious Mind*, Nueva York, Oxford University Press.

Chalmers, D. J. (1995), "The Puzzle of Conscious Experience", *Scientific American*, 273 (6): 80-86.

Changeux, J.-P. (1983), *L'homme neuronal*, París, Fayard [ed. cast.: *El hombre neuronal*, Madrid, Espasa-Calpe, 1986].

Changeux, J.-P. y A. Danchin (1976), "Selective Stabilization of Developing Synapses as a Mechanism for the Specification of Neuronal Networks", *Nature*, 264: 705-712.

Changeux, J.-P. y S. Dehaene (1989), "Neuronal Models of Cognitive functions", *Cognition*, 33 (1-2): 63-109.

Changeux, J.-P., T. Heidmann y P. Patte (1984), "Learning by Selection", en P. Marler y H. S. Terrace (eds.), *The Biology of Learning*, Berlín, Springer: 115-139.

Charles, L., F. van Opstal, S. Marti y S. Dehaene (2013), "Distinct Brain Mechanisms for Conscious Versus Subliminal Error Detection", *Neurolmage*, 73: 80-94.

Chatelle, C., S. Chennu, Q. Noirhomme, D. Cruse, A. M. Owen y S. Laureys (2012), "BrainComputer Interfacing in Disorders of Consciousness", *Brain Injury*, 26 (12): 1510-1522.

Chein, J. M. y W. Schneider (2005), "Neuroimaging Studies of Practice-Related Change: fMRI and Meta-Analytic Evidence of a Domain-General Control Network for Learning", *Brain Research: Cognitive Brain Research*, 25 (3): 607-623.

Ching, S., A. Cimenser, P. L. Purdon, E. N. Brown y N. J. Kopell (2010), "Thalamocortical Model for a Propofol-Induced Alpha-Rhythm Associated with Loss of Consciousness", *Proceedings of the National Academy of Sciences*, 107 (52): 22 665-22 670.

Chong, S. C. y R. Blake (2006), "Exogenous Attention and Endogenous Attention Influence Initial Dominance in Binocular Rivalry", *Vision Research*, 46 (11): 1794-1803.

Chong, S. C., D. Tadin y R. Blake (2005), "Endogenous Attention Prolongs Dominance Durations in Binocular Rivalry", *Journal of Vision*, 5 (11): 1004-1012.

Christoff, K., A. M. Gordon, J. Smallwood, R. Smith y J. W. Schooler (2009), "Experience Sampling During fMRI Reveals Default Network and Executive System Contributions to Mind Wandering", *Proceedings of the National Academy of Sciences*, 106 (21): 8719-8724.

Chun, M. M. y M. C. Potter (1995), "A Two-Stage Model for Multiple Target Detection in Rapid Serial Visual Presentation", *Journal of Experimental Psychology: Human Perception and Performance*, 21 (1): 109-127.

Churchland, P. S. (1986), *Neurophilosophy. Toward a Unified Understanding of the Mind/Brain,* Cambridge, Mass., MIT Press.

Clark, R. E., J. R. Manns y L. R. Squire (2002), "Classical Conditioning, Awareness, and Brain Systems", *Trends in Cognitive Sciences*, 6 (12): 524-531.

Clark, R. E. y L. R. Squire (1998), "Classical Conditioning and Brain Systems: The Role of Awareness", *Science*, 280 (5360): 77-81.

Cohen, L., B. Chaaban y M. O. Habert (2004), "Transient Improvement of Aphasia with Zolpidem", *New England Journal of Medicine*, 350 (9): 949-950.

Cohen, M. A., P. Cavanagh, M. M. Chun y K. Nalcayama (2012), "The Attentional Requirements of Consciousness", *Trends in Cognitive Sciences*, 16 (8): 411-417.

Comte, A. (1830-1842), *Cours de philosophie positive*, París, Bacheller [ed. cast.: *Curso de filosofía positiva*, Madrid, Magisterio Español, 1977].

Corallo, G., J. Sackur, S. Dehaene y M. Sigman (2008), "Limits on Introspection: Distorted Subjective Time During the Dual Task Bottleneck", *Psychological Science*, 19 (11): 1110-1117.

Cowey, A. y P. Stoerig (1995), "Blindsight in Monkeys", *Nature*, 373 (6511): 247-249.

Crick, F. y C. Koch (1990a), "Some Reflections on Visual Awareness", *Cold Spring Harbor Symposia on Quantitative Biology*, 55: 953-962.
— (1990b), "Toward a Neurobiological Theory of Consciousness", *Seminars in Neuroscience*, 2: 263-275.

— (2003), "A Framework for Consciousness", *Nature Neuroscience*, 6 (2): 119-126.

Cruse, D., S. Chennu, C. Chatelle, T. A. Bekinschtein, D. Fernández-Espejo, J. D. Pickard, S. Laureys y A. M. Owen (2011), "Bedside Detection of Awareness in the Vegetative State: A Cohort Study", *Lancet*, 378 (9809): 2088-2094.

Csibra, G., E. Kushnerenko y T. Grossman (2008), "Electrophysiological Methods in Studying Infant Cognitive Development", en C. A. Nelson y M. Luciana (eds.), *Handbook of Developmental Cognitive Neuroscience*, 2ª ed., Cambridge, Mass., MIT Press.

Cyranoski, D. (2012), "Neuroscience: The Mind Reader", *Nature*, 486 (7402): 178-180.

Dalmau, J., A. J. Gleichman, E. G. Hughes, J. E. Rossi, X. Peng, M. Lai, S. K. Dessain y otros (2008), "Anti-NMDA-Receptor Encephalitis: Case Series and Analysis of the Effects of Antibodies", *Lancet Neurology*, 7 (12): 1091-1098.

Dalmau, J., E. Tuzun, H. Y. Wu, J. Masjuan, J. E. Rossi, A. Voloschin, J. M. Baehring y otros (2007), "Paraneoplastic Anti-N-Methyl-D-Aspartate Receptor Encephalitis Associated with Ovarian Teratoma", *Annals of Neurology*, 61 (1): 25-36.

Damasio, A. R. (1989), "The Brain Binds Entities and Events by Multiregional Activation from Convergence Zones", *Neural Computation*, 1: 123-132.
— (1994), *Descartes' Error: Emotion, Reason, and the Human Brain*, Nueva York, G. P. Putnam [ed. cast.: *El error de Descartes: la emoción, la razón y el cerebro humano*, Barcelona, Booket, 2013].

Danion, J. M., C. Cuervo, P. Piolino, C. Huron, M. Riutort, C. S. Peretti y F. Eustache (2005), "Conscious Recollection in Autobiographical Memory: An Investigation in Schizophrenia", *Consciousness and Cognition*, 14 (3): 535-547.

Danion, J. M., T, Meulemans, F. Kauffmann-Muller y H. Vermaat (2001), "Intact Implicit Learning in Schizophrenia", *American Journal of Psychiatry*, 158 (6): 944-948.

Davis, M. H., M. R. Coleman, A. R. Absalom, J. M. Rodd, I. S. Johnsrude, B. F. Matta, A. M. Owen y D. K. Menon (2007), "Dissociating Speech Perception and Comprehension at Reduced Levels of Awareness", *Proceedings of the National Academy of Sciences*, 104 (41): 16 032-16 037.

De Groot, A. D. y F. Gobet (1996), *Perception and Memory in Chess*, Assen, Van Gorcum.

De Haan, M. y C. A. Nelson (1999), "Brain Activity Differentiates Face and Object Processing in 6-Month-Old Infants", *Developmental Psychology*, 35 (4): 1113-1121.

De Lange, F. P., S. van Gaal, V. A. Lamme y S. Dehaene (2011), "How Awareness Changes the Relative Weights of Evidence During Human Decision-Making", *PLOS Biology*, 9 (11): e1001203.

Dean, H. L. y M. L. Platt (2006), "Allocentric Spatial Referencing of Neuronal Activity in Macaque Posterior Cingulate Cortex", *Journal of Neuroscience*, 26 (4): 1117-1127.

Dehaene, S. (2008), "Conscious and Nonconscious Processes: Distinct Forms of Evidence Accumulation?", en C. Engel y W. Singer (eds.), *Better than Conscious? Decision Making the Human Mind, and Implications for Institutions. Strungmann Forum Report*, Cambridge, Mass., MIT Press.
— (2009), *Reading in the Brain*, Nueva York, Viking [ed. cast.: *El cerebro lector*, Buenos Aires, Siglo XXI, 2014].
— (2011), *The Number Sense*, 2ª ed., Nueva York, Oxford University Press [ed. cast.: *El sentido del número*, de próxima publicación en Siglo XXI].

Dehaene, S., E. Artiges, L. Naccache, C. Martelli, A. Viard, F. Schurhoff, C, Recasens y otros (2003), "Conscious and Subliminal Conflicts in Normal Subjects and Patients with Schizophrenia: The Role of the Anterior Cingulate", *Proceedings of the National Academy of Sciences*, 100 (23): 13 722-13 727.

Dehaene, S. y J. P. Changeux (1991), "The Wisconsin Card Sorting Test: Theoretical Analysis and Modelling in a Neuronal Network", *Cerebral Cortex*, 1: 62-79.
— (1997), "A Hierarchical Neuronal Network for Planning Behavior", *Proceedings of the National Academy of Sciences*, 94 (24): 13 293-13 298.
— (2005), "Ongoing Spontaneous Activity Controls Access to Consciousness: A Neuronal Model for Inattentional Blindness", *PLOS Biology*, 3 (5): e141.
— (2011), "Experimental and Theoretical Approaches to Conscious Processing", *Neuron*, 70 (2): 200-227.

Dehaene, S., J. P. Changeux, L. Naccache, Sackur, J. y C. Sorgont (2006), "Conscious, Preconscious, and Subliminal Processing: A Testable Taxonomy", *Trends in Cognitive Sciences*, 10 (5): 204-211.

Dehaene, S. y L. Cohen (2007), "Cultural Recycling of Cortical Maps", *Neuron*, 56 (2): 384-398.

Dehaene, S., A. Jobert, L. Naccache, P. Ciuciu, J. B. Poline, D. Le Bihan y L. Cohen (2004), "Letter Binding and Invariant Recognition of Masked Words: Behavioral and Neuroimaging Evidence", *Psychological Science*, 15 (5): 307-313.

Dehaene, S., M. Kerszberg y J.-P. Changeux (1998), "A Neuronal Model of a Global Workspace in Effortful Cognitive Tasks", *Proceedings of the National Academy of Sciences*, 95 (24): 14 529-14 534.

Dehaene, S. y L. Naccache (2001), "Towards a Cognitive Neuroscience of Consciousness: Basic Evidence and a Workspace Framework", *Cognition*, 79 (1-2): 1-37.

Dehaene, S., L. Naccache, L. Cohen, D. Le Bihan, J.-F. Mangin, J.-B. Poline y D. Rivière (2001), "Cerebral Mechanisms of Word Masking and Unconscious Repetition Priming", *Nature Neuroscience*, 4 (7): 752-758.

Dehaene, S., L. Naccache, G. Le Clec'H, E. Koechlin, M. Mueller, G. Dehaene-Lambertz, P. F. van de Moortele y D. Le Bihan (1998), "Imaging Unconscious Semantic Priming", *Nature*, 395 (6702): 597-600.

Dehaene, S., F. Pegado, L. W. Braga, P. Ventura, G. Nunes Filho, A. Jobert, G. Dehaene-Lambertz y otros (2010), "How Learning to Read Changes the Cortical Networks for Vision and Language", *Science*, 330 (6009): 1359-1364.

Dehaene, S., M. I. Posner y D. M. Tucker (1994), "Localization of a Neural System for Error Detection and Compensation", *Psychological Science*, 5: 303-305.

Dehaene, S., C. Sergent y J.-P. Changeux (2003), "A Neuronal Network Model Linking Subjective Reports and Objective Physiological Data During Conscious Perception", *Proceedings of the National Academy of Sciences*, 100: 8520-8525.

Dehaene, S. y M. Sigman (2012), "From a Single Decision to a Multi-step Algorithm", *Current Opinion in Neurobiology*, 22 (6): 937-945.

Dehaene-Lambertz, G. y S. Dehaene (1994), "Speed and Cerebral Correlates of Syllable Discrimination in Infants", *Nature*, 370: 292-295.

Dehaene-Lambertz, G., S. Dehaene y L. Hertz-Pannier (2002), "Functional Neuroimaging of Speech Perception in Infants", *Science*, 298 (5600): 2013-2015.

Dehaene-Lambertz, G., L. Hertz-Pannier y J. Dubois (2006), "Nature and Nurture in Language Acquisition: Anatomical and Functional Brain-Imaging Studies in Infants", *Trends in Neurosciences*, 29 (7): 367-373.

Dehaene-Lambertz, G., L. Hertz-Pannier, J. Dubois, S. Meriaux, A. Roche, M. Sigman y S. Dehaene (2006), "Functional Organization of

Perisylvian Activation During Presentation of Sentences in Preverbal Infants", *Proceedings of the National Academy of Sciences*, 103 (38): 14 240-14 245.

Dehaene-Lambertz, G., A. Montavont, A. Jobert, L. Allirol, J. Dubois, L. Hertz-Pannier y S. Dehaene (2009), "Language or Music, Mother or Mozart? Structural and Environmental Influences on Infants' Language Networks", *Brain Language*, 114 (2): 53-65.

Del Cul, A., S. Baillet y S. Dehaene (2007), "Brain Dynamics Underlying the Nonlinear Threshold for Access to Consciousness", *PLOS Biology*, 5 (10): e260.

Del Cul, A., S. Dehaene y M. Leboyer (2006), "Preserved Subliminal Processing and Impaired Conscious Access in Schizophrenia", *Archives of General Psychiatry*, 63 (12): 1313-1323.

Del Cul, A., S. Dehaene, P. Reyes, E. Bravo y A. Slachevsky (2009), "Causal Role of Prefrontal Cortex in the Threshold for Access to Consciousness", *Brain*, 132 (9): 2531-2540.

Dell'Acqua, R. y J. Grainger (1999), "Unconscious Semantic Priming from Pictures", *Cognition*, 73 (1): b1-b15.

Den Heyer, K. y K. Briand (1986), "Priming Single Digit Numbers: Automatic Spreading Activation Dissipates as a Function of Semantic Distance", *American Journal of Psychology*, 99 (3): 315-340.

Deneve, S., P. E. Latham y A. Pouget (2001), "Efficient Computation and Cue Integration with Noisy Population Codes", *Nature Neuroscience*, 4 (8): 826-831.

Dennett, D. (1978), *Brainstorms*, Cambridge, Mass., MIT Press.
— (1984), *Elbow Room. The Varieties of Free Will Worth Wanting*, Cambridge, Mass., MIT Press.
— (1991), *Consciousness Explained*, Londres, Penguin [ed. cast.: *La conciencia explicada: una teoría interdisciplinar*, Barcelona, Paidós, 1995].

Denton, D., R. Shade, F. Zamarippa, G. Egan, J. Blair-West, M. McKinley, J. Lancaster y P. Fox (1999), "Neuroimaging of Genesis and Satiation of Thirst and an Interoceptor-Driven Theory of Origins of Primary Consciousness", *Proceedings of the National Academy of Sciences*, 96 (9): 5304-5309.

Denys, K., W. Vanduffel, D. Fize, K. Nelissen, H. Sawamura, S. Georgieva, R. Vogels y otros (2004), "Visual Activation in Prefrontal Cortex Is Stronger in Monkeys Than in Humans", *Journal of Cognitive Neuroscience*, 16 (9): 1505-1516.

Derdikman, D. y E. I. Moser (2010), "A Manifold of Spatial Maps in the Brain", *Trends in Cognitive Sciences*, 14 (12): 561-569.

Descartes, R. (1985), *The Philosophical Writings of Descartes*, trad. de J. Cottingham, R. Stoothoff y D. Murdoch, Nueva York, Cambridge University Press.

Desmurget, M., K. T. Reilly, N. Richard, A. Szathmari, C. Mottolese y A. Sirigu (2009), "Movement Intention After Parietal Cortex Stimulation in Humans", *Science* 324 (5928): 811-813.

Diamond, A. y B. Doar (1989), "The Performance of Human Infants on a Measure of Frontal Cortex Function, the Delayed Response Task", *Developmental Psychobiology*, 22 (3): 271-294.

Diamond, A. y J. Gilbert (1989), "Development as Progressive Inhibitory Control of Action: Retrieval of a Contiguous Object", *Cognitive Development*, 4 (3): 223-250.

Diamond, A. y P. S. Goldman-Rakic (1989), "Comparison of Human Infants and Rhesus Monlceys on Piaget's A-not-B Task: Evidence for Dependence on Dorsolateral Prefrontal Cortex", *Experimental Brain Research*, 74 (1): 24-40.

Dickman, D. K y G. W. Davis (2009), "The Schizophrenia Susceptibility Gene Dysbindin Controls Synaptic Homeostasis", *Science*, 326 (5956): 1127-1130.

Dijksterhuis, A., M. W. Bos, L. F. Nordgren y R. B. van Baaren (2006), "On Making the Right Choice: The Deliberation-Without-Attention Effect", *Science*, 311 (5763): 1005-1007.

Di Lollo, V., J. T. Enns y R. A. Rensink (2000), "Competition for Consciousness Among Visual Events: The Psychophysics of Reentrant Visual Processes", *Journal of Experimental Psychology: General*, 129 (4): 481-507.

Di Virgilio, G. y S. Clarke (1997), "Direct Interhemispheric Visual Input to Human Speech Areas", *Human Brain Mapping*, 5 (5): 347-354.

Donchin, E. y M. G. H. Coles (1988), "Is the P300 Component a Manifestation of Context Upddating?", *Behavioral and Brain Sciences*, 11 (3): 357-427.

Doria, V., C. F. Beckmann, T. Arichi, N. Merchant, M. Groppo, F. E. Turkheimer, S. J. Counsell y otros (2010), "Emergence of Resting State Networks in the Preterm Human Brain", *Proceedings of the National Academy of Sciences*, 107 (46): 20 015-20 020.

Dos Santos Coura, R. y S. Granon (2012), "Prefrontal Neuromodulation by Nicotinic Receptors for Cognitive Processes", *Psychopharmacology* (Berlín), 221 (1): 1-18.

Driver, J. y P. Vuilleumier (2001), "Perceptual Awareness and Its Loss in Unilateral Neglect and Extinction", *Cognition* 79 (1-2): 39-88.

Dubois, J., G. Dehaene-Lambertz, M. Perrin, J. F. Mangin, Y. Cointepas, E. Duchesnay, D. Le Bihan y L. Hertz-Pannier (2007), "Asynchrony of the Early Maturation of White Matter Bundles in Healthy Infants: Quantitative Landmarks Revealed Noninvasively by Diffusion Tensor Imaging", *Human Brain Mapping*, 29 (1): 14-27.

Dunbar, R. (1996), *Grooming, Gossip and the Evolution of Language*, Londres, Faber and Faber.

Dupoux, E., V. de Gardelle y S. Kouider (2008), "Subliminal Speech Perception and Auditory Streaming", *Cognition*, 109 (2): 267-273.

Eagleman, D. M. y T. J. Sejnowski (2000), "Motion Integration and Postdiction in Visual Awareness", *Science*, 287 (5460): 2036-2038.
— (2007), "Motion Signals Bias Localization Judgments: A Unified Explanation for the Flash-Lag, Flash-Drag, Flash-Jump, and Fröhlich Illusions", *Journal of Vision*, 7 (4): 3.

Eccles, J. C. (1994), *How the Self Controls Its Brain*, Nueva York, Springer Verlag.

Edelman, G. (1987), *Neural Darwinism*, Nueva York, Basic Books.
— (1989), *The Remembered Present*, Nueva York, Basic Books.

Ehrsson, H. H. (2007), "The Experimental Induction of Out-of-Body Experiences", *Science*, 317 (5841): 1048.

Ehrsson, H. H., C. Spence y R. E. Passingham (2004), "That's My Hand! Activity in Premotor Cortex Reflects Feeling of Ownership of a Limb", *Science*, 305 (5685): 875-877.

Eliasmith, C., T. C. Stewart, X. Choo, T. Bekolay, T. DeWolf, Y. Tang y D. Rasmussen (2012), "A Large-Scale Model of the Functioning Brain", *Science*, 338 (6111): 1202-1205.

Ellenberger, H. F. (1970), *The Discovery of the Unconscious: The History and Evolution of Dynamic Psychiatry*, Nueva York, Basic Books [ed. cast.: *El descubrimiento del inconsciente: historia y evolución de la psiquiatría dinámica*, Madrid, Gredos, 1976].

Elston, G. N. (2000), "Pyramidal Cells of the Frontal Lobe: All the More Spinous to Think With", *Journal of Neuroscience*, 20 (18): RC95.
— (2003), "Cortex, Cognition and the Cell: New Insights into the Pyramidal Neuron and Prefrontal Function", *Cerebral Cortex*, 13 (11): 1124-1138.

Elston, G. N., R. Benavides-Piccione y J. De Felipe (2001), "The Pyramidal Cell in Cognition: A Comparative Study in Human and Monkey", *Journal of Neuroscience*, 21 (17): RC163.

Enard, W., S. Gehre, K. Hammerschmidt, S. M. Holter, T. Blass, M. Somel, M. K. Bruckner y otros (2009), "A Humanized Version of FOXP2 Affects Cortico-Basal Ganglia Circuits in Mice", *Cell*, 137 (5): 961-971.

Enard, W., M. Przeworski, S. E. Fisher, C. S. Lai, V. Wiebe, T. Kitano, A. P. Monaco y S. Paabo (2002), "Molecular Evolution of FOXP2, a Gene Involved in Speech and Language", *Nature*, 418 (6900): 869-872.

Engel, A. K. y W. Singer (2001), "Temporal Binding and the Neural Correlates of Sensory Awareness", *Trends in Cognitive Sciences*, 5 (1): 16-25.

Enns, J. T. y V. Di Lollo (2000), "What's New in Visual Masking", *Trends in Cognitive Sciences*, 4 (9): 345-352.

Epstein, R., R. P. Lanza y B. F. Skinner (1981), "'Self-Awareness' in the Pigeon", *Science*, 212 (4495): 695-696.

Fahrenfort, J. J., H. S. Scholte y V. A. Lamme (2007), "Masking Disrupts Reentrant Processing in Human Visual Cortex", *Journal of Cognitive Neuroscience*, 19 (9): 1488-1497

Faugeras, F., B. Rohaut, N. Weiss, T. A. Bekinschtein, D. Galanaud, L. Puybasset, F. Bolgert y otros (2011), "Probing Consciousness with Event-Related Potentials in the Vegetative State", *Neurology*, 77 (3): 264-268.
— (2012), "Event Related Potentials Elicited by Violations of Auditory Regularities in Patients with Impaired Consciousness", *Neuropsychologia*, 50 (3): 403-418.

Fedorenko, E., J. Duncan, and N. Kanwisher (2012), "Language-Selective and Domain-General Regions Lie Side by Side Within Broca's Area", *Current Biology*, 22 (21): 2059-2062.

Felleman, D. J. y D. C. van Essen (1991), "Distributed Hierarchical Processing in the Primate Cerebral Cortex", *Cerebral Cortex*, 1 (1): 1-47.

Ferrarelli, F., M. Massimini, S. Sarasso, A. Casali, B. A. Riedner, G. Angelini, G. Tononi y R. A. Pearce (2010), "Breakdown in Cortical Effective Connectivity During Midazolam-Induced Loss of Consciousness", *Proceedings of the National Academy of Sciences*, 107 (6): 2681-2686.

Ffytche, D. H., R. J. Howard, M. J. Brammer, A. David, P. Woodruff y S. Williams (1998), "The Anatomy of Conscious Vision: An fMRI Study of Visual Hallucinations", *Nature Neuroscience*, 1 (8): 738-742.

Finger, S. (2001), *Origins of Neuroscience: A History of Explorations into Brain Function*, Óxford, Oxford University Press.

Finkel, L. H. y G. M. Edelman (1989), "Integration of Distributed Cortical Systems by Reentry: A Computer Simulation of Interactive Functionally Segregated Visual Areas", *Journal of Neuroscience*, 9 (9): 3188-3208.

Fisch, L., E. Privman, M. Ramot, M. Harel, Y. Nir, S. Kipervasser, F. Andelman y otros (2009), "Neural 'Ignition': Enhanced Activation Linked to Perceptual Awareness in Human Ventral Stream Visual Cortex", *Neuron*, 64 (4): 562-574.

Fischer, C., J. Luaute, P. Adeleine y D. Morlet (2004), "Predictive Value of Sensory and Cognitive Evoked Potentials for Awakening from Coma", *Neurology*, 63 (4): 669-673.

Fleming, S. M., R. S. Weil, Z. Nagy, R. J. Dolan y G. Rees (2010), "Relating Introspective Accuracy to Individual Differences in Brain Structure", *Science*, 329 (5998): 1541-1543.

Fletcher, P. C. y C. D. Frith (2009), "Perceiving Is Believing: A Bayesian Approach to Explaining the Positive Symptoms of Schizophrenia", *Nature Reviews Neuroscience*, 10 (1): 48-58.

Forster, K. I. (1998), "The Pros and Cons of Masked Priming", *Journal of Psycholinguistic Research*, 27 (2): 203-233.

Forster, K. I. y C. Davis (1984), "Repetition Priming and Frequency Attenuation in Lexical Access", *Journal of Experimental Psychology: Learning, Memory, and Cognition*, 10 (4): 680-698.

Fransson, P., B. Skiold, S. Horsch, A. Nordell, M. Blennow, H. Lagercrantz y U. Aden (2007), "Resting-State Networks in the Infant Brain", *Proceedings of the National Academy of Sciences*, 104 (39): 15 531-15 536.

Fried, I., K. A. MacDonald y C. L. Wilson (1997), "Single Neuron Activity in Human Hippocampus and Amygdala During Recognition of Faces and Objects", *Neuron*, 18 (5): 753 766.

Friederici, A. D., M. Friedrich y C. Weber (2002), "Neural Manifestation of Cognitive and Precognitive Mismatch Detection in Early Infancy", *NeuroReport*, 13 (10): 1251-1254.

Fries, P. (2005), "A Mechanism for Cognitive Dynamics: Neuronal Communication Through Neuronal Coherence", *Trends in Cognitive Sciences*, 9 (10): 474-480.

Fries, P., D. Nikolic y W. Singer (2007), "The Gamma Cycle", *Trends in Neurosciences*, 30 (7): 309-316.

Fries, P., J. H. Schroder, P. R. Roelfsema, W. Singer y A. K. Engel (2002), "Oscillatory Neuronal Synchronization in Primary Visual Cortex as a Correlate of Stimulus Selection", *Journal of Neuroscience*, 22 (9): 3739-3754.

Friston, K. (2005), "A Theory of Cortical Responses", *Philosophical Transactions of the Royal Society B: Biological Sciences*, 360 (1456): 815-836.

Frith, C. (1996), "The Role of the Prefrontal Cortex in Self-Consciousness: The Case of Auditory Hallucinations", *Philosophical Transactions of the Royal Society B: Biological Sciences*, 351 (1346): 1505-1512.
— (1979), "Consciousness, Information Processing and Schizophrenia", *British Journal of Psychiatry*, 134 (3): 225-235.
— (2007), *Making Up the Mind. How the Brain Creates Our Mental World*, Londres, Blackwell [ed. cast.: *Descubriendo el poder de la mente. Cómo el cerebro crea nuestro mundo mental*, Barcelona, Ariel, 2008].

Fujii, N. y A. M. Graybiel (2003), "Representation of Action Sequence Boundaries by Macaque Prefrontal Cortical Neurons", *Science*, 301 (5637): 1246-1249.

Funahashi, S., C. J. Bruce y P. S. Goldman-Rakic (1989), "Mnemonic Coding of Visual Space in the Monkey's Dorsolateral Prefrontal Cortex", *Journal of Neurophysiology*, 61 (2): 331-349.

Fuster, J. M. (1973), "Unit Activity in Prefrontal Cortex During Delayed-Response Performance: Neuronal Correlates of Transient Memory", *Journal of Neurophysiology*, 36 (1): 61-78
— (2008), *The Prefrontal Cortex*, 4ª ed., Londres, Academic Press.

Gaillard, R., S. Dehaene, C. Adam, S. Clémenceau, D. Hasboun, M. Baulac, L. Cohen y L. Naccache (2009), "Converging Intracranial Markers of Conscious Access", *PLOS Biology*, 7 (3): e61.

Gaillard, R., A. Del Cul, L. Naccache, F. Vinckier, L. Cohen y S. Dehaene (2006), "Nonconscious Semantic Processing of Emotional Words Modulates Conscious Access", *Proceedings of the National Academy of Sciences*, 103 (19): 7524-7529.

Gaillard, R., L. Naccache, P. Pinel, S. Clémenceau, E, Vole, D. Hasboun, S. Dupont y otros (2006), "Direct Intracranial, fMRI, and Lesion Evidence for the Causal Role of Left Inferotemporal Cortex in Reading", *Neuron*, 50 (2): 191-204.

Galanaud, D., L. Naccache y L. Puybasset (2007), "Exploring Impaired Consciousness: The MRI Approach", *Current Opinion in Neurology*, 20 (6): 627-631.

Galanaud, D., V. Perlbarg, R. Gupta, R. D. Stevens, P. Sánchez, E. Tollard, N. Menjot de Champfleur y otros (2012), "Assessment of White Matter Injury and Outcome in Severe Brain Trauma: A Prospective Multicenter Cohort", *Anesthesiology*, 117 (6): 1300-1310.

Gallup, G. G. (1970), "Chimpanzees: Self-Recognition", *Science*, 167: 86-87.

Gaser, C. y G. Schlaug (2003), "Brain Structures Differ Between Musicians and Non musicians", *Journal of Neuroscience*, 23 (27): 9240-9245.

Gauchet, M. (1992), *L'inconscient cerebral*, París, Seuil [ed. cast.: *El inconsciente cerebral*, Buenos Aires, Nueva Visión, 1994].

Gehring, W. J., B. Goss, M. G. H. Coles, D. E. Meyer y E. Donchin (1993), "A Neural System for Error Detection and Compensation", *Psychological Science*, 4 (6): 385-390.

Gelskov, S. V. y S. Kouider (2010), "Psychophysical Thresholds of Face Visibility During Infancy", *Cognition*, 114 (2): 285-292.

Giacino, J. T. (2005), "The Minimally Conscious State: Defining the Borders of Consciousness", *Progress in Brain Research*, 150: 381-395.

Giacino, J. T., K. Kalmar y J. Whyte (2004), "The JFK Coma Recovery Scale-Revised: Measurement Characteristics and Diagnostic Utility", *Archives of Physical Medicine and Rehabilitation*, 85 (12): 2020-2029.

Giacino, J. T., M. A. Kezmarsky, J. DeLuca y K. D. Cicerone (1991), "Monitoring Rate of Recovery to Predict Outcome in Minimally Responsive Patients", *Archives of Physical Medicine and Rehabilitation*, 72 (11): 897-901.

Giacino, J., J. J. Fins, A. Machado y N. D. Schiff (2012), "Central Thalamic Deep Brain Stimulation to Promote Recovery from Chronic Posttraumatic Minimally Conscious State: Challenges and Opportunities", *Neuromodulation*, 15 (4): 339-349.

Giacino, J. T., J. Whyte, E. Bagiella, K. Kalmar, N. Childs, A. Khademi, B. Eifert y otros (2012), "Placebo-Controlled Trial of Amantadine for Severe Traumatic Brain Injury", *New England Journal of Medicine*, 366 (9): 819-826.

Giesbrecht, B. y V. Di Lollo (1998), "Beyond the Attentional Blink: Visual Masking by Object Substitution", *Journal of Experimental Psychology: Human Perception and Performance*, 24 (5): 1454-1466.

Gilbert, C. D., M. Sigman y R. E. Crist (2001), "The Neural Basis of Perceptual Learning", *Neuron*, 31 (5): 681-697.

Gobet, F. y H. A. Simon (1998), "Expert Chess Memory: Revisiting the Chunking Hypothesis", *Memory*, 6 (3): 225-255.

Goebel, R., L. Muckli, F. E. Zanella, W. Singer y P. Stoerig (2001), "Sustained Extrastriate Cortical Activation Without Visual Awareness Revealed by fMRI Studies of Hemianopic Patients", *Vision Research*, 41 (10-11): 1459-1474.

Goldfine, A. M., J. D. Victor, M. M. Conte, J. C. Bardin y N. D. Schiff (2011), "Determination of Awareness in Patients with Severe Brain Injury Using EEG Power Spectral Analysis", *Clinical Neurophysiology*, 122 (11): 2157-2168.
— (2012), "Bedside Detection of Awareness in the Vegetative State", *The Lancet*, 379 (9827): 1701-1702.

Goldman-Rakic, P. S. (1988), "Topography of Cognition: Parallel Distributed Networks in Primate Association Cortex", *Annual Review of Neuroscience*, 11: 137-156.
— (1995), "Cellular Basis of Working Memory", *Neuron*, 14 (3): 477-485.

Goodale, M. A., A. D. Milner, L. S. Jakobson y D. P. Carey (1991), "A Neurological Dissociation: Between Perceiving Objects and Grasping Them", *Nature*, 349 (6305): 154-156.

Gould, S. J. (1974), "Ihe Origin and Function of 'Bizarre' Structures: Antler Size and Skull Size in the 'Irish Elk', *Megaloceros giganteus*", *Evolution*, 28 (2): 191-220.

Gould, S. J. y R. C. Lewontin (1979), "The Spandrels of San Marco and the Panglossian Paradigm: A Critique of the Adaptationist Programme", *Proceedings of the Royal Society B: Biological Sciences*, 205 (1161): 581-598.

Greenberg, D. L. (2007), comentario acerca de "Detecting Awareness in the Vegetative State", *Science*, 315 (5816): 1221; respuesta del autor: 1221.

Greenwald, A. G., S. C. Draine y R. L. Abrams (1996), "Three Cognitive Markers of Unconscious Semantic Activation", *Science*, 273 (5282): 1699-1702.

Greenwald, A. G., R. L. Abrams, L. Naccache y S. Dehaene (2003), "Long-Term Semantic Memory Versus Contextual Memory in Unconscious Number Processing", *Journal of Experimental Psychology: Learning, Memory, Cognition*, 29 (2): 235-247.

Greicius, M. D., B. Krasnow, A. L. Reiss y V. Menon (2003), "Functional Connectivity in the Resting Brain: A Network Analysis of the Default Mode Hypothesis", *Proceedings of the National Academy of Sciences*, 100 (1): 253-258.

Greicius, M. D., V. Kiviniemi, O. Tervonen, V. Vainionpää, S. Alahuhta, A. L. Reiss y V. Menon (2008), "Persistent Default-Mode Network Connectivity During Light Sedation", *Human Brain Mapping*, 29 (7): 839-847.

Griffiths, J. D., W. D. Marslen-Wilson, E. A. Stamatakis y L. K. Tyler (2013), "Functional Organization of the Neural Language System:

Dorsal and Ventral Pathways Are Critical for Syntax", *Cerebral Cortex*, 23 (1): 139-147.

Grill-Spector, K., T. Kushnir, T. Hendler y R. Malach (2000), "The Dynamics of Object-Selective Activation Correlate with Recognition Performance in Humans", *Nature Neuroscience*, 3 (8): 837-843.

Grindal, A. B., C. Suter y A. J. Martínez (1977), "Alpha-Pattern Coma: 24 Cases with 9 Survivors", *Annals of Neurology*, 1 (4): 371-377.

Gross, J., F. Schmitz, I. Schnitzler, K. Kessler, K. Shapiro, B. Hommel y A. Schnitzler (2004), "Modulation of Long-Range Neural Synchrony Reflects Temporal Limitations of Visual Attention in Humans", *Proceedings of the National Academy of Sciences*, 101 (35): 13 050-13 055.

Hadamard, J. (1945), *An Essay on the Psychology of Invention in the Mathematical Field*, Princeton, NJ, Princeton University Press [ed. cast.: *Psicología de la invención en el campo matemático*, Buenos Aires, Espasa-Calpe, 1947].

Hagmann, P., L. Cammoun, X. Gigandet, R. Meuli, C. J. Honey, V. J. Wedeen y O. Sporns (2008), "Mapping the Structural Core of Human Cerebral Cortex", *PLOS Biology*, 6 (7): e159.

Halelamien, N., D. A. Wu y S. Shimojo (2007), "TMS Induces Detail-Rich 'Instant Replays' of Natural Images", *Journal of Vision*, 7 (9).

Hallett, M. (2000), "Transcranial Magnetic Stimulation and the Human Brain", *Nature*, 406 (6792): 147-150.

Hampton, R. R. (2001), "Rhesus Monkeys Know When They Remember", *Proceedings of the National Academy of Sciences*, 98 (9): 5359-5362.

Han, C. J., C. M. O'Tuathaigh, L. van Trigt, J. J. Quinn, M. S. Fanselow, R. Mongeau, C. Koch y D. j. Anderson (2003), "Trace but Not Delay Fear Conditioning Requires Attention and the Anterior Cingulate Cortex", *Proceedings of the National Academy of Sciences*, 100 (22): 13 087-13 092.

Hanslmayr, S., J. Gross, W. Klimesch y K. L. Shapiro (2011), "The Role of Alpha Oscillations in Temporal Attention", *Brain Research Reviews*, 67 (1-2): 331-343.

Hasson, U., Y. Nir, I. Levy, G. Fuhrmann y R. Malach (2004), "Intersubject Synchronization of Cortical Activity During Natural Vision", *Science*, 303 (5664): 1634-1640.

Hasson, U., J. I. Skipper, H. C. Nusbaum y S. L. Small (2007), "Abstract Coding of Audiovisual Speech: Beyond Sensory Representation", *Neuron*, 56 (6): 1116-1126.

Hayden, B. Y., D. V. Smith y M. L. Platt (2009), "Electrophysiological Correlates of Default-Mode Processing in Macaque Posterior Cingulate Cortex", *Proceedings of the National Academy of Sciences*, 106 (14): 5948-5953.

Haynes, J. D. (2009), "Decoding Visual Consciousness from Human Brain Signals", *Trends in Cognitive Sciences*, 13: 194-202.

Haynes, J. D., R. Deichmann y G. Rees (2005), "Eye-Specific Effects of Binocular Rivalry in the Human Lateral Geniculate Nucleus", *Nature*, 438 (7067): 496-499.

Haynes, J. D., J. Driver y G. Rees (2005), "Visibility Reflects Dynamic Changes of Effective Connectivity Between VI and Fusiform Cortex", *Neuron*, 46 (5): 811-821.

Haynes, J. D. y G. Rees (2005a), "Predicting the Orientation of Invisible Stimuli from Activity in Human Primary Visual Cortex", *Nature Neuroscience*, 8 (5): 686-691.
— (2005b), "Predicting the Stream of Consciousness from Activity in Human Visual Cortex", *Current Biology*, 15 (14): 1301-1307.

Haynes, J. D., K. Sakai, G. Rees, S. Gilbert, C. Frith y R. E. Passingham (2007), "Reading Hidden Intentions in the Human Brain", *Current Biology*, 17 (4): 323-328.

He, B. J. y M. E. Raichle (2009), "The fMRI Signal, Slow Cortical Potential and Consciousness", *Trends in Cognitive Sciences* 13 (7): 302-309.

He, B. J., A. Z. Snyder, J. M. Zempel, M. D. Smyth y M. E. Raichle (2008), "Electrophysiological Correlates of the Brain's Intrinsic Large-Scale Functional Architecture", *Proceedings of the National Academy of Sciences*, 105 (41): 16 039-16 044.

He, B. J., J. M. Zempel, A. Z. Snyder y M. E. Raichle (2010), "The Temporal Structures and Functional Significance of Scale-Free Brain Activity", *Neuron*, 66 (3): 353-369.

He, S. y D. I. MacLeod (2001), "Orientation-Selective Adaptation and Tilt After-Effect from Invisible Patterns", *Nature*, 411 (6836): 473-476.

Hebb, D. O. (1949), *The Organization of Behavior*, Nueva York, Wiley [ed. cast.: *Organización de la conducta*, Madrid, Debate, 1985].

Heit, G., M. E. Smith y E. Halgren (1988), "Neural Encoding of Individual Words and Faces by th Human Hippocampus and Amygdala", *Nature*, 333 (6175): 773-775.

Henson, R. N., E. Mouchlianitis, W. J. Matthews y S. Kouider (2008), "Electrophysiological Correlates of Masked Face Priming", *NeuroImage*, 40 (2): 884-895.

Herrmann, E., J. Call, M. V. Hernández-Lloreda, B. Hare y M. Tomasello (2007), "Humans Have Evolved Specialized Skills of Social Cognition: The Cultural Intelligence Hypothesis", *Science*, 317 (5843): 1360-1366.

Hochberg, L. R., D. Bacher, B. Jarosiewicz, N. Y. Masse, J. D. Simeral, J. Vogel, S. Haddadin y otros (2012), "Reach and Grasp by People with Tetraplegia Using a Neurally Controled Robotic Arm", *Nature*, 485 (7398): 372-375.

Hofstadter, D. (2007), *I Am a Strange Loop*, Nueva York, Basic Books [ed. cast.: *Yo soy un extraño bucle*, Barcelona, Tusquets, 2008].

Holender, D. (1986), "Semantic Activation Without Conscious Identification in Dichotic Listening Parafoveal Vision and Visual Masking: A Survey and Appraisal", *Behavioral and Brain Sciences*, 9 (1): 1-23.

Holender, D. y K. Duscherer (2004), "Unconscious Perception: The Need for a Paradigm Shift", *Perception and Psychophysics*, 66 (5): 872-881; discusión 888-895.

Hopfield, J. J. (1982), "Neural Networks and Physical Systems with Emergent Collective Computational Abilities", *Proceedings of the National Academy of Sciences*, 79 (8): 2554-2558.

Horikawa, T., M. Tamaki, Y. Miyawaki y Y. Kamitani (2013), "Neural Decoding of Visual Imagery During Sleep", *Science*, 340 (6132): 639-642.

Howard, I. P. (1996), "Alhazen's Neglected Discoveries of Visual Phenomena", *Perception*, 25 (10): 1203-1217

Howe, M. J. A. y J. Smith (1988), "Calendar Calculating in 'Idiots Savants': How Do They Do It?", *British Journal of Psychology*, 79 (3): 371-386.

Huron, C., J. M. Danion, F. Giacomoni, D. Grange, P. Robert y L. Rizzo (1995), "Impairment of Recognition Memory With, but Not Without, Conscious Recollection in Schizophrenia", *American Journal of Psychiatry*, 152 (12): 1737-1742.

Izard, V., C. Sann, E. S. Spelke y A. Streri (2009), "Newborn Infants Perceive Abstract Numbers", *Proceedings of the National Academy of Sciences*, 106 (25): 10 382-10 385.

Izhikevich, E. M. y G. M. Edelman (2008), "Large-Scale Model of Mammalian Thalamocortical Systems", *Proceedings of the National Academy of Sciences*, 105 (9): 3593-3598.

James, W. (1890), *The Principles of Psychology*, Nueva York, Holt [ed. cast.: *Principios de psicología*, México, FCE, 1989].

Jaynes, J. (1976), *The Origin of Consciousness in the Breakdown of the Bicameral Mind*, Nueva York, Houghton Mifflin [ed. cast.: *El origen de la conciencia en la ruptura de la mente bicameral*, México, FCE, 1987].

Jenkins, A. C., C. N. Macrae y J. P. Mitchell (2008), "Repetition Suppression of Ventromedial Prefrontal Activity During Judgments of Self and Others", *Proceedings of the National Academy of Sciences*, 105 (11): 4507-4512.

Jennett, B. (2002), *The Vegetative State: Medical Facts, Ethical and Legal Dilemmas*, Nueva York, Cambridge University Press.

Jennett, B. y F. Plum (1972), "Persistent Vegetative State After Brain Damage: A Syndrome in Search of a Name", *The Lancet*, 1 (7753): 734-737.

Jezek, K., E. J. Henriksen, A. Treves, E. I. Moser y M. B. Moser (2011), "Theta-Paced Flickering Between Place-Cell Maps in the Hippocampus", *Nature*, 478 (7368): 246-249.

Ji, D. y M. A. Wilson (2007), "Coordinated Memory Replay in the Visual Cortex and Hippocampus During Sleep", *Nature Neuroscience*, 10 (1): 100-107.

Johansson, P., L. Hall, S. Sikstrom y A. Olsson (2005), "Failure to Detect Mismatches Between Intention and Outcome in a Simple Decision Task", *Science* 310 (5745): 116-119.

Johnson, M. H., S. Dziurawiec, H. Ellis y J. Morton (1991), "Newborns' Preferential Tracking of Face-Like Stimuli and Its Subsequent Decline", *Cognition*, 40 (1-2): 1-19.

Jolicoeur, P. (1999), "Concurrent Response-Selection Demands Modulate the Attentional Blink", *Journal of Experimental Psychology: Human Perception and Performance*, 25 (4): 1097-113.

Jordan, D., G. Stockmanns, E. F. Kochs, S. Pilge y G. Schneider (2008), "Electroencephalographic Order Pattern Analysis for the Separation of Consciousness and Unconsciousness: An Analysis of Approximate Entropy, Permutation Entropy, Recurrence Rate, and Phase Coupling of Order Recurrence Plots", *Anesthesiology*, 109 (6): 1014-1022.

Jouvet, M. (1999), *The Paradox of Sleep*, Cambridge, Mass., MIT Press.

Kahneman, D. y A. Treisman (1984), "Changing Views of Attention and Automaticity", en R. Parasuraman, R. Davies y J. Beatty (eds.), *Varieties of Attention*, Nueva York, Academic Press: 29-61.

Kanai, R., T. A. Carlson, F, A. Verstraten y V. Walsh (2009), "Perceived Timing of New Objects and Feature Changes", *Journal of Vision*, 9 (7): 5.

Kanai, R., N. G. Muggleton y V. Walsh (2008), "TMS over the Intraparietal Sulcus Induces Perceptual Fading", *Journal of Neurophysiology*, 100 (6): 3343-3350.

Kane, N. M., S. H. Curry, S. R. Butler y B. H. Cummins (1993), "Electrophysiological Indicator of Awakening from Coma", *Lancet*, 341 (8846): 688.

Kanwisher, N. (2001), "Neural Events and Perceptual Awareness", *Cognition*, 79 (1-2): 89-113.

Karlsgodt, K, H., D. Sun, A. M, Jiménez, E. S. Lutkenhoff, R. Willhite, T. G. van Erp y T. D. Cannon (2008), "Developmental Disruptions in Neural Connectivity in the Pathophysiology of Schizophrenia", *Development and Psychopathology*, 20 (4): 1297-1327.

Kenet, T., D. Bibitchkov, M. Tsodyks, A. Grinvald y A. Arieli (2003), "Spontaneously Emerging Cortical Representations of Visual Attributes", *Nature*, 425 (6961): 954-956.

Kentridge, R. W., T. C. Nijboer y A. Heywood (2008), "Attended but Unseen: Visual Attention Is Not Sufficient for Visual Awareness", *Neuropsychologia*, 46 (3): 864-869.

Kersten, D., P. Mamassian y A. Yuille (2004), "Object Perception as Bayesian Inference", *Annual Review of Psychology*, 55: 271-304.

Kiani, R. y M. N. Shadlen (2009), "Representation of Confidence Associated with a Decision by Neurons in the Parietal Cortex", *Science*, 324 (5928): 759-764.

Kiefer, M. (2002), "The N400 Is Modulated by Unconsciously Perceived Masked Words: Further Evidence for an Automatic Spreading Activation Account of N400 Priming Effects", *Brain Research: Cognitive Brain Research*, 13 (1): 27-39.

Kiefer, M. y D. Brendel (2006), "Attentional Modulation of Unconscious 'Automatic' Processes: Evidence from Event-Related Potentials in a Masked Priming Paradigm", *Journal of Cognitive Neuroscience*, 18 (2): 184-198.

Kiefer, M. y M. Spitzer (2000), "Time Course of Conscious and Unconscious Semantic Brain Activation", *NeuroReport*, 11 (11): 2401-2407.

Kiesel, A., W. Kunde, C. Pohl, M. P. Berner y J. Hoffmann (2009), "Playing Chess Unconsciously", *Journal of Experimental Psychology: Learning, Memory, Cognition*, 35 (1): 292-298.

Kihara, K., T. Ikeda, D. Matsuyoshi, N. Hirose, T. Mima, H. Fukuyama y N. Osaka (2010), "Differential Contributions of the Intraparietal Sulcus and the Inferior Parietal Lobe to Attentional Blink: Evidence from Transcranial Magnetic Stimulation", *Journal of Cognitive Neuroscience*, 23 (1): 247-256.

Kikyo, H., K. Ohki y Y. Miyashita (2002), "Neural Correlates for Feeling-of-Knowing: An fMRI Parametric Analysis", *Neuron*, 36 (1): 177-186.

Kim, C. Y. y R. Blake (2005), "Psychophysical Magic: Rendering the Visible 'Invisible'", *Trends in Cognitive Sciences*, 9 (8): 381-388.

King, J. R., F. Faugeras, A. Gramfort, A. Schurger, I. El Karoui, J. D. Sitt, C. Wacongne y otros (2013), "Single-Trial Decoding of Auditory Novelty Responses Facilitates the Detection of Residual Consciousness", *NeuroImage*, 83: 726-738.

King, J. R., J. D. Sitt, F. Faugeras, B. Rohaut, I. El Karoui, L. Cohen, L. Naccache y S. Dehaene (2013), "Long-Distance Information Sharing Indexes the State of Consciousness of Unresponsive Patients", ponencia presentada en el Cambridge Connectome Consortium, mayo.

Knöchel, C., V. Oertel-Knöchel, R. Schönmeyer, A. Rotarska-Jagiela, V. van de Ven, D. Prvulovic, C. Haenschel y otros (2012), "Interhemispheric Hypoconnectivity in Schizophrenia: Fiber Integrity and Volume Differences of the Corpus Callosum in Patients and Unaffected Relatives", *NeuroImage*, 59 (2): 926-934.

Koch, C. y F. Crick (2001), "The Zombie Within", *Nature*, 411 (6840): 893.

Koch, C. y N. Tsuchiya (2007), "Attention and Consciousness: Two Distinct Brain Processes", *Trends in Cognitive Sciences*, 11 (1): 16-22.

Koechlin, E., L. Naccache, E. Block y S. Dehaene (1999), "Primed Numbers: Exploring the Modularity of Numerical Representations with Masked and Unmasked Semantic Priming", *Journal of Experimental Psychology: Human Perception and Performance*, 25 (6): 1882-1905.

Koivisto, M., M. Laähteenmääki, T. A. Sørensen, S. Vangkilde, M. Overgaard y A. Revonsuo (2008), "The Earliest Electrophysiological Correlate of Visual Awareness?", *Brain and Cognition*, 66 (1): 91-103.

Koivisto, M., T. Mäntylä y J. Silvanto (2010), "The Role of Early Visual Cortex (V1/V2) in Conscious and Unconscious Visual Perception", *Neurolmage*, 51 (2): 828-834.

Koivisto, M., H. Railo y N. Salminen-Vaparanta (2010), "Transcranial Magnetic Stimulation of Early Visual Cortex Interferes with Subjective Visual Awareness and Objective Forced-Choice Performance", *Consciousness and Cognition*, 20 (2): 288-298.

Komura, Y., A. Nikkuni, N. Hirashima, T. Uetake y A. Miyamoto (2013), "Responses of Pulvinar Neurons Reflect a Subject's Confidence in Visual Categorization", *Nature Neuroscience*, 16: 749-755.

Konopka, G., E. Wexler, E. Rosen, Z. Mukamel, G. E. Osborn, L. Chen, D. Lu y otros (2012), "Modeling the Functional Genomics of Autism Using Human Neurons", *Molecular Psychiatry*, 17 (2): 202-214.

Kornell, N., L. K. Son y H. S. Terrace (2007), "Transfer of Metacognitive Skills and Hint Seeking in Monkeys", *Psychological Science*, 18 (1): 64-71.

Kouider, S., V. de Gardelle, J. Sackur y E. Dupoux (2010), "How Rich Is Consciousness? The Partial Awareness Hypothesis", *Trends in Cognitive Sciences*, 14 (7): 301-307.

Kouider, S. y S. Dehaene (2007), "Levels of Processing During Non-Conscious Perception: A Critical Review of Visual Masking", *Philosophical Transactions of the Royal Society B: Biological Sciences*, 362 (1481): 857-875.
— (2009), "Subliminal Number Priming Within and Across the Visual and Auditory Modalities", *Experimental Psychology*, en prensa.

Kouider, S., S. Dehaene, A. Jobert y D. Le Bihan (2007), "Cerebral Bases of Subliminal and Supraliminal Priming During Reading", *Cerebral Cortex*, 17 (9): 2019-2029.

Kouider, S. y E. Dupoux (2004), "Partial Awareness Creates the 'Illusion' of Subliminal Semantic Priming", *Psychological Science*, 15 (2): 75-81.

Kouider, S., E. Eger, R. Dolan y R. N. Henson (2009), "Activity in Face-Responsive Brain Regions Is Modulated by Invisible, Attended Faces: Evidence from Masked Priming", *Cerebral Cortex*, 19 (1): 13-23.

Kouider, S., C. Stahlhut, S. V. Gelskov, L. Barbosa, M. Dutat, V. de Gardelle, A. Christophe y otros (2013), "A Neural Marker of Perceptual Consciousness in Infants", *Science*, 340 (6130): 376-380.

Kovács, Á. M., E. Téglas y A. D. Endress (2010), "The Social Sense: Susceptibility to Others' Beliefs in Human Infants and Adults", *Science*, 330 (6012): 1830-1834.

Kovács, G., R. Vogels y G. A. Orban (1995), "Cortical Correlate of Pattern Backward Masking", *Proceedings of the National Academy of Sciences*, 92 (12): 5587-5591.

Kreiman, G., I. Fried y C. Koch (2002), "Single-Neuron Correlates of Subjective Vision in the Human Medial Temporal Lobe", *Proceedings of the National Academy of Sciences*, 99 (12): 8378-8383.

Kreiman, G., C. Koch e I. Fried (2000a), "Category-Specific Visual Responses of Single Neurons in the Human Medial Temporal Lobe", *Nature Neuroscience*, 3 (9): 946-953.
— (2000b), "Imagery Neurons in the Human Brain", *Nature*, 408 (6810): 357-361.

Krekelberg, B. y M. Lappe (2001), "Neuronal Latencies and the Position of Moving Objects", *Trends in Neurosciences*, 24 (6): 335-339.

Krolak-Salmon, P., M. A. Hénaff, C. Tallon-Baudry, B. Yvert, M. Guénot, A. Vighetto, F. Mauguiére y O. Bertrand (2003), "Human Lateral Geniculate Nucleus and Visual Cortex Respond to Screen Flicker", *Annals of Neurology*, 53 (1): 73-80.

Kruger J. y D. Dunning (1999), "Unskilled and Unaware of It: How Difficulties in Recognizing One's Own Incompetence Lead to Inflated Self-Assessments", *Journal of Personality and Social Psychology*, 77 (6): 1121-1134.

Kubicki, M., H. Park, C. F. Westin, P. G. Nestor, R. V. Mulkern, S. E. Maier, M. Niznikiewicz y otros (2005), "DTI and MTR Abnormalities in Schizophrenia: Analysis of White Matter Integrity", *NeuroImage*, 26 (4): 1109-1118.

Lachter, J., K. I. Forster y E. Ruthruff (2004), "Forty-five Years After Broadbent (1958): Still No Identification Without Attention", *Psychology Review*, 111 (4): 880-913.

Lagercrantz, H. y J.-P. Changeux (2009), "The Emergence of Human Consciousness: From Fetal to Neonatal Life", *Pediatric Research*, 65 (3): 255-260.
— (2010), "Basic Consciousness of the Newborn", *Seminars in Perinatology*, 34 (3): 201-206.

Lai, C. S., S. E. Fisher, J. A. Hurst, F. Vargha-Khadem y A. P. Monaco (2001), "A Forkhead-Domain Gene Is Mutated in a Severe Speech and Language Disorder", *Nature*, 413 (6855): 519-523.

Lamme, V. A. (2006), "Towards a True Neural Stance on Consciousness", *Trends in Cognitive Sciences*, 10 (11): 494-501.

Lamme, V. A. y P. R. Roelfsema (2000), "The Distinct Modes of Vision Offered by Feedforward and Recurrent Processing", *Trends in Neurosciences*, 23 (11): 571-579.

Lamme, V. A., K. Zipser y H. Spekreijse (1998), "Figure-Ground Activity in Primary Visual Cortex Is Suppressed by Anesthesia", *Proceedings of the National Academy of Sciences*, 95 (6): 3263-3268.

Lamy, D., M. Salti y Y. Bar-Haim (2009), "Neural Correlates of Subjective Awareness and Unconscious Processing: An ERP Study", *Journal of Cognitive Neuroscience*, 21 (7): 1435-1446.

Landman, R., H. Spekreijse y V. A. Lamme (2003), "Large Capacity Storage of Integrated Objects Before Change Blindness", *Vision Research*, 43 (2): 149-164.

Lau, H. y D. Rosenthal (2011), "Empirical Support for Higher-Order Theories of Conscious Awareness", *Trends in Cognitive Sciences*, 15 (8): 365-373.

Lau, H. C. y R. E. Passingham (2006), "Relative Blindsight in Normal Observers and the Neural Correlate of Visual Consciousness", *Proceedings of the National Academy of Sciences*, 103 (49): 18 763-18 768.
— (2007), "Unconscious Activation of the Cognitive Control System in the Human Prefrontal Cortex", *Journal of Neuroscience*, 27 (21): 5805-5811.

Laureys, S. (2005), "The Neural Correlate of (Un)Awareness: Lessons from the Vegetative State", *Trends in Cognitive Sciences*, 9 (12): 556-559.

Laureys, S., M. E. Faymonville, A. Luxen, M. Lamy, G. Franck y P. Maquet (2000), "Restoration of Thalamocortical Connectivity After Recovery from Persistent Vegetative State", *The Lancet*, 355 (9217): 1790-1791.

Laureys, S., C. Lemaire, P. Maquet, C. Phillips y G. Franck (1999), "Cerebral Metabolism During Vegetative State and After Recovery to Consciousness", *Journal of Neurology, Neurosurgery and Psychiatry*, 67 (1): 121.

Laureys, S., A. M. Owen y N. D. Schiff (2004), "Brain Function in Coma, Vegetative State, and Related Disorders", *Lancet Neurology*, 3 (9): 537-546.

Laureys, S., F. Pellas, P. van Eeckhout, S. Ghorbel, C. Schnakers, F. Perrin, J. Berré y otros (2005), "The Locked-In Syndrome: What Is It Like to Be Conscious but Paralyzed and Voiceless?", *Progress in Brain Research*, 150: 495-511.

Lawrence, N. S., F, Jollant, O. O'Daly, F. Zelaya y M. L. Phillips (2009), "Distinct Roles of Prefrontal Cortical Subregions in the Iowa Gambling Task", *Cerebral Cortex*, 19 (5): 1134-1143.

Ledoux, J. (1996), *The Emotional Brain*, Nueva York, Simon and Schuster [ed. cast.: *El cerebro emocional*, Barcelona, Planeta - Ariel, 1999].

Lenggenhager, B., M. Mouthon y O. Blanke (2009), "Spatial Aspects of Bodily Self-Consciousness", *Consciousness and Cognition*, 18 (1): 110-117.

Lenggenhager, B., T. Tadi, T. Metzinger y O. Blanke (2007), "Video Ergo Sum: Manipulating Bodily Self-Consciousness", *Science*, 317 (5841): 1096-1099.

León-Carrión, J., P. van Eeckhout, R. Domínguez-Morales y F. J. Pérez-Santamaría (2002), "The Locked-In Syndrome: A Syndrome Looking for a Therapy", *Brain Injury*, 16 (7): 571-582.

Leopold, D. A. y N. K. Logothetis (1996), "Activity Changes in Early Visual Cortex Reflect Monkeys' Percepts During Binocular Rivalry", *Nature*, 379 (6565): 549-553.
— (1999), "Multistable Phenomena: Changing Views in Perception", *Trends in Cognitive Sciences*, 3 (7): 254-264.

Leroy, F., H. Glasel, J. Dubois, L. Hertz-Pannier, B. Thirion, J. F. Mangin y G. Dehaene-Lambertz (2011), "Early Maturation of the Linguistic Dorsal Pathway in Human Infants", *Journal of Neuroscience*, 31 (4): 1500-1506.

Levelt, W. J. M. (1989), *Speaking. From Intention to Articulation*, Cambridge, Mass., MIT Press.

Levy, J., H. Pashler y E. Boer (2006), "Central Interference in Driving: Is There Any Stopping the Psychological Refractory Period?", *Psychological Science*, 17 (3): 228-235.

Lewis, J. L. (1970), "Semantic Processing of Unattended Messages Using Dichotic Listening", *Journal of Experimental Psychology*, 85 (2): 225-228.

Libet, B. (1965), "Cortical Activation in Conscious and Unconscious Experience", *Perspectives in Biology and Medicine*, 9 (1): 77-86.
— (1991), "Conscious vs. Neural Time", *Nature*, 352 (6330): 27-28.
— (2004), *Mind Time. The Temporal Factor in Consciousness*, Cambridge, Mass., Harvard University Press.

Libet, B., W. W. Alberts, E. W. Wright, Jr., L. D. Delattre, G. Levin y B. Feinstein (1964), "Production of Threshold Levels of Conscious Sensation by Electrical Stimulation of Human Somatosensory Cortex", *Journal of Meurophysiology*, 27: 546-578.

Libet, B., W. W. Alberts, E. W. Wright, Jr. y B. Feinstein (1967), "Responses of Human Somatosensory Cortex to Stimuli Below Threshold for Conscious Sensation", *Science*, 158 (808): 1597-1600.

Libet, B., C. A. Gleason, E. W. Wright y D. K. Pearl (1983), "Time of Conscious Intention to Act in Relation to Onset of Cerebral Activity (Readiness-Potential). The Unconscious Initiation of a Freely Voluntary Act", *Brain*, 106 (3): 623-642.

Libet, B., E. W. Wright, Jr., B. Feinstein y D. K. Pearl (1979), "Subjective Referral of the Timing for a Conscious Sensory Experience: A Functional Role for the Somatosensory Specific Projection System in Man", *Brain*, 102 (1): 193-224.

Liu, Y., M. Liang, Y. Zhou, Y. He, Y. Hao, M. Song, C. Yu y otros (2008), "Disrupted Small-World Networks in Schizophrenia", *Brain*, 131 (4): 945-961.

Logan, G. D. y M. J. Crump (2010), "Cognitive Illusions of Authorship Reveal Hierarchical Error Detection in Skilled Typists", *Science*, 330 (6004): 683-686.

Logan, G. D. y M. D. Schulkind (2000), "Parallel Memory Retrieval in Dual-Task Situations: I. Semantic Memory", *Journal of Experimental Psychology: Human Perception and Performance*, 26 (3): 1072-1090.

Logothetis, N. K. (1998), "Single Units and Conscious Vision", *Philosophical Transactions of the Royal Society B: Biological Sciences*, 353 (1377): 1801-1818.

Logothetis, N. K., D. A. Leopold y D. L. Sheinberg (1996), "What Is Rivalling During Binocular Rivalry?", *Nature*, 380 (6575): 621-624.

Louie, K. y M. A. Wilson (2001), "Temporally Structured Replay of Awake Hippocampal Ensemble Activity During Rapid Eye Movement Sleep", *Neuron*, 29 (1): 145 156.

Luck, S. J., R. L. Fuller, E. L. Braun, B. Robinson, A. Summerfelt y J. M. Gold (2006), "The Speed of Visual Attention in Schizophrenia: Electrophysiological and Behavioral Evidence", *Schizophrenia Research*, 85 (1-3): 174-195.

Luck, S. J., E. S. Kappenman, R. L. Fuller, B. Robinson, A. Summerfelt y J. M. Gold (2009), "Impaired Response Selection in Schizophrenia: Evidence from the P3 Wave and the Lateralized Readiness Potential", *Psychophysiology*, 46 (4): 776-786.

Luck, S. J., E. K. Vogel y K. L. Shapiro (1996), "Word Meanings Can Be Accessed but Not Reported During the Attentional Blink", *Nature*, 383 (6601): 616-618.

Lumer, E. D., G. M. Edelman y G. Tononi (1997a), "Neural Dynamics in a Model of the Thalamocortical System. I. Layers, Loops and the Emergence of Fast Synchronous Rhythms", *Cerebral Cortex*, 7 (3): 207-227.

— (1997b), "Neural Dynamics in a Model of the Thalamocortical System. II. The Role of Neural Synchrony Tested Through Perturbations of Spike Timing", *Cerebral Cortex*, 7 (3): 228-236.

Lumer, E. D., K. J. Friston y G. Rees (1998), "Neural Correlates of Perceptual Rivalry in the Human Brain", *Science*, 280 (5371): 1930-1934.

Lynall, M. E., D. S. Bassett, R. Kerwin, P. J. McKenna, M. Kitzbichler, U. Müller y E. Bullmore (2010), "Functional Connectivity and Brain Networks in Schizophrenia", *Journal of Neuroscience*, 30 (28): 9477-9487.

Mack, A. e I. Rock (1998), *Inattentional Blindness*, Cambridge, Mass., MIT Press.

Macknik, S. L. y M. M. Haglund (1999), "Optical Images of Visible and Invisible Percepts in the Primary Visual Cortex of Primates", *Proceedings of the National Academy of Sciences*, 96 (26): 15 208-15 210.

MacLeod, D. I. y S. He (1993), "Visible Flicker from Invisible Patterns", *Nature*, 361 (6409): 256-258.

Magnusson, C. E. y H. C. Stevens (1911), "Visual Sensations Created by a Magnetic Field", *American Journal of Physiology*, 29: 124-136.

Maia, T. V. y J. L. McClelland (2004), "A Reexamination of the Evidence for the Somatic Marker Hypothesis: What Participants Really Know in the Iowa Gambling Task", *Proceedings of the National Academy of Sciences*, 101 (45): 16 075-16 080.

Maier, A., M. Willke, C. Aura, C. Zhu, F. Q. Ye y D. A. Leopold (2008), "Divergence of fMRI and Neural Signals in V1 During Perceptual Suppression in the Awake Monkey", *Nature Neuroscience*, 11 (10): 1193-1200.

Marcel, A. J. (1980), "Conscious and Preconscious Recognition of Polysemous Words: Locating the Selective Effect of Prior Verbal Context", en R. S. Nickerson (ed.), *Attention and Performance,* vol. VIII, Hillsdale, NJ, Lawrence Erlbaum.

— (1983), "Conscious and Unconscious Perception: Experiments on Visual Masking and Word Recognition", *Cognitive Psychology*, 15: 197-237.

Marois, R., D. J. Yi y M. M. Chun (2004), "The Neural Fate of Consciously Perceived and Missed Events in the Attentional Blink", *Neuron*, 41 (3): 465-472.

Marshall, J. C. y P. W. Halligan (1988), "Blindsight and Insight in Visuo-Spatial Neglect", *Nature*, 336 (6201): 766-767.

Marti, S., J. Sackur, M. Sigman y S. Dehaene (2010), "Mapping Introspection's Blind Spot: Reconstruction of Dual-Task Phenomenology Using Quantified Introspection", *Cognition*, (2): 303-313.

Marti, S., M. Sigman y S. Dehaene (2012), "A Shared Cortical Bottleneck Underlying Attentional Blink and Psychological Refractory Period", *NeuroImage*, 59 (3): 2883-2898.

Marticorena, D. C., A. M. Ruiz, C. Mukerji, A. Goddu y L. R. Santos (2011), "Monkeys Represent Others' Knowledge but Not Their Beliefs", *Developmental Science*, 14 (6): 1406-1416.

Mason, M. F., M. I. Norton, J. D. van Horn, D. M. Wegner, S. T. Grafton y C. N. Macrae (2007), "Wandering Minds: The Default Network and Stimulus-Independen Thought", *Science*, 315 (5810): 393-395.

Massimini, M., M. Boly, A. Casali, M. Rosanova y F. Tononi (2009), "A Perturbational Approach for Evaluating the Brain's Capacity for Consciousness", *Progress in Brain Research*, 177: 201-214.

Massimini, M., F. Ferrarelli, R. Huber, S. K. Esser, H. Singh y G. Tononi (2005), "Breakdown of Cortical Effective Connectivity During Sleep", *Science*, 309 (5744): 2228-2232.

Matsuda, W., A. Matsumura, Y. Komatsu, K. Yanaka y T. Nose (2003), "Awakenings from Persistent Vegetative State: Report of Three Cases with Parkinsonism and Brain Stem Lesions on MRI", *Journal of Neurology, Neurosurgery, and Psychiatry*, 74 (11): 1571-1573

Mattler, U. (2005), "Inhibition and Decay of Motor and Nonmotor Priming", *Attention, Perception and Psychophysics*, 67 (2): 285-300.

Maudsley, H. (1868), *The Physiology and Pathology of the Mind*, Londres, Macmillan [ed. cast.: *Fisiología del espíritu*, Madrid, Saturnino Calleja, 1880].

May, A., G. Hajak, S. Ganssbauer, T. Steffens, B. Langguth, T. Kleinjung y P. Eichhammer (2007), "Structural Brain Alterations following 5 Days of Intervention: Dynamic Aspects of Neuroplasticity", *Cerebral Cortex*, 17 (1): 205-210.

McCarthy, M. M., E. N. Brown y N. Kopell (2008), "Potential Network Mechanisms Mediating Electroencephalographic Beta Rhythm

Changes During Propofol-Induced Paradoxical Excitation", *Journal of Neuroscience*, 28 (50): 13 488-13 504.

McClure, R. K. (2001), "The Visual Backward Masking Deficit in Schizophrenia", *Progress in Neuropsychopharmacology and Biological Psychiatry*, 25 (2): 301-311.

McCormick, P. A. (1997), "Orienting Attention Without Awareness", *Journal of Experimental Psychology: Human Perception and Performance*, 23 (1): 168-180.

McGlinchey-Berroth, R., W. P. Milberg, M. Verfaellie, M. Alexander y P. Kilduff (1993), "Semantic Priming in the Neglected Field: Evidence from a Lexical Decision Task", *Cognitive Neuropsychology*, 10: 79-108.

McGurk, H. y J. MacDonald (1976), "Hearing Lips and Seeing Voices", *Nature*, 264 (5588): 746-748.

McIntosh, A. R., M. N. Rajah y N. J. Lobaugh (1999), "Interactions of Prefrontal Cortex in Relation to Awareness in Sensory Learning", *Science*, 284 (5419): 1531-1533.

Mehler, J., P. Jusczyk, G. Lambertz, N. Halsted, J. Bertoncini y C. Amiel-Tison (1988), "A Precursor of Language Acquisition in Young Infants", *Cognition*, 29 (2): 143-178.

Melloni, L., C. Molina, M. Peña, D. Torres, W. Singer y E. Rodríguez (2007), "Synchronization of Neural Activity Across Cortical Areas Correlates with Conscious Perception", *Journal of Neuroscience*, 27 (11): 2858-2865.

Meltzoff, A. N. y R. Brooks (2008), "Self-Experience as a Mechanism for Learning About Others: A Training Study in Social Cognition", *Developmental Psychology*, 44 (5): 1257-1265.

Merikle, P. M. (1992), "Perception Without Awareness: Critical Issues", *American Psychologist*, 47: 792-796.

Merikle, P. M. y S. Joordens (1997), "Parallels Between Perception Without Attention and Perception Without Awareness", *Consciousness and Cognition*, 6 (2-3): 219-236.

Meyer, K. y A. Damasio (2009), "Convergence and Divergence in a Neural Architecture for Recognition and Memory", *Trends in Neurosciences*, 32 (7): 376-382.

Miller, A., J. W. Sleigh, J. Barnard y D. A. Steyn-Ross (2004), "Does Bispectral Analysis of the Electroencephalogram Add Anything but Complexity?", *British Journal of Anaesthesia*, 92 (1): 8-13.

Miller, G. A. (1962), *Psychology, the Science of Mental Life*, Nueva York, Harper & Row [ed. cast.: *Introducción a la psicología*, Madrid, Alianza, 2008].

Milner, A. D. y M. A. Goodale (1995), *The Visual Brain in Action*, Nueva York, Oxford University Press.

Monti, M. M., A. Vanhaudenhuyse, M. R. Coleman, M. Boly, J. D. Pickard, L. Tshibanda, A. M. Owen y S. Laureys (2010), "Willful Modulation of Brain Activity in Disorders of Consciusness", *New England Journal of Medicine*, 362 (7): 579-589.

Moray, N. (1959), "Attention in Dichotic Listening: Affective Cues and the Influence of Instructions", *Quarterly Journal of Experimental Psichology*, 9: 56-60.

Moreno-Bote, R., D. C. Knill y A. Pouget (2011), "Bayesian Sampling in Visual Perception", *Proceedings of the National Academy of Sciences*, 108 (30): 12 491-12 496.

Morland, A. B., S. Le, E. Carroll, M. B. Hoffmann y A. Pambakian (2004), "The Role of Spared Calcarine Cortex and Lateral Occipital Cortex in the Responses of Human Hemianopes to Visual Motion", *Journal of Cognitive Neuroscience*, 16 (2): 204-218.

Moro, S. I., M. Tolboom, P. S. Khayat y P. R. Roelfsema (2010), "Neuronal Activity in the Visual Cortex Reveals the Temporal Order of Cognitive Operations", *Journal of Neuroscience*, 30 (48): 16 293-16 303.

Morris, J. S., B. DeGelder, L. Weiskrantz y R. J. Dolan (2001), "Differential Extrageniculostriate and Amygdala Responses to Presentation of Emotional Faces in a Cortically Blind Field", *Brain*, 124 (6): 1241-1252.

Morris, J. S., A. Ohman y R. J. Dolan (1998), "Conscious and Unconscious Emotional Learning in the Human Amygdala", *Nature*, 393 (6684): 467-470.
— (1999), "A Subcortical Pathway to the Right Amygdala Mediating 'Unseen' Fear", *Proceedings of the National Academy of Sciences*, 96 (4): 1680-1685.

Moruzzi, G. y H. W. Magoun (1949), "Brain Stem Reticular Formation and Activation of the EEG", *Electroencephalography and Clinical Neurophysiology*, 1 (4): 455-473.

Näätänen, R., P. Paavilainen, T. Rinne y K, Alho (2007), "The Mismatch Negativity (MMN) in Basic Research of Central Auditory Processing: A Review", *Clinical Neurophysiology*, 118 (12): 2544-2590.

Naccache, L. (2006a), "Is She Conscious?", *Science*, 313 (5792): 1395-1396.

— (2006b), *Le nouvel inconscient*, París, Odile Jacob.

Naccache, L., E. Blandin y S. Dehaene (2002), "Unconscious Masked Priming Depends on Temporal Attention", *Psychological Science*, 13: 416-424.

Naccache, L. y S. Dehaene (2001a), "The Priming Method: Imaging Unconscious Repetition Priming Reveals an Abstract Representation of Number in the Parietal Lobes", *Cerebral Cortex*, 11 (10): 966-974.
— (2001b), "Unconscious Semantic Priming Extends to Novel Unseen Stimuli", *Cognition*, 80 (3): 215-229.

Naccache, L., R. Gaillard, C. Adam, D. Hasboun, S. Clémenceau, M. Baulac, S. Dehaene y L. Cohen (2005), "A Direct Intracranial Record of Emotions Evoked by Subliminal Words", *Proceedings of the National Academy of Sciences*, 102: 7713-7717.

Naccache, L., L. Puybasset, R. Gaillard, E. Serve y J. C. Wilier (2005), "Auditory Mismatch Negativity Is a Good Predictor of Awakening in Comatose Patients: A Fast and Reliable Procedure", *Clinical Neurophysiology*, 116 (4): 988-989.

Nachev, P. y M. Husain (2007), comentario a "Detecting Awareness in the Vegetative State", *Science*, 315 (5816): 1221; respuesta del autor: 1221.

Nelson, C. A., K. M. Thomas, M. de Haan y S. S. Wewerka (1998), "Delayed Recognition Memory in Infants and Adults as Revealed by Event-Related Potentials", *International Journal of Psychophysiology*, 29 (2): 145-165.

New, J. J. y B. J. Scholl (2008), "'Perceptual Scotomas': A Functional Account of Motion Induced Blindness", *Psychological Science*, 19 (7): 653-659.

Nieder, A. y S. Dehaene (2009), "Representation of Number in the Brain", *Annual Review of Neuroscience*, 32: 185-208.

Nieder, A. y E. K. Miller (2004), "A Parieto-Frontal Network for Visual Numerical Information in the Monkey", *Proceedings of the National Academy of Sciences*, 101 (19): 745-747.

Nieuwenhuis, S., M. S. Gilzenrat, B. D. Holmes y J. D. Cohen (2005), "The Role of the Locus Coeruleus in Mediating the Attentional Blink: A Neurocomputational Theory", *Journal of Experimental Psychology: General*, 134 (3): 291-307.

Nieuwenhuis, S., K. R. Ridderinkhof, J. Blom, G. P. Band y A. Kok (2001), "Error-Related Brain Potentials Are Differentially Related to Awareness of Response Errors: Evidence from an Antisaccade Task", *Psychophysiology*, 38 (5): 752-760.

Nimchinsky, E. A., E. Gilissen, J. M. Allman, D. P. Perl, J. M. Erwin y
P. R. Hof (1999), "A Neuronal Morphologic Type Unique to Humans
and Great Apes", *Proceedings of the National Academy of Sciences*,
96 (9): 5268-5273.

Nisbett, R. E. y T. D. Wilson (1977), "Telling More Thar We Can Know:
Verbal Reports on Mental Processes", *Psychological Review*,
84 (3): 231-259.

Nørretranders, T. (1999), *The User Illusion: Cutting Consciousness Down
to Size*, Londres, Penguin.

Norris, D. (2006), "The Bayesian Reader: Explaining Word Recognition
as an Optimal Bayesian Decision Process", *Psychological Review*,
113 (2): 327-357.
— (2009), "Putting It All Together: A Unified Account of Word
Recognition and Reaction-Time Distributions", *Psychological Review*,
116 (1): 207-219.

Ochsner, K. N., K. Knierim, D. H. Ludlow, J. Hanelin, T. Ramachandran,
G. Glover y S. C. Mackey (2004), "Reflecting upon Feelings: An fMRI
Study of Neural Systems Supporting the Attribution of Emotion to
Self and Other", *Journal of Cognitive Neuroscience*,
16 (10): 1746-1772.

Ogawa, S., T. M. Lee, A. R. Kay y D. W. Tank (1990), "Brain Magnetic
Resonance Imaging with Contrast Dependent on Blood Oxygenation",
Proceedings of the National Academy of Sciences,
87 (24): 9868-9872.

Overgaard, M., J. Rote, K. Mouridsen y T. Z. Ramsøy (2006), "Is
Conscious Perception Gradual or Dichotomous? A Comparison of
Report Methodologies During a Visual Task", *Consciousness and
Cognition*, 15 (4): 700-708.

Owen, A., M. R. Coleman, M. Boly, M. H. Davis, S. Laureys, D. Jolles y
J. D. Pickard (2007), "Response to Comments on 'Detecting
Awareness in the Vegetative State'", *Science*, 315 (5816): 1221.

Owen, A. M., M. R. Coleman, M. Boly, M. H. Davis, S. Laureys y
J. D. Pickard (2006), "Detecting Awareness in the Vegetative State",
Science, 313 (5792): 1402.

Pack, C. C., V. K. Berezovskii y R. T. Born (2001), "Dynamic Properties
of Neurons in Cortical Area MT in Alert and Anaesthetized Macaque
Monkeys", *Nature*, 414 (6866): 905-908.

Pack, C. C. y R. T. Born (2001), "Temporal Dynamics of a Neural Solution
to the Aperture Problem in Visual Area MT of Macaque Brain", *Nature*,
409 (6823): 1040-1042.

Pallier, C., A.-D. Devauchelle y S. Dehaene (2011), "Cortical Representation of the Constituent Structure of Sentences", *Proceedings of the National Academy of Sciences*, 108 (6): 2522-2527.

Palva, S., K. Linkenkaer-Hansen, R. Näätänen y J. M. Palva (2005), "Early Neural Correlates of Conscious Somatosensory Perception", *Journal of Neuroscience*, 25 (21): 5248-5258.

Parvizi, J. y A. R. Damasio (2003), "Neuroanatomical Correlates of Brainstem Coma", *Brain*, 126 (7): 1524-1536.

Parvizi, J., C. Jacques, B. L. Foster, N. Withoft, V. Rangarajan, K. S. Weiner y K. Grill-Spector (2012), "Electrical Stimulation of Human Fusiform Face-Selective Regions Distorts Face Perception?", *Journal of Neuroscience*, 32 (43): 14 915-14 920.

Parvizi, J., G. W. van Hoesen, J. Buckwalter y A. Damasio (2006), "Neural Connections of the Posteromedial Cortex in the Macaque", *Proceedings of the National Academy of Sciences*, 103 (5): 1563-1568.

Pascual-Leone, A., V. Walsh y J. Rothwell (2000), "Transcranial Magnetic Stimulation in Cognitive Neuroscience-Virtual Lesion, Chronometry and Functional Connectivity", *Current Opinion in Neurobiology*, 10 (2): 232-237.

Pashler, H (1984), "Processing Stages in Overlapping Tasks: Evidence for a Central Bottleneck", *Journal of Experimental Psychology: Human Perception and Performance*, 10 (3): 358-377.
— (1994), "Dual-Task Interference in Simple Tasks: Data and Theory", *Psychological Bulletin*, 116 (2): 220-244.

Peirce, C. S. (1901), "The Proper Treatment of Hypotheses: A Preliminary Chapter, Toward an Examination of Hume's Argument Against Miracles, in Its Logic and in Its History", *Historical Perspectives*, 2: 890-904 [ed. cast.: "El tratamiento adecuado de las hipótesis (Capítulo preliminar para un examen del argumento de Hume contra los milagros, en su Lógica y en su Historia)", disponible en <www.unav.es/gep>].

Penrose, R. y S. Hameroff (1998), "The Penrose-Hameroff 'Orch OR' Model of Consciousness", *Philosophical Transactions of the Royal Society London (A)*, 356:1869-1896.

Perin, R., T. K. Berger y H. Markram (2011), "A Synaptic Organizing Principle for Cortical Neuronal Groups", *Proceedings of the National Academy of Sciences*, 108 (13): 5419-5424.

Perner, J. y M. Aichhorn (2008), "Theory of Mind, Language and the Temporoparietal Junction Mystery", *Trends in Cognitive Sciences*, 12 (4): 123-126.

Persaud, N., M. Davidson, B. Maniscalco, D. Mobbs, R. E. Passingham, A. Cowey y H. Lau (2011), "Awareness-Related Activity in Prefrontal and Parietal Cortices in Blindsight Reflects More Than Superior Visual Performance", *NeuroImage*, 58 (2): 605-611.

Pessiglione, M., P. Petrovic, J. Daunizeau, S. Palminteri, R. J. Dolan y C. D. Frith (2008), "Subliminal Instrumental Conditioning Demonstrated in the Human Brain", *Neuron*, 59 (4): 561-567.

Pessiglione, M., L. Schmidt, B. Draganski, R. Kalisch, H. Lau, R. I. Dolan y C. D. Frith (2007), "How the Brain Translates Money into Force: A Neuroimaging Study of Subliminal Motivation", *Science*, 316 (5826): 904-906.

Petersen, S. E., H. van Mier, J. A. Fiez y M. E. Raichle (1998), "The Effects of Practice on the Functional Anatomy of Task Performance", *Proceedings of the National Academy of Sciences*, 95 (3): 853-860.

Peyrache, A., M. Khamassi, K. Benchenane, S. I. Wiener y F. P. Battaglia (2009), "Replay of Rule-Learning Related Neural Patterns in the Prefrontal Cortex During Sleep", *Nature Neuroscience*, 12 (7): 919-926.

Piazza, M., V. Izard, P. Pinel, D. Le Bihan y S. Dehaene (2004), "Tuning Curves for Approximate Numerosity in the Human Intraparietal Sulcus", *Neuron*, 44 (3): 547-555.

Piazza, M., P. Pinel, D. Le Bihan y S. Dehaene (2007), "A Magnitude Code Common to Numerosities and Number Symbols in Human Intraparietal Cortex", *Neuron*, 53: 293-305.

Picton, T. W. (1992), "The P300 Wave of the Human Event-Related Potential", *Journal of Clinical Neurophysiology*, 9 (4): 456-479.

Pinol, P., F. Fauchereau, A. Moreno, A. Barbot, M. Lathrop, D. Zelenika, D. Le Bihan y otros (2012), "Genetic Variants of FOXP2 and KIAA0319/TTRAP/THEM2 Locus Are Associated with Altered Brain Activation in Distinct Language-Related Regions", *Journal of Neuroscience*, 32 (3): 817-825.

Pins, D. y D. Ffytche (2003), "The Neural Correlates of Conscious Vision", *Cerebral Cortex*, 13 (5): 461-474.

Pisella, L., H. Grea, C. Tilikete, A. Vighetto, M. Desmurget, G. Rode, D. Boisson y Y Rossetti (2000), "An 'Automatic Pilot' for the Hand in Human Posterior Parietal Cortex: Toward Reinterpreting Optic Ataxia", *Nature Neuroscience*, 3 (7): 729-736.

Plotnik, J. M., F. B. de Waal y D. Reiss (2006), "Self-Recognition in an Asian Elephant", *Proceedings of the National Academy of Sciences*, 103 (45): 17 053-17 057.

Poincaré, H. (1902), *La science et l'hypothèse*, París, Flammarion [ed. cast.: *Ciencia e hipótesis*, Madrid, Espasa (Colección Austral), 2005].

Pontificia Academia de las Ciencias (2008), *Why the Concept of Death Is Valid as a Definition of Brain Death. Statement by the Pontifical Academy of Sciences and Responses to Objections*, disponible en <www.pas.va>.

Portas, C. M., K. Krakow, P. Allen, O. Josephs, J. L. Armony y C. D. Frith (2000), "Auditory Processing Across the Sleep-Wake Cycle; Simultaneous EEG and fMRI Monitoring in Humans", *Neuron*, 28 (3): 991-999.

Posner, M. I. (1994), "Attention: The Mechanisms of Consciousness", *Proceedings of National Academy of Sciences*, 91: 7398-7403.

Posner, M. I. y M. K. Rothbart (1998), "Attention, Self-Regulation and Consciousness", *Philosophical Transactions of the Royal Society B: Biological Sciences*, 353 (1377): 1915-1927.

Posner, M. I. y C. R. R. Snyder (2004 [1975]), "Attention and Cognitive Control", en D. A. Balota y E. J. Marsh (eds.), *Cognitive Psychology. Key Readings*, Nueva York, Psychology Press: 205-223.
— (1975), "Attention and Cognitive Control", en R. L. Solso (ed.), *Information Processing and Cognition. The Loyola Symposium*, Hillsdale, NJ, Lawrence Erlbaum: 55-85.

Prior, H., A. Schwarz y O. Gunturkun (2008), "Mirror-Induced Behavior in the Magpie (*Pica pica*): Evidence of Self-Recognition", *PLOS Biology*, 6 (8): e202.

Quiroga, R. Q., G. Kreiman, C. Koch e I. Fried (2008), "Sparse but Not 'Grandmother-Cell' Coding in the Medial Temporal Lobe", *Trends in Cognitive Sciences*, 12 (3): 87-91.

Quiroga, R. Q., R. Mukamel, E. A. Isham, R. Malach e I. Fried (2008), "Human Single-Neuron Responses at the Threshold of Conscious Recognition", *Proceedings of the National Academy of Sciences*, 105 (9): 3599-3604.

Quiroga, R. Q., L. Reddy, C. Koch e I. Fried (2007), "Decoding Visual Inputs from Multiple Neurons in the Human Temporal Lobe", *Journal of Neurophysiology*, 98 (4): 1997-2007.

Quiroga, R. Q., L. Reddy, G. Kreiman, C. Koch e I. Fried (2005), "Invariant Visual Representation by Single Neurons in the Human Brain", *Nature*, 435 (7045): 1102-1107.

Raichle, M. E. (2010), "Two Views of Brain Function", *Trends in Cognitive Sciences*, 14 (4): 180-190.

Raichle, M. E., J. A. Fiesz, T. O. Videen y A. K. MacLeod (1994), "Practice-Related Changes in Human Brain Functional Anatomy During Nonmotor Learning", *Cerebral Cortex*, 4: 8-26.

Raichle, M. E., A. M. MacLeod, A. Z. Snyder, W. J. Powers, D. A. Gusnard y G. L. Shulman (2001), "A Default Mode of Brain Function", *Proceedings of the National Academy of Sciences*, 98 (2): 676-682.

Railo, H. y M. Koivisto (2009), "The Electrophysiological Correlates of Stimulus Visibility and Metacontrast Masking", *Consciousness and Cognition*, 18 (3): 794-803.

Ramachandran, V. S. y R. L. Gregory (1991), "Perceptual Filling In of Artificially Induced Scotomas in Human Vision", *Nature*, 350 (6320): 699-702.

Raymond, J. E., K. L. Shapiro y K. M. Arnell (1992), "Temporary Suppression of Visual Processing in an RSVP Task: An Attentional Blink?", *Journal of Experimental Psychology: Human Perception and Performance*, 18 (3): 849-860.

Reddy, L., R. Q. Quiroga, P. Wilken, C. Koch e I. Fried (2006), "A Single-Neuron Correlate of Change Detection and Change Blindness in the Human Medial Temporal Lobe", *Current Biology*, 16 (20): 2066-2072.

Reed, C. M. y N. I. Durlach (1998), "Note on Information Transfer Rates in Human Communication", *Presence: Teleoperators and Virtual Environments*, 7 (5): 509-518.

Reiss, D. y L. Marino (2001), "Mirror Self-Recognition in the Bottlenose Dolphin: A Case of Cognitive Convergence", *Proceedings of the National Academy of Sciences*, 98 (10): 5937-5942.

Rensink, R. A., J. K. O'Regan y J. Clark (1997), "To See or Not to See: The Need for Attention to Perceive Changes in Scenes", *Psychological Science*, 8: 368-373.

Reuss, H., A. Kiesel, W. Kunde y B. Hommel (2011), "Unconscious Activation of Task Sets", *Consciousness and Cognition* 20 (3): 556-567.

Reuter, F., A. Del Cul, B. Audoin, I. Malikova, L. Naccache, J.-P. Ranjeva, O. Lyon-Caen y otros (2007), "Intact Subliminal Processing and Delayed Conscious Access in Multiple Sclerosis", *Neuropsychologia*, 45 (12): 2683-2691.

Reuter, F., A. Del Cul, I. Malikova, L. Naccache, S. Confort-Gouny, L. Cohen, A. A. Chérif y otros (2009), "White Matter Damage Impairs

Access to Consciousness in Multiple Sclerosis", *NeuroImage*, 44 (2): 590-599.

Reynvoet, B. y M. Brysbaert (1999), "Single-Digit and Two-Digit Arabic Numerals Address the Same Semantic Number Line", *Cognition*, 72 (2): 191-201.

— (2004), "Cross-Notation Number Priming Investigated at Different Stimulus Onset Asynchronies in Parity and Naming Tasks", *Journal of Experimental Psychology*, 51 (2): 81-90.

Reynvoet, B., M. Brysbaert y W. Fias (2002), "Semantic Priming in Number Naming", *Quarterly Journal of Experimental Psychology A*, 55 (4): 1127-1139.

Reynvoet, B., W. Gevers y B. Caessens (2005), "Unconscious Primes Activate Motor Codes Through Semantics", *Journal of Experimental Psychology: Learning, Memory, Cognition*, 31 (5): 991-1000.

Ricœur, P. (1990), *Soi-même comme un autre*, París, Seuil [ed. cast.: *Sí mismo como otro*, México-Madrid, Siglo XXI, 2006].

Rigas, P. y M. A. Castro-Alamancos (2007), "Thalamocortical Up States: Differential Effects of Intrinsic and Extrinsic Cortical Inputs on Persistent Activity", *Journal of Neuroscience*, 27 (16): 4261-4272.

Rockstroh, B., M. Müller, R. Cohen y T. Elbert (1992), "Probing the Functional Brain State During P300 Evocation", *Journal of Psychophysiology*, 6: 175-184.

Rodríguez, E., N. George, J.-P. Lachaux, J. Martinerie, B. Renault y F. J. Varela (1999), "Perception's Shadow: Long-Distance Synchronization of Human Brain Activity", *Nature*, 397 (6718): 430-433.

Roelfsema, P. R. (2005), "Elemental Operations in Vision", *Trends in Cognitive Sciences*, 9 (5): 226-233.

Roelfsema, P. R., P. S. Khayat y H. Spekreijse (2003), "Subtask Sequencing in the Primary Visual Cortex", *Proceedings of the National Academy of Sciences*, 100 (9): 5467-5472.

Roelfsema, P. R., V. A. Lamme y H. Spekreijse (1998), "Object-Based Attention in the Primary Visual Cortex of the Macaque Monkey", *Nature*, 395 (6700): 376-381.

Ropper, A. H. (2010), "*Cogito Ergo Sum* by MRI", *New England Journal of Medicine*, 362 (7): 648-649.

Rosanova, M., O. Gosseries, S. Casarotto, M. Boly, A. G. Casali, M. A. Bruno, M. Mariotti y otros (2012), "Recovery of Cortical Effective

Connectivity and Recovery of Consciousness in Vegetative Patients", *Brain*, 135 (4): 1308-1320.

Rosenthal, D. M. (2008), "Consciousness and Its Function", *Neuropsychologia*, 46 (3): 829-840.

Ross, C. A., R. L. Margolis, S. A. Reading, M. Pletnikov y J. T. Coyle (2006), "Neurobiology of Schizophrenia", *Neuron*, 52 (1): 139-153.

Rougier, N. P., D. C. Noelle, T. S. Braver, J. D. Cohen y R. C. O'Reilly (2005), "Prefrontal Cortex and Flexible Cognitive Control: Rules Without Symbols", *Proceedings of the National Academy of Sciences*, 10 (220): 7338-7343.

Rounis, E., B. Maniscalco, J. C. Rothwell, R. Passingham y H. Lau (2010), "Theta-Burst Transcranial Magnetic Stimulation to the Prefrontal Cortex Impairs Metacognitive Visual Awareness", *Cognitive Neuroscience*, 1 (3): 165-175.

Sackur, J. y S. Dehaene (2009), "The Cognitive Architecture for Chaining of Two Mental Operations", *Cognition*, 111 (2): 187-211.

Sackur, J., L. Naccache, P. Pradat-Diehl, P. Azouvi, D. Mazevet, R. Katz, L. Cohen y S. Dehaene (2008), "Semantic Processing of Neglected Numbers", *Cortex*, 44 (6): 673-682.

Sadaghiani, S., G. Hesselmann, K. J. Friston y A. Kleinschmidt (2010), "The Relation of Ongoing Brain Activity, Evoked Neural Responses, and Cognition", *Frontiers in Systems Neuroscience*, 4: 20.

Sadaghiani, S., G. Hesselmann y A. Kleinschmidt (2009), "Distributed and Antagonistic Contributions of Ongoing Activity Fluctuations to Auditory Stimulus Detection", *Journal of Neuroscience*, 29 (42): 13 410-13 417.

Saga, Y., M. Iba, J. Tanji y E. Hoshi (2011), "Development of Multidimensional Representations of Task Phases in the Lateral Prefrontal Cortex", *Journal of Neuroscience*, 31 (29): 10 648-10 665.

Sahraie, A., L. Weiskrantz, J. L. Barbur, A. Simmons, S. C. R. Williams y M. J. Brammer (1997), "Pattern of Neuronal Activity Associated with Conscious and Unconscious Processing of Visual Signals", *Proceedings of the National Academy of Sciences*, 94: 9406-9411.

Salin, P. A. y J. Bullier (1995), "Corticocortical Connections in the Visual System: Structure and Function", *Physiological Reviews*, 75 (1): 107-154.

Saur, D., B. Schelter, S. Schnell, D. Kratochvil, H. Kupper, P. Kellmeyer, D. Kummerer y otros (2010), "Combining Functional and Anatomical Connectivity Reveals Brain Networks for Auditory Language Comprehension", *NeuroImage*, 49 (4): 3187-3197.

Saxe, R. (2006), "Uniquely Human Social Cognition", *Current Opinion in Neurobiology*, 16 (2): 235-239.

Saxe, R. y L. J. Powell (2006), "It's the Thought That Counts: Specific Brain Regions for One Component of Theory of Mind", *Psychological Science*, 17 (8): 692-699.

Schenker, N. M., D. P. Buxhoeveden, W. L. Blackmon, K. Amunts, K. Zilles y K. Semendeferi (2008), "A Comparative Quantitative Analysis of Cytoarchitecture and Minicolumnar Organization in Broca's Area in Humans and Great Apes", *Journal of Comparative Neurology*, 510 (1): 117-128.

Schenker, N. M., W. D. Hopkins, M. A. Spocter, A. R. Garrison, C. D. Stimpson, J. M, Erwin, P. R. Hof y C. C. Sherwood (2009), "Broca's Area Homologue in Chimpanzees (*Pan troglodytes*): Probabilistic Mapping, Asymmetry, and Comparison to Humans", *Cerebral Cortex*, 20 (3): 730-742.

Schiff, N., U. Ribary, F. Plum y R. Llinas (1999), "Words Without Mind", *Journal of Cognitive Neuroscience*, 11 (6): 650-656.

Schiff, N. D. (2010), "Recovery of Consciousness After Brain Injury: A Mesocircuit Hypothesis", *Trends in Neurosciences*, 33 (1): 1-9.

Schiff, N. D., J. T. Giacino, K, Kalmar, J. D. Victor, K. Baker, M. Gerber, B. Fritz y otros (2007), "Behavioural Improvements with Thalamic Stimulation After Severe Traumatic Brain Injury", *Nature*, 448 (7153): 600-603.
— (2008), "Behavioural Improvements with Thalamic Stimulation After Severe Traumatic Brain Injury", *Nature*, 452 (7183): 120.

Schiif, N. D., U. Ribary, D. R. Moreno, B. Beattie, E. Kronberg, R. Blasberg, J. Giacino y otros (2002), "Residual Cerebral Activity and Behavioural Fragments Can Remain in the Persistently Vegetative Brain", *Brain*, 125 (6): 1210-1234.

Schiller, P. H. y S. L. Chorover (1966), "Metacontrast: Its Relation to Evoked Potentials", *Science*, 153 (742): 1398-1400.

Schmid, M. C., S. W. Mrowka, J. Turchi, R. C. Saunders, M. Wilke, A. J. Peters, F. Q. Ye y D. A. Leopold (2010), "Blindsight Depends on the Lateral Geniculate Nucleus", *Nature*, 466 (7304): 373-377.

Schmid, M. C., T. Panagiotaropoulos, M. A. Augath, N. K. Logothetis y S. M. Smirnakis (2009), "Visually Driven Activation in Macaque Areas V2 and V3 Without Input from the Primary Visual Cortex", *PLOS One*, 4 (5): e5527.

Schnakers, C., D. Ledoux, S. Majerus, P. Damas, F. Damas, B. Lambermont, M. Lamy y otros (2008), "Diagnostic and Prognostic

Use of Bispectral Index in Coma, Vegetative State and Related Disorders", *Brain Injury*, 22 (12): 926-931.

Schnakers, C., A. Vanhaudenhuyse, J. Giacino, M. Ventura, M. Boly, S. Majerus, G. Moonen y S. Laureys (2009), "Diagnostic Accuracy of the Vegetative and Minimally Conscious State: Clinical Consensus Versus Standardized Neurobehavioral Assessment", *BMC Neurology*, 9: 35.

Schneider, W. y R. M. Shiffrin (1977), "Controlled and Automatic Human Information Processing. I. Detection, Search, and Attention", *Psychological Review*, 84 (1): 1-66.

Schoenemann, P. T., M. J. Sheehan y L. D. Glotzer (2005), "Prefrontal White Matter Volume Is Disproportionately Larger in Humans than in Other Primates", *Nature Neuroscience*, 8 (2): 242-252.

Schurger, A., F. Pereira, A. Treisman y J. D. Cohen (2009), "Reproducibility Distinguishes Conscious from Nonconscious Neural Representations", *Science*, 327 (5961): 97-99.

Schurger, A., J. D. Sitt y S. Dehaene (2012), "An Accumulator Model for Spontaneous Neural Activity Prior to Self-Initiated Movement", *Proceedings of the National Academy of Sciences*, 109 (42): e2904-e2913.

Schvaneveldt, R. W. y D. E. Meyer (1976), "Lexical Ambiguity, Semantic Context, and Visual Word Recognition", *Journal of Experimental Psychology: Human Perception and Performance*, 2 (2): 243-256.

Self, M. W., R. N. Kooijmans, H. Supèr, V. A. Lamme y P. R. Roelfsema (2012), "Different Glutamate Receptors Convey Feedforward and Recurrent Processing in Macaque VI", *Proceedings of the National Academy of Sciences*, 109 (27): 11 031-11 036.

Selfridge, O. G. (1959), "Pandemonium: A Paradigm for Learning", en D. V. Blake y A. M. Uttley (eds.), *Proceedings of the Symposium on Mechanisation of Thought Processes*, Londres, H. M. Stationery Office: 511-529.

Selimbeyoglu, A. y J. Parvizi (2010), "Electrical Stimulation of the Human Brain: Perceptual and Behavioral Phenomena Reported in the Old and New Literature", *Frontiers in Human Neuroscience*, 4: 46.

Sergent, C., S. Baillet y S. Dehaene (2005), "Timing of the Brain Events Underlying Access to Consciousness During the Attentional Blink", *Nature Neuroscience*, 8 (10): 1391-1400.

Sergent, C. y S. Dehaene (2004), "Is Consciousness a Gradual Phenomenon? Evidence for an All-or-None Bifurcation During the Attentional Blink", *Psychological Science*, 15 (11): 720-728.

Sergent, C., V. Wyart, M. Babo-Rebelo, L. Cohen, L. Naccache y C. Tallon-Baudry (2013), "Cueing Attention After the Stimulus Is Gone Can Retrospectively Trigger Conscious Perception", *Current Biology*, 23 (2): 150-155.

Shady, S., D. I. MacLeod y H. S. Fisher (2004), "Adaptation from Invisible Flicker", *Proceedings of the National Academy of Sciences*, 101 (14): 5170-5173.

Shallice, T. (1972), "Dual Functions of Consciousness", *Psychological Review*, 79 (5): 383-393.
— (1979), "A Theory of Consciousness", *Science*, 204 (4395): 827.
— (1988), *From Neuropsychology to Mental Structure*, Nueva York, Cambridge University Press.

Shanahan, M. y B. Baars (2005), "Applying Global Workspace Theory to the Frame Problem", *Cognition*, 98 (2): 157-176.

Shao, L., Y. Shuai, J. Wang, S. Feng, B. Lu, Z. Li, Y. Zhao y otros (2011), "Schizophrenia Susceptibility Gene Dysbindin Regulates Glutamatergic and Dopaminergic Functions via Distinctive Mechanisms in Drosophila", *Proceedings of the National Academy of Sciences*, 108 (46): 18 831-18 836.

Sherman, S. M. (2012), "Thalamocortical Interactions", *Current Opinion in Neurobiology*, 22 (4): 575-579.

Shiffrin, R. M. y W. Schneider (1977), "Controlled and Automatic Human Information Processing. II. Perceptual Learning, Automatic Attending, and a General Theory", *Psychological Review*, 84 (2): 127-190.

Shima, K., M. Isoda, H. Mushiake y J. Tanji (2007), "Categorization of Behavioural Sequences in the Prefrontal Cortex", *Nature*, 445 (7125): 315-318.

Shirvalkar, P., M. Seth, N. D. Schiff y D. G. Herrera (2006), "Cognitive Enhancement with Central Thalamic Electrical Stimulation", *Proceedings of the National Academy of Sciences*, 103 (45): 17 007-17 012.

Sidaros, A., A. W. Engberg, K. Sidaros, M. G. Liptrot, M. Herning, P. Petersen, O. B. Paulson y otros (2008), "Diffusion Tensor Imaging During Recovery from Severe Traumatic Brain Injury and Relation to Clinical Outcome: A Longitudinal Study", *Brain*, 131 (2): 559-572.

Sidis, B. (1898), *The Psychology of Suggestion*, Nueva York, D. Appleton.

Siegler, R. S. (1987), "Strategy Choices in Subtraction", en J. Sloboda y D. Rogers (eds.), *Cognition Processes in Mathematics,* Óxford, Clarendon Press: 81-106.

— (1988), "Strategy Choice Procedures and the Development of Multiplication Skill", *Journal of Experimental Psychology: General*, 117 (3): 258-275,

— (1989), "Mechanisms of Cognitive Development", *Annual Review of Psychology*, 40: 353-379.

Siegler, R. S. y E. A. Jenkins (1989), *How Children Discover New Strategies,* Hillsdale, NJ, Lawrence Erlbaum.

Sigala, N., M. Kusunoki, I. Nimmo-Smith, D. Gaffan y J. Duncan (2008), "Hierarchical Coding for Sequential Task Events in the Monkey Prefrontal Cortex", *Proceedings of the National Academy of Sciences*, 105 (33): 11 969-11 974.

Sigman, M. y S. Dehaene (2005), "Parsing a Cognitive Task: A Characterization of the Mind's Bottleneck", *PLOS Biology*, 3 (2): e37.

— (2008), "Brain Mechanisms of Serial and Parallel Processing During Dual-Task Performance", *Journal of Neuroscience*, 28 (30): 7585-7598.

Silvanto, J. y Z. Cattaneo (2010), "Transcranial Magnetic Stimulation Reveals the Content of Visual Short-Term Memory in the Visual Cortex", *NeuroImage*, 50 (4): 1683-1689.

Silvanto, J., A. Cowey, N. Lavie y V. Walsh (2005), "Striate Cortex (V1) Activity Gates Awereness of Motion", *Nature Neuroscience*, 8 (2): 143-144.

Silvanto, J., N. Lavie y V. Walsh (2005), "Double Dissociation of V1 and V5/MT Activity in Visual Awareness", *Cerebral Cortex*, 15 (11): 1736-1741.

Simons, D. J. y M. S. Ambinder (2005), "Change Blindness: Theory and Consequences", *Current Directions in Psychological Science*, 14 (1): 44-48.

Simons, D. J. y C. F. Chabris (1999), "Gorillas in Our Midst: Sustained Inattentional Blindness for Dynamic Events", *Perception*, 28 (9): 1059-1074.

Singer, P. (1993), *Practical Ethics,* 2ª ed., Cambridge, Cambridge University Press [ed. cast.: *Ética práctica*, Madrid, Akal, 2009].

Singer, W. (1998), "Consciousne ss and the Structure of Neuronal Representations", *Philosophical Transactions of the Royal Society B: Biological Sciences*, 353 (1377): 1829-1840.

Sitt, J. D., J. R. King, I. El Karoui, B. Rohaut, F. Faugeras, A. Gramfort, L. Cohen y otros (2013), "Signatures of Consciousness and Predictors of Recovery in Vegetative and Minimally Conscious Patients", ponencia leída en las ASSC 17 Concurrent Talks, San Diego, California, 12-15 de julio.

Sklar, A. Y., N. Levy, A. Goldstein, R. Mandel, A. Maril y R. R. Hassin (2012), "Reading and Doing Arithmetic Nonconsciously", *Proceedings of the National Academy of Sciences*, 109 (48): 19 614-19 619.

Smallwood, J., E. Beach, J. W. Schooler y T. C. Handy (2008), "Going AWOL in the Brain: Mind Wandering Reduces Cortical Analysis of External Events", *Journal of Cognitive Neuroscience*, 20 (3): 458-469.

Smedira, N. G., B. H. Evans, L. S. Grais, N. H. Cohen, B. Lo, M. Cooke, W. P. Schecter y otros (1990), "Withholding and Withdrawal of Life Support from the Critically Ill", *New England Journal of Medicine*, 322 (5): 309-315.

Smith, J. D., J. Schull, J. Strote, K. McGee, R. Egnor y L. Erb (1995), "The Uncertain Response in the Bottlenosed Dolphin (*Tursiops truncatus*)", *Journal of Experimental Psychology: General*, 124 (4): 391-408.

Soto, D., T. Mäntylä y J. Silvanto (2011), "Working Memory Without Consciousness", *Current Biology*, 21 (22): r912-r913.

Sporns, O., G. Tononi y G. M. Edelman (1991), "Modeling Perceptual Grouping and Figure-Ground Segregation by Means of Active Reentrant Connections", *Proceedings of the National Academy of Sciences*, 88 (1): 129-133.

Squires, K. C., C. Wickens, N. K. Squires y E. Donchin (1976), "The Effect of Stimulus Sequence on the Waveform of the Cortical Event-Related Potential", *Science*, 193 (4258): 1142-1146.

Squires, N. K., K. C. Squires y S. A. Hillyard (1975), "Two Varieties of Long-Latency Positive Waves Evoked by Unpredictable Auditory Stimuli in Man", *Electroencephalography and Clinical Neurophysiology*, 38 (4): 387-401.

Srinivasan, R., D. P. Russell, G. M. Edelman y G. Tononi (1999), "Increased Synchronization of Neuromagnetic Responses During Conscious Perception", *Journal of Neuroscience*, 19 (13): 5435-5448.

Staniek, M. y K. Lehnertz (2008), "Symbolic Transfer Entropy", *Physical Review Letters*, 100 (15): 158 101.

Staunton, H. (2008), "Arousal by Stimulation of Deep-Brain Nuclei", *Nature*, 452 (7183): e1; discusión: e1-e2.

Stephan, K. E., K. J. Friston y C. D. Frith (2009), "Dysconnection in Schizophrenia: From Abnormal Synaptic Plasticity to Failures of Self-Monitoring", *Schizophrenia Bulletin*, 35 (3): 509-527.

Stephan, K. M., M. H. Thaut, G. Wunderlich, W. Schicks, B. Tian, L. Tellmann, T. Schmitz y otros (2002), "Conscious and Subconscious Sensorimotor Synchronization-Prefrontal Cortex and the Influence of Awareness", *NeuroImage*, 15 (2): 345-352.

Stettler, D. D., A. Das, J. Bennett y C. D. Gilbert (2002), "Lateral Connectivity and Contextual Interactions in Macaque Primary Visual Cortex", *Neuron*, 36 (4): 739-750.

Steyn-Ross, M. L., D. A. Steyn-Ross y J. W. Sleigh (2004), "Modelling General Anaesthesia as a First-Order Phase Transition in the Cortex", *Progress in Biophysics and Molecular Biology*, 85 (2-3): 369-385.

Strayer, D. L., F. A. Drews y W. A. Johnston (2003), "Cell Phone-Induced Failures of Visual Attention During Simulated Driving", *Journal of Experimental Psychology: Applied*, 9 (1): 23-32.

Striem-Amit, E., L. Cohen, S. Dehaene y A. Amedi (2012), "Reading with Sounds: Sensory Substitution Selectively Activates the Visual Word Form Area in the Blind", *Neuron*, 76 (3): 640-652.

Suddendorf, T. y D. L. Butler (2013), "The Nature of Visual Self-Recognition", *Trends in Coginitive Sciences*, 17 (3): 121-127.

Supèr, H., H. Spekreijse y V. A. Lamme (2001a), "Two Distinct Modes of Sensory Processing Observed in Monkey Primary Visual Cortex (VI)", *Nature Neuroscience*, 4 (3): 304-310.
— (2001b), "A Neural Correlate of Working Memory in the Monkey Primary Visual Cortex", *Science*, 293 (5527): 120-124.

Supèr, H., C. van der Togt, H. Spekreijse y V. A. Lamme (2003), "Internal State of Monkey Primary Visual Cortex (VI) Predicts Figure-Ground Perception", *Journal of Neuroscience*, 23 (8): 3407-3414.

Supp, G. G., M. Siegel, J. F. Hipp y A. K. Engel (2011), "Cortical Hypersynchrony Predicts Breakdown of Sensory Processing During Loss of Consciousness", *Current Biology*, 21 (23): 1988-1993.

Taine, H. (1870), *De intelligence*, París, Hachette [ed. cast.: *La inteligencia*, Madrid, Ambrosio Pérez y Ca., 1904].

Tang, T. T., F. Yang, B. S. Chen, Y. Lu, Y. Ji, K. W. Roche y B. Lu (2009), "Dysbindin Regulates Hippocampal LTP by Controlling NMDA Receptor Surface Expression", *Proceedings of the National Academy of Sciences*, 106 (50): 21 395-21 400.

Taylor, P. C., V. Walsh y M. Eimer (2010), "The Neural Signature of Phosphene Perception", *Human Brain Mapping*, 31 (9): 1408-1417.

Telford, C. W. (1931), "The Refractory Phase of Voluntary and Associative Responses", *Journal of Experimenral Psychology*, 14 (1): 1-36.

Terrace, H. S. y L. K. Son (2009), "Comparative Metacognition", *Current Opinion in Neurobiology*, 19 (1): 67-74.

Thompson, S. P. (1910), "A Physiological Effect of an Alternating Magnetic Field", *Proceedings of the Royal Society B: Biological Sciences*, B82: 396-399.

Tombu, M. y P. Jolicœur (2003), "A Central Capacity Sharing Model of Dual-Task Performance", *Journal of Experimental Psychology: Human Perception and Performance*, 29 (1): 3-18.

Tononi, G. (2008), "Consciousness as Integrated Information: A Provisional Manifesto", *Biological Bulletin*, 215 (3): 216-242.

Tononi, G. y G. M. Edelman (1998), "Consciousness and Complexity", *Science*, 282 (5395): 1846-1851.

Tooley, M. (1972), "Abortion and Infanticide", *Philosophy and Public Affairs*, 2 (1): 37-65.
— (1983), *Abortion and Infanticide,* Londres, Clarendon Press.

Treisman, A. y G. Gelade (1980), "A Feature-Integration Theory of Attention", *Cognitive Psychology*, 12: 97-136.

Treisman, A. y J. Souther (1986), "Illusory Words: The Roles of Attention and of Top-Down Constraints in Conjoining Letters to Form Words", *Journal of Experimental Psychology: Human Perception and Performance*, 12: 3-17.

Tsao, D. Y., W. A. Freiwald, R. B. Tootell y M. S. Livingstone (2006), "A Cortical Region Consisting Entirely of Face-Selective Cells", *Science*, 311 (5761): 670-674.

Tshibanda, L., A. Vanhaudenhuyse, D. Galanaud, M. Boly, S. Laureys y L. Puybasset (2009), "Magnetic Resonance Spectroscopy and Diffusion Tensor Imaging in Coma Survivors: Promises and Pitfalls", *Progress in Brain Research*, 177: 215-229.

Tsodyks, M., T. Kenet, A. Grinvald y A. Arieli (1999), "Linking Spontaneous Activity of Single Cortical Neurons and the Underlying Functional Architecture", *Science*, 286 (5446): 1943-1946.

Tsubokawa, T., T. Yamamoto, Y. Katayama, T. Hirayama, S. Maejima y T. Moriya (1990), "Deep-Brain Stimulation in a Persistent Vegetative State: Follow-Up Results and Criteria for Selection of Candidates", *Brain Injury*, 4 (4): 315-327.

Tsuchiya, N. y C. Koch (2005), "Continuous Flash Suppression Reduces Negative Afterimages", *Nature Neuroscience*, 8 (8): 1096-1101.

Tsunoda, K., Y. Yamane, M. Nishizaki y M. Tanifuji (2001), "Complex Objects Are Represented in Macaque Inferotemporal Cortex by the Combination of Feature Columns", *Nature Neuroscience*, 4 (8): 832-838.

Tsushima, Y., Y. Sasaki y T. Watanabe (2006), "Greater Disruption Due to Failure of Inhibitory Control on an Ambiguous Distractor", *Science*, 314 (5806): 1786-1788.

Tsushima, Y., A. R. Seitz y T. Watanabe (2008), "Task-Irrelevant Learning Occurs Only When the Irrelevant Feature Is Weak", *Current Biology*, 18 (12): R516-R517.

Turing, A. M. (1936), "On Computable Numbers, with an Application to the Entscheidungsproblem", *Proceedings of the London Mathematical Society*, 42: 230-265.
— (1952), "The Chemical Basis of Morphogenesis", *Philosophical Transactions of the Royal Society B: Biological Sciences,* 237: 37-72.

Tyler, L. K. y W. Marslen-Wilson (2008), "Fronto-Temporal Brain Systems Supporting Spoken Language Comprehension", *Philosophical Transactions of the Royal Society B: Biological Sciences*, 363 (1493): 1037-1054.

Tzovara, A., A. O. Rossetti, L. Spierer, J. Grivel, M. M. Murray, M. Oddo y M. De Lucia (2012), "Progression of Auditory Discrimination Based on Neural Decoding Predicts Awakening from Coma", *Brain*, 136 (1): 81-89.

Uhlhaas, P. J., D. E. Linden, W, Singer, C. Haenschel, M. Lindner, K, Maurer y E. Rodríguez (2006), "Dysfunctional Long-Range Coordination of Neural Activity During Gestalt Perception in Schizophrenia", *Journal of Neuroscience*, 26 (31): 8168-8175.

Uhlhaas, P. J. y W. Singer (2010), "Abnormal Neural Oscillations and Synchrony in Schizophrenia", *Nature Reviews Neuroscience*, 11 (2): 100-113.

Van Aalderen-Smeets, S. I., R. Oostenveld y J. Schwarzbach (2006), "Investigating Neurophysiological Correlates of Metacontast Masking with Magnetoencephalography", *Advances in Cognitive Psychology*, 2 (1): 21-35.

Van den Bussche, E., K. Notebaert y B. Reynvoet (2009), "Masked Primes Can Be Genuinely Semantically Processed", *Journal of Experimental Psychology*, 56 (5): 295-300.

Van den Bussche, E. y B. Reynvoet (2007), "Masked Priming Effects in Semantic Categorization Are Independent of Category Size", *Journal of Experimental Psychology*, 54 (3): 225-235.

Van Gaal, S., L. Naccache, J. D. I. Meeuwese, A. M. van Loon, L. Cohen y S. Dehaene (2013), "Can Multiple Words Be Integrated Unconsciously?", en estudio hasta su publicación.

Van Gaal, S., K. R. Ridderinkhof, J. J. Fahrenfort, H. S, Scholte y V. A. Lamme (2008), "Frontal Cortex Mediates Unconsciously Triggered Inhibitory Control", *Journal of Neuroscience*, 28 (32): 8053-8062.

Van Gaal, S., K. R. Ridderinkhof, H. S. Scholte y V. A. Lamme (2010), "Unconscious Activation of the Prefrontal No-Go Network", *Journal of Neuroscience*, 30 (11): 4143-4150.

Van Opstal, F., F. P. de Lange y S. Dehaene (2011), "Rapid Parallel Semantic Processing of Numbers Without Awareness", *Cognition*, 120 (1): 136-147.

Varela, F., J.-P. Lachaux, E. Rodríguez y J. Martinerie (2001), "The Brainweb: Phase Synchronization and Large-Scale Integration", *Nature Reviews Neuroscience*, 2 (4): 229-239.

Velmans, M. (1991), "Is Human Information Processing Conscious?", *Behavioral and Brain Sciences*, 14: 651-726.

Vernes, S. C., P. L. Oliver, E. Spiteri, H. E. Lockstone, R. Puliyadi, J. M. Taylor y J. Ho y otros (2011), "Foxp2 Regulates Gene Networks Implicated in Neurite Outgrowth in the Developing Brain", *PLOS Genetics*, 7 (7): e1 002 145.

Vincent, J. L., G. H. Patel, M. D. Fox, A. Z. Snyder, J. T. Baker, D. C. van Essen, J. M. Zempel y otros (2007), "Intrinsic Functional Architecture in the Anaesthetized Monkey Brain", *Nature*, 447 (7140): 83-86.

Vogel, E. K., S. J. Luck y K. L. Shapiro (1998), "Electrophysiological Evidence for a Postperceptual Locus of Suppression During the Attentional Blinky", *Journal of Experimental Psychology: Human Perception and Performance*, 24 (6): 1656-1674.

Vogel, E. K. y M. G. Machizawa (2004), "Neural Activity Predicts Individual Differences in Visual Working Memory Capacity", *Nature*, 428 (6984): 748-751.

Vogel, E. K., A. W. McCollough y M. G. Machizawa (2005), "Neural Measures Reveal Individual Differences in Controlling Access to Working Memory", *Nature*, 438 (7067): 500-503.

Vogeley, K., P. Bussfeld, A. Newen, S. Herrmann, F. Happe, P. Falkai, W. Maier y otros (2001), "Mind Reading: Neural Mechanisms of Theory of Mind and Self-Perspective", *NeuroImage*, 14 (1, parte 1): 170-181.

Voss, H. U., A. M. Uluc, J. P. Dyke, R. Watts, E. J. Kobylarz, B. D. McCandliss, L. A. Heier y otros (2006), "Possible Axonal

Regrowth in Late Recovery from the Minimally Conscious State", *Journal of Clinical Investigation*, 116 (7): 2005-2011.

Vuilleumier, P., N. Sagiv, E. Hazeltine, R. A. Poldrack, D. Swick, R. D. Rafal y J. D. Gabrieli (2001), "Neural Fate of Seen and Unseen Faces in Visuospatial Neglect: A Combined Even Related Functional MRI and Event-Related Potential Study", *Proceedings of the National Academy of Sciences*, 98 (6): 3495-3500.

Vul, E., D. Hanus y N. Kanwisher (2009), "Attention as Inference: Selection Is Probabilistic: Responses Are All-or-None Samples", *Journal of Experimental Psychology: General*, 13 (4): 546-560.

Vul, E., M. Nieuwenstein y N. Kanwisher (2008), "Temporal Selection Is Suppresed, Delayed, and Diffused During the Attentional Blink", *Psychological Science*, 19 (1): 55-61.

Vul, E. y H. Pashler (2008), "Measuring the Crowd Within: Probabilistic Representation Within Individuals", *Psychological Science* (Wiley-Blackwell), 19 (7): 645-647.

Wacongne, C., J.-P. Changeux y S. Dehaene (2012), "A Neuronal Model of Predictive Coding Accounting for the Mismatch Negativity", *Journal of Neuroscience*, 32 (11): 3665-3678.

Wacongne, C., E. Labyt, V. van Wassenhove, T. Bekinschtein, L. Naccache y S. Dehaene (2011), "Evidence for a Hierarchy of Predictions and Prediction Error in Human Cortex", *Proceedings of the National Academy of Sciences*, 108 (51): 20 754-20 759.

Wagner, U., S. Gais, H. Haider, R. Verleger y J. Born (2004), "Sleep Inspires Insight", *Nature*, 427 (6972): 352-355.

Watson, J. B. (1913), "Psychology as the Behaviorist Views It", *Psychological Review*, 20: 158-177.

Wegner, D. M. (2003), *The Illusion of Conscious Will*, Cambridge, Mass., MIT Press.

Weinberger, J. (2000), "William James and the Unconscious: Redressing a Century-Old Misunderstanding", *Psychological Science*, 11 (6): 439-445.

Weiskrantz, L. (1986), *Blindsight: A Case Study and Its Implications*, Óxford, Clarendon Press.
— (1997), *Consciousness Lost and Found. A Neuropsychological Exploration*, Nueva York, Oxford University Press.

Weiss, Y., E. P. Simoncelli y E. H. Adelson (2002), "Motion Illusions as Optimal Percepts", *Nature Neuroscience*, 5 (6): 598-604.

Westmoreland, B. F., D. W. Klass, F. W. Sharbrough y T. J. Reagan (1975), "Alpha-Coma: Electroencephalographic, Clinical, Pathologic, and Etiologic Correlations", *Archives of Neurology*, 32 (11): 713-718.

Whittingstall, K. y N. K. Logothetis (2009), "Frequency-Band Coupling in Surface EEG Reflects Spiking Activity in Monkey Visual Cortex", *Neuron*, 64 (2): 281-289.

Widaman, K, F., D. C. Geary, P. Cormier y T. D. Little (1989), "A Componential Model for Mental Addition", *Journal of Experimental Psychology: Learning, Memory, and Cognition*, 15: 898-919.

Wilke, M., N. K. Logothetis y D. A. Leopold (2003), "Generalized Flash Suppression of Salient Visual Targets", *Neuron*, 39 (6): 1043-1052.
— (2006), "Local Field Potential Reflects Perceptual Suppression in Monkey Visual Cortex", *Proceedings of the National Academy of Sciences*, 103 (46): 17 507-17 512.

Williams, M. A., C. I. Baker, H. P. Op de Beeck, W. M. Shim, S. Dang, C. Triantafyllou y N. Kanwisher (2008), "Feedback of Visual Object Information to Foveal Retinotopic Cortex", *Nature Neuroscience*, 11 (12): 1439-1445.

Williams, M. A., T. A. Visser, R. Cunnington y J. B. Mattingley (2008), "Attenuation of Neural Responses in Primary Visual Cortex during the Attentional Blink", *Journal of Neuroscience*, 28 (39): 9890-9894.

Womelsdorf, T., J. M. Schoffelen, R. Oostenveld, W. Singer, R. Desimone, A. K. Engel y P. Fries (2007), "Modulation of Neuronal Interactions Through Neuronal Synchronization", *Science*, 316 (5831): 1609-1612.

Wong, K. F. (2002), "The Relationship Between Attentional Blink and Psychological Refractory Period", *Journal of Experimental Psychology: Human Perception and Performance*, 28 (1): 54-71.

Wong, K. F. y X. J. Wang (2006), "A Recurrent Network Mechanism of Time Integration in Perceptual Decisions", *Journal of Neuroscience*, 26 (4): 1314-1328.

Woodman, G. F. y S. J. Luck (2003), "Dissociations Among Attention, Perception, and Awareness During Object-Substitution Masking", *Psychological Science*, 14 (6): 605-611.

Wyart, V., S. Dehaene y C. Tallon-Baudry (2012), "Early Dissociation Between Neural Signatures of Endogenous Spatial Attention and Perceptual Awareness During Visual Masking", *Frontiers in Human Neuroscience*, 6: 16.

Wyart, V. y C. Tallon-Baudry (2008), "Neural Dissociation Between Visual Awareness and Spatial Attention", *Journal of Neuroscience*, 28 (10): 2667-2679.

— (2009), "How Ongoing Fluctuations in Human Visual Cortex Predict Perceptual Awreness: Baseline Shift Versus Decision Bias", *Journal of Neuroscience*, 29 (27): 8715-8725.

Wyler, A. R., G. A. Ojemann y A. A. Ward, Jr. (1982), "Neurons in Humans Epileptic Cortex: Correlation Between Unit and EEG Activity", *Annals of Neurology*, 11 (3): 301-308.

Yang, T. y M. N. Shadlen (2007), "Probabilistic Reasoning by Neurons", *Nature*, 447 (7148): 1075-1080.

Yokoyama, O., N. Miura, J. Watanabe, A. Takemoto, S. Uchida, M. Sugiura, K. Horie y otros (2010), "Right Frontopolar Cortex Activity Correlates with Reliability of Retrospective Rating of Confidence in Short-Term Recognition Memory Performance", *Neuroscience Research*, 68 (3): 199-206.

Zeki, S. (2003), "The Disunity of Consciousness", *Trends in Cognitive Sciences*, 7 (5): 214-218.

Zhang, P., K. Jamison, S. Engel, B. He y S. He (2011), "Binocular Rivalry Requires Visual Attention", *Neuron*, 71 (2): 362-369.

Zylberberg, A., S. Dehaene, G. B. Mindlin y M. Sigman (2009), "Neurophysiological Bases of Exponential Sensory Decay and Top-Down Memory Retrieval: A Model", *Frontiers in Computational Neuroscience*, 3: 4.

Zylberberg, A., S. Dehaene, P. R. Roelfsema y M. Sigman (2011), "The Human Turing Machine: A Neural Framework for Mental Programs", *Trends in Cognitive Sciences*, 15 (7): 293-300.

Zylborborg, A., D. Fernández Slezak, P. R. Roelfsema, S. Dehaene y M. Sigman (2010), "The Brain's Router: A Cortical Network Model of Serial Processing in the Primate Brain", *PLOS Computational Biology*, 6 (4): e1000765.

Créditos de las figuras

Figura 1, © Ministère de la Culture-Médiathèque du Patrimoine, Dist. RMN-Grand Palais / image IGN.

Figura 4, arriba a la derecha, creación del autor; abajo, adaptación del autor a partir de Leopold, D. A., y N. K. Logothetis (1999), "Multistable Phenomena: Changing Views in Perception", *Trends in Cognitive Sciences,* 3: 254-264. © 1999. Con permiso de Elsevier.

Figura 5, creación del autor.

Figura 6, arriba, Simons, D. J., y C. F. Chabris (1999), "Gorillas in Our Midst: Sustained Inattentional Blindness for Dynamic Events", *Perception,* 28: 1059-1074.

Figura 7, arriba y centro, adaptación del autor a partir de Kouider, S. y S. Dehaene (2007), "Levels of Processing During Non-Conscious Perception: A Critical Review of Visual Masking", *Philosophical Transactions of the Royal Society B: Biological Sciences,* 362 (1481): 857-875; aquí, 859, fig. 1; abajo, creación del autor.

Figura 9, arriba, cortesía de Melvyn Goodale.

Figura 10, cortesía de Edward Adelson.

Figura 11, adaptación del autor sobre la base de Dehaene, S. y otros (1998), "Imaging Unconscious Semantic Priming", *Nature,* 395: 597-600.

Figura 12, adaptación del autor, original de Pessiglione, M. y otros (2007), "How the Brain Translates Money into Force: A Neuroimaging Study of Subliminal Motivation", *Science,* 316 (5826): 904-906. Cortesía de Mathias Pessiglione.

Figura 13, creación del autor.

Figura 14, creación del autor.

Figura 15, adaptación del autor a partir de Moreno-Bote, R., D. C. Knill y A. Pouget (2011), "Bayesian Sampling in Visual Perception", *Proceedings of the National Academy of Sciences of the United States of America,* 108 (30): 12 491-12 496, fig. 1A.

Figura 16, arriba, adaptación del autor a partir de Dehaene, S. y otros (2001), "Cerebral Mechanisms of Word Masking and Unconscious Repetition Priming", *Nature Neuroscience* 4 (7): 752-758, fig. 2; abajo, adaptación del autor, original en Sadaghiani, S. y otros (2009), "Distributed and Antagonistic Contributions of Ongoing Activity Fluctuations to Auditory Stimulus Detection", *Journal of Neuroscience*, 29 (42): 13 410-13 417. Cortesía de Sepideh Sadaghiani.

Figura 17, adaptación del autor a partir de Van Gaal, S. y otros (2010), "Unconscious Activation of the Prefrontal No-Go Network", *Journal of Neuroscience*, 30 (11): 4143-4150, figs. 3 y 4. Cortesía de Simon van Gaal.

Figura 18, adaptación del autor, sobre la base de Sergent, C. y otros (2005), "Timing of the Brain Events Underlying Access to Consciousness During the Attentional Blink", *Nature Neuroscience*, 8 (10): 1391-1400.

Figura 19, adaptación del autor, original en Del Cul, A. y otros (2007), "Brain Dynamics Underlying the Nonlinear Threshold for Access to Consciousness", *PLOS Biology*, 5 (10): e260.

Figura 20, adaptación del autor a partir de Fisch, L., E. Privman, M. Ramot, M. Harel, Y. Nir, S. Kipervasser y otros (2009), "Neural 'Ignition': Enhanced Activation Linked to Perceptual Awareness in Human Ventral Stream Visual Cortex", *Neuron*, 64: 562-574. Con permiso de Elsevier.

Figura 21, arriba, adaptación del autor, inspirado en Rodríguez, E. y otros (1999), "Perception's Shadow: Long-Distance Synchronization of Human Brain Activity", *Nature* 397 (6718): 430-433, figs. 1 y 3; abajo, adaptación del autor, original en Gaillard, R. y otros (2009), "Converging Intracranial Markers of Conscious Access", *PLOS Biology*, 7 (3): e61, fig. 8.

Figura 22, adaptación del autor a partir de Quiroga, R. Q., R. Mukamel, E. A. Isham, R. Malach y I. Fried (2008), "Human Single-Neuron Responses at the Threshold of Conscious Recognition", *Proceedings of the National Academy of Sciences of the United States of America*, 105 (9): 3599-3604, fig. 2. © 2008 National Academy of Sciences, USA.

Figura 23, derecha, © 2003 Neuroscience of Attention & Perception Laboratory, Princeton University.

Figura 24, arriba, Baars, B. J. (1989), *A Cognitive Theory of Consciousness*, Cambridge, UK, Cambridge University Press. Cortesía de Bernard Baars; abajo, Dehaene, S., M. Kerszberg y J.-P. Changeux (1998), "A Neuronal Model of a Global Workspace in Effortful Cognitive Tasks", *Proceedings of the National Academy of Sciences of the*

United States of America, 95 (24): 14 529-14 534, fig. 1. © 1998 National Academy of Sciences, USA.

Figura 25, derecha, cortesía de Michel Thiebaut de Schotten.

Figura 26, abajo, Elston, G. N. (2003), "Cortex, Cognition and the Cell: New Insights into the Pyramidal Neuron and Prefrontal Function", *Cerebral Cortex*, 13 (11): 1124-1138. Con permiso de Oxford University Press.

Figura 27, adaptación del autor a partir de Dehaene, S. y otros (2005), "Ongoing Spontaneous Activity Controls Access to Consciousness: A Neuronal Model for Inattentional Blindness", *PLOS Biology*, 3 (5): e141.

Figura 28, adaptación del autor; original en Dehaene, S. y otros (2006), "Conscious, Preconscious, and Subliminal Processing: A Testable Taxonomy", *Trends in Cognitive Sciences*, 10 (5): 204-211.

Figura 29, adaptación de autor a partir de Laureys, S. y otros (2004), "Brain Function in Coma, Vegetative State, and Related Disorders", *Lancet Neurology*, 3 (9): 537-546.

Figura 30, adaptación del autor, sobre la base de Monti, M. M., A. Vanhaudenhuyse, M. R. Coleman, M. Boly, J. D. Pickard, L. Tshibanda y otros (2010), "Willful Modulation of Brain Activity in Disorders of Consciousness", *New England Journal of Medicine*, 362: 579-589. © 2010 Massachusetts Medical Society. Reproducido con permiso de Massachusetts Medical Society.

Figura 31, adaptación del autor; original de Bekinschtein, T. A., S. Dehaene, B. Rohaut, F. Tadel, L. Cohen y L. Naccache (2009), "Neural Signature of the Conscious Processing of Auditory Regularities", *Proceedings of the National Academy of Sciences of the United States of America*, 106 (5): 1672-1677, figs. 2 y 3.

Figura 32, Cortesía de Steven Laureys.

Figura 33, versión del autor; original en King, J. R., J. D. Sitt y otros (2013), "Long-Distance Information Sharing Indexes the State of Consciousness of Unresponsive Patients", *Current Biology*, 23: 1914-1919. © 2013. Con el permiso de Elsevier.

Figura 34, adaptación del autor a partir de Dehaene-Lambertz G., S. Dehaene y L. Hertz-Pannier (2002), "Functional Neuroimaging of Speech Perception in Infants", *Science*, 298 (5600): 2013-2015.

Figura 35, adaptado por del autor a partir de Kouider, S. y otros (2013), "A Neural Marker of Perceptual Consciousness in Infants", *Science*, 340 (6130): 376-380.